Roger Arnhem

Der große Kosmos-Naturführer: Die Vögel Europas

Ein Bestimmungsbuch
mit 257 dokumentarischen Farbfotos

Übersetzt und bearbeitet von
Dr. Helmut Demuth

Kosmos
Gesellschaft der Naturfreunde
Franckh'sche Verlagshandlung
Stuttgart

Aus dem französischen Manuskript übersetzt und bearbeitet von Dr. Helmut Demuth
Titel der belgischen Originalausgabe „Deltas Vogels van Europa" (ursprünglich "Oiseaux d'Europe"), erschienen 1977 bei Zuidnederlandse Uitgeverij N.V., Aartselaar/Belgien, unter ISBN 90 243 1588 3

Mit 257 Farbfotos von Antonissen (1), Ardea (1), Arnhem (98), v. Avermaet (1), Avon (1), Beylevelt (1), de Boer (1), Bottomley (1), Bresseleers (5), Broos (1), Brown (1), Cordier (3), Couwels (3), v. Daalen (14), Danegger (3), Dekeuleneer (2), Duscher (20), v. Elsacker (1), Fink (4), Gendebien (1), Gilis (2), Hautekiet (1), van de Kamp (3), König (3), Korenromp (1), Lehaen (11), Lindau (1), de Lossy (1), Luyckx (6), Munstermann (25), Plantema (5), Samyn (1), Schouten (4), Schwammberger (4), Slootmaekers (1), Suetens (6), Terrasse (4), Veenstra (2), Verdonck (1), Vorsselmans (2), Walmsley (1), v. Wassenhove (1), de Wavrin (4), de Weyer (1), de Wijs (1), Willock (1), Winkelmann (1) sowie 251 farbigen Verbreitungskarten von Dominique Arnhem

Umschlag von Edgar Dambacher unter Verwendung einer Aufnahme von Johann Waskala
Das Bild zeigt einen Eisvogel (*Alcedo atthis*)

CIP-Kurztitelaufnahme der Deutschen Bibliothek

Arnhem, Roger:
Der große Kosmos-Naturführer: die Vögel Europas : e. Bestimmungsbuch mit 257 dokumentar. Farbfotos / Roger Arnhem. Übers. u. bearb. von Helmut Demuth. – 2. Aufl. – Stuttgart : Franckh, 1985.
(Kosmos-Naturführer)
Einheitssacht.: Deltas vogels van Europa ‹dt.›
ISBN 3-440-05506-X
NE: Demuth, Helmut [Bearb.]

2. Auflage/21.–25. Tausend
Franckh'sche Verlagshandlung, W. Keller & Co., Stuttgart / 1985

Printed in Belgium / Imprimé en Belgique
L 14 H rr / ISBN 3-440-05506-X
Satz: Konrad Triltsch, Graphischer Betrieb, Würzburg
Herstellung: Zuidnederlandse Uitgeverij N.V., Aartselaar/Belgien

Der große Kosmos-Naturführer: Die Vögel Europas

Das Vorsatzfoto zeigt eine Wasseramsel (*Cinclus cinclus*), das Frontispiz einen Eisvogel (*Alcedo atthis*)

Zum Geleit

Vogelkunde ist eine „scientia amabilis", die sich immer größerer Beliebtheit erfreut. Kein Wunder, daß laufend neue Vogelbücher auf dem Markt erscheinen, in denen neuere Erkenntnisse berücksichtigt werden, wie dies bei dem vorliegenden Band der Fall ist.
Mein Freund Roger Arnhem ist ein begeisterter Feldornithologe und engagierter Vogelschützer. Er steht (wie auch ich!) auf dem Standpunkt, daß derjenige, der Vögel schützen will, diese und ihre Lebensgewohnheiten kennen sollte. Er hat daher bei der Abhandlung der einzelnen Arten auf ökologische und biologische Angaben Wert gelegt.
Die Vogelwelt Europas droht zu verarmen. Zahlreiche Arten sind gebietsweise bereits verschwunden, andere stehen auf dem Aussterbe-Etat. Hier gilt es, mit allen Mitteln Einhalt zu gebieten!
Um Europas Vogelwelt zu retten, genügt es nicht, Lippenbekenntnisse abzugeben. Neben sachlicher Unterrichtung der Bevölkerung über die Bedeutung der Vögel im Haushalt der Natur, muß auch in noch stärkerem Maße als bisher die ästhetische Seite der Vogelkunde betont werden. Farbige Vogelfotos, wie sie in diesem Buch abgedruckt sind, tragen diesem Anliegen sicherlich bestens Rechnung. Natürlich hat Roger Arnhem Wert darauf gelegt, möglichst keine Fotos von Vögeln am Brutplatz zu veröffentlichen. Wie wir alle wissen, wird auf dem Gebiet der Vogelfotografie viel gesündigt. Deshalb ist es heute abzulehnen, Vögel, vor allem seltene Arten, nur aus fotografischem Interesse am Nest aufzunehmen. Fotografische Dokumentationen am Brutplatz müssen brutbiologischer Forschung vorbehalten bleiben! Daß auch hier ein strenger Maßstab anzulegen ist, dürfte wohl selbstverständlich sein.
Möge es Roger Arnhem gelingen, mit seinem Buch der Ornithologie und dem Vogelschutz neue Freunde zu gewinnen — nicht zuletzt zum Wohle unserer gesamten Umwelt!

Dr. Claus König
Präsident des Deutschen
Bundes für Vogelschutz

Erklärung der Abkürzungen, Symbole und Farben

Die in den Karten verwendeten Farben haben folgende Bedeutung:

Rot: Brutgebiet
Blau: Überwinterungsgebiet
Lila: Sowohl Brut- als auch Überwinterungsgebiet
Schraffiert: Vögel auf dem Zug zu beobachten

Die farbigen Punkte neben den Karten geben die Bestandsdichte jeder Art an:

Rot: Art nimmt ab
Gelb: Bestand hält sich
Blau: Art nimmt zu

Verwendete Abkürzungen unter den Artnamen:

E: Englisch
F: Französisch
H: Holländisch
I: Italienisch
S: Spanisch

Deutschsprachige Vereinigungen und Zeitschriften für Vogelkunde und Vogelschutz

Deutsche Ornithologen-Gesellschaft
  Journal für Ornithologie
  Die Vogelwarte
  Beiträge zur Vogelkunde
Deutscher Bund für Vogelschutz
  Wir und die Vögel
Ornithologische Gesellschaft in Bayern
  Anzeiger der ornithologischen Gesellschaft in Bayern
Die Vogelwelt
Ornithologische Mitteilungen
Verband Deutscher Waldvogelliebhaber
  Die Gefiederte Welt
DS-JRV Berichte der Deutschen Sektion des Internationalen Rates für Vogelschutz
Österreichische Vogelwarte
  Egretta
Kulturbund der DDR
  Beiträge zur Vogelkunde
  Der Falke
Schweizerische Gesellschaft für Vogelkunde und Vogelschutz
  Der Ornithologische Beobachter

Vorwort

Es ist noch nicht so lange her, daß jeder, der die Vögel und die Natur zu seinem Vergnügen erforschte, ohne einen ehrlichen Profit daraus zu ziehen, als ein verschrobener Kerl angesehen wurde, der den Kopf voller Flausen hat, oder als ein asoziales und der Ketzerei verdächtiges Individuum. Ein bißchen davon gibt es hie und da immer noch. An den Schutz der Vögel und der Natur war gar nicht zu denken: Es war Pflicht des Einzelnen und der Gesellschaft, jene zu verspeisen und diese auszubeuten. Kann man behaupten, daß diese Auffassung völlig verschwunden ist?

Als die Feldornithologie vor einem halben Jahrhundert in diesem Umfeld der Ignoranz auftauchte, lag sie auf dem europäischen Festland noch in den Windeln. Der Laie, der der Welt der Vögel in der Natur gegenübertrat, sah sich vor ungeheuren Schwierigkeiten. Was er im Fernglas sah – wenn er eins hatte –, mußte er mit leblosen Bälgen vergleichen, die in den Glasschränken der Museen aufgereiht waren oder mit langatmigen Beschreibungen in umfangreichen Abhandlungen – wenn sie für ihn greifbar waren. Nur ein Privilegierter konnte sich das leisten, aber dann wurde er möglicherweise ein Opfer der in den Werken der Vergangenheit verewigten Ungewißheiten und Verwirrungen. Es gab keine Aufzeichnungen von Vogelstimmen. Man mußte alles selbst lernen, herumtasten und Erfahrungen sammeln, wobei man Gefahr lief, sich zu irren. Echte Kenner waren daher sehr selten, zumindest solche, die es ablehnten, zum Gewehr zu greifen, um einen Vogel zu bestimmen.

Diese Schwierigkeiten mußten die Feldornithologen mühsam überwinden, um Lehrmethoden zu erarbeiten und sie der Öffentlichkeit zugänglich zu machen. Immer genauere, von Künstlern oder Fotografen illustrierte Bestimmungsbücher werden heute in großer Zahl veröffentlicht. Machen sich die immer zahlreicheren, begeisterten Anfänger in der Vogelkunde klar, wie gut sie es haben und was sie den Pionieren der Forschung verdanken?

Gewiß, eine Art nach oft kurzem und flüchtigem Anblick oder gar nach Ruf und Gesang anzusprechen, ohne sich zu irren, ist dem Anfänger nicht von vornherein gegeben, selbst bei bester Ausrüstung. Die Kunst der Bestimmung bleibt schwierig. Heute sind jedoch die Grundlagen solide in praktischen, für jeden erreichbaren Feldführern verankert. Meist sagen diese Werke aber wenig über das Leben der Vögel selbst aus.

Roger Arnhem will darüber hinausgehen und gründliche Informationen über mehr Gebiete liefern, die es gestatten, die Vögel unserer Länder kennenzulernen.

Dabei will er gleichzeitig nachweisen, daß wir die Vögel schützen müssen; er erklärt das Warum und das Wie; er verzichtet nicht darauf, die Gefahren anzuprangern, für die wir Menschen selbst verantwortlich sind. Roger Arnhem ist in der Tat ein Vorkämpfer von überschäumender hochherziger Energie. Als erbitterter Ankläger aller törichten Zerstörungen kann er stolz sein auf seinen größten Erfolg, die Abschaffung der Vogelstellerei in Belgien. „Es ist noch nicht ganz ausgestanden", wird er sagen, aber wir wissen, daß diese verwerfliche Form der Jagd vor allem dank seines totalen Einsatzes den entscheidenden Stoß erhalten hat. Für ihn ist der Kampf noch nicht beendet; es sind noch andere Gefahren zu beschwören, andere schändliche Gepflogenheiten wegzufegen, die nicht nur die Vogelwelt bedrohen, sondern die ganze Natur, also auch uns selbst. Das ist die grundlegende Motivation dieses Buches: den Zugang zur gefiederten Welt zu erleichtern, um sie inniger lieben und besser schützen zu können.

Paul Géroudet
Präsident der Welschschweizerischen
Gesellschaft für Vogelkunde
und Vogelschutz

Einleitung

Vor fast drei Jahren trat mein Verleger an mich heran mit dem Plan, ein Vogelbüchlein herauszubringen. Gott allein wußte, in welches Abenteuer ich meine kleine Familie und meine vielen Freunde unter den Ornithologen und Tierfotografen hineinziehen würde ...
Wenn es sich zuerst darum handelte, ein kleines, allgemein verständliches Buch „für jedermann" zu verfassen, so nahm der Plan im Verlauf der Besprechungen eine ganz andere Richtung, denn es schien mir, daß der künftige Leser etwas anderes verdiente als eine Reihe schöner Bilder zur Illustration einer „netten" Einführung in die heimische Vogelwelt!
Wieviel Bücher über die Vögel der ganzen Welt erscheinen jedes Jahr, die mit Zeichnungen oder Fotografien ersten Ranges untereinander wetteifern! Stellen heutzutage nicht immer tiefer schürfende, von Wissenschaftlern veröffentlichte Studien die höchsten Ansprüche der Fachornithologen zufrieden?
Also erhielt ich, dank des Verständnisses, ja der Begeisterung meines jungen Verlegers, M. E. De Vocht, freie Hand, um in einem umfassenderen Band und in einem größeren Rahmen auszudrücken, was mir so lange schon am Herzen lag: die Vögel durch auf den Schutz unserer heimischen Vogelwelt und unserer Wintergäste ausgerichtete Texte und Bilder kennen und lieben zu lehren.
Was den Text angeht, so war die Sache zunächst recht einfach, wie sich später zeigen wird. Aber die Anforderungen, die ich an die Auswahl der Abbildungen der beschriebenen Vögel stellte, verlangten von meinem jüngsten Sohn Dominique und mir selbst die Lösung der Quadratur des Kreises in puncto Fotografie.
Denn wir wollten Pionierarbeit leisten, wobei wir von unserem ausgezeichneten holländischen Freund, dem bekannten Ornithologen Jaap Taapken, Redakteur bei der Zeitschrift „Het Vogeljaar", der an verantwortlicher Stelle für den Vogelschutz in den Niederlanden lebhaft tätig ist, unterstützt wurden: Das Foto war wichtig! Die Abbildung mußte genauso lehrreich und erzieherisch wirksam sein wie die sie begleitende ornithologische Monographie!
Die Herausforderung bestand darin, daß, da der Vogel in seinem natürlichen Lebensraum bedingungslos geschützt werden muß, das ihn darstellende Bilddokument, wie vollkommen es auch sei, auf keinen Fall sein körperliches Wohlbefinden, sein natürliches Verhalten oder seinen Schutz beeinträchtigen durfte. In der Praxis heißt das, klar ausgedrückt, daß wir uns zur Richtschnur genommen haben, jede Fotografie auszuschließen, die den Vogel am Nest, mit Futter im Schnabel oder mit einem Jungen darstellte. Ebenso ist jede Aufnahme vom Abflug einer Gruppe von Vögeln (z. B. Gänsen), die dem Fotografen den Rücken zuwendeten, d. h., sich von ihm entfernten, ausgeschieden worden; das Bilddokument mußte beweisen, daß der Beobachter mit der Kamera in der Hand oder im der Umwelt eingegliederten Versteck nicht zum Eindringling geworden war. Stellung, Haltung und Verhalten des Vogels mußten natürlich sein; nichts durfte darauf hindeuten, daß der Vogel sich fürchtete oder überrascht worden war ...
Es war also auf keinen Fall gestattet, solche Postkartennegative auszuwählen, die in bester Studiobeleuchtung vor einem Hintergrund aus künstlichen Blättern und Blüten ängstliche, gefangene Vögel zeigen, in deren Augen sich drei Elektronenblitze spiegeln ... noch in die oft gestellte Falle zu gehen, den Aufnahmen von ausgestopften, für diese Gelegenheit in einen unechten Minibiotop hineingestellten Vögeln den geringsten Beweis zuzubilligen. Wir waren gezwungen, „Dokumente" dieser Art zurückzuweisen, obwohl allen Agenturen unsere Bedingungen bekannt waren!
Es ist aus ethischen Gründen bedauerlich, daß selbst bei als seriös geltenden ornithologischen Verbänden derartigen gestellten, in der Gefangenschaft und in einer falschen Umgebung aufgenommenen Bildern immer noch zuviel Glaubwürdigkeit zugestanden wird ...
Nur gewisse alte Dokumente, z. B. von Meeresvögeln, die nur zur Brutzeit an Land gehen, sind aufgenommen worden; dabei haben wir immer versucht, eine von einem anerkannten Kenner vor oder nach der Brutzeit gemachte Abbildung zu wählen. Diese strikte Regel hat uns gezwungen, Bilder von einem Wendehals am Nistkasten oder von Taggreifvögeln im Besitz von Falknern sowie von im Zoo gekäfigten oder in Vogelparks halbfrei gehaltenen Arten abzulehnen, mit Ausnahme zweier Eulen (Uhu und Rauhfußkauz), die ausnahmsweise in wissenschaftlichen oder Pflegestationen aufgenommen wurden, da es uns wirklich nicht möglich war, bei Tage oder bei Nacht gemachte Negative dieser außer am Brutplatz praktisch unerreichbaren Arten zu bekommen.
Die Hauptarbeitsmethode der seriösen Naturfotografen, die uns ihre besten Dias überlassen haben, ist das geduldige Warten am Auslug

oder an der Singwarte, an der Tränke und am künstlichen (im Winter) oder natürlichen Futterplatz.
Auf diese Weise wollten wir ein Ende machen mit den am Nest aufgenommenen, oft gestreßten Vögeln, denen der Fotograf seine unpassende Anwesenheit aufgezwungen hat, ohne sich im geringsten um die verhängnisvollen Folgen seiner Unvorsichtigkeit für die Sicherheit der Brut zu kümmern.
Die Texte sind als kleine, einfache und kurzgefaßte Monographien gedacht, die über die im Bild dargestellten Vögel ein Höchstmaß von ornithologischen Informationen liefern, die in keinem der üblichen Bestimmungsbücher zu finden sind.
Mein Ziel bei der Vorlage dieses bescheidenen Werkes ohne wissenschaftliche Ansprüche war in der Tat, die ausgetretenen Bahnen zu verlassen, in denen sich die Masse der im übrigen sehr wertvollen Bestimmungsbücher von Weltruf bewegt, die glücklicherweise ein sich günstig auswirkendes Interesse an der Beobachung wildlebender Vögel hervorgerufen haben. Denn ich habe als um die Erhaltung unserer Vogelwelt besorgter Feldornithologe versucht, den Akzent stärker auf die Persönlichkeit des beschriebenen Vogels, sein artgemäßes Verhalten, das Schicksal der Art usw. zu legen, als auf die bei meinen Kollegen und Freunden so beliebte Darstellung der feldornithologischen Bestimmungsmerkmale.
Ich habe vor allem an die große Zahl der wissensdurstigen Menschen gedacht, die „ihre Vögel“, denen sie im Garten, im Park, auf dem Sonntagsspaziergang oder im Urlaub an Orten, deren geheimes Vogelleben sie entdecken möchten, begegnet sind, etwas besser kennenlernen wollen – ohne deshalb den rein ornithologischen Aspekt zu vernachlässigen – denn ich bin überzeugt, daß nicht wenige erfahrene Ornithologen glücklich sein werden, wenn sie hier und da die eine oder andere unveröffentlichte neueste Detailinformation finden. Ich glaube, daß zahlreiche Benutzer des Buches die Angabe der Vogelnamen in mehreren anderen Sprachen zu schätzen wissen werden, die dem ins Ausland reisenden Vogelfreund den Kontakt zu dortigen Ornithologen sehr erleichtern kann. Hier ist eine wichtige Bemerkung angebracht: Die Spezialisten werden sagen, daß die Vögel in ganz genau festgelegter Reihenfolge entsprechend den Kriterien der wissenschaftlichen Systematik der Arten dargestellt werden müssen. Manchmal aus Gründen, auf die wir keinen Einfluß hatten (Fehlen brauchbarer Bilddokumente), manchmal absichtlich (um auf einer Seite zwei sehr ähnliche Arten gegenüberzustellen, die systematisch nicht zusammengehören, und dadurch dem Benutzer die Bestimmung zu erleichtern), habe ich mir die Freiheit genommen, die Reihenfolge der Arten etwas umzukrempeln. Man möge es mir verzeihen . . .
Es ist nicht leicht, einen Vogel in wenigen Zeilen zu kennzeichnen. Die Versuchung ist groß, eine Art in allen Einzelheiten zu beschreiben, während der Anfänger nur die allgemeine Gestalt oder die vorherrschende Färbung eines flüchtig im Flug oder von weitem gesehenen Vogels im Gedächtnis behalten hat. Dabei darf man nicht vergessen, daß Ort und Zeit eine entscheidende Rolle spielen: Ein im Sommer am Brutplatz angetroffener Vogel trägt unter Umständen ein manchmal sehr buntes Brutkleid, während derselbe Vogel im Winter im gleichen Biotop (als Standvogel oder als Wintergast) oder außerhalb desselben (auf dem Herbstzug) ein völlig anderes Kleid tragen kann. Dazu kommen noch die vom Geschlecht oder Alter (juvenil oder immatur) oder dem bei verschiedenen Arten sehr verschiedenen Mauserzustand (beim Ersatz des alten Gefieders durch ein neues) abhängigen Unterschiede. Dazu muß man wissen, daß der Mauserzustand nicht bei allen zur selben Zeit am selben Ort angetroffenen Arten derselbe ist. Die Altvögel der meisten Arten machen nach der Brutzeit eine Vollmauser durch, entweder am Brutplatz (die Mehrzahl) oder im Winterquartier (Grauschnäpper, Schwirle, Rohrsänger, Waldlaubsänger, Schwalben . . .). Und während bei manchen Arten (z. B. Dorn- und Gartengrasmücke) eine vollständige Erneuerung des Gefieders stattfindet, ist die Mauser bei anderen (Piepern, Stelzen, Grauwürger, Klapper- und Mönchsgrasmücke) im Frühjahr fast abgeschlossen.
Diese Veränderlichkeit des Gefieders hat daher großen Einfluß auf die Auswahl der Bilddokumente gehabt. Bei uns brütende Arten sind im Brutkleid abgebildet, andere, die bei uns vorwiegend auf dem Herbstzug beobachtet werden, im Mauser- oder Ruhekleid.
Der bevorzugte Biotop oder Brutplatz ist leichter festzulegen, denn die meisten Arten sind zur Fortpflanzung an einen bestimmten Typ von Biotop oder Umwelt gebunden. Dies erklärt übrigens, warum es unumgänglich ist, typische Brutbiotope, von denen manche empfindlicher sind als andere, zu retten, um die Erhaltung besonders bedrohter Arten ausreichend zu sichern.
Bei manchen Arten, die nicht bei uns brüten, denen ein einigermaßen aufmerksamer Beobachter aber bei uns begegnen kann, wird in dieser Rubrik eine kurze Angabe über die Überwinterungs- und Nahrungsplätze ge-

macht, wenn die Art sich streng an diese Gebiete hält.
Die Nahrung der Vögel wird in den üblichen Bestimmungsbüchern selten erwähnt, und doch kann die Kenntnis der Ernährung einer Art dem Beobachter beim Studium der Vogelwelt einer Gegend sehr wertvolle Hinweise geben, wenn er davon ausgeht, ob zu der betreffenden Zeit für eine bestimmte Art Nahrung vorhanden ist und damit die Möglichkeit, ihr zu begegnen.
Andererseits erklären, was für die Erhaltung der Vogelwelt sehr wichtig ist, die Besonderheiten der Ernährung, warum manche Arten sich stark vermehren – z. B. Möwen, Krähen, Dohlen und Stare, die zur entscheidenden Zeit im Winter immer Nahrung finden können, indem sie die Müllkippen aufsuchen —, während andere, obwohl sie nicht gejagt oder verfolgt werden, zurückgehen (z. B. die Rauchschwalbe infolge des Versprühens von Gift gegen Insekten in den Ställen, der Eisvogel infolge der Verschmutzung der Gewässer usw.).
Die Angaben über die Fortpflanzung sind mit großer Vorsicht gemacht worden. Es war nicht meine Absicht, Nester und Eier genau zu beschreiben, um nicht dem Eiersammeln, das unter unserer Vogelwelt schon solchen Schaden angerichtet hat, neue Jünger zuzuführen. Aber die Angaben über die Eizahl, die Brutdauer und die Zeit, die die Jungen benötigen, bis sie selbständig werden, veranschaulichen recht gut, welche Schwierigkeiten zu überwinden sind, bevor die Fortpflanzung erfolgreich und das Überleben der Art für einen weiteren Zeitraum gesichert ist . . .
Dieses Problem des Überlebens wird noch einmal grell beleuchtet im Abschnitt über die Verbreitung, wo die Gefahren und Hindernisse aufgeführt sind, die die Zugvögel auf ihren oft über mehrere Kontinente führenden Wanderwegen zu überwinden haben.
Nicht frohen Herzens oder aus krankhafter Kritiksucht habe ich mir zur Aufgabe gemacht, die recht seltenen natürlichen Ursachen für den Rückgang der Mehrzahl der Vogelarten unseres Erdteils aufzuzeigen und die in den meisten Fällen vom Menschen absichtlich herbeigeführten anzuprangern. Es war meine Pflicht — und diese Einstellung entspricht meinem tagtäglichen Bemühen seit vielen Jahren, einen besseren Schutz unserer Vogelwelt zu erreichen bzw. von den Verantwortlichen zu erzwingen –, Mißstände und mutwillige Zerstörungen herauszustellen . . .
Was die Verbreitung angeht, so habe ich mich darauf beschränkt, das Brutgebiet der bei uns zu beobachtenden Arten in Europa anzugeben. Es versteht sich, daß manche von ihnen – zuweilen in zahlreichen Unterarten – auch Asien, Afrika und selbst Nordamerika bewohnen. Eine Karte von Europa mit einem Teil von Nordafrika zeigt sehr allgemein die Verbreitung jeder Art. Die dabei verwendeten Farben haben folgende Bedeutung:

Rot bezeichnet das Brutgebiet einer Art,
Blau das Überwinterungsgebiet in Europa und im Mittelmeerraum,
Lila das Gebiet, in dem die Art sowohl brütet wie überwintert.
Schraffiert sind die Gebiete, in dem die Art nur auf dem Zug beobachtet wird.

Diese Karten hat mein Sohn, DOMINIQUE ARNHEM, gezeichnet. Das dazu erforderliche sehr detaillierte Studium der Literatur hat viele hundert Arbeitsstunden gekostet; für diese Mühe möchte ich ihm ganz besonders danken.
Eine der Besonderheiten dieses Buches sind die möglichst genauen und manchmal auf noch unveröffentlichten Zählungen beruhenden Angaben über die Bestandszahlen. Das gilt besonders für die Brutvögel der Niederlande und Belgiens, wo die wissenschaftlich begründeten Annäherungswerte sich auf das Jahr 1977 beziehen. Bei anderen Ländern, z. B. Frankreich und Großbritannien, sind die Angaben über die Zahl der Brutvögel, sofern sie amtlich festgestellt worden ist, der neuesten Literatur entnommen. Ich bin mir bewußt, daß diese Zahlen im Laufe der Zeit großen Veränderungen unterworfen und zudem sehr von den verwendeten Zählmethoden abhängig sind; aber ich habe diese Gefahr auf mich genommen, weil ich es für richtig hielt, bei den sich nicht stark vermehrenden Arten eine Idee von der Populationsdynamik zu geben, um das Problem des Schutzes unserer Vogelwelt besser einzukreisen. Solch ebenso ungenaue wie unnütze Begriffe wie „zahlreich" oder „eher etwas häufiger" sind grundsätzlich verworfen worden . . .
Wegen dieser Zahlenangaben möchte ich den Herren L. YEATMAN (Frankreich), J. T. R. SHARROCK (Großbritannien) und JAAP TAAPKEN, DRS G. J. OREEL, R. M. TEIXEIRA und S. BRAAKSMA (Niederlande) ganz besonders danken für die wertvolle Hilfe, die sie mir mit so viel Herzlichkeit und Bereitschaft zur Mitarbeit gewährt haben.
Die Bestandsdichte oder die Überlebenschancen jeder Vogelart sind durch einen farbigen Punkt neben der Karte gekennzeichnet. Dabei bedeutet

Rot, daß die Art abnimmt,
Gelb, daß sich der Bestand hält,
Blau, daß die Art zunimmt.

Ich kann dieses, dem Studium unserer Vogelwelt, ihrer Biologie, ihren Veränderungen und ihrem Schutz gewidmete Kapitel nicht abschließen, ohne ein Wort über die Beringung. Jedes Land hat seine eigene Beringungszentrale, und jeder, der einen toten oder verletzten Vogel mit einem Ring am Fuß findet, sollte diesen der Beringungszentrale seines Landes einschicken und dabei – soweit möglich – Art und Geschlecht des Vogels, Ort und Datum des Fundes sowie vermutete Ursache des Todes bzw. der Verletzung angeben. Zum Dank werden dem Einsender alle Einzelheiten über die Beringung und die Herkunft „seines" Vogels mitgeteilt.

Mein herzlichster Dank gebührt PAUL GEROUDET, dem Schweizer Ornithologen von Weltruf, Ehrendoktor der Universität Genf, Vater der modernen Ornithologie und Schriftsteller von Rang, dessen Hauptwerk, „La Vie des Oiseaux" (Das Leben der Vögel) von hoher literarischer Qualität und einem dem Studium des Vogels in seiner Umwelt geweihten Leben zeugt, und der die Güte gehabt hat, mein bescheidenes Buch mit einem Vorwort zu ehren, das ich keineswegs verdiene . . .

Meine Freunde in so vielen Ländern, die mir geholfen und mich ermutigt haben, sind so zahlreich, daß ich nicht wage, sie alle zu nennen, um ihnen meinen tiefgefühlten Dank auszusprechen.

Ich muß indessen, und ich tue dies mit offen eingestandener Freude, JAAP TAAPKEN danken, ohne den, wie ich glaube, nichts so glücklich gelaufen wäre, denn er hat sich, zusammen mit meinem Sohn Dominique, der Mühe unterzogen, die treffende Abbildung und die neuesten ornithologischen Angaben für die Beneluxländer herauszusuchen und die niederländische Ausgabe dieses Buches zu überprüfen.

Ich darf auch meine belgischen Freunde nicht vergessen, die Herren ANDRÉ RAPPE, den früheren Vorsitzenden der ornithologischen Studiengesellschaft „AVES" und RIK FRANCKX, den derzeitigen Vorsitzenden von „De Wielewaal", die schon so lange in vorderster Front kämpfen, und die mit ihrem Lob nicht zurückgehalten haben . . .

Und ich gestehe gern, daß die Verwirklichung dieses neuartigen fotografischen Vogelbestimmungsbuches nur möglich war dank der freundlichen und uneigennützigen Mitarbeit der Agentur „Press and Pictures", die uns liebenswürdigerweise wertvolle Bilddokumente zur Verfügung stellte. Diesem großzügigen Beispiel sind immer wieder alle meine Freunde unter den Fotografen in Belgien, den Niederlanden, der Schweiz, England, Deutschland und Frankreich gefolgt, die mir aus Liebe zu den Vögeln und im Bewußtsein, daß ihre Dokumente der Erhaltung unserer Vogelwelt dienen würden, ihre besten Aufnahmen abgetreten haben: nur durch den Verzicht auf ihre Autorenrechte konnte dieses Buch verwirklicht werden!

Zum Schluß widme ich dieses Buch meiner Frau, die mir seit einem Vierteljahrhundert so treu zur Seite steht, und meinen drei Söhnen, die in der Tradition der Achtung vor dem Leben und der Liebe zur Natur erzogen worden sind.

Aber ebenso all meinen unbekannten Lesern, in der Hoffnung, daß die Zahl derer von Tag zu Tag wachsen möge, die sich für die edle Sache des Vogelschutzes einsetzen, auf daß das Fernglas möglichst bald das Gewehr ersetzen, der gekäfigte Vogel seine Freiheit wiederfinden und daß überall in der Welt die kurzsichtigen Privatinteressen, die sich täglich an unserer Umwelt und ihren Bewohnern vergreifen, sich in hochherzigen Einsatz zum ausschließlichen Nutzen des gemeinsamen Naturerbes verwandeln mögen, das wir unter den besten Überlebensbedingungen an die künftigen Generationen weitergeben müssen.

Roger Arnhem
Vorsitzender des belgischen
Bundes für Vogelschutz
CCPO-LBPO

18. April 1978

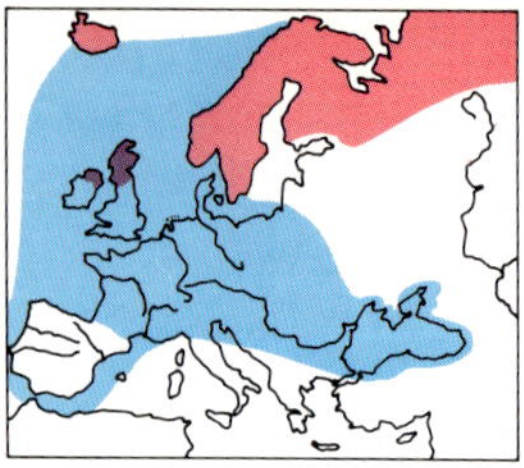

Sterntaucher

Gavia stellata
E: Red-throated Diver
F: Plongeon catmarin
H: Roodkeelduiker
I: Strolaga minore
S: Colimbo chico

Kennzeichen: Größer als Haubentaucher. Kenntlich am grauen Kopf und am dünnen, leicht aufgeworfenen Schnabel. Im Prachtkleid ein dunkelroter Kehlfleck. Fliegt mehr als die anderen Seetaucher und ist auch geselliger. Der Name kommt von den hellen Flecken der Oberseite des Winterkleides.
Biotop: Bewohnt vor allem Seen in Nadelwaldgebieten und seichte, mit spärlicher Vegetation umsäumte Teiche in Küstennähe.
Nahrung: See- und Süßwasserfische, die er durch Tauchstöße von bis zu 90 Sekunden Dauer und bis zu einer Höchsttiefe von ca. 24 m erbeutet, aber auch Mollusken und Krebstiere.
Fortpflanzung: Brütet dicht am Wasser, gewöhnlich in einzelnen Paaren, selten in kleinen, losen Gruppen. Brutdauer 24 – 29 Tage; gewöhnlich 2 Eier. Die Jungen sind Nestflüchter und im Alter von 4 Wochen selbständig, noch vor dem Flüggewerden (ab der 6. Woche). Eine Jahresbrut, Ende Mai – Juni. Das Land wird nur zur Brutzeit aufgesucht.
Verbreitung: Zirkumpolar, im Norden dreier Kontinente. Einige isolierte Paare bewohnen Nordwestirland und Nord- und Westschottland (700 Paare). Dringt weit nach Norden vor, in Island, Norwegen (hier langsame, stetige Abnahme), Spitzbergen, Schweden, Finnland (2000 Paare) und in der Sowjetunion. Zugvogel. Europäische Sterntaucher überwintern an der Atlantikküste vom Nordkap bis Gibraltar, auf der Ostsee, weniger zahlreich im Mittelmeergebiet und auf dem Schwarzen Meer. Zur Zugzeit vorwiegend vor der Küste zu beobachten. Der Sterntaucher ist in langsamem, durch den Menschen verschuldeten Rückgang begriffen. Bei Annäherung eines Beobachters verläßt er das Nest für lange Zeit, so daß dieses ungeschützt vor den zahlreichen Raubfeinden wie Möwen, Krähen und Füchsen ist. Die Verschmutzung der Meere (Ölpest) verursacht alljährlich große Verluste unter den Seetauchern. Allgemein (in Dänemark teilweise) geschützte, in der Schweiz jagdbare Art.

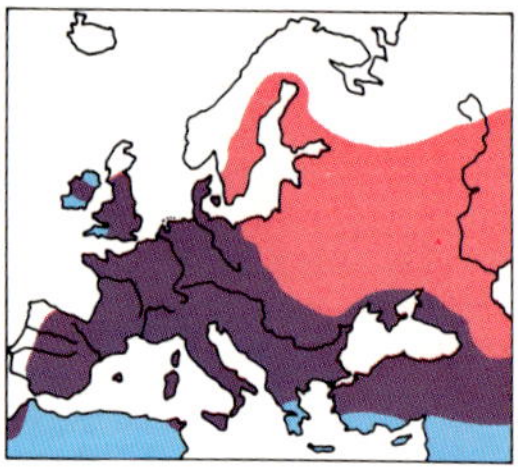

Haubentaucher

Podiceps cristatus
E: Great Crested Grebe
F: Grèbe huppé
H: Fuut
I: Svasso maggiore
S: Somormujo lavanco

Kennzeichen: Unser größter Lappentaucher. Etwa so groß wie eine Stockente. Unterscheidet sich von den Enten durch die niedrige Lage im Wasser (manchmal ist der gestreckte Körper bis zum Halsansatz untergetaucht), durch einen langen Hals mit dunklem Kragen, Federohren und fehlendem Schwanz. Schnabel spitz. Beine weit hinten eingelenkt (Tauchvogel). Zehen jede für sich mit nicht wie bei Enten untereinander verbundenen Schwimmlappen versehen.
Biotop: Offene, von einem dichten Wasserpflanzengürtel umsäumte, fischreiche, stehende Gewässer im Landesinneren.
Nahrung: Wasserinsekten, vor allem aber kleine, höchstens 20 cm lange Fische.
Fortpflanzung: Neststand nahe am Ufer, wo der dichte Bewuchs es gestattet, das aus einem Haufen mehr oder weniger verfaulter Pflanzenteile bestehende Nest zu verankern. Eiablage Anfang März – September; gewöhnlich 4 Eier. Brutdauer 26 – 29 Tage. Eine Jahresbrut, seltener zwei. Die Eltern tragen die Jungen häufig auf dem Rücken. Die Jungen sind mit 11 Wochen selbständig.
Verbreitung: Von Nordafrika bis Südskandinavien, von Irland bis China. Ferner in Afrika südlich der Sahara, im Süden von Australien und Neuseeland.Bestand in Europa seit 1940 zunehmend, wahrscheinlich infolge der Zunahme künstlicher Wasserflächen (Stauseen). Die Ausbreitung wird eingeschränkt durch Verfolgung und Wassersport, durch strenge Winter und das zeitweilige Verschwinden der Schilfbestände bei abnorm niedrigem Wasserstand. Regelmäßiger Brutvogel in den Niederlanden (2500 – 5000 Nester); in Belgien selten, aber zunehmend (20 Nester). In Deutschland wird der Bestand auf rund 50 000 Paare geschätzt. In den meisten Ländern geschützte, in der DDR, Dänemark und der Schweiz jagdbare Art. Steht in Österreich auf der „Roten Liste“ gefährdeter Arten. Stand-, Strich- und Zugvogel, verharrt z. T. am Brutplatz, solange die Gewässer nicht zufrieren. Wandert bei strengem Frost an die Küsten und bis zum Mittelmeerraum.

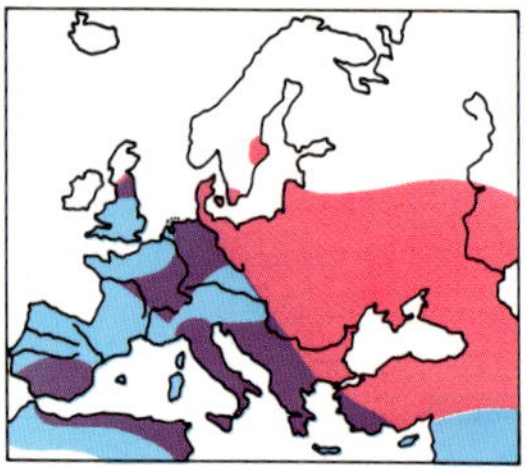

Schwarzhalstaucher

Podiceps nigricollis
E: Black-necked Grebe
F: Grèbe à cou noir
H: Geoorde fuut
I: Svasso piccolo
S: Zampullín cuellinegro

Kennzeichen: Etwas größer und schlanker als Zwergtaucher. Verdient seinen Namen nur im Frühjahr, wenn er sein dunkles Prachtkleid mit rostroten Flanken und seidigen, goldenen Ohrbüscheln trägt. Im Winter ist er grau und weiß, mit bis über das Auge hinabreichender Kappe.
Biotop: Brütet auf Seen und Teichen und in seichten Sümpfen mit offenen Wasserflächen und dichten Horsten aus verschiedenen Wasserpflanzen und mit einem reichen Bestand an Wassertieren. Auf dem Zug und im Winter vor allem an der Küste und auf größeren Binnengewässern.
Nahrung: Überwiegend Insekten, im Wasser lebende Larven, Weich- und Krustentiere und auch kleine Fische.
Fortpflanzung: Neststand meist auf einem kleinen, aus einem schwimmenden Haufen faulender Pflanzenteile gebildeten Hügel. Eiablage von Mai – Juni; gewöhnlich 3 oder 4 Eier. Brutdauer 19 – 23 Tage. Die Jungen sind mit 5 Wochen selbständig. Eine Jahresbrut – selten zwei. Sehr gesellig; brütet meist in Gruppen, mit Vorliebe in einer Kolonie von Lach- bzw. Zwergmöwen oder von Fluß- bzw. Trauerseeschwalben.
Verbreitung: Vom Mittelmeerraum bis Südschweden und Westsibirien, ferner in Süd- und Ostafrika, in Ostasien und im westlichen Nordamerika. Hat im östlichen Mitteleuropa stark zugenommen, dehnt sich nach Westen und Norden aus, ist aber westlich der Elbe noch ein recht seltener und unbeständiger Brutvogel (in der Schweiz sind es wahrscheinlich weniger als 10 Brutpaare). Osteuropäische Brutvögel ziehen im Herbst nach West- und Südeuropa und kehren im April zurück. In den meisten Ländern geschützte, in der Schweiz jagdbare Art, steht hier wie in der Bundesrepublik auf der „Roten Liste“ der vom Aussterben bedrohten Arten.

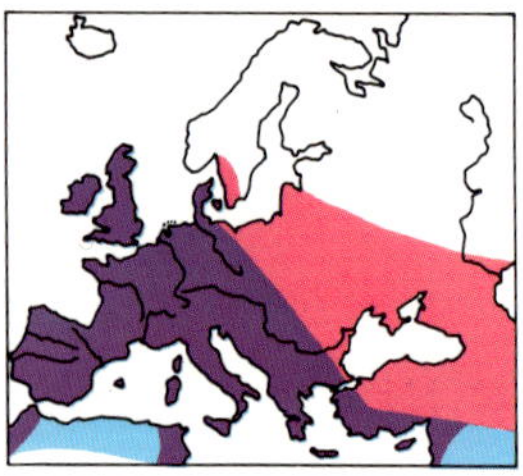

Zwergtaucher

Podiceps ruficollis
E: Little Grebe
F: Grèbe castagneux
H: Dodaars
I: Tuffetto
S: Zampullín chico

Kennzeichen: Unser kleinster Lappentaucher, kleiner noch als ein Teichhuhn. Wegen seiner gedrungenen Gestalt mit keiner anderen Lappentaucherart zu verwechseln. Hals kurz, Schnabel kürzer als bei seinen Verwandten. Gefieder 8m Sommer fast einfarbig dunkelbraun mit kastanienrotem Hals und einem weißen Fleck an der Schnabelwurzel. Taucht rasch, wenn er sich beobachtet fühlt.
Biotop: Seichte, nicht zu dicht bewachsene Gewässer mit ausreichenden offenen Flächen.
Nahrung: Vorwiegend kleine, im Wasser lebende Insekten und deren Larven, Kaulquappen und kleine Fische, vor allem Stichlinge.
Fortpflanzung: Das Nest, ein einfacher Haufen aus faulenden Wasserpflanzen, wird an einer mehr oder weniger geschützten Stelle angelegt. Eiablage von Anfang April – August; gewöhnlich 5 Eier. Zwei Jahresbruten. Brutdauer 20 – 22 Tage. Die Jungen sind mit ungefähr einem Monat selbständig und ungefähr 50 Tage nach dem Schlüpfen flügge.
Verbreitung: Von Nordafrika bis Schottland und Südschweden, von Irland bis Japan und Neuguinea sowie in Afrika südlich der Sahara. In Mitteleuropa überall in geeigneten Biotopen. Der deutsche Bestand soll ca. 50 000 Paare betragen. Die Bestandsschwankungen sind vor allem von der Strenge der Winter abhängig. Hauptursache der Abnahme der Bestände sind die Trockenlegung von Feuchtgebieten und die Verschmutzung der Gewässer. Die übermäßige Bebauung der Ufer der Flüsse, Bäche und Teiche beraubt sie der notwendigen Deckung zur Brutzeit. Stand- oder Strichvogel; zieht bei ungünstigen Bedingungen im Winter zeitweilig ins Mittelmeergebiet ab. In den meisten Ländern geschützte, in der Schweiz jagdbare Art. Verdient völligen Schutz!

Wellenläufer
Oceanodroma leucorrhoa
E: Leach's Petrel
F: Pétrel culblanc
H: Vaal stormvogeltje
I: Procellaria a coda forcuta
S: Paiño de Leach

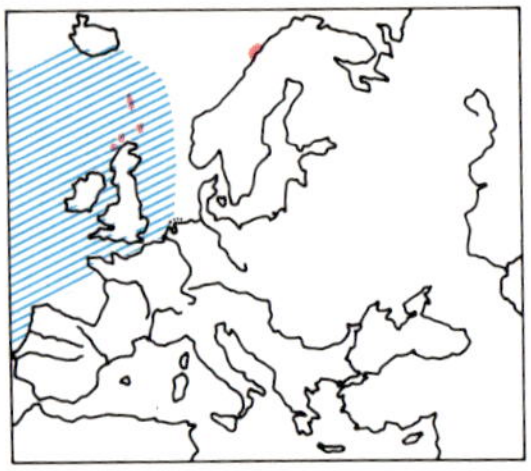

Kennzeichen: Kleiner, dunkler Vogel, so groß wie eine Mehlschwalbe, an die auch der kapriziöse Flug, der weiße Bürzel und der Gabelschwanz erinnern. Folgt aber nicht wie sein Verwandter, die Sturmschwalbe, den Schiffen.
Biotop: Hält sich wie alle Sturmvögel während Dreiviertel des Jahres auf hoher See auf und sucht das Land nur während der kurzen Brutzeit auf. Brütet kolonieweise auf kleinen Felsinseln vor der Küste.
Nahrung: Hauptsächlich Plankton, Kot von Robben und Walen, sowie Kopffüßer und kleine Weichtiere.
Fortpflanzung: Höhlenbrüter. Das Männchen gräbt in nur 3 Nächten in lockerer Erde einen Gang von 1 – 2 m Tiefe, der manchmal mehrere „Zimmer“ für mehrere Paare enthält. Wenn das Graben unmöglich ist, wird eine Felsspalte, ein Unterschlupf im Geröll oder eine Höhle in einer Ruine als Nistplatz angenommen. Eiablage von Juni – Ende Juli; 1 Ei. Brutdauer mindestens 50 Tage. Beide Eltern brüten. Das Junge ist während der ersten 15 Tage blind. Es bleibt im Nest und wächst langsam. Während der Nacht wird es von beiden Eltern sehr unregelmäßig gefüttert. Mit 40 Tagen hat es seine endgültige Größe erreicht und ist sehr fett. Nun wird es von den Eltern verlassen und lebt von seinen Fettreserven. 20 – 30 Tage später sucht es die See auf. Eine Jahresbrut.
Verbreitung: Brütet an den Küsten des Nordatlantik und des Nordpazifik, in Europa nur an wenigen Stellen: in Schottland (4 Brutplätze), auf den Färöern, in Island und Norwegen (seit 1961). Auf dem Zuge an der Atlantikküste bis Südafrika und auf dem offenen Südatlantik anzutreffen. Heftige Stürme verfrachten zuweilen zahlreiche Wellenläufer ins Westeuropäische Binnenland. Geschützte Art.

Eissturmvogel
Fulmarus glacialis
E: Fulmar
F: Pétrel fulmar
H: Noordse Stormvogel
I: Procellaria cenerina (Fulmaro)
S: Fulmar

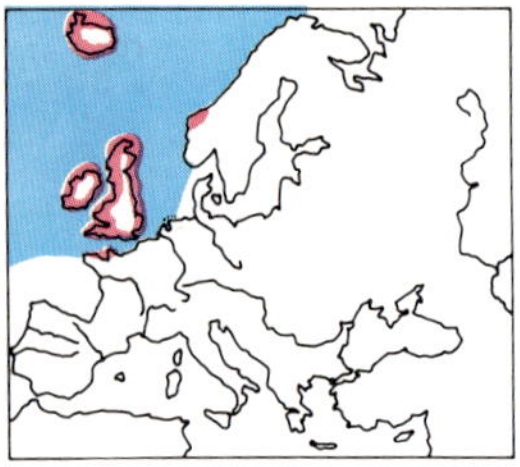

Kennzeichen: Etwa so groß wie eine Sturmmöwe (46 cm), der er sehr ähnelt, von der er sich aber durch die gedrungenere Gestalt und den charakteristischen Flug auf starren Flügeln dicht über den Wellen unterscheidet. Gefieder meist silbrig-graublau, Flügel dunkelgrau. Kopf rund, Hals dick, Schwanz abgerundet. Charakteristisch sind, wie bei allen Sturmvögeln, die auf dem Schnabel aufliegenden Nasenröhren. Vorzüglicher Segler, bewegt sich an Land ungeschickt auf den Läufen, manchmal unter Zuhilfenahme der Flügel. Bei Gefahr oder Störung speien Eissturmvögel ihren Mageninhalt bis zu 1 Meter weit aus.
Biotop: Hochseevogel, kommt nur zur Brutzeit an Land. Brütet in Kolonien an Steilküsten und auf Inseln im Meer.
Nahrung: Weich- und Krustentiere, Fische und Fischereiabfälle.
Fortpflanzung: Nest eine kleine Vertiefung im Gras, auf einem Klippenvorsprung oder einem Felsen über dem Meer. Eiablage von Mitte Mai – Anfang Juni; gewöhnlich 1 Ei. Eine Jahresbrut. Brutdauer über 50 Tage. Die Jungen verlassen das Nest nach etwa 46 Tagen. Sie werden erst mit 4 oder 5 Jahren fortpflanzungsfähig.
Verbreitung: Küsten des Nordatlantik und des Nordpazifik. 1820 wurden von Island aus die Färöer besiedelt. 1878 sollen auf den Shetlandinseln 12 Paare gebrütet haben. 1969 – 1970 waren auf den Britischen Inseln 305 600 Nester besetzt. Seit 1956 seltener, aber in Ausdehnung begriffener Brutvogel (weniger als 40 Paare) der Normandie und der Bretagne. Brütet in geringer Zahl auch auf Helgoland. Nach der Brutzeit streifen die Eissturmvögel über der Nordsee und dem Nordatlantik bis zum 40. Breitengrad umher. In der Ostsee und im Landesinnern wird er selten angetroffen. Allgemein geschützte Art. Steht in der Bundesrepublik auf der „Roten Liste“ der potentiell bedrohten Arten.

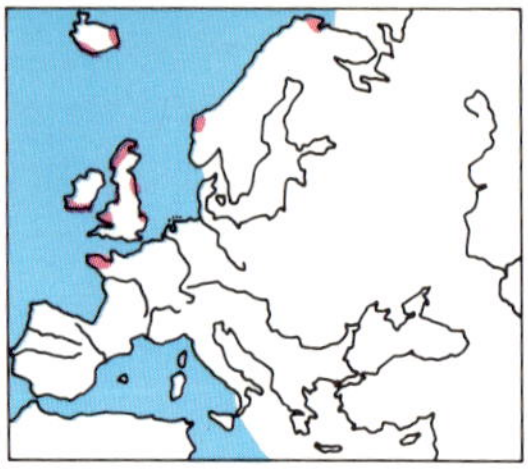

Baßtölpel

Sula bassana

E: Gannet
F: Fou de Bassan
H: Jan van Gent
I: Sula
S: Alcatraz

Kennzeichen: Größter und schönster Seevogel Europas, größer als die Silbermöwe, etwa so groß wie eine Gans (90 cm), mit viel längerem Hals, spitzem, oft etwas nach unten weisendem Schnabel, langen, schmalen Flügeln und langem, keilförmigem Schwanz. Bis auf die schwarzen Flügelspitzen weiß.
Biotop: Reiner Seevogel, oft auf hoher See.
Nahrung: Ausschließlich Fische. Baßtölpel versammeln sich über den Schwärmen von Heringen, Makrelen oder Sardinen, in die sie in eindrucksvollem Sturzflug hineintauchen.
Fortpflanzung: Brütet in Kolonien auf Felsen und steilen Klippen, zunehmend auch auf dem Boden, am Meer. Das einzige Ei wird Mitte Mai gelegt und von beiden Eltern abwechselnd bebrütet. Brutdauer 43–45 Tage. Etwa 75 Tage nach dem Schlüpfen gleitet das Junge ins Meer und schwimmt oft weit vor der Küste (bis zu 72 km), ehe es flugfähig ist. Während dieser Zeit wird es von den Eltern oder fremden Vögeln gefüttert.
Verbreitung: Felsenküsten des Nordatlantik, vor allem der Britischen Inseln. Nach Beendigung der Massenfänge durch die Küstenbewohner mancher Länder hat sich die europäische Baßtölpelpopulation seit 1880 stark vermehrt. In Großbritannien ist die Zahl der Paare von 1890–1974 von 50 000 auf über 140 000 gestiegen. Diese Vermehrung hat zur Bildung von Kolonien in Norwegen, auf den Kanalinseln und in der Bretagne geführt, hier ist der Bestand von 47 Paaren (1947) auf 3800 (1975) gestiegen. Im Herbst ziehen fast alle Baßtölpel nach Süden ab. Während die Jungvögel des Jahres den Winter an der afrikanischen Küste von Marokko bis Gambia und Senegal verbringen, überwintern die älteren Vögel weiter nördlich in westeuropäischen Gewässern und sind gelegentlich auch vor Helgoland zu beobachten. Geschützte Art.

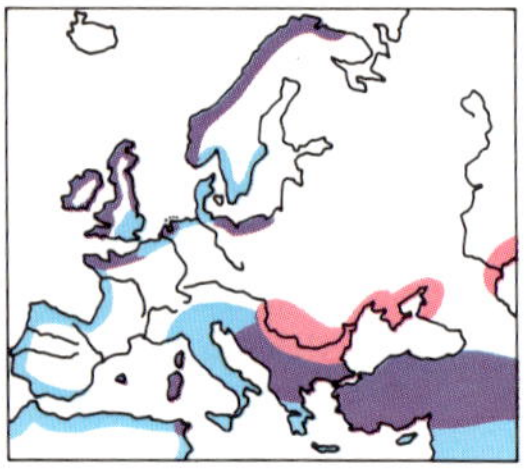

Kormoran

Phalacrocorax carbo

E: Cormorant
F: Grand Cormoran
H: Aalscholver
I: Marangone (Cormorano)
S: Cormorán grande

Kennzeichen: So groß wie eine Gans. Gefieder schwarz mit metallisch grünem Glanz. Im Flug gestreckter Hals. Im Brutkleid Kopfseiten und Kinn weiß, an den Weichen ein weißer Fleck und – vor allem bei der Festlandrasse – zahlreiche weiße Federn an Oberkopf und Hinterhals. Jungvögel unterseits mehr oder weniger weiß. Charakteristisch die „Wappenadlerhaltung", wenn er nach dem Tauchen Flügel und Schwanz zum Trocknen ausbreitet.
Biotop: Atlantische Rasse Felsküsten, Festlandrasse fischreiche, süße Gewässer.
Nahrung: Ausschließlich Fische, die tauchend erbeutet werden.
Fortpflanzung: Koloniebrüter, an Felsenküsten auf dem Boden, im Binnenland auf Bäumen. Eiablage von Ende April – Juni/Juli; gewöhnlich 3 oder 4 Eier. Brutdauer 28–29 Tage, beide Eltern brüten. Die Jungen bleiben ca. 5 Wochen im Nest und sind mit 2 Monaten flügge, aber erst einen Monat später selbständig. Eine Jahresbrut.
Verbreitung: Von den Küsten des Nordatlantik bis Japan und Ceylon, in Australien und Neuseeland, Ost- und Südafrika. In Europa brütet die atlantische Rasse (*Ph. c. carbo*) an den Küsten von Irland, Großbritannien und der Bretagne, auf den Färöern und an den Küsten von Island, Nordnorwegen und der Kola-Halbinsel, die festländische (*Ph. c. sinensis*) von den Niederlanden bis zum Pazifik. In den Niederlanden zwei Kolonien, in Belgien seit 1965 als Brutvogel verschwunden. Hat 1975 an der deutschen Nordseeküste gebrütet. In der DDR noch eine größere Kolonie an der Ostseeküste. Nicht mehr in Österreich. Die binnenländischen Kolonien haben am meisten unter Verfolgungen zu leiden, da Kormorane von den Fischern als unerwünschte Konkurrenz betrachtet werden. Der Rückgang wird durch das Fällen von Horstbäumen, Störungen zur Brutzeit und Gewässerverschmutzung beschleunigt. In den meisten Ländern (außer Großbritannien) geschützte, in der Schweiz jagdbare Art. Steht in der Bundesrepublik auf der „Roten Liste" der vom Aussterben bedrohten Arten. Stand-, Strich- und Zugvogel.

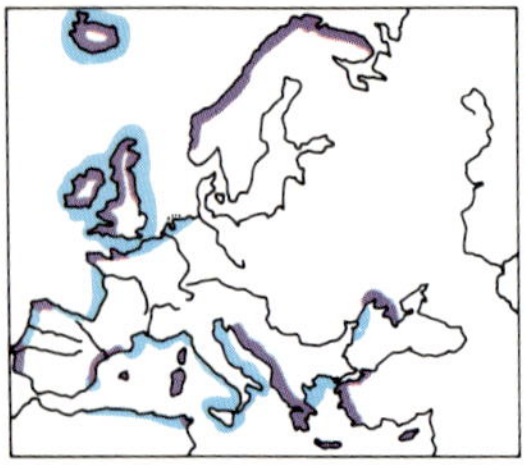

Krähenscharbe

Phalacrocorax aristotelis
E: Shag
F: Cormoran huppé
H: Kuifaalscholver
I: Marangone dal ciuffo
S: Cormorán moñudo

Kennzeichen: Größer als Stockente (75 cm), mit einheitlich grünlich-schwarzem Gefieder und langem, im Flug ausgestrecktem Hals. Im Brutkleid ein kurzer hochstehender Schopf, der ab Juli verschwindet. Jungvögel braun, unten heller, aber nicht weißlich.
Biotop: Reiner Seevogel, an Steilküsten.
Nahrung: Ausschließlich Seefische; jagt in tiefem Wasser (Tauchtiefe bis zu 21 m). Krähenscharben versammeln sich gerne auf Felsblöcken unmittelbar über dem Wasser, wo sie mit ausgebreiteten Flügeln ihr Gefieder trocknen.
Fortpflanzung: Brütet gern in Kolonien, auf Felsabsätzen und Inseln sowie in Höhlen. Das Nest besteht aus Algen, Grashalmen und trocknen Kräutern und ist gewöhnlich in Felsspalten versteckt. Eiablage ab April, zuweilen früher (bei günstigem Klima ab Februar); gewöhnlich 3 Eier. Eine Jahresbrut. Brutdauer 35 Tage. Die Jungen können ca. 7 Wochen nach dem Schlüpfen fliegen.
Verbreitung: Die Küsten des Nordatlantik von Marokko bis Island und bis zur Halbinsel Kola, des Mittelmeeres und des Schwarzen Meeres. Fast alle Steilküsten von Schottland, Shetland (25000 Paare) und Irland; an den englischen Küsten in Zunahme begriffen (2700 Paare). In Frankreich nehmen nach Yeatman (1976) die Bestände jährlich um 14% zu, obwohl auf den Sept-Iles die erst 1925 gegründete Kolonie von 300 Paaren 1960 nach der Ölpest von 1969 auf 190 zurückging. Der Gesamtbestand überschreitet 1700 Paare. Eine Kolonie der Mittelmeerrasse hatte sich auf den Iles Hyères in der Provence gebildet, wurde aber von den Fischern vernichtet. Außer durch Ölverschmutzung werden Ausbreitung und Vermehrung der Krähenscharben durch die Unzahl von Motorbooten eingeschränkt, die die Ruhe der Biotope dieser empfindlichen Seevögel stören. Stand- oder Strichvogel, im Winter auch an den Küsten der Nordsee häufig. Geschützte Art.

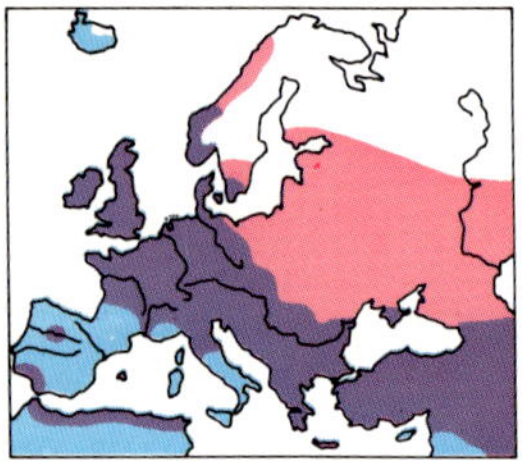

Graureiher

Ardea cinerea
E: (Grey) Heron
F: Héron cendré
H: Blauwe Reiger
I: Airone cenerino
S: Garza real

Kennzeichen: Großer Stelzvogel (90 cm) mit langem, weißem Hals, langen Beinen und langem Schnabel; oberseits aschgrau, unterseits weiß. Fliegt mit langsamem, tiefem Flügelschlag mit eingezogenem Hals und ausgestreckten Beinen.
Biotop: Gewässer aller Art, die ihm Gelegenheit bieten, seine Beute in seichtem und oft deckungslosem Wasser schreitend zu erjagen.
Nahrung: Zur Hälfte meist geringwertige Fische (Schleien und Barsche), Kleinsäuger, Kriechtiere und Frösche; verschmäht auch größere Insekten nicht.
Fortpflanzung: Brütet gewöhnlich in Kolonien. Der umfangreiche Horst wird im Wipfel eines großen Baumes errichtet. Eiablage im März und April; gewöhnlich 4 Eier. Brutdauer 25 – 28 Tage. Bei Sturm fallen oft zahlreiche, schon befiederte Junge aus dem Nest; sie sind dem Tode geweiht, da die Eltern sie auf dem Boden nicht füttern und auch allerhand Freßfeinde vorhanden sind.
Verbreitung: Von Nordafrika bis Südskandinavien, von den Azoren bis Japan und Ceylon, sowie in Indonesien und im südlichen Afrika. Fehlt weitgehend auf der Iberischen Halbinsel und in Südfrankreich. In den Niederlanden zunehmende Ausbreitung (1975 rund 11 000 Paare), ebenso in Belgien (1965 nur 179 Paare). In der Schweiz verbreitet (im Jahre 1953 waren es 500 – 750 Paare), in Österreich nur im Osten vorkommend (Zahlen liegen hier nicht vor). In der Bundesrepublik wurden im Jahre 1961 etwa 4625 besetzte Horste gezählt, in der DDR 1960 rund 2100 besetzte Horste. In den meisten Ländern der EG und in der Schweiz geschützt, in der Bundesrepublik seit 1972 ganzjährig geschont, aber in der DDR nur vom 16.3. – 31.6. Der Graureiher steht in der Bundesrepublik und in Österreich auf der „Roten Liste" der bedrohten Arten. Nord- und mitteleuropäische Graureiher überwintern vorwiegend in West- und Südeuropa, z. T. schon in Westdeutschland.

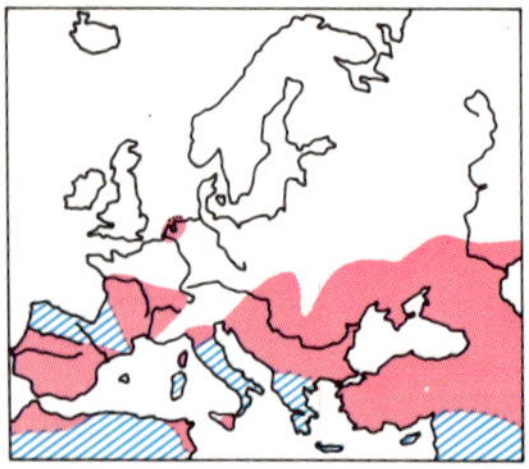

Purpurreiher

Ardea purpurea
E: Purple Heron
F: Héron pourpré
H: Purperreiger
I: Airone rosso
S: Garza imperial

Kennzeichen: Kleiner und schlanker als Graureiher; Gesamteindruck dunkler. Im Flug wird der dünnere Hals noch stärker eingezogen; die Zehen erscheinen auffallend groß.
Biotop: Mehr Sumpfbewohner als der Graureiher; Teiche, See- und Flußufer müssen reichen Wasserpflanzenbestand aufweisen, in dem er sich gern versteckt.
Nahrung: Kleine Fische stehender Gewässer, kleine Nager und Spitzmäuse, Schlangen, Frösche und Wasserinsekten.
Fortpflanzung: Brütet selten einzeln, meist in Kolonien von 10 bis 100 Nestern. Diese werden im Schilf errichtet, selten auf Büschen. Eine Jahresbrut. Eiablage von Anfang April bis Juli; gewöhnlich 4 – 5 Eier. Brutdauer 24 – 28 Tage. Vom zehnten Tag ab verlassen die Jungen das Nest von Zeit zu Zeit und flüchten bei der geringsten Störung sofort ins Röhricht. Mit 6 Wochen können sie etwas fliegen, werden aber erst 60 Tage nach dem Schlüpfen selbständig.
Verbreitung: Von Südosteuropa bis Ostasien und Indonesien sowie in Ost- und Südafrika; ferner inselartig in Nordwestafrika, auf der Iberischen Halbinsel, in Frankreich (1974 in der Camargue 825 Paare), den Niederlanden (600 – 800 Paare), Italien, der Schweiz (1961 am Neuenburgersee 40 – 45 Paare), Österreich (1955 am Neusiedlersee etwa 300 Paare) und Süddeutschland (wenige Paare). Eine Tendenz zur Ausbreitung nach Norden ist spürbar, aber insgesamt geht der Bestand zurück infolge von Trockenlegungen, Störungen am Brutplatz und, ganz besonders in Frankreich, Abschuß der flugunfähigen Jungen im Juli, trotz der Schutzverordnungen. Der Zug beginnt im Juli – August mit dem Wegzug der Jungvögel, denen die Altvögel im September folgen. Einzelne Purpurreiher überwintern im südlichsten Europa, die bevorzugten Winterquartiere liegen jedoch in den sumpfigen Steppen Afrikas südlich der Sahara. Geschützte Art; in der Bundesrepublik, der Schweiz und Österreich auf der „Roten Liste“ der bedrohten Arten.

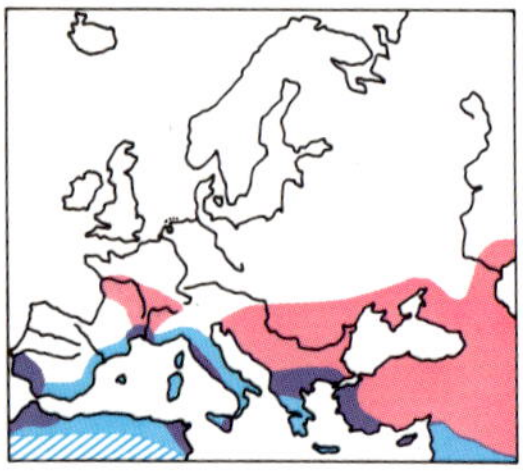

Seidenreiher

Egretta garzetta
E: Little Egret
F: Aigrette garzette
H: Kleine zilverreiger
I: Garzetta
S: Garceta común

Kennzeichen: Kleiner, reinweißer Reiher, Schnabel und Beine schwarz, Füße gelb; Altvögel im Brutkleid mit sehr langer Federschneppe im Genick und langen Schmuckfedern auf dem Rücken und an der Brust.
Biotop: Sümpfe, Überschwemmungsgebiete, Reisfelder, Bruchwälder, Sandstrände und -bänke am Meer, Teiche, fließende Gewässer.
Nahrung: Fische, Kriechtiere, Frösche, Schnekken, Krebstiere, Würmer, Wasserinsekten.
Fortpflanzung: Das kleine Reisignest steht auf Büschen oder Bäumen, gewöhnlich im Anschluß an Kolonien von Nacht-, Grau- oder Rallenreihern. Eiablage Ende April – Anfang Mai; gewöhnlich 4 Eier. Brutdauer 21 – 28 Tage. Die Jungen verlassen das Nest nach etwa einem Monat.
Verbreitung: Von Südosteuropa bis Japan und Australien, inselartig in den Mittelmeerländern, auf den Kapverden und im östlichen und südlichen Afrika einschließlich Madagaskar. Brütet in Mitteleuropa nur in Ungarn, doch erscheinen nicht brütende Vögel regelmäßig im österreichischen Burgenland. War in Frankreich Anfang des 20. Jahrhunderts als Brutvogel verschwunden, erschien aber 1920 wieder in der Carmargue und hat sich von dort über die südlichen und westlichen Landesteile ausgebreitet. Vor etlichen Jahrzehnten war der Seidenreiher aufs Äußerste bedroht, da sein Schmuckgefieder als Hutputz sehr begehrt war. Zugvogel. Europäische Brutvögel überwintern vorwiegend in Afrika. Ankunft am Brutplatz von Februar bis Mai, Abzug von Ende August bis November/Dezember. Geschützte Art. – Von Südosteuropa bis Ostasien und Australien, in Afrika südlich der Sahara und im tropischen und subtropischen Amerika brütet der fast graureihergroße Silberreiher (*Casmerodius albus*). Er ist schneeweiß, mit schwarzen Füßen und zur Brutzeit schwarzem, sonst gelbem Schnabel. Nur Schmuckfedern auf dem Rükken. Wahrzeichen des Neusiedler Sees. Steht in Österreich auf der „Roten Liste“ der gefährdeten Arten.

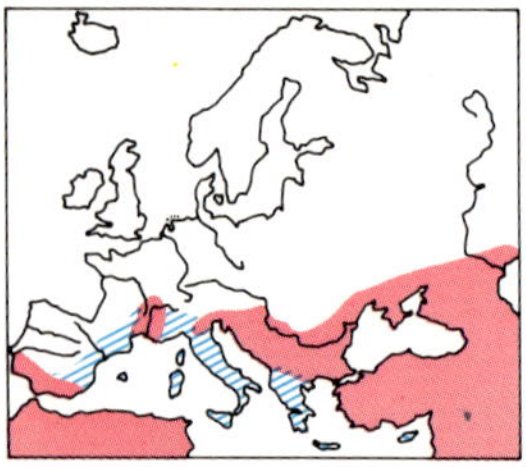

Rallenreiher

Ardeola ralloides
E: Squacco Heron
F: Héron crabier
H: Ralreiger
I: Sgarza ciuffetto
S: Garcilla cangrejera

Kennzeichen: Kleiner, in der Größe zwischen Zwergdommel und Seidenreiher stehender Reiher. Sein hellockergelbes Körpergefieder erscheint von weitem ganz weiß; im Flug sticht das Weiß von Flügel und Schwanz vom übrigen Gefieder ab. Lange, schmale, schwarzweiße Schmuckfedern zieren zur Brutzeit Kopf und Hals.
Biotop: Sümpfe und Teiche mit dichtem Bewuchs von Schilf, Gebüsch und Bäumen, denn der Rallenreiher liebt reiche Deckung.
Nahrung: Ernährt sich trotz seines französischen und spanischen Namens nur gelegentlich von Krebstieren; seine Hauptbeute sind kleine Fische, junge Frösche, Insekten und ihre Larven, Eidechsen, Weichtiere und Würmer.
Fortpflanzung: Baut sein Nest in Tamariskengebüsch, Baumgruppen oder im Schilf, gewöhnlich vereinzelt in Seiden-, Nacht- und Purpurreiherkolonien. Eiablage von Mitte Mai – Ende Juni; normal 4 – 6 Eier. Brutdauer 22 – 24 Tage; beide Eltern brüten. Die Jungen verlassen das Nest nach ungefähr 32 Tagen. Eine Jahresbrut.
Verbreitung: In geeigneten Biotopen im größten Teil von Afrika sowie von Südosteuropa bis Innerasien; im übrigen Europa auf den Süden von Portugal und Spanien (70 Paare), Südfrankreich (die Camargue mit ca. 100 Paaren und die Dombes mit weniger als 10 Nestern) und Norditalien beschränkt. Um 1900 wurde der europäische Gesamtbestand auf ca. 15 000 Paare geschätzt. Hauptgründe für den Rückgang waren der Schmuckfederhandel, das Verschwinden geeigneter Biotope und die Jagd. Gegenwärtig belaufen sich die europäischen Bestände auf weniger als 7000 Paare. Überall im Rückgang begriffen, außer vielleicht in der Camargue, (selbst in den Sümpfen Nordjugoslawiens, wo 1500 Paare der Schmuckfederräuberei von 1869 bis 1908 entgangen waren, wo aber unkontrollierte Jagd den Bestand auf 300 Paare herabgedrückt hat). Ab September ziehen westeuropäische Rallenreiher bei Nacht ins tropische Westafrika. Geschützte Art.

Kuhreiher

Ardeola ibis
E: Cattle Egret
F: Héron garde-boeuf
H: Koereiger
I: Airone guarda-buoi
S: Garcilla bueyera

Kennzeichen: So groß wie ein Seidenreiher, im Sommer mit rostgelbem Rücken, gelbem Schnabel, rosen- bis tiefroten Beinen und einem rostroten Schopf. Der einzige Reiher, der die Großwild- und Viehherden in der afrikanischen Steppe und auf der Weide begleitet, wo er sich ihnen in Scharen auf den Rücken setzt, um ihnen die Zecken abzusuchen.
Biotop: Brütet in Sumpf- und feuchtem Kulturland, weniger an Wasser gebunden als andere Reiher.
Nahrung: Ernährt sich nicht von Wassertieren, sondern jagt große Insekten, wie Heuschrecken und Käfer, indem er zwischen den Großtieren umherläuft, die diese Insekten aus dem hohen Gras aufscheuchen.
Fortpflanzung: Eiablage von Mitte April – Mitte Juni; gewöhnlich 4 – 5 Eier; Nest nicht größer als das der Ringeltaube, im Nationalpark Coto Doñana auf den höchsten Zweigen der Korkeichen, weitab vom Wasser, manchmal sehr niedrig auf einem Busch oder im Schilf, dicht am Wasser, selbst in dichten Rohrkolbenbeständen oder auf kleinen Felsinseln. Brütet in Kolonien zusammen mit anderen kleinen Reihern. Brutdauer 21 – 25 Tage. Die Jungen bleiben ungefähr 30 Tage im Nest. In Europa eine Jahresbrut.
Verbreitung: In den tropischen und subtropischen Gebieten Afrikas und Asiens, hat um die Mitte des 20. Jahrhunderts Süd-, Mittel- und Nordamerika sowie Australien erobert. In Europa ursprünglich nur in Südportugal und Südspanien, wo es 1972 6000 Brutpaare gab (gegenüber 3000 im Jahre 1944). Die von den großen Kolonien in Andalusien ausgehende Ausbreitung hat sich nach Nordspanien und von da in die Camargue fortgesetzt (1975 128 Nester). Eine Ausdehnung nach Norden erscheint vorhersehbar; zunehmende Überwinterung von Kuhreihern an Teichen im Mittelmeergebiet beweisen die Anpassungsfähigkeit dieser Pionierpopulation. Wiederholt in Westdeutschland beobachtet; 1975 eine Brut bei Freiburg. Zahlreiche europäische Brutvögel überwintern an Ort und Stelle; Einzelvögel ziehen zuweilen bis nach Marokko.

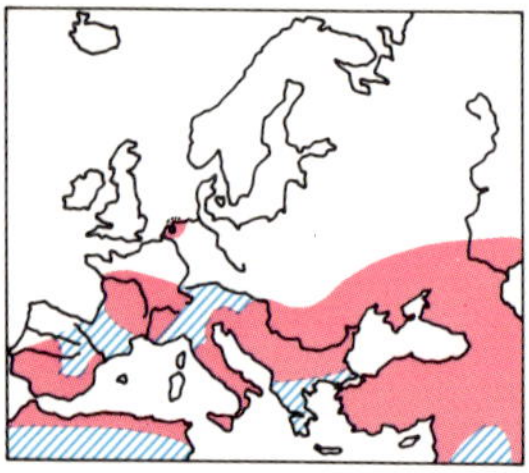

Nachtreiher

Nycticorax nycticorax

E: Night Heron
F: Héron bihoreau
H: Kwak
I: Nitticora
S: Martinete

Kennzeichen: Vorwiegend dämmerungs- und nachtaktiv, bussardgroß, kurz und gedrungen mit dickem Schnabel. Altvögel grau, schwarz und weiß mit roten Augen, weißer Federschneppe im Genick, Jungvögel düsterbraun mit weißen Flecken, unterseits braun gestreift.
Biotop: Sümpfe sowie Fluß- und Seeufer mit dichtem Baum- und Strauchbestand.
Nahrung: Hauptsächlich Frösche, kleine Fische, Wasserinsekten und ihre Larven, Weichtiere, Kleinnager, gelegentlich auch Jungvögel.
Fortpflanzung: Das verhältnismäßig kleine Reisignest steht auf einem Busch oder Baum meist über dem Wasser. Eiablage von Mitte April – Juni; 4 – 5 Eier. Brutdauer 21 Tage. Die Jungen verlassen das Nest nach 3 – 4 Wochen, fliegen aber erst 3 Wochen später gut. Eine Jahresbrut. Brütet nicht selten in gemischten Reiherkolonien.
Verbreitung: Vom Mittelmeerraum bis Japan und Indonesien, in Nord- und Südamerika; inselartige Vorkommen im südlichen Afrika. Brütete früher auch in den meisten Ländern West- und Mitteleuropas, aber Trockenlegung von Sümpfen und systematische Verfolgung durch Fischer und Jäger haben Brutgebiet und Bestände stark eingeschränkt; für den Rückgang wird auch die anhaltende Dürre im Überwinterungsgebiet verantwortlich gemacht. Seit 1946 infolge von Schutzmaßnahmen wieder Brutvogel in den Niederlanden (100 – 200 Paare). Brütet seit 1950 in Bayern (1964 mindestens 5 Paare), hat 1967 – 1971 in der Schweiz gebrütet. Unregelmäßiger Brutvogel in der DDR. Häufiger ist der Nachtreiher in Südosteuropa von der Tschechoslowakei und Österreich bis zur südlichen Sowjetunion; die wichtigsten europäischen Brutkolonien befinden sich in Spanien (über 3500 Paare) und Portugal. Zugvogel, zieht von Juli-August bis September-Oktober nach Afrika südlich der Sahara, kehrt im April zurück. Geschützte Art, steht in der Bundesrepublik, Österreich und der Schweiz auf der „Roten Liste“ der bedrohten Arten.

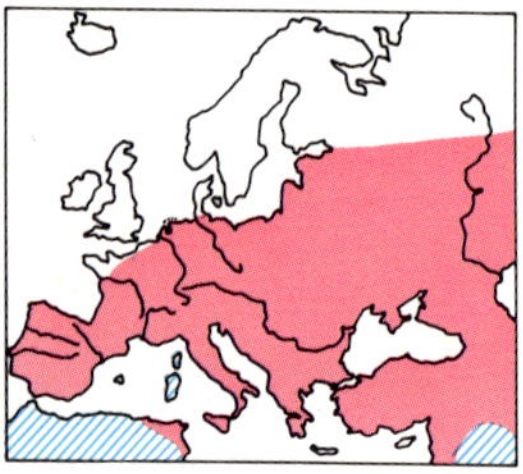

Zwergdommel

Ixobrychus minutus

E: Little Bittern
F: Butor blongios
H: Woudaapje
I: Tarabusino
S: Avetorillo común

Kennzeichen: Unser kleinster Reiher (35 cm), mit langem, ziemlich dickem Hals und verhältnismäßig kurzen Beinen, aber sehr langen Zehen. Männchen: Oberkopf und Rücken grünlich schwarz; im Flug ein deutlich sichtbarer, weißlicher Flügelfleck. Weibchen: Kinn und Schultern warm-dunkelbraun und fein gestreift, Rücken und Bürzel braun. Bei beiden Geschlechtern Schnabel gelblich, Beine grün. Fliegt gewöhnlich sehr niedrig mit schnellem Flügelschlag, eingezogenem Hals und nach hinten ausgestreckten Beinen.
Biotop: Dichtes Röhricht an sauberen, fischreichen Gewässern.
Nahrung: Insekten und ihre Larven, kleine Fische (bis zu 10 cm), Froschlurche und Kaulquappen, Weichtiere.
Fortpflanzung: Das kleine Nest aus Zweigen wird in Rohrkolbenbeständen oder Sträuchern angelegt, fast immer über dem Wasser (10 – 50 cm hoch), selten auf dem Trockenen. Manchmal sind die Nester zu kleinen Kolonien vereint. Eiablage Anfang Juni – Juli; 4 – 7 Eier. Brutdauer 16 – 17 Tage. Männchen und Weibchen brüten abwechselnd. Die Jungen können mit 30 Tagen fliegen.
Verbreitung: Europa (mit Ausnahme der Mittelmeerinseln, der Britischen Inseln sowie Skandinaviens und der nördlichen Sowjetunion), Vorder- und Mittelasien, Afrika südlich der Sahara, Ost- und Südwestaustralien. In Mitteleuropa verschwindet die Zwergdommel im selben Maß wie die Brutgebiete trockengelegt bzw. durch Wassersport und Fischerei gestört werden. Seltener, sehr lokaler Brutvogel in den Niederlanden (etwa 90 – 150 Brutpaare). In Belgien geht der Bestand immer mehr zurück. Im Norden und Westen der Bundesrepublik nur in Holstein und am Niederrhein als Brutvogel nachgewiesen (1975). Ab Ende August versammeln sich die Zwergdommeln in der Dämmerung zu 10 bis 15 Vögeln, um nach Süden zu ziehen; sie überwintern in Afrika von Äthiopien bis zum Kapland. Überall geschützte Art. Steht in der Bundesrepublik, Österreich und der Schweiz auf der „Roten Liste“ der vom Aussterben bedrohten Arten.

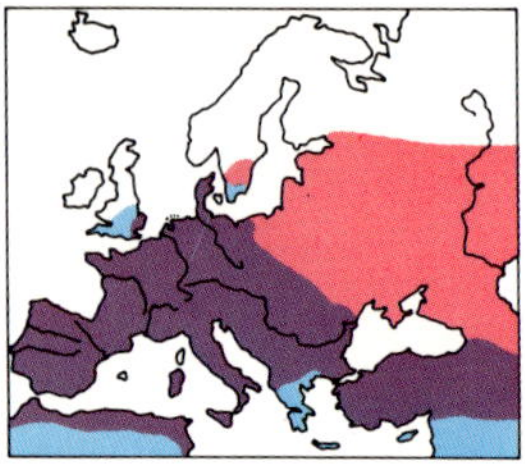

Rohrdommel

Botaurus stellaris
E: Bittern
F: Butor étoilé
H: Roerdomp
I: Tarabuso
S: Avetoro común

Kennzeichen: Etwa so groß wie ein Mäusebussard. Das gelblichbraune, oben dunklere Gefieder mit hellen Längsstreifen verschmilzt mit der von der Rohrdommel bewohnten Umgebung. Bei Alarm bleibt sie stumm, wird lang und dünn und erstarrt, wobei sie den Hals mit zum Himmel weisendem Schnabel fast senkrecht nach oben streckt und den Störenfried ansieht. Vorwiegend Dämmerungsvogel, bei Tageslicht selten fliegend zu beobachten. Der Schlag der großen, gerundeten Flügel läßt sie einer Sumpfohreule ähnlich erscheinen, aber das Flugbild mit eingezogenem Hals und ausgestreckten grünen Beinen ist typisch für Reiher. Die Rohrdommel führt ein verstecktes, heimliches Leben in den ausgedehnten Rohrkolben- und Binsenbeständen der Sümpfe. Sie zeigt sich nicht offen und wird erst mit Sonnenuntergang aktiv, immer im Schutz des Röhrichts, wobei sie sich mit ihren langen Zehen an den Halmen festhält oder im seichten Wasser watet. Sie verrät ihre Anwesenheit durch das eindrucksvolle Grunzen, das das Männchen ab Frühlingsbeginn – vor allem während der Nacht – ausstößt. Deshalb hieß die Rohrdommel früher „Moorochse", und in verschieden Sprachen erinnert ihr Name an diese Eigentümlichkeit. Die Stimme des Männchens ist nicht sehr laut, aber bei Windstille kilometerweit zu hören. Die dumpfen, weittragenden Rufe entstehen dadurch, daß die Rohrdommel unter leisen Geräuschen mit vorgestrecktem Hals eine große Menge Luft in sich hineinpumpt, die sie dann unter krampfhaften Bewegungen des Körpers geräuschvoll wieder ausstößt. Auf eine Rufreihe folgen einige Minuten Pause, dann beginnt sie von neuem.

Biotop: Brutvogel ausgedehnter, dichter Schilfbestände in sumpfigem Gelände und im seichten Wasser. Meidet undurchdringliches Röhricht sowie, außer zum Fischen, deckungsarmes Feuchtland. Bevorzugt breite Schilfgürtel an langsam fließenden Flüssen, Seen, Teichen und Tümpeln, sofern im vorjährigen Schilf noch kleine Wasserflächen offen sind und der Bewuchs nicht zu dicht ist. Erlen- und Weidengebüsch ist in diesem Biotop häufig, aber nicht erforderlich. Während die Zwergdommel deutlich klare, fischreiche Gewässer bevorzugt, ist die Rohrdommel an Sumpfboden gebunden.

Nahrung: Ernährt sich vorwiegend von Wassertieren aller Art: Fröschen, Unken, in geringem Umfang auch Fischen (Kärpflinge, Schleien, Hechte, Stichlinge), Molchen, Wasserinsekten (vor allem Gelbrandkäfern, Libellen und ihren Larven, Wasserwanzen und Wasserskorpionen), Wasserspitzmäusen, Eidechsen und Egeln. Plündert zuweilen die Nester der in ihrem Biotop brütenden Kleinvögel. Sucht ihre Beute gewöhnlich im Brutrevier, jagt aber mitunter wie ein Storch Frösche in den umliegenden feuchten Wiesen.

Fortpflanzung: Das verhältnismäßig kleine, flache Nest wird aus trockenen Schilfhalmen und dergleichen gebaut. Die schwimmende oder auf umgebrochenen Schilfhalmen in Höhe des Wasserspiegels ruhende Plattform wird an Schilfhalmen befestigt, oft nahe am Land oder am offenen Wasser. Eiablage von Mitte April bis Juni; gewöhnlich 4 – 6 Eier. Brutdauer etwa 25 Tage. Die Jungen werden ausschließlich vom Weibchen betreut. Nach 2 – 5 Wochen halten sie sich oft in der Nähe des Nestes auf. Ab der 8. Woche sind sie flugfähig. Eine Jahresbrut.

Verbreitung: Von Nordwestafrika bis Mittelschweden und zum Finnischen Meerbusen, von der Iberischen Halbinsel bis zum Pazifik, in Südostafrika. Fehlt in Südfrankreich. In Großbritannien nur im Südosten. In den Niederlanden gibt es 300 – 600 Brutpaare, in Belgien nur etwa 20. In Norddeutschland lückenhaft verbreitet. Brütet im Süden nur in Nordbayern, in Österreich nur am Neusiedlersee. In der Schweiz als Brutvogel ausgestorben. Ihr Bestand geht überall zurück, da der Biotop durch Gewässerverschmutzung und Trockenlegung stark gefährdet ist. Andererseits fallen Standvögel, die im Brutgebiet überwintern, langen und strengen Wintern zum Opfer. Mitteleuropäische Rohrdommeln überwintern in Südeuropa und Nordafrika. Geschützte Art. Steht in Österreich und der Bundesrepublik auf der „Roten Liste" der vom Aussterben bedrohten Arten.

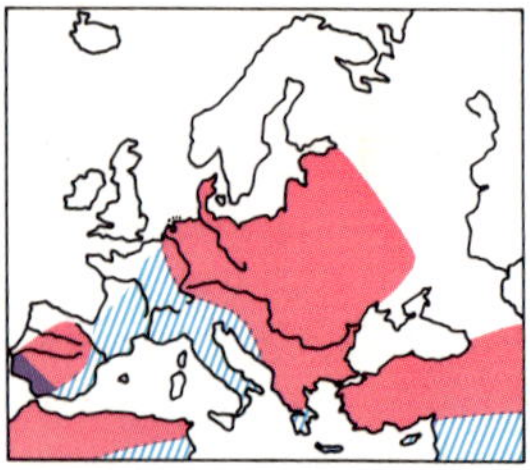

Weißstorch
Ciconia ciconia
E: White Stork
F: Cigogne blanche
H: Ooievaar
I: Cicogna bianca
S: Cigüeña común

Kennzeichen: Weißes Gefieder, schwarze Schwingen, roter Schnabel und rote Beine. Bekanntester Stelzvogel; der einzige, der auf Gebäuden brütet. Fliegt mit ausgestrecktem Hals.
Biotop: Sucht seine Nahrung in Feuchtgebieten. Bevorzugt zum Brüten Gebäude (Kirchen, Bauernhäuser, Ruinen und Schornsteine). Benutzt sehr gern die häufig aus großen Wagenrädern gefertigten Horstunterlagen.
Nahrung: Allesfresser (Frösche, Kleinnager, Maulwürfe, Eidechsen, Würmer, Insekten).
Fortpflanzung: Der Unterbau des Horstes besteht aus starken Ästen, über die Zweige, Erdschollen, Grassoden, Federn und manchmal sogar Papier und Lumpen geschichtet werden. Eiablage ab Mitte März; gewöhnlich 3 – 5 Eier. Brutdauer über 30 Tage. Die Jungen fliegen mit etwa 55 Tagen und sind nach 70 Tagen völlig selbständig. Eine Jahresbrut.
Verbreitung: In Nordwestafrika und auf der Iberischen Halbinsel, in Mittel- und Osteuropa, Vorderasien, Turkestan, der Mandschurei und Korea. In den Niederlanden seltener Brutvogel (ca. 5 Horste). In Frankreich nur im Elsaß regelmäßiger Brutvogel, jedoch in ständigem Rückgang begriffen. In der Bundesrepublik ging der Bestand von 1934 – 1958 von 4630 auf 2606 Paare zurück, in der DDR von 4628 auf 2069. Die Schweiz beherbergte um 1900 noch rund 150 Brutpaare; 1949 wurde der letzte besetzte Horste gemeldet; 1974 fand eine Neuansiedlung statt. Stärker sind die Bestände im heutigen Polen. In Österreich ist eine Ausbreitungstendenz festzustellen. Zugvogel. Die westeuropäischen Störche ziehen über Gibraltar nach Westafrika, die osteuropäischen über den Bosporus nach Ost- und Südafrika. Hauptursache des besorgniserregenden Rückganges der Bestände ist die Zerstörung des Lebensraumes (Trockenlegung von Feuchtgebieten). Geschützte Art. Steht in der Bundesrepublik und in der Schweiz auf der „Roten Liste“ der vom Aussterben bedrohten Arten.

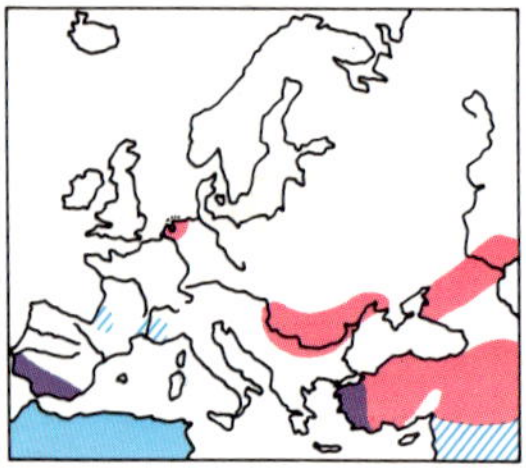

Löffler
Platalea leucorodia
E: Spoonbill
F: Spatule blanche
H: Lepelaar
I: Spatola
S: Espátula

Kennzeichen: Großer Stelzvogel, so groß wie ein Graureiher (85 cm), mit weißem Gefieder, rotgelbem Halsband, nacktem, orangem Kinnfleck und weißgelben Schmuckfedern im Genick. Der schwarzgraue Schnabel ist spatelförmig. Im Flug wird der vorgestreckte Hals leicht gebogen getragen. Flug langsam, mit regelmäßigem Flügelschlag. Setzt sich gern auf Bäume.
Biotop: Schilfsümpfe, Lagunen, Strände, Watten, seichtes Süß- oder Salzwasser.
Nahrung: Kleine Wassertiere aller Art (Insekten und Larven, Weich- und Krustentiere, Frösche, kleine Fische), selten Pflanzenteile. Mehr nacht- als tagaktiv, fliegt gewöhnlich in Gruppen zu den Nahrungsplätzen. Bei der Nahrungssuche wird das seichte Wasser unter Hin- und Herschwenken des Schnabels „durchschnattert“.
Fortpflanzung: Brütet in oft sehr starken Kolonien in alten Schilfbeständen, auf kahlen Inselchen, örtlich auch auf Bäumen und Gebüsch. Eiablage April – Mai; gewöhnlich 4 – 5 Eier. Brutdauer 21 – 25 Tage. Die Jungen verlassen das Nest nach etwa 4 Wochen.
Verbreitung: Von Südosteuropa mit größeren Verbreitungslücken bis Ceylon und Nordchina. Weiter westlich regelmäßiger Brutvogel in Ungarn, Österreich (Neusiedlersee), den Niederlanden (Naardermeer, Zwanenwater, Texel, Terschelling, insgesamt 180 Nester) und Südspanien. In Deutschland hat 1962 ein Paar auf der Insel Memmert gebrütet. In Europa insgesamt seltene, meist abnehmende Art. Für den Rückgang der Bestände ist mindestens teilweise die ständig zunehmende Gewässerverschmutzung verantwortlich. Zugvogel, zieht Ende August – Anfang Oktober nach Afrika südlich der Sahara und trifft im März/April wieder am Brutplatz ein. Überall geschützt, steht in der Bundesrepublik und in Österreich auf der „Roten Liste“ der gefährdeten Arten.

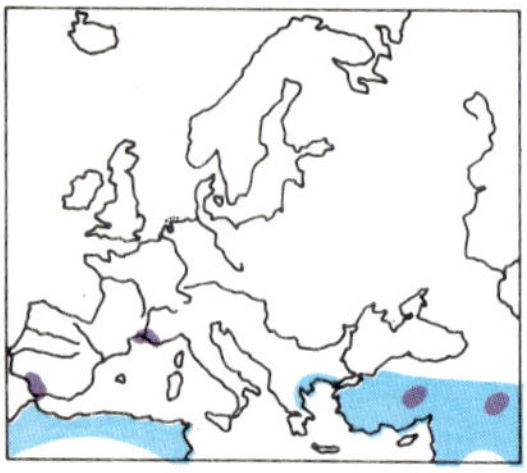

Flamingo

Phoenicopterus ruber

E: Flamingo
F: Flamant rose
H: Flamingo
I: Fenicottero
S: Flamenco

Kennzeichen: Sehr groß, hellrosa Gefieder, lange, fleischfarbene Beine mit durch Schwimmhäute verbundenen Zehen, überlanger Hals, dicker, krummer, an der Spitze schwarzer Schnabel. Im Flug werden die dunkelroten und schwarzen Schwungfedern sichtbar.
Biotop: Meist seichte, brackige Gewässer, Küstenlagunen, Tümpel, Seen usw. mit Sommertemperaturen bis zu 24° C.
Nahrung: Sucht seine Nahrung in stark salzhaltigen Gewässern. Der Oberschnabel ist mit Lamellen versehen, die den Schlamm filtern und organische Bestandteile zurückhalten. Ernährt sich auch von Samen, Algen, Kleinkrebsen, Larven und kleinen Fischen.
Fortpflanzung: Brütet in dichten Kolonien auf Schlammbänken oder im seichten Wasser. Die Nester werden mit Hilfe des Schnabels aus Schlamm gebaut und bilden bis zu 25 cm hohe Kegel. Die Ablage des einzigen Eies erfolgt von Anfang April – Anfang Juni. Brutdauer 30 – 32 Tage. Die Jungen sind nach 10 Wochen flügge, aber erst nach 6 Jahren fortpflanzungsfähig.
Verbreitung: Inselartig in der Karibik und auf den Galapagosinseln, auf den Kapverden, in Tunesien (?), Ostafrika, Indien und von der Türkei bis Westsibirien. Brütet in Europa nur in der Camargue und (sehr unregelmäßig) in Südspanien. Sehr empfindlich gegenüber Störungen (durch Flugzeuge und Jagd) sowie Schwankungen des Wasserstandes. Die Zahl der Brutpaare in der Camargue schwankt von Jahr zu Jahr. 1970 gab es noch 200 – 300 Paare, da die Flamingos zum Brüten nach Nordafrika ausgewichen waren, 1971 waren es aber wieder 1500 Paare. Vorteilhaft ausgewirkt hat sich die Vergrößerung der Salinen, deren Verdunstungsbecken von Mai bis September unter Wasser stehen und dem Flamingo gleichzeitig Nahrung und sichere Nistplätze bieten. Der Flamingo zieht nicht regelmäßig, bleibt aber zuweilen aus ungeklärten Gründen dem Brutplatz fern. In Europa gefährdete und überall geschützte Art.

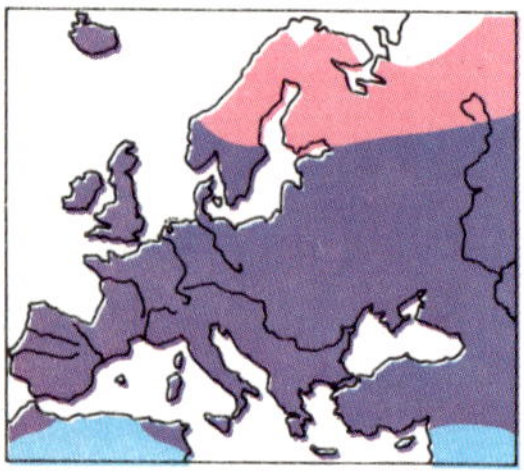

Stockente

Anas platyrhynchos

E: Mallard
F: Canard colvert
H: Wilde Eend
I: Germano reale
S: Ánade real

Kennzeichen: Größte und häufigste Gründelente. (Gründelenten suchen ihre Nahrung an der Oberfläche oder halb untergetaucht auf dem Grund.) Fliegt fast senkrecht vom Wasser auf. Männchen: Kopf und Hals glänzend grün mit weißem Halsband, Rücken grau, Seiten hell, Brust kastanienbraun, Schwanz breit weißgesäumt. Weibchen: dunkelbraun mit zahlreichen gelblichen Flecken. Beide Geschlechter tragen einen violetten Flügelspiegel.
Biotop: Ruhige Gewässer mit viel Bodenbewuchs und flachen Ufern. Auch Parkteiche.
Nahrung: Sehr abwechslungsreich, verschiedene Pflanzen, Samen, kleine Insekten, Würmer, Larven, Kaulquappen, Frösche, Weichtiere, kleine Fische.
Fortpflanzung: Das Nest besteht aus einem Haufen trockener Pflanzen als Grundlage mit einer Schicht feineren Materials darüber. Die Nestmulde ist mit rings um das brütende Weibchen verteilten Dunen ausgekleidet. Das Nest wird in einer großen Grasbülte oder dergleichen nahe am Wasser oder in hohlen Bäumen (Kopfweiden) angelegt. Die Eiablage beginnt schon Ende März, unter günstigen klimatischen Bedingungen auch früher; gewöhnlich 7 – 14 Eier. Brutdauer 22 – 29 Tage. Die Jungen werden mit 7 1/2 – 8 Wochen flügge. Brutgeschäft und Jungenaufzucht obliegen – wie bei allen Enten – allein dem Weibchen. Eine Jahresbrut.
Verbreitung: Weitverbreitet in der gemäßigten Zone der Nordhalbkugel; fehlt in Europa nur im äußersten Norden Norwegens und der Sowjetunion. Sehr häufig, da sehr anpassungsfähig, vermehrt sich stark und wird zu Jagdzwecken ausgesetzt. Durch die EG-Richtlinie vom 19.12.78 ist der früher vor allem in den Niederlanden, aber auch in Norddeutschland übliche Massenfang in sogenannten Entenkojen verboten worden, ebenso die Frühjahrsbejagung. Jagdbare Art, in der Bundesrepublik vom 1. 9. – 15. 1., in der DDR vom 16. 8. – 15. 12. Im Norden Zug-, im Süden Stand- und Strichvogel, dessen Bewegungen wahrscheinlich durch Nahrungs-, Wetter- und Sicherheitsverhältnisse beeinflußt werden.

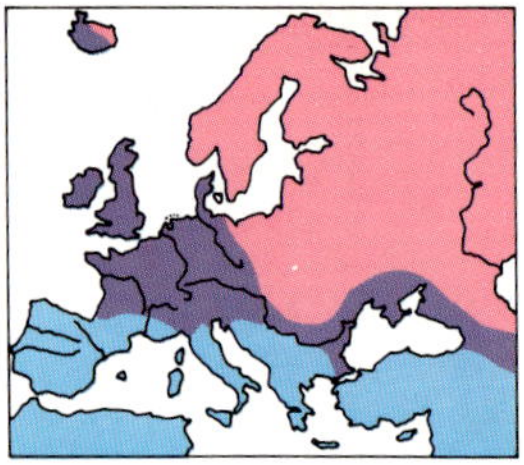

Krickente

Anas crecca
E: Teal
F: Sarcelle d'hiver
H: Wintertaling
I: Alzavola
S: Cerceta común

Kennzeichen: Kleine Gründelente (35 cm), deutlich kleiner als die Stockente, nur etwas kleiner als eine Knäkente. Männchen: Rumpf bläulich-grau, Brust hell mit schwarzen Punkten, Kopf rotbraun mit breitem, bis zum Hals reichendem, grünem Seitenstreif, Schnabel grau, klein und dünn. Weibchen: einheitlich braun bis auf den Flügelspiegel. Leicht mit dem der Knäkente zu verwechseln, am leichtesten am Flügelspiegel zu unterscheiden, der bei der Krickente oben leuchtend grün und schwarz und unten weiß ist, bei der Knäkente undeutlicher und ohne Schwarz.
Biotop: Seichte Binnengewässer mit dichter Ufervegetation, auch Moor- und Heideseen. Geht im Voralpenland kaum über 600 m hinauf.
Nahrung: Samen aller Art, Pflanzenteile und Wasserinsekten.
Fortpflanzung: Das aus Pflanzenteilen gebaute und reichlich mit Dunen gepolsterte Nest steht gut geborgen im Unterholz, im Heidekraut oder zwischen Erlenschößlingen. Eiablage ab Mitte April; gewöhnlich 8 – 10 Eier. Brutdauer 21 – 23 Tage. Die Jungen sind mit 23 Tagen flügge. Eine Jahresbrut (wie bei allen Entenvögeln).
Verbreitung: In der gemäßigten und arktischen Zone der Nordhalbkugel weitverbreitet, fehlt in Europa nur auf der Iberischen Halbinsel, in Mittel- und Süditalien, auf der Balkanhalbinsel und auf den Mittelmeerinseln völlig. In den Niederlanden ungefähr 1000 – 3000 Paare, in Belgien rund 400, in der Schweiz höchstens 15. In der Bundesrepublik nur im Norden und Südosten flächenhaft verbreitet; geht jedoch im Bestand zurück. Jagdbare Art, darf in der DDR vom 16. 8. – 15. 12., in der Bundesrepublik – obwohl sie hier wie in Österreich und der Schweiz auf der „Roten Liste“ der bedrohten Arten steht – vom 1. 10. – 15. 1. geschossen werden. Benötigt völligen Schutz.

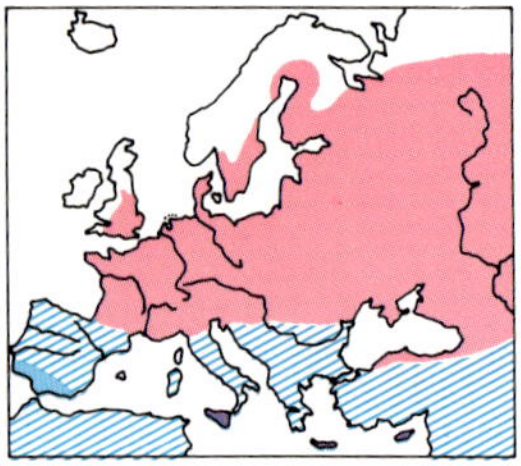

Knäkente

Anas querquedula
E: Garganey
F: Sarcelle d'été
H: Zomertaling
I: Marzaiola
S: Cerceta carretona

Kennzeichen: Kaum größer als eine Krickente. Die Weibchen beider Arten sind leicht miteinander zu verwechseln. Beim Männchen sind Kopf, Hals und Brust braun, ein breiter, weißer Brauenstreif reicht bis zum Nacken. Der Spiegel ist metallisch grün.
Biotop: Brütet an plankton- und deckungsreichen Binnengewässern, im Gebirge nur unterhalb 600 m. Sucht selten Marschen, Watten und Brackwasser auf.
Nahrung: Wie bei der Krickente und anderen Gründelenten.
Fortpflanzung: Das Nest steht immer gut versteckt am Ende eines Ganges im dichten Bewuchs, in schwer zugänglichem Morast, im Heidekraut, in dichten Binsen- oder Grasbülten, am Rande stehender Gewässer, in überschwemmtem Gelände, manchmal auf einer Kopfweide. Es besteht aus trockenen Pflanzen, Heidekraut und Moos und ist mit Dunen gepolstert. Eiablage Mai – Juni; gewöhnlich 8 – 11 Eier. Brutdauer 21 – 23 Tage. Die Jungen sind mit 5 – 6 Wochen flügge. Eine Jahresbrut.
Verbreitung: Von Südfrankreich, Norditalien und den Donauländern bis Mittelschweden und Südfinnland, von Südengland bis Sachalin, mit Außenposten in Südspanien und auf einigen Mittelmeerinseln. Deutlich klimaabhängig. Dringt in wärmeren Perioden weit nach Norden vor. In den Niederlanden 2000 – 4000 Brutpaare, in Belgien weniger als 200, in Luxemburg 4 – 6. In Deutschland im Norden häufiger im Süden spärlicher Brutvogel (rund 500 Paare). Trifft bei uns Ende März bis Anfang April ein und zieht im August/September wieder ab. Europäische Brutvögel überwintern hauptsächlich in Afrika südwärts bis Guinea und werden daher stark von der Dürre im Sahelgebiet betroffen. Jagdbare Art. Darf in der DDR vom 16. 8. – 15. 12 und in der Bundesrepublik – obwohl sie hier wie in Österreich und der Schweiz auf der „Roten Liste“ der bedrohten Arten steht – vom 1. 10. – 15. 1. geschossen werden. Benötigt völligen Schutz!

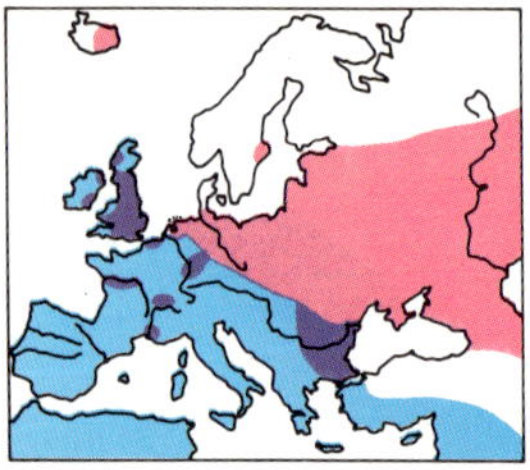

Schnatterente
Anas strepera
E: Gadwall
F: Canard chipeau
H: Krakeend
I: Canapiglia
S: Ánade friso

Kennzeichen: Etwas kleiner als Stockente, von ihr durch den, vor allem im Flug sichtbaren, weißen Spiegel unterschieden. Das Männchen erscheint von weitem einheitlich graubraun mit schwarzem „Heck"; der Schnabel ist dunkelgrau. Das Weibchen ist braun, der Schnabel an den Seiten orange.
Biotop: Brütet an nahrungsreichen Süß- und Brackwasserteichen mit dichtem Bewuchs.
Nahrung: Hauptsächlich pflanzlicher Art (Wurzeln und Blätter von Wasserpflanzen, Samen von Seggen, Reis und anderem Getreide), gelegentlich Würmer, Weichtiere, Insekten, Kaulquappen und kleine Frösche.
Fortpflanzung: Eiablage von Anfang Mai – Juni; 8 – 12 Eier. Neststand auf dem Lande nahe am Wasser gut versteckt im dichten Bewuchs oder unter einem Strauch. Brutdauer 27 oder 28 Tage. Die Jungen sind mit 7 Wochen flügge. Eine Jahresbrut.
Verbreitung: Ein zusammenhängendes Verbreitungsgebiet im westlichen Nordamerika, ein zweites von der Norddeutschen Tiefebene und den Donauländern bis Mittelasien. Im übrigen Europa nur inselartige Brutvorkommen in Island, Großbritannien, Mittelschweden und im Alpenraum. In den Niederlanden spärlicher Brutvogel (500 – 1000 Paare); fehlt in Belgien und Luxemburg. In der Schweiz weniger als 5 Paare; in Österreich vor allem am Neusiedlersee. In der DDR lokal verbreitet, vor allem im Norden; in der Bundesrepublik in Schleswig-Holstein häufig, in Niedersachsen regelmäßig am Dümmer, in Bayern an einigen Gewässern im Voralpenland. Zugvogel, der in Mitteleuropa Ende März/Anfang April ankommt und von September bis November wieder abzieht; europäische Brutvögel überwintern von den Mittelmeerländern und Rumänien südwärts bis Nigeria und Äthiopien. Jagdbare Art, darf in der DDR vom 16. 8. – 15. 12. geschossen werden. In der Bundesrepublik ganzjährig geschont; steht hier wie in der Schweiz auf der „Roten Liste" der bedrohten Arten. Benötigt völligen Schutz!

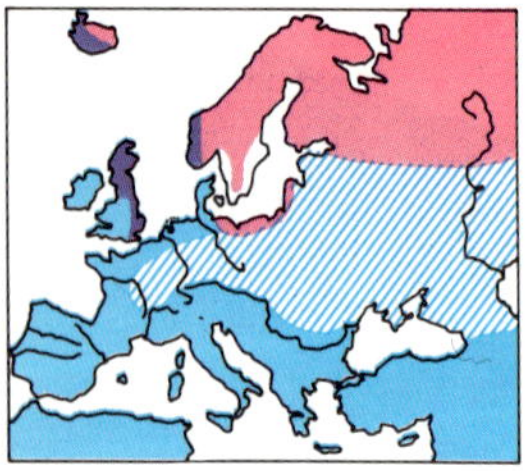

Pfeifente
Anas penelope
E: Wigeon
F: Canard siffleur
H: Smient
I: Fischione
S: Ánade silbón

Kennzeichen: Beim Männchen im Prachtkleid Kopf rotbraun mit goldgelber Stirnblesse, Rumpf grau gewellt, Brust weinrötlich. Der kurze Schnabel ist blau gefärbt. Beim kleineren Weibchen fallen die runde Stirn, der rötliche Ton des Gefieders und der spitze Schwanz auf.
Biotop: Brütet an dicht bewachsenen Süßwasserseen und großen Teichen, seltener in Torfmooren und in der Heide. Zur Zugzeit hält sie sich vor allem an Flachküsten auf.
Nahrung: Großenteils pflanzlicher Art. Weidet nach Art der Gründelenten Wasserpflanzen im Meer (Seegras) oder Süßwasser ab oder nach Gänseart Gras in Feuchtwiesen. Verzehrt auch Körner, weniger dagegen Insekten und Weichtiere.
Fortpflanzung: Eiablage im Süden des Brutgebietes ab Anfang, im Norden ab Ende Mai – Juni; gewöhnlich 7 – 8 Eier, die in niedrigem Bewuchs auf den Boden gelegt werden. Brutdauer 22 – 25 Tage. Die Jungen sind mit rund 6 Wochen flügge. Eine Jahresbrut.
Verbreitung: Von Nordengland und der südlichen Ostseeküste bis zum Nordkap, von Island bis Ostsibirien, vor allem in der Tundra. In Großbritannien kommen nicht mehr als 350 – 500 Paare vor. Brütet nicht in der Bundesrepublik; in der DDR (Mecklenburg) unregelmäßiger Brutvogel in wenigen Paaren. Überwintert vor allem an den Küsten der Britischen Inseln und der südlichen Nord- und Ostsee, ferner am Atlantik bis nach Marokko, seltener im Binnenland. Die Sahara wird selten überquert, doch erreichen einzelne Vögel auch Nigeria und Kenia. Isländische Brutvögel erscheinen nicht selten in Nordamerika.
Jagdbare Art, darf in der Bundesrepublik vom 1. 10. – 15. 1., in der DDR vom 16. 8. – 15. 12. geschossen werden. Benötigt ganzjährigen Schutz!

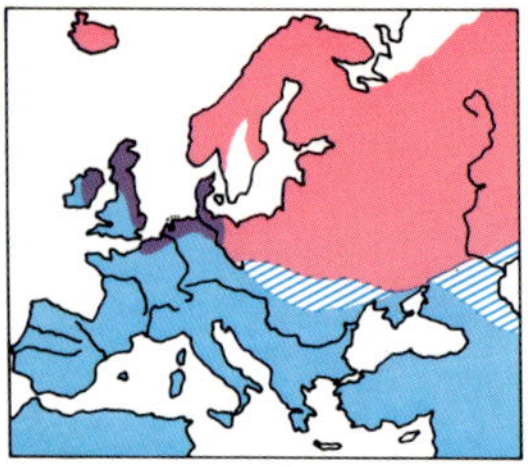

Spießente
Anas acuta
E: Pintail
F: Canard pilet
H: Pijlstaart
I: Codone
S: Ánade rabudo

Kennzeichen: Leicht anzusprechende Gründelente, etwas kleiner als Stockente, mit langem, spitzem Schwanz und sehr langem Hals. Männchen grau mit schokoladebraunem Kopf und weißem Hals und mit hellblaugrauem Schnabel; Weibchen sehr ähnlich denen der Stockente, aber schlanker und mit grauem Schnabel. Spiegel wenig auffällig.
Biotop: Ausgedehnte Heiden, Sümpfe und Moore im Flachland.
Nahrung: Mehr pflanzlicher Art als bei der Stockente, Samen, Larven, Insekten, Weich- und selbst Krebstiere.
Fortpflanzung: Das Nest aus Pflanzenteilen und Dunen steht versteckt im Gras in der Steppe oder in feuchter Heide. Eiablage von Mitte April – Anfang Mai; meist 8 – 9 Eier. Brutdauer 21 – 23 Tage. Neigt gelegentlich zum Brüten in Kolonien.
Verbreitung: Das geschlossene Verbreitungsgebiet erstreckt sich von Island, dem Norden der Britischen Inseln und den Niederlanden im Norden von Europa, Asien und Nordamerika bis zur Hudsonbai, den Großen Seen und Nordwestgrönland. Inselartige Brutvorkommen befinden sich in Bayern, Österreich und Norditalien. Auf den Britischen Inseln (seit 1869) selten mehr als 100 Paare, in den Niederlanden (seit 1923) 30 – 50; in Belgien bisher weniger als 10 Brutnachweise. In der Bundesrepublik spärlicher Brutvogel in Schleswig-Holstein, Niedersachsen und Oberbayern; in der DDR auf Mecklenburg und Brandenburg beschränkt. In Österreich nur im östlichen Burgenland regelmäßiger Brutvogel. Zieht von September – November und von Februar bis März, vor allem an den Küsten; überwintert z. T. schon in den Wattengebieten Westeuropas, vorwiegend aber im Mittelmeergebiet, wo sie unter dem starken Jagddruck sehr zu leiden hat. Jagdbare Art, darf in der DDR vom 16. 8. – 15. 12., in der Bundesrepublik – obwohl sie hier wie in Österreich auf der „Roten Liste“ der (potentiell) bedrohten Arten steht – vom 1. 10. – 15. 1. geschossen werden.

Löffelente
Anas clypeata
E: Shoveler
F: Canard souchet
H: Slobeend
I: Mestolone
S: Pato cuchara

Kennzeichen: Kleiner als Stockente. Kenntlich am dunklen, spatelartig vergrößerten Schnabel. Männchen sehr bunt: Kopf flaschengrün, Kropf weiß, Bauch und Flanken rostrot, Oberseite und Unterschwanzdecken schwarz, Schultern mit großem, weißem Feld, Vorderflügel himmelblau. Weibchen ähnlich wie das der Stockente, aber gut am spatelförmigen Schnabel zu erkennen.
Biotop: Stille, seichte und schlammige Gewässer, deren Grund mit faulenden Pflanzenteilen bedeckt ist. Im Gebirge nur unter 500 m.
Nahrung: Pflanzen und winziges Plankton, das mit Hilfe des typischen, besonders konstruierten Schnabels abgeschöpft wird.
Fortpflanzung: Das Nest, ein Haufen aus faulenden Pflanzen aller Art und mit Dunen gepolstert, steht gut getarnt in Seggenbülten unmittelbar am Ufer oder im Sumpf. Eiablage von Mitte April – Mitte Juli; 8 – 12 Eier. Brutdauer 22 oder 23 Tage. Die Jungen sind mit 8 Wochen voll entwickelt. Eine Jahresbrut.
Verbreitung: Von Südwestfrankreich und dem Donauraum bis zur Küste der nördlichen Ostsee, von Island und den Britischen Inseln bis Ostsibirien sowie im westlichen Nordamerika; fehlt weitgehend in Ostfrankreich und West- und Süddeutschland. In den Niederlanden 4500 – 10 000 Paare, in Belgien weniger als 100. In der Schweiz seltener und unregelmäßiger Brutvogel seit 1977 (höchstens 3 Paare). In Österreich vor allem im Burgenland und im Donautal. In Deutschland 6000 Paare, vor allem in der Norddeutschen Tiefebene vom Niederrhein bis Mecklenburg; im Süden nur sehr lokal verbreitet. Auf den Britischen Inseln Stand- und Strichvogel, sonst Zugvogel, der bei uns Ende März – Mitte April eintrifft und im September wieder abzieht. Überwintert z. T. schon in Westeuropa, vor allem aber im Mittelmeerraum und in Afrika bis Guinea und Uganda. Jagdbare Art. In der Bundesrepublik ganzjährig geschont, steht hier wie in Österreich und der Schweiz auf der „Roten Liste“ der bedrohten Arten. Verdient völligen Schutz!

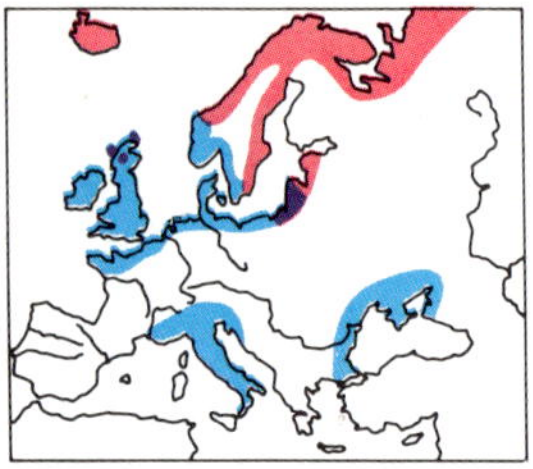

Bergente

Aythya marila
E: Scaup
F: Fuligule milouinan
H: Toppereend
I: Moretta grigia
S: Porrón bastardo

Kennzeichen: Kleine Tauchente, leicht mit der Reiherente zu verwechseln. Männchen im Prachtkleid: Kopf, Hals, Brust und Schwanz schwarz, Rücken hellgrau gewellt, Unterseite und Seiten weiß, keine Haube. Weibchen braun mit breitem, weißem Ring um die Schnabelwurzel. Bei beiden Geschlechtern breite, weiße Flügelbinde wie bei der Reiherente.
Biotop: Brütet im Norden an Seen, Teichen, Tümpeln und Wasserläufen auf dem Fjell und in der Tundra. Außerhalb der Brutzeit vorwiegend an der Küste, in Buchten und Wattgebieten, gern mit Trauer-, Samt- und Eiderenten zusammen.
Nahrung: Weich- und Krebstiere, Insekten, kleine Fische, mitunter auch Algen und andere Pflanzen.
Fortpflanzung: Eiablage Ende Mai – Ende Juni; 7 – 11 Eier. Brutdauer 24 – 28 Tage. Die Jungen sind mit 5 – 6 Wochen flügge. Eine Jahresbrut.
Verbreitung: Brütet in Island (häufig), auf den Färöern und in Nordskandinavien (spärlich), in Schottland (auf den Äußeren Hebriden, stets weniger als 10 Paare), an den Küsten der nördlichen Ostsee sowie im hohen Norden der gesamten Sowjetunion und Nordamerikas westlich der Hudsonbai. Überwintert in großen Scharen in den Küstengewässern von der westlichen Ostsee bis zum Kanal, seltener auf den großen Binnengewässern (im Gegensatz zur Reiherente). Die in Dänemark, den Niederlanden und Norddeutschland überwinternden Vögel (rund 50 000) stammen z. T. aus außereuropäischen Gebieten. Die Gesamtzahl der überwinternden Bergenten in Westeuropa soll sich auf 150 000 belaufen. Jagdbare Art, genießt nur in Belgien völligen Schutz. Darf in der Bundesrepublik vom 1. 10. – 15. 1. und in der DDR vom 16. 8. – 15. 12. geschossen werden.

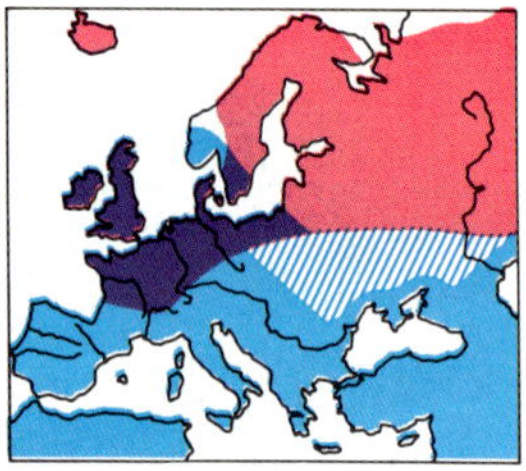

Reiherente

Aythya fuligula
E: Tufted Duck
F: Fuligule morillon
H: Kuifeend
I: Moretta
S: Porrón moñudo

Kennzeichen: Kleine Tauchente, Männchen im Prachtkleid schwarz mit weißen Seiten, von der Bergente durch den schwarzen Rücken und den kleinen „Hängezopf" unterschieden. Weibchen dunkelbraun, an den Seiten heller, mit kaum sichtbarem „Zopf", manchmal mit einem schmalen, weißen Fleck an der Schnabelwurzel (viel kleiner als bei der Bergente). Zeigt im Flug eine breite, weiße Flügelbinde. Die Anpassung an das Tauchen auf Kosten des Fliegens geht – wie bei allen Tauchenten – so weit, daß zum Auffliegen vom Wasser ein recht langer Anlauf benötigt wird.
Biotop: Seen und Teiche mit größeren freien Wasserflächen und mit Schilf und Seggen bestandenen Ufern. Auf dem Zug und im Winterquartier vorwiegend größere Gewässer.
Nahrung: Überwiegend tierisch (Weichtiere, kleine Krebstiere, Insektenlarven, kleine Fische und Kaulquappen), aber auch pflanzlich, besonders im Sommer. Sucht ihre Nahrung vorwiegend tauchend (bis zu 8 m tief), selten gründelnd, niemals auf dem Lande.
Fortpflanzung: Das Nest steht gewöhnlich gut getarnt im dichten Schilf nahe am Wasser. Eiablage von Mitte Mai – Juni; 8 – 10 Eier. Brutdauer 23 –26 Tage. Die Jungen werden zuweilen schon nach wenigen Tagen sich selbst überlassen, da sich das Weibchen zum Mausern zurückzieht; sie werden mit 8 Wochen flügge. Eine Jahresbrut.
Verbreitung: Von Island über Skandinavien bis Ostsibirien; das nördliche Mittel- und Westeuropa ist erst im Lauf der letzten 100 Jahre von Osten aus besiedelt worden. In den Niederlanden brüten 2000 – 4000 Paare, in Belgien weniger als 50. In der Bundesrepublik sollen rund 1000 Paare brüten, vor allem im Norden vom Niederrhein bis Schleswig-Holstein und in Bayern. Spärlicher Brutvogel in Österreich; in der Schweiz weniger als 30 Paare. Überwintert von der Ostsee bis zum Mittelmeer, in Afrika bis Nigeria und Kenia. Jagdbare Art, darf in der Bundesrepublik vom 1. 10. – 15. 1., in der DDR vom 16. 8. – 15. 12. geschossen werden; steht in der Schweiz auf der „Roten Liste" der gefährdeten Arten. Verdient völligen Schutz!

● 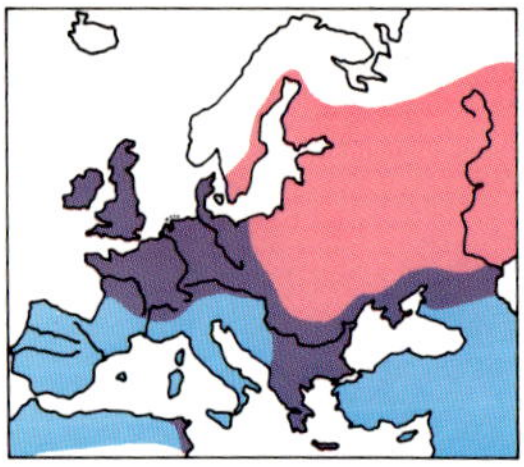

Tafelente

Aythya ferina
E: Pochard
F: Fuligule milouin
H: Tafeleend
I: Moriglione
S: Porrón común

Kennzeichen: Tauchente, kleiner als Stockente. Männchen im Prachtkleid: Kopf und Hals rot, Rücken grau, fein gewellt, Brust und Schwanz schwarz. Weibchen bräunlich, Wangen, Seiten und Unterseite heller. Keine weiße Flügelbinde.
Biotop: Seichte Süßwasserseen und -teiche und brackige Lagunen mit reichem Boden- und Uferbewuchs. Im Winter zuweilen auch auf vegetationslosen Gewässern.
Nahrung: Im wesentlichen pflanzlich. Taucht 1 – 4 m tief und reißt Knospen, Blätter, zarte Stengel und Wurzelstöcke von Wasserpflanzen aller Art ab oder sucht deren Samen im Schlamm. Verzehrt gelegentlich auch tierische Nahrung (Wasserinsekten, Würmer, Süßwasserkrebs- und Weichtiere, auch kleine Frösche, Kaulquappen und kleine Fische).
Fortpflanzung: Eiablage von Mitte April – Anfang Juni; 11 Eier. Brutdauer 23 – 26 Tage. Die Jungen werden 7 – 8 Wochen geführt. Eine Jahresbrut.
Verbreitung: Von den Alpen und dem Norden der Balkanhalbinsel bis Südschweden und Südfinnland, von den Britischen Inseln bis Sibirien; brütet (regelmäßig?) auch in Spanien und Norditalien. Hat ihr Brutgebiet in den letzten 100 Jahren erheblich nach Westen erweitert. Auf den Britischen Inseln (vor allem in Süd- und Ostengland) brüten 200, in Frankreich (an vielen Plätzen) über 2000 Paare, in den Niederlanden (seit 1866) 1000 – 2500, in Belgien (seit 1956) rund 80. In der Bundesrepublik betrug der Bestand 1966 rund 1500 Paare, vor allem in Bayern und Schleswig-Holstein, in der DDR rund 1700, vor allem im Südosten, in Österreich unter 100, in der Schweiz höchstens 15. Zug-, Strich- und Standvogel, überwintert von Mitteleuropa bis Nordafrika, Jagdbare Art, darf in der Bundesrepublik vom 1. 10. – 15. 1., in der DDR vom 16. 8. – 15. 12. geschossen werden. Steht in der Schweiz auf der „Roten Liste“ der gefährdeten Arten.

● 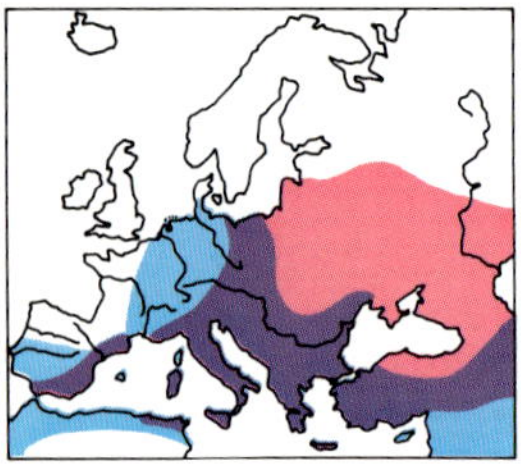

Moorente

Aythya nyroca
E: Ferruginous Duck
F: Fuligule nyroca
H: Witoogeend
I: Moretta tabaccata
S: Porrón pardo

Kennzeichen: Dunkelkastanienbraune Tauchente, etwas kleiner als die Reiherente, ohne Haube, mit auffallenden weißen Unterschwanzdecken. Kann von weitem mit der weiblichen Reiherente verwechselt werden. Im Fluge sichtbare weiße Flügelbinde. Auf dem Zug oft mit Tafelenten vergesellschaftet.
Biotop: Brütet an Süßwasserseen, -teichen und -tümpeln mit üppiger Ufervegetation von Binsen und Schilf und mit reichem Bestand an untergetauchten und schwimmenden Wasserpflanzen.
Nahrung: Pflanzen, die im seichten Wasser tauchend gesucht werden.
Fortpflanzung: Das Nest steht gut getarnt unter Pflanzen unmittelbar am Ufer oder auf einem schwimmenden Haufen von altem Schilf in nicht mehr als 50 cm tiefem Wasser. Eiablage im Süden des Verbreitungsgebietes ab Mai, im Norden ab Anfang Juni; gewöhnlich 7 – 11 Eier, zuweilen aber auch 14. Brutdauer 25 – 27 Tage. Die Jungen werden von der Mutter geführt und sind mit 56 – 60 Tagen flügge. Eine Jahresbrut.
Verbreitung: Mehr südöstliche Art, brütet vor allem östlich der Elbe und der Adria, nach Norden bis zum Finnischen Meerbusen, nach Osten bis Tibet, inselartig in Nordwestafrika, Südspanien und Süditalien, mit wenigen lokalen und recht unbeständigen Vorkommen in den Niederlanden, Belgien, Ostfrankreich und der Bundesrepublik. In der DDR regelmäßiger Brutvogel nur in Sachsen und der Oberlausitz. In Österreich regelmäßiger Brutvogel im Burgenland. Trotz ihrer Seltenheit nur in Italien, Großbritannien, den Beneluxländern und dem Elsaß sowie in der Bundesrepublik, wo sie wie in Österreich auf der „Roten Liste“ der vom Aussterben bedrohten Arten steht, geschützte bzw. ganzjährig geschonte Art.

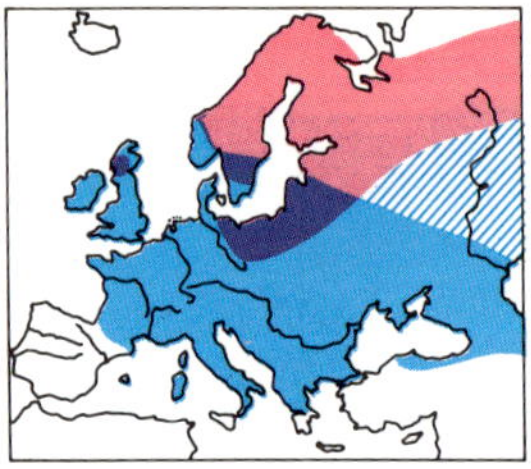

Schellente

Bucephala clangula

E: Goldeneye
F: Garrot à oeil d'or
H: Brilduiker
I: Quattrocchi
S: Porrón osculado

Kennzeichen: Tauchente, etwa so groß wie eine Tafelente. Männchen: Hals, Brust und Seiten leuchtend weiß, Rücken und mehrere Schulterstreifen schwarz. Der dicke, eckige Kopf ist glänzend grünschwarz mit einem kleinen, runden, weißen Fleck zwischen dem gelben Auge und dem kurzen schwarzen Schnabel. Weibchen kleiner, vorwiegend grau, mit schokoladebraunem Kopf und Vorderhals und einem schmalen weißen Halsband.
Biotop: Zur Brutzeit Süßwasserseen und Flüsse in Waldgebieten; außerhalb der Brutzeit auch an der Küste.
Nahrung: Vor allem Weichtiere und kleine Krebstiere, Insekten und deren Larven, Würmer, Laich und kleine Fische, aber auch Algen und Sprosse und Samen von Wasserpflanzen.
Fortpflanzung: Brütet in natürlichen Baumhöhlen und Nistkästen mit einer Öffnung von 10 – 25 cm Durchmesser, möglichst in der Nähe offenen Wassers. Eiablage im Süden ab Anfang April, im Norden bis Juni; 6 – 15 Eier. Brutdauer 26 – 30 Tage. Das Weibchen brütet allein – wie alle Enten – aber das Männchen wacht während der ersten zwei Wochen in der Nähe. Ein oder zwei Tage nach dem Schlüpfen klettern die Küken zum Eingang der Nisthöhle hoch und springen aus einer Höhe von 3 – 5 m zu Boden, ohne Schaden zu nehmen. Sie sind mit 2 Monaten flügge. Eine Jahresbrut.
Verbreitung: Von der Norddeutschen Tiefebene östlich der Elbe nach Norden bis Nordskandinavien, nach Osten bis Ostsibirien, sowie im Norden Nordamerikas; inselartig in Schottland (1974 3 Bruten) und in der Tschechoslowakei (rund 25 Bruten). Mehrere Brutversuche in der Schweiz. In der Bundesrepublik nur in Ostholstein, in der DDR rund 6000 Paare in Mecklenburg, Brandenburg und der Lausitz. Überwintert vor allem auf der Ostsee. Jagdbare, nur in den Beneluxländern und Italien geschützte, in der Bundesrepublik, wo sie auf der „Roten Liste" der portentiell gefährdeten Arten steht, ganzjährig geschonte Art; darf in der DDR vom 16. 8. – 15. 12. geschossen werden.

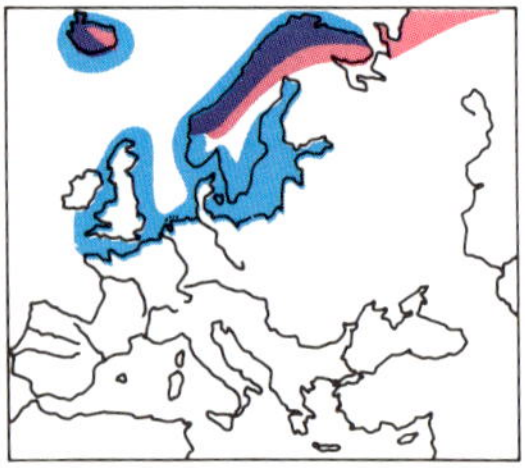

Eisente

Clangula hyemalis

E: Long-tailed Duck
F: Harelde de Miquelon
H: Ijseend
I: Moretta codona
S: Havelda

Kennzeichen: Tauchente, kleiner als Tafelente, mit rundem Kopf und hohem Schnabel. Männchen im Winter: Kopf, Hals, Schultern und Seiten weiß, großer Ohrfleck, Brust und Rücken schwarzbraun; im Sommer: Kopf (bis auf einen großen weißen Augenfleck), Hals und Brust schwarz, Seiten weiß, Rücken bräunlich; immer mit orangerotem Schnabelfleck; alte Männchen mit langen schwarzen Schwanzspießen. Weibchen bräunlich mit weißen Seiten und weißem Halsring, Kopf im Winter weiß mit dunkler Kopfplatte und grauem Ohrfleck, im Sommer braun; Jungvögel wie Weibchen im Winter.
Biotop: Brütet an den Küsten sowie an Süßwasserteichen in Taiga und Tundra bis 1400 m Meereshöhe. Im Winter auf dem Meer, selbst weit vor der Küste.
Nahrung: Überwiegend tierisch, im Sommer Insekten und ihre Larven sowie kleinere Krebstiere, im Winter Muscheln, Schnecken, kleine Krabben und Garnelen; kaum Fische, nur wenig Wasserpflanzen. Die Nahrung wird durch Tauchstöße von 10 – 120 Sekunden Dauer erbeutet, die bis in Tiefen von 10 – 15 m und mehr führen.
Fortpflanzung: Eiablage von Ende Mai im Süden des Gebietes bis Juli im Norden; gewöhnlich 5 – 6 Eier. Das Nest steht nahe am Wasser, geschützt unter Pflanzen oder Felsen, zuweilen in Felsspalten versteckt. Die Jungen sind mit 5 Wochen selbständig. Nach späten Wintern fällt die Brut aus. Eine Jahresbrut.
Verbreitung: Brütet im Norden der Alten und der Neuen Welt, in Europa nach Norden bis Lappland, Südnorwegen und Island, gelegentlich auch in Schottland. Westsibirische und europäische Brutvögel überwintern vorwiegend in der nördlichen Nordsee und in der westlichen Ostsee; hier haben die Bestände jedoch infolge der Ölverschmutzung stark abgenommen. Jagdbare, nur in den Beneluxländern und Italien geschützte, in der Bundesrepublik ganzjährig geschonte Art.

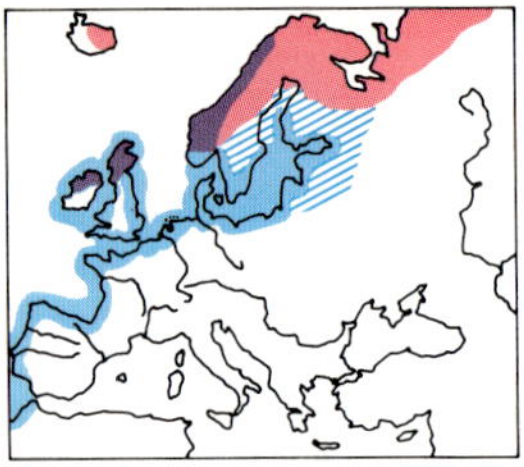

Trauerente

Melanitta nigra
E: Common scoter
F: Macreuse noire
H: Zwarte zeeëend
I: Orchetto marino
S: Negrón común

Kennzeichen: Einzige ganz dunkle Tauchente ohne Flügelspiegel, etwa bleßhuhngroß. Männchen ganz schwarz mit schwarz-gelbem Schnabel, Weibchen und Jungvögel dunkelbraun mit grauweißen Kopf- und Halsseiten.
Biotop: Brütet an kleineren Süßwasserseen und -teichen sowie an langsam fließenden Flüssen in Taiga und Tundra. Im Winter (Jungvögel auch im Sommer) auf dem Meer, wo man sie in einiger Entfernung von der Küste in langen Ketten dicht über dem Wasser fliegen sieht.
Nahrung: Vor allem Weich- und Krebstiere, die sie durch Tauchen in bis zu 4 oder 5 m tiefem Wasser erbeutet, wobei sie entsprechend dem Stand der Flut Ortsveränderungen vornimmt.
Fortpflanzung: Das Nest ist nur eine Vertiefung im Boden, Eiablage im Süden Anfang Mai, im Norden bis Anfang Juli; gewöhnlich 6 – 9 Eier. Brutdauer 27 – 31 Tage. Die Jungen werden 6 – 7 Wochen geführt. Eine Jahresbrut.
Verbreitung: Von Nordirland (seit 1905; 130 – 140 Bruten), Schottland (seit 1855; 30 – 50 Bruten) und Island über Nordskandinavien und den Norden der Sowjetunion bis Westalaska. Überwintert zahlreich von der westlichen Ostsee und der Nordsee südwärts bis zur Küste von Mauretanien. Viele Trauerenten übersommern vor der Nordseeküste von Dänemark bis Belgien. Jagdbare, nur in Island, den Beneluxländern und Italien geschützte Art. Häufiges Opfer der Ölpest.

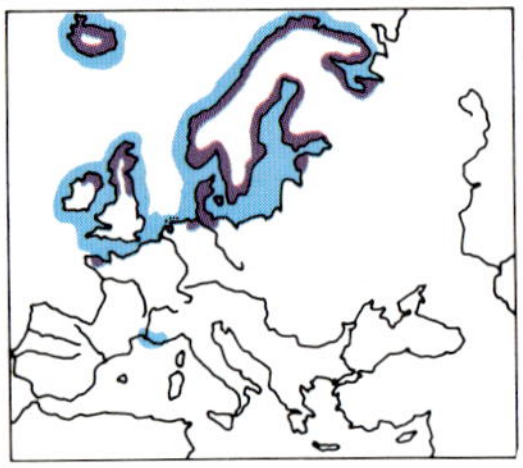

Eiderente

Somateria molissima
E: Eider
F: Eider à duvet
H: Eidereend
I: Edredone
S: Eider

Kennzeichen: Tauchente, größer und gedrungener als die Stockente. Männchen schwarz und weiß, mit grünem Fleck an den Halsseiten. Weibchen rötlichbraun. Die dreieckige Kopfform – Stirn und Schnabelfirst bilden eine Linie – ist typisch für beide.
Biotop: Reiner Meeresvogel.
Nahrung: Schnecken und Muscheln, Krabben und Krebse werden durch Tauchstöße von 25 – 47 Sekunden Länge in bis zu 10 m Tiefe erbeutet, ganz verschlungen, im Magen zerdrückt und anschließend verdaut.
Fortpflanzung: Brütet gewöhnlich in Kolonien auf niedrigen Inseln, in Dünen und auf Klippen, sowohl in offenem Gelände als auch an geschützten Stellen. Das Nest ist eine Vertiefung im Boden, die mit Pflanzenteilen ausgelegt und dick mit Dunen gepolstert ist. Eiablage von April – Juli; gewöhnlich 4 – 6 Eier. Brutdauer 25 – 30 Tage. Die wenige Tage alten Jungen vereinigen sich zu großen Trupps, die von nur wenigen Weibchen geführt werden. Sie sind nach 70 Tagen flügge. Eine Jahresbrut.
Verbreitung: An den Küsten der nördlichen Meere in Ostsibirien, Alaska, Kanada, Grönland und Europa, hier nach Norden bis Spitzbergen und Franz-Joseph-Land, nach Osten bis Nowaja Semlja, nach Süden bis Nordirland, Schottland, Nordengland (15 000 – 25 000 Paare), Dänemark, Öland und Estland sowie auf den West- und Nordfriesischen Inseln. In den Niederlanden (Vlieland) 3500 – 4000 Paare, in Nordfriesland etwa 400 Paare. Eiderenten übersommern seit einigen Jahren regelmäßig an den Schweizer und Österreichischen Alpenseen. Erwachsene Eiderenten sind Standvögel, aber die Jungvögel ziehen bis nach Portugal und ins westliche Mittelmeer. Nach dem Zweiten Weltkrieg wuchsen die Bestände dank strenger Schutzmaßnahmen stark an, doch führten Ende der 50er- Anfang der 60er-Jahre Seuchen zu einer erneuten Abnahme. Jagdbare, in den Beneluxländern, Großbritannien und Italien geschützte Art. In der Bundesrepublik ganzjährig geschont; darf in der DDR vom 16. 8. – 15. 12. geschossen werden.

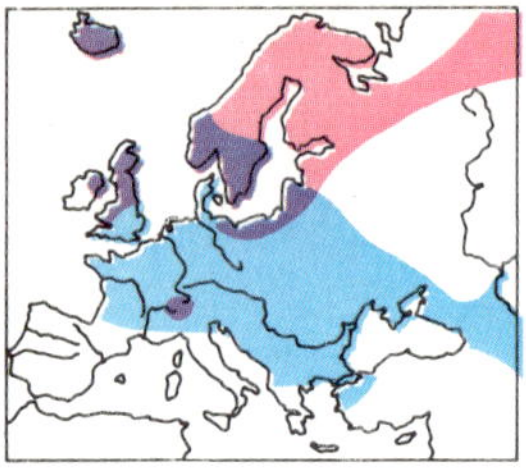

Gänsesäger

Mergus merganser

E: Goosander
F: Harle bièvre
H: Grote Zaagbek
I: Smergo maggiore
S: Serreta grande

Kennzeichen: Größer als Stockente, mit sägeartig gezähntem Schnabel. Männchen im Prachtkleid unverwechselbar, Kopf und Vorderhals glänzend grünschwarz, Rücken schwarz und grau, Rumpf weiß. Brust, Bauch und Seiten lachsrosa überhaucht; Schnabel rot. Weibchen und Vögel im Schlichtkleid überwiegend aschgrau. Der rotbraune Kopf (mit Haube) und Vorderhals sind scharf gegen den grauen Hinterhals und die weiße Brust abgesetzt.
Biotop: Klare Seen und größere Flüsse, deren Ufer mit alten Bäumen bestanden sind.
Nahrung: Jagt bei Tage, vorwiegend Fische, die tauchend erbeutet werden, aber auch Insekten, Krebstiere und Frösche.
Fortpflanzung: Brütet in hohlen Bäumen, Schwarzspechthöhlen, Mauerlöchern, Felsspalten und Fuchsbauen. Nimmt gern Nistkästen an. Das Nest befindet sich gewöhnlich nahe am Wasser, 1 – 18 m über dem Boden, zuweilen auch am Boden. Eiablage von Mitte März bis Ende Juni; 7 – 14 Eier, Brutdauer 32 –35 Tage. Die Jungen bleiben 2 – 3 Tage im Nest und flattern dann zu Boden. Nicht selten führt ein Weibchen Junge mehrerer Bruten.
Verbreitung: Von Island und Schottland über Skandinavien und den Ostseeraum bis Ostsibirien sowie in Nordamerika von Südalaska bis Kalifornien und Neufundland; inselartige Vorkommen in Innerasien sowie im Alpenvorland von der Schweiz bis Österreich. Der Brutbestand der Britischen Inseln wird auf 21 000 Paare geschätzt. In der Bundesrepublik brüten rund 80 Paare (in Schleswig-Holstein und Südbayern), in der Schweiz etwa 200. West- und mitteleuropäische Gänsesäger sind Stand- bzw. Strichvögel, nord- und osteuropäische überwintern vorwiegend in Dänemark, Norddeutschland und den Niederlanden. Jagdbare Art, darf in der DDR (vom 16. 8. – 15. 12.), Dänemark und Großbritannien geschossen werden. In der Bundesrepublik ganzjährig geschont, steht hier wie in Österreich und der Schweiz auf der „Roten Liste“ der (vom Aussterben) bedrohten Arten.

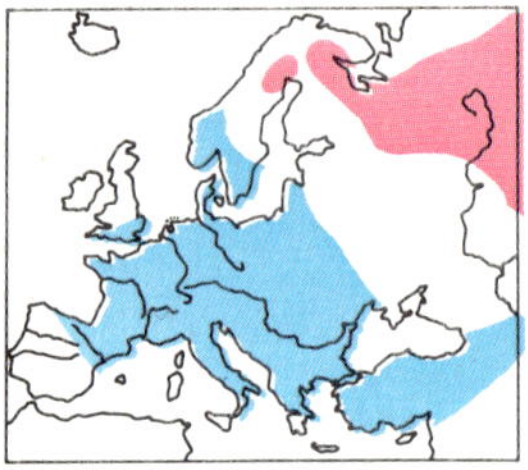

Zwergsäger

Mergus albellus

E: Smew
F: Harle piette
H: Nonnetje
I: Pesciaiola
S: Serreta chica

Kennzeichen: Kleinster Säger. Männchen im Prachtkleid weiß mit kleiner Haube, schwarzem Augenfleck und schwarzem Rücken; Weibchen und Vögel im Schlichtkleid grau mit rotbraunem Kopf und weißen Wangen. Der kleine, dunkle Schnabel ist „gesägt“. Im Flug leicht zu erkennen, mit großem, weißem Flügelfleck.
Biotop: Brütet an fischreichen Süßwasserseen und Flüssen im nördlichen Nadelwald.
Nahrung: Fische, die durch kurze Tauchstöße erbeutet werden, aber auch Frösche, Kleinkrebse und Insektenlarven.
Fortpflanzung: Brütet in Baumhöhlen und Nistkästen, die dick mit Dunen gepolstert werden, Eiablage von Mitte Mai – Ende Juni; gewöhnlich 6 – 9 Eier. Brutdauer 26 – 30 Tage. Wie bei allen Enten brütet das Weibchen allein; das Männchen wacht nur während der ersten Tage in der Nähe. Die Jungen sind mit 10 Wochen flügge. Eine Jahresbrut.
Verbreitung: Brütet sporadisch in der nördlichen Nadelwaldzone von Nordskandinavien bis Ostsibirien. Die allgemeine Klimaerwärmung könnte zur Abnahme im Westen des Verbreitungsgebietes geführt haben. Zwergsäger erscheinen ab Oktober in großer Zahl auf der Ostsee, ziehen aber mit zunehmender Vereisung der Seen und Flüsse zu den offenen Gewässern Mittel- und Westeuropas bis zum Mittelmeer. Jungvögel und Weibchen ziehen früher und weiter als Männchen. In den meisten Ländern geschützte, in der Bundesrepublik Deutschland ganzjährig geschonte, in der DDR (vom 16. 8. – 15. 12.) jagdbare Art. – Der stockentengroße Mittelsäger (*M. serrator*) bewohnt den Norden der Alten und Neuen Welt. Er ähnelt dem Gänsesäger, aber auch das Männchen trägt eine struppige Haube, dazu ein kastanienbraunes Brustband. Die Seiten sind grau. Nistet am Boden unter Sträuchern und dgl. Im Winter überwiegend an der Küste von Atlantik, Nordsee und Mittelmeer. In Dänemark und Großbritannien jagdbare Art. Steht in der Bundesrepublik auf der „Roten Liste“ der potentiell bedrohten Arten.

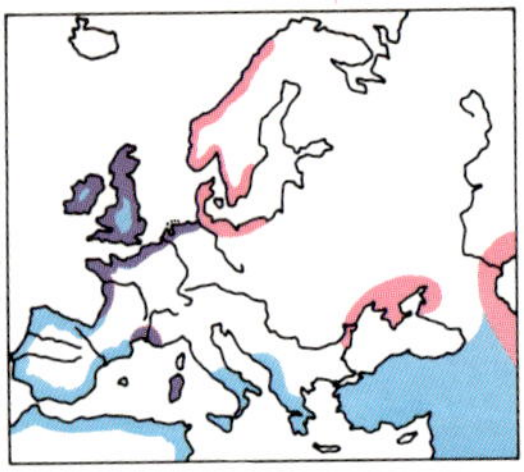

Brandgans

Tadorna tadorna
E: Shelduck
F: Tadorne de Belon
H: Bergeend
I: Volpoca
S: Tarro blanco

Kennzeichen: So groß wie eine kleine Gans, aber kürzerer Hals. Kopf, Vorderhals, Schultern und Handschwingen schwarz, das übrige Gefieder weiß mit einem breiten, rostroten Brustband; Schnabel rot, Füße rosa. Das lebhafter gefärbte Männchen trägt einen Höcker auf dem Schnabel.
Biotop: Seichte, meist brackige Gewässer.
Nahrung: Krebstiere, Garnelen, Muscheln, Schnecken, Würmer, Algen und kleine Fische, die im Schlamm „erschnattert" werden.
Fortpflanzung: Brütet in Erdlöchern, gern in alten Kaninchen-, Dachs- oder Fuchsbauen, unter Grasbülten oder dichtem Gebüsch. Das Nest besteht aus trockenen Pflanzenteilen und Dunen. Eiablage von Ende April – Mitte Juni; gewöhnlich 8 – 15 Eier. Brutdauer 28 – 29 Tage. Das Weibchen brütet allein, während das Männchen (wie bei den Gänsen) in der Nähe Wache hält. Die Jungen werden in der Regel von beiden Eltern geführt, aber nicht selten trifft man 15 – 40 Küken in der Obhut eines Altvogels („Kindergärten"). Die Jungen sind mit 7 – 8 Wochen flügge. Eine Jahresbrut.
Verbreitung: An den Küsten des Nordatlantik, der Nordsee und der westlichen Ostsee von Nordfrankreich bis Schottland und Nordnorwegen, in Südspanien, in der Camargue, auf Sardinien, an der nördlichen Schwarzmeerküste und in Innerasien. Dank strenger Schutzmaßnahmen haben die Bestände in den meisten Ländern zugenommen. In Süd- und Ostengland hat die Brandgans ihr Brutgebiet über 100 km ins Landesinnere ausgeweitet, ebenso am Niederrhein. Die meisten Brandgänse Nord- und Westeuropas mausern auf dem Großen Knechtsand zwischen Weser- und Elbmündung. Die Hauptwinterquartiere liegen an den Küsten der südlichen Nordsee. In Großbritannien brüten etwa 50 000 Vögel, in den Niederlanden 2500 – 6000 Paare, in Norddeutschland 2000 Paare. In den meisten Ländern geschützte Art, in der Bundesrepublik ganzjährig geschont, darf in der DDR vom 16. 8. – 15. 12. bejagt werden.

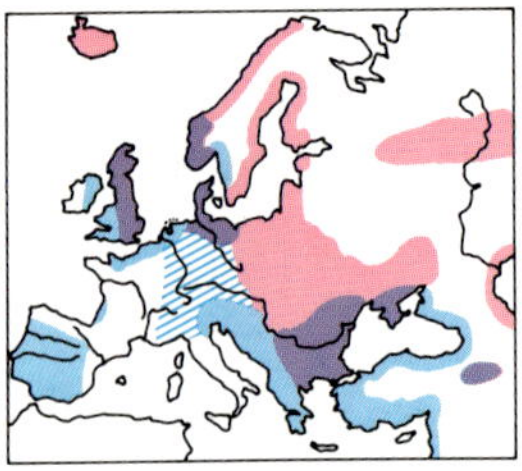

Graugans

Anser anser
E: Greylag Goose
F: Oie cendrée
H: Grauwe Gans
I: Oca selvatica
S: Ánsar común

Kennzeichen: Wie graue Hausgans, aber schlanker, Schnabel orange bzw. rosa, Füße rosa. Im Flug fallen die silbergrauen Vorderflügel auf.
Biotop: Seichte Gewässer, die ausreichend Schutz bieten, meist in der Nähe von Weiden, Wiesen oder Feldern.
Nahrung: Rein pflanzlich; weidet Gras, Saaten, Kohl und Futterpflanzen ab.
Fortpflanzung: Brütet gern in lockeren Kolonien. Das Nest steht meist im Röhricht im Wasser, aber auch im Gebüsch oder Heidekraut, selten frei; es wird vom Weibchen gebaut. Eiablage von Ende Februar – Mitte Mai; 4 – 8 Eier. Brutdauer 27 – 29 Tage. Wie bei allen Gänsen brütet nur das Weibchen, während das Männchen Wache hält. Die Jungen sind mit 77 Tagen voll flugfähig; sie bleiben bis zur nächsten Brutzeit bei den Eltern. Eine Jahresbrut; ein Nachgelege ist möglich.
Verbreitung: Von Island, Schottland, Skandinavien, Dänemark, dem östlichen Mitteleuropa und dem Donauraum nach Osten bis Sachalin. Im Westen brütet die orangeschnäblige Rasse *A. a. anser,* vom Donauraum ostwärts die rosaschnäblige Rasse *A. a. rubrirostris.* In der DDR brüten 500 – 1000 Paare in Mecklenburg, Brandenburg und der Lausitz, in Österreich 250 – 300, vorwiegend am Neusiedlersee. Der Bestand an echten Wildvögeln beträgt in der Bundesrepublik etwa 170 Paare (nur in Schleswig-Holstein); bei den Vorkommen westlich der Elbe handelt es sich um Wiedereinbürgerungen. Derartige Populationen sind Standvögel, während die Graugans ursprünglich Zugvogel ist. Die isländischen Brutvögel überwintern auf den Britischen Inseln, nord- und osteuropäische hauptsächlich im Delta des Guadalquivir. Jagdbare Art, darf in der Bundesrepublik vom 1. 8. – 31. 8. und vom 1. 11. – 15. 1., in der DDR vom 16. 7. – 31. 1. geschossen werden. Steht in Österreich auf der „Roten Liste" der gefährdeten Arten. Benötigt völligen Schutz!

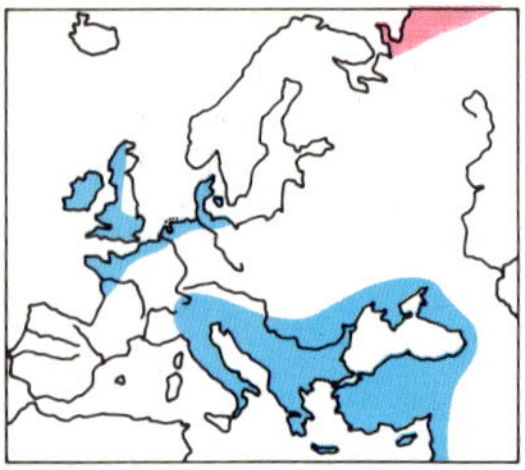

Bleßgans
Anser albifrons
E: White-fronted Goose
F: Oie rieuse
H: Kolgans
I: Oca lombardella
S: Ánsar careto grande

Kennzeichen: Mittelgroße Gans, deutlich kleiner als Saat- und Graugans, mit rosa Schnabel und orangen Füßen; nur Altvögel haben eine weiße Stirn – bei der kleineren, in Westeuropa seltenen Zwerggans (*Anser erythropus*) reicht diese Blesse über die Augen hinaus bis zum Scheitel – und unterseits breite, schwarze Querbänder.
Biotop: Brütet in der arktischen und Strauchtundra, am liebsten nahe am Wasser. Im Winter meist auf Grasland.
Nahrung: Wie Graugans.
Fortpflanzung: Eiablage ab Mitte Juni; gewöhnlich 5 – 6 Eier. Brutdauer 22 – 28 Tage. Wie bei allen Gänsen wacht das Männchen in der Nähe, während das Weibchen brütet. Die Jungen werden von beiden Eltern geführt und sind mit rund 5 Wochen flügge, doch bleibt der Familienverband bis zur nächsten Brutzeit bestehen. Bleßgänse brüten nicht wie andere Arten in Kolonien, doch gern in Anlehnung an andere Paare. Eine Jahresbrut. Bei ungünstigen Witterungsverhältnissen fällt die Brut aus.
Verbreitung: Mehrere Rassen in der Tundra von Nordostrußland und Nordsibirien, in Nordamerika und in Südwestgrönland. Der Wegzug aus dem Brutgebiet beginnt Ende August. Nordrussische und westsibirische Bleßgänse ziehen nach Südwesten. Anfang Oktober erreichen sie die DDR und ziehen im Dezember weiter, vor allem in die Niederlande, wo durchschnittlich 45 000 Bleßgänse überwintern, gegenüber 1000 in der Bundesrepublik und in der DDR. Der Heimzug beginnt Mitte März. In Österreich (am Neusiedlersee) vor allem im Herbst anzutreffen (10 000 – 20 000). Jagdbare Art, darf in der Bundesrepublik vom 1. 11. – 15. 1., in der DDR vom 16. 7. – 31. 1. geschossen werden. Steht in der Bundesrepublik auf der „Roten Liste“ der bedrohten Arten, die an ihren Rast- und Überwinterungsplätzen Ruhezonen und/oder Äsungsplätze benötigen.

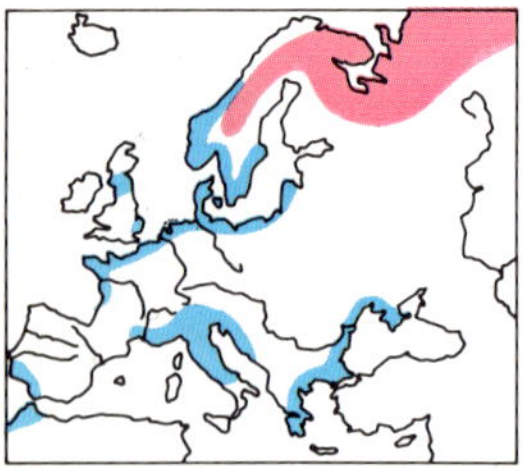

Saatgans
Anser fabalis
E: Bean Goose
F: Oie des moissons
H: Rietgans
I: Oca granaiola
S: Ánsar campestre

Kennzeichen: Große Gans, von der Graugans durch dunkelbraunes Gefieder ohne hellen Vorderflügel sowie durch schwarzen Schnabel mit mehr oder weniger ausgedehnter oranger Binde und durch orange Füße unterschieden, von der jungen Bleßgans durch die Farbe des Schnabels und den längeren und helleren Hals, von der Kurzschnabelgans durch die braune statt graublaue Oberseite. Im Fluge macht die einheitlich dunkelbraune Tönung des Unterflügels die Verwechslung mit anderen Gänsen unmöglich.
Biotop: Zur Brutzeit in der lichten Taiga (*A. f. fabalis*) und in der sumpfigen oder trockenen Tundra (*A. f. rossicus*), aber immer nahe am Wasser. Im Winter auf Acker- und feuchtem Grasland sowie in Sümpfen.
Nahrung: Pflanzlich, aber je nach den Verhältnissen wechselnd; weidet gern wie die Graugans.
Fortpflanzung: Eiablage ab Ende Mai oder Anfang Juni bzw. (im Norden) Ende Juni; gewöhnlich 4 – 5 Eier. Brutdauer 27 – 29 Tage. Die Jungen sind mit rund 2 Monaten flügge. Eine Jahresbrut. Brütet nicht kolonieweise.
Verbreitung: Die Waldsaatgans (*A. f. fabalis*) brütet in Nordskandinavien, Nordfinnland und Nordwestrußland, die Tundrasaatgans (*A. f. rossicus*) in Nordwestsibirien; in den Gebieten dazwischen brüten Mischpopulationen. Weitere Rassen brüten östlich davon bis zum Pazifik. Der Wegzug beginnt im September. Viele überwintern schon im Ostseeraum und an der Nordseeküste, andere im Inneren von Mittel- und Westeuropa, in strengen Wintern (wie z. B. im Winter 1963) auch in Spanien. Die Zahl der im westlichen Europa überwinternden Saatgänse hat in letzter Zeit abgenommen. Jagdbare Art, darf in der Bundesrepublik vom 1. 11. – 15. 1., in der DDR vom 16. 7. – 31. 1. geschossen werden.

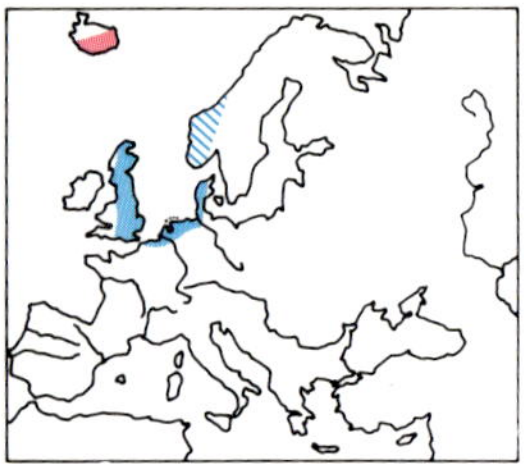

Kurzschnabelgans

Anser brachyrhynchus
E: Pink-footed Goose
F: Oie à bec court
H: Kleine Rietgans
I: Oca dalle zampe rosse
S: Ánsar piquicorto

Kennzeichen: Von der Saatgans durch geringere Größe, kleinen, schwarzrosa Schnabel und rosa Füße unterschieden. Die mehr hellgraue Oberseite hebt sich stärker vom dunkelbraunen Kopf und Hals ab; Unterseite schiefergrau.
Biotop: Felsiges, kahles Gelände (Lavafelder) nahe am Wasser und in geringer Entfernung von Weideplätzen. Im Winterquartier ausgedehntes Weideland.
Nahrung: Wie andere Gänse, sucht aber im Winter ebenso feuchte Wiesen wie Stoppelfelder, Wintersaaten und abgeerntete Kartoffeläcker auf.
Fortpflanzung: Eiablage im Mai (Island) und Juni (Spitzbergen); gewöhnlich 4 – 5, Höchstzahl 7 Eier. Brutdauer 25 – 28 Tage. Das Nest steht immer an einer schneefreien Stelle mit weitem Ausblick auf einer Klippe oder einem Inselchen. Eine Jahresbrut. Die Jungen sind mit 8 Wochen flügge und bleiben bis zur folgenden Brutzeit bei ihren Eltern.
Verbreitung: Das Brutgebiet umfaßt Ostgrönland (rund 1000 Paare), Zentral-Island (12 000 Nester) und Spitzbergen (2500 Paare). Zusammen mit Jungvögeln und Nichtbrütern ergibt sich ein Weltbestand von rund 80 000 Vögeln, von denen 70 000 (die grönländische und isländische Population) in Großbritannien überwintern, während Vögel aus Spitzbergen an die Südküste der Nordsee von Schleswig-Holstein bis Nordfrankreich ziehen. Das Hauptüberwinterungsgebiet dieser Population liegt in den Niederlanden, vor allem in Friesland. In Belgien erscheint die Kurzschnabelgans regelmäßig, aber in geringer Zahl im Küstengebiet; in Frankreich ist sie selten, erreicht aber in strengen Wintern die Loiremündung. In Deutschland überwinterte sie bis in die 50er-Jahre in großer Zahl auf der Insel Föhr, am Jadebusen und an der Emsmündung, erscheint hier aber infolge starker Beunruhigung durch die Jagd und infolge von Trockenlegungen nur noch auf dem Zug. Jagdbare Art; in der Bundesrepublik ganzjährig geschont.

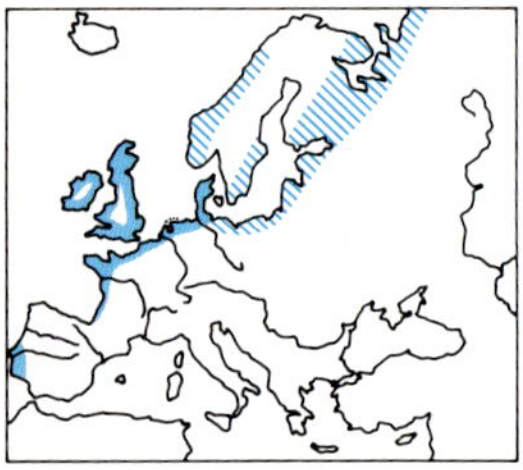

Ringelgans

Branta bernicla
E: Brent Goose
F: Bernache cravant
H: Rotgans
I: Oca colombaccio
S: Barnacla carinegra

Kennzeichen: Unsere kleinste und dunkelste Gans. Kopf, Hals und Brust schwarz, Rücken dunkelschiefergrau mit hellen Federsäumen, Seiten heller, Unterbauch abstechend weiß, Schwanz schwarz mit weißer Binde (Schwanzdecken), Füße und Schnabel schwarz. Nur Altvögel haben einen kleinen weißen Fleck an den Halsseiten.
Biotop: Brütet auf kleinen Inseln in Flußmündungen oder in der Felstundra an der Küste. Im Winter an Flachküsten.
Nahrung: Im Brutgebiet hauptsächlich Pflanzen und Beeren der Tundra. Im Winter im wesentlichen Seegras, vor allem die Wurzeln. Hat sich nach dem durch Seuchen verursachten Verschwinden des Seegrases nur mühsam auf andere Nahrung – Gräser und Kräuter aller Art – umgestellt. Verzehrt auch Weich- und Krebstiere, Wasserinsekten und Tang.
Fortpflanzung: Eiablage ab Mitte Juni; gewöhnlich 3 – 5 Eier. Das Nest steht gut versteckt zwischen den Steinen und Pflanzen der Tundra. Brutdauer 24 – 28 Tage. Das Weibchen brütet allein, während das Männchen in einiger Entfernung Wache hält. Die Jungen sind mit 7 Wochen flügge, bleiben aber bei den Eltern. In kalten Sommern manchmal kein Bruterfolg. Eine Jahresbrut.
Verbreitung: Die Ringelgans brütet im hohen Norden; in Europa erscheinen zwei Rassen. Die hellbäuchige Rasse *Branta b. hrota* brütet von Grönland bis Franz-Joseph-Land; grönländische Brutvögel überwintern vorwiegend in Irland (12 000), die von Spitzbergen und Franz-Joseph-Land in Nordostengland (4000) und Dänemark. Die dunkelbäuchige Rasse *Branta b. bernicla* brütet weiter östlich und überwintert im Küstengebiet der Nordsee und des Ärmelkanals. Mit dem Verschwinden des Seegrases trat ein Rückgang ein; nach seinem Wiedererscheinen erfolgte eine geringe Zunahme. In den meisten Ländern geschützte, in Dänemark, der Bundesrepublik (1. 11. – 15. 1.) und der DDR (16. 7. – 31. 1.) jagdbare Art. Benötigt ganzjährig völligen Schutz!

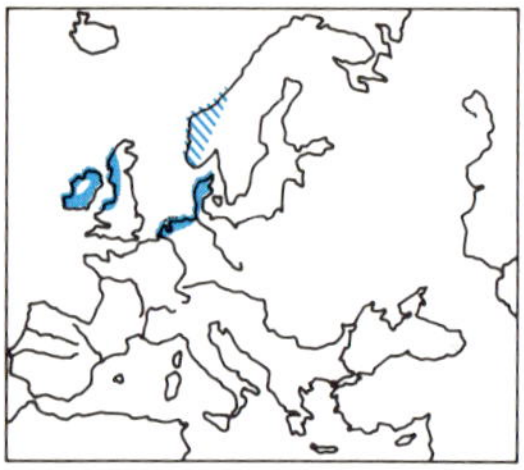

Weißwangengans (Nonnengans)
Branta leucopsis
E: Barnacle Goose
F: Bernache nonnette
H: Brandgans
I: Oca a faccia bianca
S: Barnacla cariblanca

Kennzeichen: Etwas größer als Ringelgans. Stirn und Gesicht weiß, Zügel, Scheitel, Hals und Brust schwarz, Oberseite grau, schwarz und weiß gebändert, Unterseite hellgrau, Bürzel und Schwanz schwarz, Unterbauch und Oberschwanzdecken weiß.
Biotop: Brütet an Felsküsten, seltener auf niedrigen Inselchen in Flußmündungen. Überwintert auf Weideland und Stoppeläckern im Küstenbereich.
Nahrung: Niedrige Pflanzen aller Art, Moos und Flechten sowie Kätzchen und Blätter der Zwergweide. Im Winter Gräser, Kräuter, Klee, Sumpfpflanzen und Algen, gelegentlich auch Weich- und Krebstiere.
Fortpflanzung: Eiablage Anfang Mai – Anfang Juni; gewöhnlich 3 – 5, manchmal 6 Eier. Die Nestmulde wird mit Daunen gepolstert. Brutdauer 24 oder 26 Tage. Die Jungen springen am ersten Tag nach dem Schlüpfen von der Klippe herab oder werden von den Eltern im Schnabel oder auf dem Rücken hinuntergetragen; sie sind mit 7 Wochen flügge, bleiben aber bis zur folgenden Brutzeit im Familienverband. Eine Jahresbrut, in manchen Jahren bleibt der Bruterfolg auch aus.
Verbreitung: Nordostgrönland, Spitzbergen und die Südinsel von Nowaja Semlja. Grönländische Vögel ziehen über Island nach Irland und Nordwestschottland; die von Spitzbergen über Norwegen an die Solwaybucht; die von Nowaja Semlja über die Ostsee und die deutsche Nordseeküste in die Niederlande, vor allem nach Friesland, in die Ijsselmeerpolder und an die Maas- und Scheldemündung. Sehr wenige überwintern an der belgischen Küste und erreichen in strengen Wintern Nordwestfrankreich; einzelne verirren sich bis Spanien, Portugal und sogar Marokko. In den meisten Ländern geschützt, in der Bundesrepublik ganzjährig geschont, darf in der DDR vom 16. 7. – 31. 1. geschossen werden. In Europa wegen ihrer örtlich begrenzten Verbreitung leicht zu gefährdende Art. Benötigt ganzjährigen völligen Schutz!

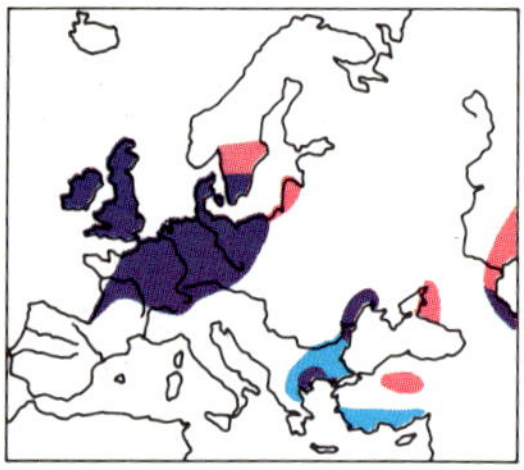

Höckerschwan
Cygnus olor
E: Mute Swan
F: Cygne tuberculé ou muet
H: Knobbelzwaan
I: Cigno reale
S: Cisne vulgar

Kennzeichen: Großer weißer Vogel, als Parkvogel allbekannt; der orangerote Schnabel trägt einen schwarzen Höcker. Füße schwarz. Jungvögel graubraun. Unter den halbwilden Höckerschwänen tritt nicht selten die Mutante „*immutabilis*“ mit fleischfarbenen Füßen auf; bei ihr sind schon die Dunenjungen weiß (statt grau).
Biotop: Als Wildvogel auf seichten, vegetationsreichen Teichen und Seen, an Flußmündungen und geschützten Meeresbuchten und auf kleinen Felseninseln. Halbwild auch auf Parkteichen und Kanälen.
Nahrung: Vorwiegend pflanzlich, vor allem Wasserpflanzen, daneben Weichtiere, Wasserinsekten und sogar kleine Fische. Durchwühlt mit untergetauchtem Hals den Schlamm nach Art der Gründelenten. Zahme Schwäne verzehren auch Küchenabfälle aller Art.
Fortpflanzung: Das Nest ist ein großer Haufen von Wasserpflanzen, gewöhnlich auf dem Land dicht am Wasser oder auch teilweise im Wasser. Eiablage Ende März – Mai; gewöhnlich 5 – 7 Eier. Brutdauer 34 – 38 Tage. Die Jungen sind erst mit 4 1/2 Monaten flügge und werden mit 3 – 4 Jahren geschlechtsreif.
Verbreitung: Wildlebend in Dänemark, Süd- und Mittelschweden, von Holstein bis Ostpreußen, an der unteren Donau und in der Sowjetunion bis zum Ussuri; halbwild überall in West- und Mitteleuropa. Dank des totalen Schutzes hat sich diese Population stark vermehrt, doch ist nach einer Phase der Überbevölkerung seit einigen Jahren eine Stabilisierung auf erheblich niedrigerem Niveau festzustellen, so daß es nicht nötig gewesen wäre, für den Höckerschwan in der Bundesrepublik eine Jagdzeit vom 1. 9. – 15. 1. (in Schleswig-Holstein vom 1. 9. – 30. 9.) festzusetzen. Es ist zu befürchten, daß „aus Versehen“ auch Sing- und Zwergschwäne, die streng geschützt sind, geschossen werden. In den meisten Ländern geschützte Art.

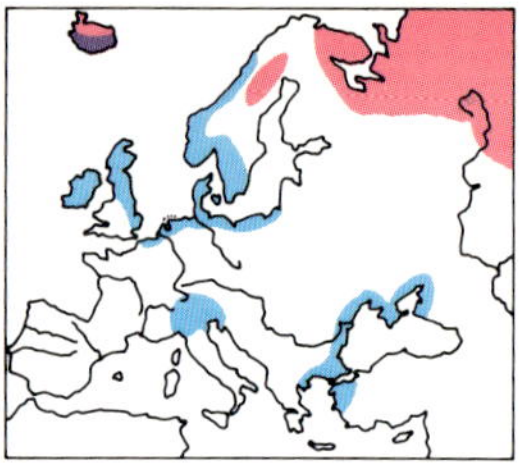

Singschwan

Cygnus cygnus
E: Whooper Swan
F: Cygne sauvage
H: Wilde zwaan
I: Cigno selvatico
S: Cisne cantor

Kennzeichen: Großer, weißer Schwan. Schnabel zitronengelb mit schwarzer Spitze, ohne Höcker. Trägt den langen, dünnen Hals senkrecht gestreckt, nicht wie der Höckerschwan gebogen; Kopf und Schnabel waagerecht; wölbt beim Schwimmen nicht wie jener die Flügel über dem Rücken. Jungvögel grau.
Biotop: Brütet in der Taiga (in Island in der Tundra), gern an Bergseen (bis 800 m ü. M.) sowie auf Waldseen und offenen Mooren mit reicher Vegetation. Im Winter auf seichten Süßwasserseen und Meeresbuchten.
Nahrung: Gräser und Kräuter (selbst halbtrokkene), Wasserpflanzen, Insekten und ihre Larven, Würmer und Weichtiere.
Fortpflanzung: Eiablage von Anfang Mai (im Süden) bis Ende Mai/Anfang Juni (im Norden); gewöhnlich 5 – 6 Eier (zuweilen 4 – 8), die mit einem Tag Zwischenraum gelegt werden. Das umfangreiche Nest besteht aus pflanzlichem Material, das vom Männchen angereicht und vom Weibchen verbaut wird. Brutdauer 35 – 40 Tage. Die Jungen sind mit 2 Monaten flügge, bleiben aber den Winter über bei den Eltern. Eine Jahresbrut.
Verbreitung: Brütet in Island (3500 Paare), Schottland (sporadisch), Norwegen, Schweden, Finnland (1945 knapp 15 Paare) und im Norden der Sowjetunion bis zum Pazifik. Isländische Brutvögel überwintern in Großbritannien, skandinavische und sowjetische in Südschweden, Dänemark, Norddeutschland und den Niederlanden, seltener weiter südlich und westlich. Geschützte Art.

Zwergschwan

Cygnus columbianus bewickii
E: Bewick's Swan
F: Cygne de Bewick
H: Kleine Zwaan
I: Cigno minore
S: Cisne de Bewick

Kennzeichen: Dem Singschwan sehr ähnlich, aber etwas kleiner, Hals mehr gänseähnlich, kürzer, dicker und weniger steif, Profil weniger spitz, Kopf kleiner und runder. Schnabelspitze bis über die Nasenlöcher schwarz. Jungvögel silbergrau mit rosa-fleischfarbenem Schnabel.
Biotop: Brütet an Tundragewässern nördlich der Baumgrenze. Im Winter wie Singschwan.
Nahrung: Verschiedene Gräser und Kräuter, vor allem untergetauchte Wasserpflanzen, die durch Strampeln mit den Füßen freigelegt oder mit dem Schnabel aus dem Schlamm gegraben werden.
Fortpflanzung: Eiablage Ende Mai – Juni; gewöhnlich 4 (3 – 5) Eier. Das kegelförmige, aus Moos und Flechten gebaute Nest steht am Ufer kleiner Inseln in Flußmündungen oder auf Erhebungen in der Nähe seichter Gewässer. Manchmal brüten Paare in geringer Entfernung voneinander, ohne jedoch Kolonien zu bilden. Brutdauer 29 oder 30 Tage. Die Jungen sind mit 40 – 45 Tagen flügge, bleiben aber bis zum April des folgenden Jahres bei den Eltern. Eine Jahresbrut.
Verbreitung: Bewohnt die Tundren der Sowjetunion bis zur Lenamündung, einschließlich der Südinsel von Nowaja Semlja. Rund 8000 Zwergschwäne überwintern in Westeuropa, früher hauptsächlich in Irland, jetzt vorwiegend in den Niederlanden. Zahlreiche Vögel erreichen Südengland, selbst in milden Wintern, Dänemark, Norddeutschland, Belgien und Nordwestfrankreich. Es scheint jedoch, daß die Winterquartiere in letzter Zeit mehr nach Norden verlegt worden sind, denn es überwintern weniger Zwergschwäne in Irland und den Niederlanden; im November 1955 wurden auf dem Ijsselmeer 7000 Vögel gezählt, gegen 2500 im Januar 1967. In Süddeutschland, der Schweiz und Österreich nur wenige Male beobachtet. Geschützte Art.

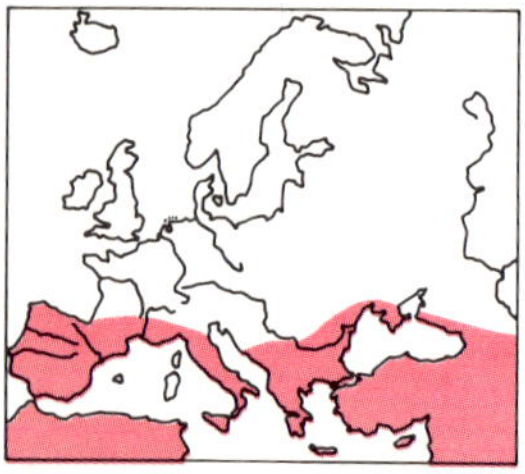

Schmutzgeier
Neophron percnopterus
E: Egyptian Vulture
F: Percnoptère d'Egypte
H: Aasgier
I: Capovaccaio
S: Alimoche común

Kennzeichen: Kleiner Geier. Die Altvögel sind weiß gefärbt mit schwarzen Schwingen und ähneln im Flug von weitem einem Weißstorch. Der ebenfalls weiße Schwanz ist keilförmig. Die Jungvögel variieren in ihrer Färbung von weißlich bis dunkelbraun.
Biotop: Schluchtenreiches, felsiges Gelände, am liebsten in geringer Höhe und in der Nähe von Ebenen und großen Flüssen.
Nahrung: Typischer Aasfresser. Sucht gerne Müllkippen auf, wo er sich von Abfällen aller Art ernährt. Frißt auch überfahrene Tiere, Kleintiere aller Art, Nagetiere, Schlangen, Lurche und Fische. In Afrika haben die Schmutzgeier eine unter Greifvögeln einmalige Fähigkeit entwickelt: Sie benützen zum Öffnen von Straußeneiern ein „Werkzeug", d. h. sie werfen Steine auf die Eier, um diese aufzubrechen.
Fortpflanzung: Das Nest, ein Haufen von trokkenen Zweigen, Knochen, Kot, Papier und Lumpen, wird in der Höhlung einer Felswand, seltener auf einem Baum (Spanien) angelegt. Eiablage Ende März – April; 2 Eier. Brutdauer 42 Tage. Nestlingsdauer 2 1/2 – 3 Monate. Eine Jahresbrut.
Verbreitung: Von den Kapverden und Portugal bis Ostafrika, Indien und Turkestan. In Europa am häufigsten auf dem Balkan und der Iberischen Halbinsel. In Frankreich eine Reliktpopulation in den Pyrenäen (rund 30 Paare) und in der Provence. Letztere nimmt ständig ab, da Wilderei und Eiersammeln (die Eier werden von Liebhabern sehr teuer bezahlt!) überhand nehmen. Die Schmutzgeier des Mittelmeergebietes überwintern in den Steppen und an den Flußläufen am Südrand der Sahara und im Sudan. Geschützte Art.

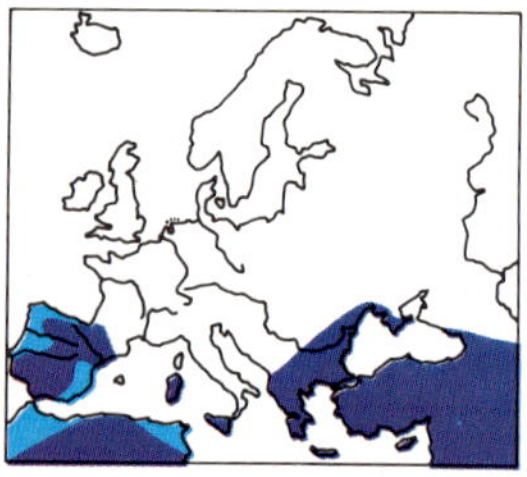

Gänsegeier
Gyps fulvus
E: Griffon Vulture
F: Vautour fauve
H: Vale Gier
I: Griffone
S: Buitre leonado

Kennzeichen: Einziger großer Geier mit hellbraunem Gefieder; nur Flügel und Schwanz sind dunkelbraun. Kopf und Hals sind mit weißen Dunen bedeckt. Altvögel tragen eine rahmweiße, Jungvögel eine gelbbraune Halskrause. Flugbild rechteckig wegen des kleinen Kopfes und des kurzen, nur leicht gerundeten Schwanzes. Häufigster Geier Europas.
Biotop: Trockene, sonnige Gebirge, wo ihm aufsteigende Luftströmungen den Segelflug ermöglichen, den er braucht, um in den zuweilen 50 und mehr km vom Brutplatz entfernten Ebenen Nahrung zu suchen.
Nahrung: Aasfresser, ein Bestandteil der traditionellen Kleinviehweidewirtschaft (Schafe und Ziegen). Verzehrt verunglückte oder an Krankheiten gestorbene Tiere; muß aber oft aus Mangel an verendeten Tieren Müllkippen aufsuchen.
Fortpflanzung: Brütet meist in Kolonien an steilen Felsen in ziemlich großen Höhen. Nur 1 Ei. Beide Eltern brüten 52 – 62 Tage. Das Junge verläßt den Horst erst nach 130 Tagen.
Verbreitung: Vom Mittelmeergebiet bis Nordindien und Innerasien. In Europa nur noch auf der Iberischen Halbinsel, Sardinien, Sizilien, in Jugoslawien, Griechenland und auf Kreta; in Frankreich nur noch in den Pyrenäen (weniger als 40 Paare). War im Mittelalter auch in Süddeutschland zu finden. Alljährlich übersommern (vermutlich jugoslawische) Nichtbrüter in den Hohen Tauern (Österreich). Teilzieher. Schuld am Rückgang der europäischen Populationen tragen einerseits Wilderei, Eiersammeln, Auslegen von Giftködern, Aushorsten für Privatzoos und andererseits moderne Viehzuchtmethoden, so daß das Weidevieh das Gebirge im Sommer ganz oder teilweise verläßt und somit die notwendige natürliche Nahrung fehlt. Dabei wäre es leicht, Geierkolonien als Touristenattraktion zu erhalten, wenn man ihnen nur ein paar Kadaver sowie wirksamen Schutz zuteil werden ließe. Standvogel. Geschützte Art.

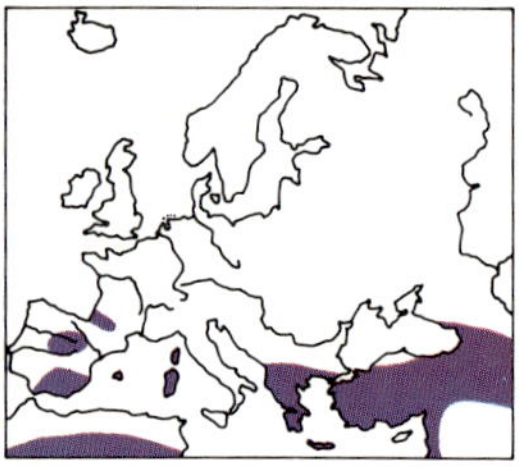

Bartgeier

Gypaëtus barbatus

E: Bearded Vulture
F: Gypaète barbu
H: Lammergier
I: Avvoltoio barbato
S: Quebrantahuesos

Kennzeichen: Größer als Steinadler, schlank, mit kleinem, spitzem Kopf, langen schmalen Flügeln und langem, keilförmigem Schwanz. Altvögel erkennt man von weitem am weißen oder gelben Kopf und an der orangeroten Färbung der Unterseite, die heller ist als die von Unterflügeln und Schwanz. Jungvögel sind schwärzlichbraun mit fast schwarzem Kopf.
Biotop: Einsame Berggebiete. Ein einzelnes Paar behauptet ein Revier von 375 km².
Nahrung: Nahrungsspezialist, verzehrt die Reste der Mahlzeiten von Adlern und anderen Geiern (Knochen und Hautfetzen), Landschildkröten, Aas und Abfälle aller Art. Sein Kropf ist so dehnbar und seine Magensäfte so zersetzend, daß er sogar große Knochen auf einmal verschlingen und verdauen kann.
Fortpflanzung: Eiablage von Januar – März; gewöhnlich 1 oder 2 Eier. Das Nest aus Zweigen steht geschützt auf einem Felsabsatz an einer Steilwand. Brutdauer 53 – 58 Tage. Die Jungen sind mit 107 – 117 Tagen flügge. Eine Jahresbrut.
Verbreitung: Ursprünglich im Gebirge vom Mittelmeerraum bis Innerasien sowie von Südwestarabien bis Südostafrika. Bewohnt in Europa sehr lokal die Gebirge Spaniens, vor allem die Pyrenäen (10 – 12 Paare auf der spanischen Seite, einige weitere auf der französischen), Korsikas, Sardiniens (?), des Balkans und Kretas. War früher verbreiteter Brutvogel der bayerischen (bis 1855), schweizerischen (bis 1886), österreichischen (bis 1906) und italienischen (bis 1913) Alpen. Schuld an der Ausrottung der Bartgeier tragen die Jäger, die von Balg- und Eiersammlern ermutigt wurden, sowie das Auslegen von Giftködern gegen Wölfe und Füchse. Seit 1926 liegen wieder einzelne Beobachtungen aus den Alpen vor. Der Bestand ist jedoch überall äußerst bedroht.

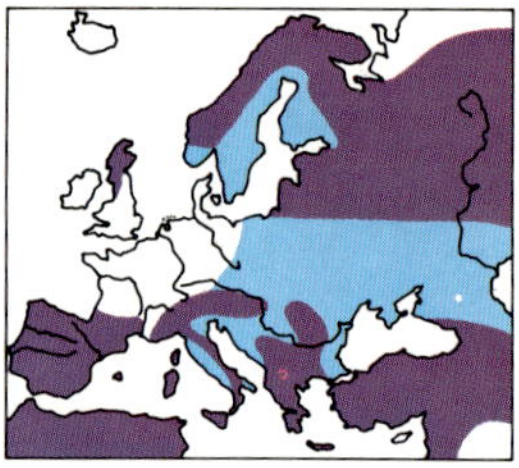

Steinadler

Aquila chrysaëtos

E: Golden Eagle
F: Aigle royal
H: Steenarend
I: Aquila reale
S: Águila real

Kennzeichen: Größter Taggreifvogel der Alpen. Altvögel einfarbig braun, Kopf meist etwas heller; Jungvögel fast schwarz mit weißen Handschwingenwurzeln und weißem Schwanz mit breiter, dunkler Endbinde. Im Flug kenntlich an den langen, stark gefingerten Flügeln und dem ziemlich langen Schwanz.
Biotop: Bewohnt in Mittel- und Südeuropa Hochgebirge mit schroffen Felsen, meist an der Baumgrenze, in Schottland offene Gebirgsgegenden, in Nordeuropa von offenen Flächen durchbrochene Waldgebirge.
Nahrung: Schneehühner, kleine bis mittelgroße Säugetiere und Reptilien, gelegentlich auch Aas. Schlägt seine Beute am Boden. Das Jagdrevier eines Paares umfaßt gut 40 km².
Fortpflanzung: Der Horst steht gewöhnlich auf einem Absatz oder in einer Nische einer senkrechten Felswand, seltener auf Bäumen. Er besteht aus ziemlich dicken Ästen und Zweigen. Die Nestmulde wird mit grünen Zweigen, Grasbüscheln und Flechten gepolstert. Eiablage im März – April; gewöhnlich 2 Eier. Brutdauer 40 – 45 Tage. Gewöhnlich wird nur ein Junges flügge (mit 80 Tagen). Es bleibt bis zum Winter bei den Eltern und wird nach 4 – 6 Jahren geschlechtsreif. Eine Jahresbrut.
Verbreitung: Ursprünglich von Nordwestafrika bis Nordskandinavien und von den Britischen Inseln bis Japan und Ostsibirien sowie in Nordamerika weitverbreitet. In West-, Mittel- und Nordeuropa weitgehend ausgerottet. In der Schweiz brüten 100 – 120, in Bayern 15 – 20, in Österreich 50 – 60 Paare. Der Steinadler genießt in den meisten europäischen Ländern Schutz, der aber nicht immer beachtet wird; der Bestand wird auch durch den ständig zunehmenden Tourismus gefährdet. Steht in der Bundesrepublik, der Schweiz und Österreich auf der „Roten Liste“ der vom Aussterben bedrohten Arten. Ausgewachsene Steinadler sind Standvögel, Jungvögel streifen bis zur Geschlechtsreife umher.

Habichtsadler

Hieraaetus fasciatus

E: Bonelli's Eagle
F: Aigle de Bonelli
H: Havikarend
I: Aquila del Bonelli
S: Águila perdicera

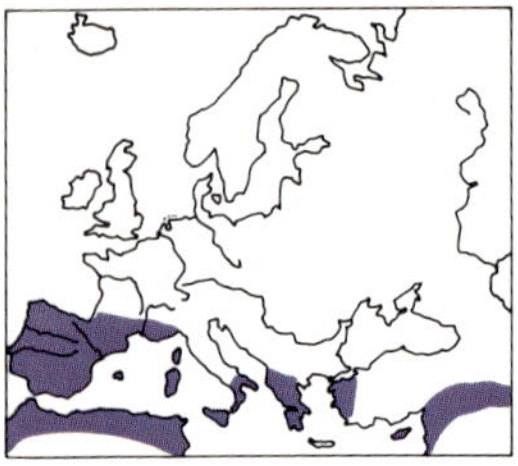

Kennzeichen: Weitaus größer als der Wespenbussard, an den das Flugbild erinnert. Altvögel (3 – 4 Jahre) kenntlich an der hellen Unterseite des Körpers, die von den dunklen Schwingen absticht; Oberseite dunkelbraun. Einjährige haben rötlichen Kopf, rotbraune Unterseite und stark gebänderten Schwanz. Zweijährige sind einheitlich braun mit schwarzer Schwanzbinde.
Biotop: Niedriges, trockenes Bergland, vor allem Kalkgebirge, deren Schluchten ihm Brutplätze bieten; fehlt im Hochgebirge.
Nahrung: Kaninchen und Rothühner (Frankreich), daneben, vor allem seit dem Auftreten der Myxomatose, Hasen, Katzen, Ratten, Eichhörnchen, Dohlen, Tauben, Hühner, kleinere Greifvögel, Perleidechsen und andere Reptilien. Jagt am Boden und (wie der Wanderfalke) in der Luft.
Fortpflanzung: Das Nest steht auf einem Absatz an einer hohen Steilwand. Eiablage Februar – April; gewöhnlich 2 Eier. Brutdauer 42 – 44 Tage. Die Jungen schlüpfen im Abstand von mehreren Tagen; in der Regel tötet und frißt das ältere das jüngere nach einigen Wochen. Mit 45 Tagen ist das Junge schon gut befiedert und imstande, die von den Eltern eingetragene Beute ohne deren Hilfe zu zerlegen. Es ist mit 65 Tagen flügge. Manchmal sind auch noch die vorjährigen Jungen während der Brutzeit im Revier der Eltern.
Verbreitung: Vom Mittelmeerraum über Kleinasien bis Indien und China, Afrika südlich der Sahara. Der Bestand hat durch Abschuß, Aushorstung und Störung durch Bergsteiger stark abgenommen. Standvogel. Geschützte, in Europa seltene und gefährdete Art. – In Nordwestafrika, auf der Iberischen Halbinsel und in Südfrankreich und von Südosteuropa bis Innerasien brütet der Zwergadler (*H. pennatus*). Bussardgroß, aber kräftiger. Entweder oberseits rahmfarben und unterseits weiß mit schwarzen Schwingen oder ganz dunkelbraun mit hellerem Schwanz, aber immer mit weißen Schulterflecken. Waldbewohner. Zugvogel.

Mäusebussard

Buteo buteo

E: Buzzard
F: Buse variable
H: Buizerd
I: Poiana
S: Ratonero común

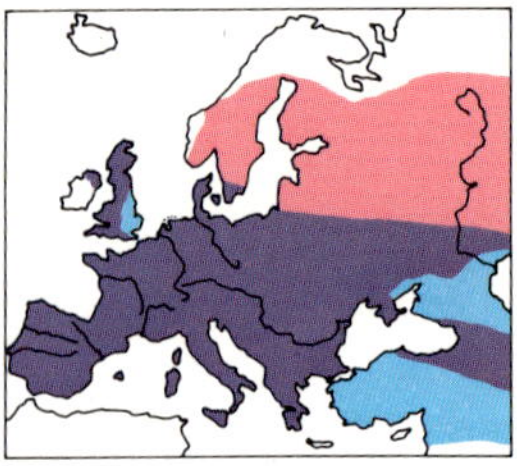

Kennzeichen: Häufigster Taggreifvogel Europas. Die Färbung des Gefieders schwankt von fast weiß bis dunkelbraun. Kopf dick, Schwanz kurz und breit. Kann stundenlang unbeweglich auf seinem Beobachtungsplatz, gewöhnlich einem Zaunpfahl, sitzenbleiben.
Biotop: Wälder aller Art mit Lichtungen oder mit an Wiesen und Felder angrenzenden Rändern.
Nahrung: Schlägt seine Beute nicht im Flug, sondern am Boden. Kleinsäuger, Kriechtiere und Lurche sowie große Insekten; begnügt sich im Winter mit Aas, vor allem Kaninchen (Myxomatoseopfern) und Ringeltauben.
Fortpflanzung: Baut meist einen eigenen Horst, benutzt aber gelegentlich auch andere Nester als Unterlage. Eiablage Mitte April oder früher; gewöhnlich 3 Eier. Brutdauer 28 – 31 Tage. Die Jungen verlassen den Horst mit 40 – 50 Tagen. Eine Jahresbrut.
Verbreitung: Ganz Europa ohne die Färöer, Island und die Arktis, aber mit den Azoren, Kapverden, Kanaren und Madeira, das Kaukasusgebiet, das südliche Sibirien die Mandschurei und Japan; fehlt weitgehend in Irland. In West- und Mitteleuropa ziemlich häufig. In den Niederlanden brüten 700 – 1000 Paare, in Belgien höchstens 700. Stand-, Strich- und Zugvogel; nord- und osteuropäische Brutvögel überwintern zusammen mit einheimischen in West- und Mitteleuropa. Als eifriger Vertilger von schädlichen Kleinnagern verdient der Mäusebussard wirksamen Schutz. Er ist jetzt in den meisten Ländern völlig geschützt; in der DDR und in der Bundesrepublik ganzjährig geschont,wogegen von vielen Jägern wegen angeblicher Wildschäden Sturm gelaufen wird. In Frankreich hat der Bestand infolge rücksichtsloser Verfolgung in den 30er-Jahren um die Hälfte abgenommen; er wird z. Zt. auf weniger als 10 000 Paare geschätzt. Allein im strengen Winter 1962 – 1963 wurden 20 000 Bussarde, vorwiegend Zuwanderer aus Nord- und Mitteleuropa, abgeschossen. In Großbritannien ist der Bestand seit 1954 von 12 000 auf 8000 – 10 000 zurückgegangen.

Sperber

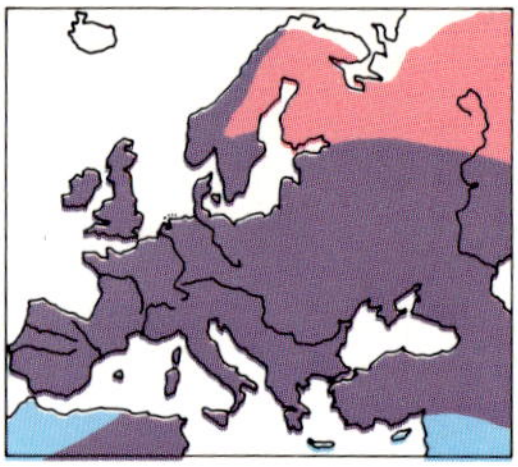

Accipiter nisus
E: Sparrow Hawk
F: Épervier d'Europe
H: Sperwer
I: Sparviere
S: Gavilán

Kennzeichen: Männchen deutlich kleiner als Turmfalke, oben blaugrau, unten weiß mit rostroter Querbänderung; Weibchen größer, oben graubraun mit hellem Brauenstreif, unten dunkelbraun quergebändert. Im Flug an den breiten, runden Flügeln und am langen Schwanz kenntlich. Jagt in raschem Flug mit plötzlicher Richtungsänderung dicht über dem Boden; rüttelt nie wie der Turmfalke.
Biotop: Feldgehölze, Waldränder, Schonungen.
Nahrung: Das Männchen erbeutet Kleinvögel; es jagt mit Vorliebe in lichten Wäldern, Parks und Gärten, wo es seine Opfer überrascht. Das Weibchen schlägt größere Beute, die es meist in offenem Gelände verfolgt.
Fortpflanzung: Das Nest wird nur vom Weibchen gebaut. Eiablage von Ende April – Juni; gewöhnlich 4 oder 5 Eier. Brutdauer 35 – 36 Tage. Die Jungen verlassen das Nest nach rund einem Monat. Eine Jahresbrut.
Verbreitung: Von Nordwestafrika bis Skandinavien, von Madeira und den Kanaren bis Ostsibirien und Japan; fehlt auf den Färöern, in Island und im äußersten Norden Skandinaviens und der Sowjetunion. Seit einigen Jahren in weiten Gebieten ausgerottet. Schuld daran trägt die Verwendung von chlorierten Kohlenwasserstoffen zur Schädlingsbekämpfung in der Land- und Forstwirtschaft, da der Sperber am Ende der Nahrungskette steht. In Großbritannien ist der Bestand seit der völligen Unterschutzstellung (1963) und dem Verbot der Anwendung der genannten Giftstoffe (1972) wieder auf über 15 000 Paare gestiegen. In den Niederlanden brüten 300 – 400 Paare (1977), in Belgien etwa 190, in Frankreich wenig über 1000. In der DDR ganzjährig geschont, ebenso in der Bundesrepublik, steht hier wie in Österreich und der Schweiz auf der „Roten Liste“ der bedrohten Arten. In West- und Mitteleuropa Standvogel; nord- und osteuropäische Brutvögel überwintern von Westdeutschland bis Nordafrika.

Habicht

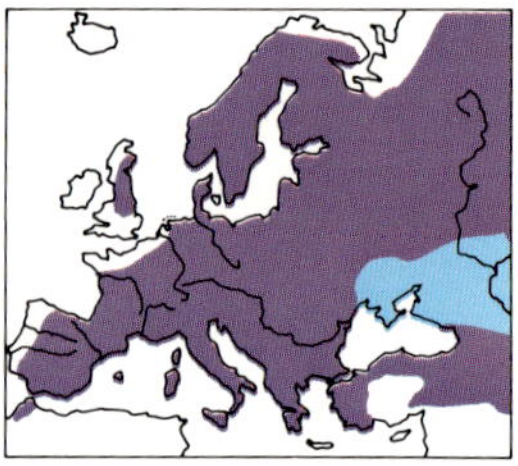

Accipiter gentilis
E: Goshawk
F: Autour des palombes
H: Havik
I: Astore
S: Azor

Kennzeichen: Dem Sperberweibchen ähnlich, das Männchen etwas größer als dieses, das Weibchen fast so groß wie ein Mäusebussard.
Biotop: Ausgedehnte, dichte Hochwälder aller Art. Der Horst steht meist in der Nähe einer Schneise oder eines Kahlschlags.
Nahrung: Mittelgroße Vögel und Säugetiere, in erster Linie Tauben, Häher, Drosseln, Stare, Rebhühner, Krähen und Elstern sowie Kaninchen, Junghasen, Eichhörnchen und Wühlmäuse.
Fortpflanzung: Der große Horst aus von unten nach oben dünner werdenden Ästen und Zweigen wird in einem hohen Baum durchschnittlich 15 – 20 m über dem Boden errichtet, Eiablage in Mitteleuropa Ende März – Ende April; gewöhnlich 3 Eier. Brutdauer 35 – 38 Tage. Bebrütung überwiegend durch das Weibchen. Die Jungen sind mit 36 – 41 Tagen flügge.
Verbreitung: Ursprünglich ganz Europa mit Ausnahme der Inseln im Atlantik, nördliches Asien bis Japan und Ostsibirien sowie Nordamerika; fehlt im äußersten Norden der drei Kontinente. In Großbritannien sehr früh ausgerottet, in ganz West- und Mitteleuropa sehr selten geworden. Verantwortlich für diesen Rückgang sind in erster Linie direkte Verfolgung, Eierraub und Aushorstung. Die Folge war eine allgemeine Zunahme der Krähen, Elstern und Häher, die als Nestplünderer zahllose Opfer unter den Kleinvögeln wie unter dem Federwild fordern. Seit der völligen Unterschutzstellung erfolgt eine langsame Zunahme. In Großbritannien brüten wieder rund 10 Paare, in den Niederlanden 150 – 200, in Belgien weniger als 100, in Luxemburg etwa 20, in Frankreich weniger als 400, in der Schweiz wohl weniger als 300. Auch in Deutschland scheint sich die Lage zu stabilisieren. In den meisten Ländern geschützt, bzw. (in der DDR und in der Bundesrepublik, wo er wie in Österreich und der Schweiz auf der „Roten Liste“ der bedrohten Arten steht) ganzjährig geschont. In West- und Mitteleuropa Standvogel; nord- und osteuropäische Brutvögel überwintern in Mittel- und Westeuropa.

Rotmilan

Milvus milvus

E: Red Kite
F: Milan royal
H: Rode Wouw
I: Nibbio reale
S: Milano real

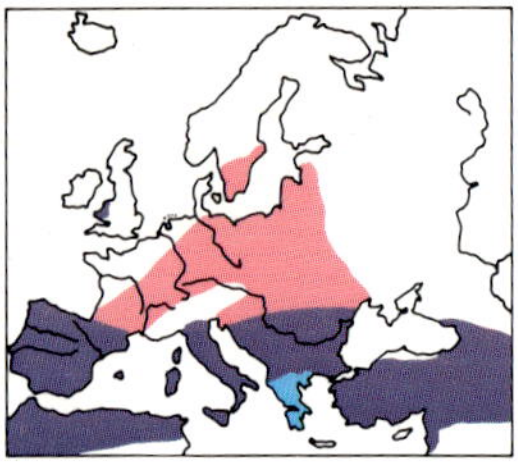

Kennzeichen: Etwas größer als Mäusebussard. Leicht kenntlich am langen, tiefgegabelten Schwanz („Gabelweih“), den langen, schmalen Flügeln mit einem großen weißen Feld auf der Unterseite, dem hellgrauen, dunkelgestrichelten Kopf und dem überwiegend rostroten Gefieder.
Biotop: Liebt reichgegliederte Landschaften, in denen freie Flächen und Wälder abwechseln, in der Nähe größerer Gewässer.
Nahrung: Jagt anderen Greifvögeln die Beute ab, schlägt aber auch selbst, und zwar nur auf dem Boden ruhende Beute. Weniger Fischfresser als der Schwarzmilan; Aasfresser nur außerhalb der Brutzeit.
Fortpflanzung: Der Horst gleicht dem des Mäusebussards, enthält aber oft seltsame Baustoffe wie Lumpen, Fetzen von Papier und Plastik, die von Müllkippen mitgebracht werden. Eiablage Anfang April – Mai; gewöhnlich 3 Eier. Brutdauer 28 – 30 Tage. Nur das Weibchen brütet. Die Jungen sind mit 45 – 50 Tagen flügge. Eine Jahresbrut.
Verbreitung: Von Nordwestafrika bis Südschweden und Estland und bis zum Kaspischen Meer, auf den Kapverden und den Kanaren; fehlt westlich einer Linie von der Biskaya zur westlichen Ostsee und im größten Teil der Sowjetunion. In Großbritannien früher häufig, jetzt nur noch ein isoliertes Vorkommen in Wales (1976 26 Paare), in Frankreich lokal und selten (weniger als 250 Paare). Der letzte starke Bestand (in Lothringen) wurde 1970 im Verlauf der Tollwutbekämpfung bei den Füchsen ausgerottet.In Belgien 1 – 3, im Großherzogtum Luxemburg 15 Paare. Brütet nicht in den Niederlanden. In der Schweiz 90 Paare (1969), in Deutschland rund 5000 Paare; in Österreich ausgestorben. In Großbritannien Standvogel, sonst gewöhnlich Zugvogel, überwintert vor allem im nördlichen Mittelmeerraum. Allgemein geschützte Art, steht in der Bundesrepublik und in der Schweiz auf der „Roten Liste“ der bedrohten Arten.

Schwarzmilan

Milvus migrans

E: Black Kite
F: Milan noir
H: Zwarte Wouw
I: Nibbio bruno
S: Milano negro

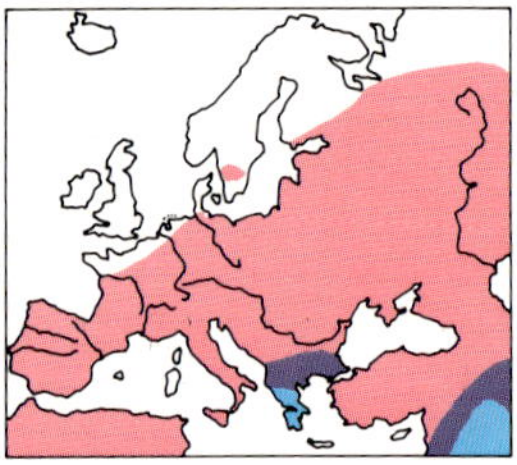

Kennzeichen: Etwa bussardgroß, ziemlich einheitlich dunkelbraun mit hellerem Kopf. Im Flug kenntlich an der Schwanzgabelung, die aber weniger tief ist als beim Rotmilan und bei völliger Entfaltung des Schwanzes verschwindet. Geselliger als Rotmilan.
Biotop: Brütet an Waldrändern in der Nähe von Gewässern.
Nahrung: Frißt mehr Aas als der Rotmilan. Nutznießer von Fischsterben und Gewässerverschmutzung, liebt besonders tote Fische („Geier des Süßwassers“). Jagt zuweilen Graureihern und anderen Greifvögeln die Beute ab. Scheut die Nähe des Menschen nicht, ernährt sich von toten Tieren auf den Straßen und von Abfällen auf Märkten, in Häfen und auf Müllkippen. Jagt auch Insekten und Kleinnager.
Fortpflanzung: Der verhältnismäßig kleine Horst steht gewöhnlich 8 – 20 m hoch, oft in einer Astgabel. Der Schwarzmilan baut meist selbst, benutzt aber auch alte Bussard- und Krähennester. Die Nestmulde wird mit Mist, toten Zweigen, Lumpen, Papierfetzen und Roßhaar ausgelegt. Eiablage April – Mai; gewöhnlich 2 – 3 Eier. Brutdauer 32 – 38 Tage. Die Jungen sind mit 6 Wochen flügge. Eine Jahresbrut.
Verbreitung: Europa östlich einer Linie von der Biskaya zur westlichen Ostsee und vom Finnischen Meerbusen zum Weißen Meer, Asien mit Ausnahme des hohen Nordens, Afrika mit Ausnahme der Sahara sowie große Teile von Australien. In der Schweiz unterhalb von 1000 m und am Ausgang der großen Alpentäler der häufigste Greifvogel (rund 500 Paare). In Österreich sehr lokal in Niederösterreich und im Burgenland sowie in Vorarlberg. In Deutschland mit Ausnahme des Nordwestens an Seen und großen Flüssen verbreitet. Jungvögel streifen ab Ende Juni umher. Altvögel ziehen vorwiegend im August/September. Überwintert im tropischen Afrika. Steht in Österreich und der Bundesrepublik auf der „Roten Liste“ der bedrohten Arten. In West- und Mitteleuropa geschützte Art.

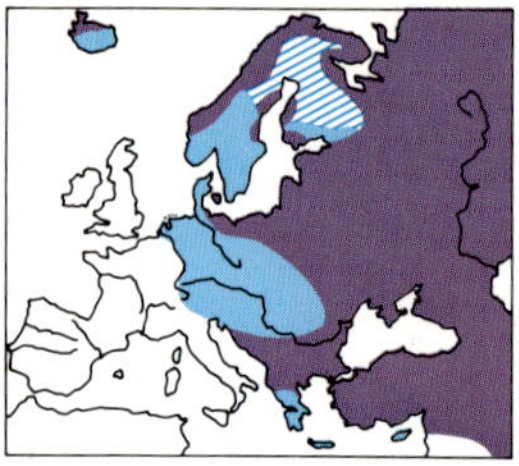

Seeadler

Haliaeetus albicilla

E: White-tailed Eagle
F: Pygargue à queue blanche
H: Zeearend
I: Aquila di mare
S: Pigargo

Kennzeichen: Riesiger Adler. Altvögel mit keilförmigem, weißem Schwanz, vom übrigen dunkelbraunen Gefieder abstechender, heller Kopf, von weitem sichtbarer, gelber Schnabel. Einjährige Vögel sind einheitlich braun, auch der stärker gerundete Schwanz.
Biotop: Küsten und Inseln der Meere, aber auch bewaldete Ufer großer, fischreicher Seen und Flüsse.
Nahrung: Sehr vielseitig. Greift bis zu 8 kg schwere See- und Süßwasserfische von der Wasseroberfläche oder stoßtauchend; schlägt Wasser- und andere Vögel von Möwenküken bis zu Reihern, und Säugetiere von Wühlmäusen bis zu Füchsen. Jagt anderen Vögeln die Beute ab, geht mitunter auch an Aas.
Fortpflanzung: Der Horst steht auf einem hohen Baum oder einem überhängenden Felsen, in unbewohnten Gegenden auch auf dem Boden. Eiablage von Ende Januar (im Süden) bis Mitte Mai (im Norden); 2 Eier. Brutdauer 35 – 40 Tage. Beide Eltern brüten. Die Jungen vertragen sich untereinander. Mit 5 – 6 Wochen können sie die von den Eltern angebrachte Beute schon selbst zerkleinern. Mit 10 Wochen sind sie flügge, bleiben aber noch 2 – 3 Wochen im Horst und werden noch weitere 4 – 5 Wochen von den Eltern versorgt. Sie sind mit 5 Jahren ausgewachsen. Eine Jahresbrut.
Verbreitung: Ursprünglich ganz Europa und nördliches Asien von der Türkei bis Ostsibirien und Westgrönland. In weiten Gebieten Europas ausgerottet; brütet noch in Island (selten), Norwegen und östlich einer Linie von der westlichen Ostsee bis zur nördlichen Balkanhalbinsel. In der Bundesrepublik nur in Ostholstein (4 Paare), in der DDR in Mecklenburg, Vorpommern und Brandenburg. Europäische Brutvögel sind vorwiegend Standvögel. Die Jungvögel streichen jedoch bis nach Belgien, Frankreich und der Schweiz. Geschützte, in Europa seltene und abnehmende, wahrscheinlich gefährdete Art. Steht in der Bundesrepublik und in der DDR auf der „Roten Liste“ der vom Aussterben bedrohten Arten.

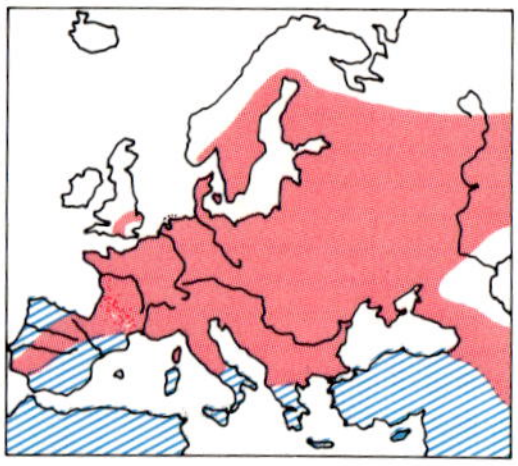

Wespenbussard

Pernis apivorus

E: Honey Buzzard
F: Bondrée apivore
H: Wespendief
I: Falco pecchiaiolo
S: Halcón abejero

Kennzeichen: So groß wie ein Mäusebussard, in Färbung und Zeichnung ebenso variabel, oben meist bräunlich, unten meist weiß, oft gefleckt und gebändert; Schwanz mit drei dunklen Binden. Unterscheidet sich im Flug vom Mäusebussard durch längere Flügel, längeren Schwanz und kleineren, vorgestreckten Kopf.
Biotop: Abwechslungsreiche Landschaften mit Gehölzen, Wiesen und Feldern.
Nahrung: Seine Hauptnahrung sind Wespen und Hummeln, die er mit Füßen und Schnabel ausgräbt; nimmt auch andere Insekten und ihre Larven, sowie Lurche, Kriechtiere, Jungvögel und Kleinsäuger.
Fortpflanzung: Der verhältnismäßig kleine Horst steht meist 15 – 20 m hoch in der Astgabel eines alten Baumes. Eiablage im Juni; gewöhnlich 2 Eier. Brutdauer 28 – 31 Tage. Die Jungen sind mit rund 44 Tagen flügge. Eine Jahresbrut.
Verbreitung: In Europa von Nordspanien, Mittelitalien und Griechenland bis Südengland, Südnorwegen, Schwedisch- und Finnisch-Lappland, nach Osten bis Westsibirien. In England durch Eiersammler weitgehend ausgerottet (nur noch rund 15 Paare). In den Niederlanden 150 – 200 Paare, in Belgien rund 130 Paare, in Luxemburg 70 Paare. In Frankreich mit Ausnahme der mediterranen Ebenen in allen geeigneten Biotopen zu finden (rund 1000 Paare). In Mitteleuropa verbreitet; in Deutschland kommt auf sieben Mäusebussarde ein Wespenbussard. Zugvogel; überwintert im tropischen Afrika. Der Wespenbussard ist in ganz West- und Mitteleuropa geschützt, ist aber vor allem auf dem Zug durch Abschuß gefährdet, da er oft mit dem Mäusebussard verwechselt wird. Steht in der Bundesrepublik auf der „Roten Liste“ der bedrohten Arten.

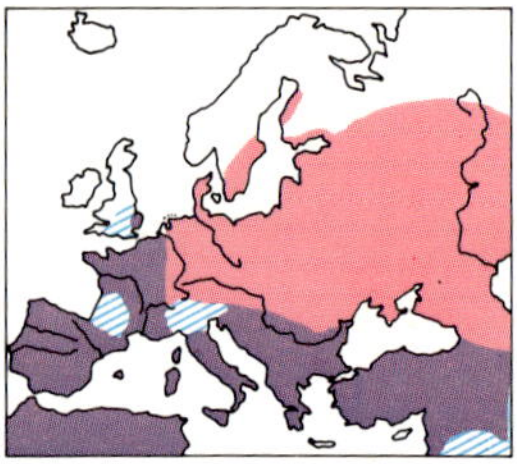

Rohrweihe

Circus aeruginosus

E: Marsh Harrier
F: Busard des roseaux
H: Bruine Kiekendief
I: Falco di palude
S: Aguilucho lagunero

Kennzeichen: Fast so groß wie ein Mäusebussard, aber schlanker, mit längeren Flügeln und nicht gebändertem Schwanz. Weibchen und Jungvögel meist dunkelbraun, Oberkopf und Schultern rahmgelb, ohne weißen Bürzel. Männchen recht bunt, rostrot, hellgrau und schwarz. Typisch gaukelnder Weihenflug mit V-förmig gestellten Flügeln in geringer Höhe.
Biotop: Ausgedehnte Sumpfgebiete mit angrenzendem Kulturland.
Nahrung: Sucht unermüdlich dicht über dem Boden fliegend ihr Revier ab; schlägt die Beute am Boden. Kleine Säugetiere und Vögel, vor allem Küken (Enten, Hühnervögel, Rallen, Möwen, Schnepfenvögel, Lerchen und Pieper), aber auch Reptilien, Frösche und große Insekten.
Fortpflanzung: Der sehr umfangreiche Horst steht auf dem Boden, gewöhnlich in hohem, dichtem Röhricht. Eiablage ab April, Hauptlegezeit Mai – Anfang Juni; 4 – 5 Eier. Brutdauer 33 Tage. Im Alter von rund 2 Monaten begleiten die Jungen die Altvögel bei der Jagd. Eine Jahresbrut.
Verbreitung: Von Nordwestafrika und Vorderasien bis England, Dänemark, Südschweden, Finnland und Nordrußland, nach Osten bis zur Mandschurei und Sachalin. Fast überall im Rückgang begriffen, vor allem infolge von Zerstörung der spezifischen Biotope. In Irland seit 1917 ausgerottet, in England um 1900 (zur Zeit wieder 4 – 6 Paare); in den Niederlanden 600 – 900 Paare (1977), in Belgien 10 (1977 keine Brut). In Frankreich in den meisten Sumpfgebieten des Nordostens (rund 400 Paare). Brütet nicht in der Schweiz; in Österreich nur im Burgenland. In der Bundesrepublik Deutschland weniger als 300 Paare, vor allem im Norden; in der DDR dagegen mindestens 1800 Paare. Größtenteils Zugvogel, überwintert z. T. schon in Südwesteuropa, hauptsächlich aber im tropischen Afrika. Nicht überall geschützte Art; steht in der Bundesrepublik, in Österreich und der Schweiz auf der „Roten Liste“ der bedrohten Arten.

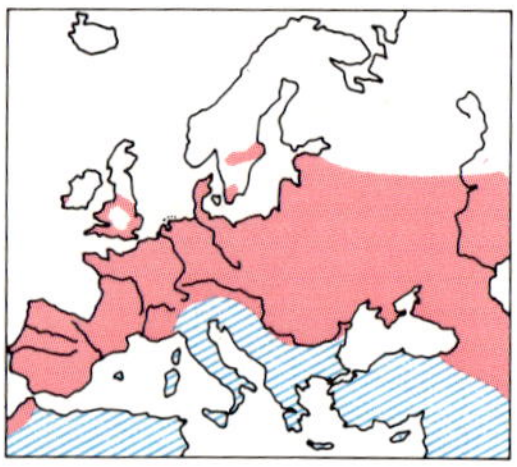

Wiesenweihe

Circus pygargus

E: Montagu's Harrier
F: Busard cendré
H: Grauwe Kiekendief
I: Albanella minore
S: Aguilucho cenizo

Kennzeichen: Deutlich kleiner als Rohrweihe, leicht mit der Kornweihe zu verwechseln, vor allem die Weibchen. Sie sind bei beiden Arten insgesamt braun mit dunkel gebändertem Schwanz, doch ist der grauweiße Bürzel bei der Wiesenweihe meist kleiner. Das alte Männchen ist aschgrau mit einer schmalen, schwarzen Flügelbinde und schwarzen Flügelspitzen.
Biotop: Offenes Gelände, vor allem Feuchtgebiete, Moor, Heide, Dünen, Brachland, aber auch Wiesen und Felder. Brütet selbst in verhältnismäßig kleinen hohen und dichten Krautbeständen.
Nahrung: Vor allem Eier und Junge von bodenbrütenden Kleinvögeln, große Insekten, Eidechsen und Kleinsäuger.
Fortpflanzung: Das Nest steht gut versteckt im hohen Kraut zwischen Ginsterbüschen oder im Heidekraut. Eiablage von Mitte Mai – Ende Juni; gewöhnlich 5 Eier. Brutdauer 28 – 30 Tage. Das Weibchen brütet allein; das Männchen beschafft die Nahrung, die es dann dem Weibchen im Flug übergibt. Die Jungen sind mit 29 – 35 Tagen flügge. Eine Jahresbrut.
Verbreitung: Von Nordwestafrika über Spanien, Südfrankreich und den nördlichen Balkan bis Innerasien, nach Norden bis zu den Britischen Inseln, Dänemark, Südschweden, Südfinnland und Mittelrußland. Der Bestand geht überall zurück. Auf den Britischen Inseln sehr selten (1974 keine Brut); in den Niederlanden 18 – 25 Paare (die meisten auf den Westfriesischen Inseln); in Belgien stark zurückgegangen (zur Zeit weniger als 3 Paare); in Frankreich ein verhältnismäßig dichter Bestand (weniger als 1000 Paare). In der Schweiz in den letzten Jahren keine Brutnachweise mehr, in Österreich nur noch im Burgenland wenige Paare. In der Bundesrepublik und in der DDR je etwa 100 Paare. Zugvogel; überwintert südlich der Sahara, vor allem in Südafrika. Geschützte Art; steht in der Bundesrepublik, der DDR, Österreich und der Schweiz auf der „Roten Liste“ der vom Aussterben bedrohten Arten.

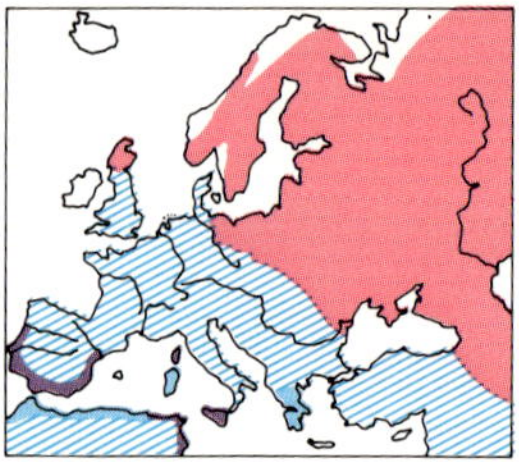

Fischadler

Pandion haliaetus

E: Osprey
F: Balbusard pêcheur
H: Visarend
I: Falco pescatore
S: Águila pescadora

Kennzeichen: Größer als Bussard, gekennzeichnet durch den Kontrast zwischen der schwärzlichen Ober- und der weißen Unterseite. Fliegt meist mit gewinkelten Flügeln; rüttelt häufig über dem Wasser, in das er mit vorgestreckten Fängen hineinstößt.
Biotop: Offene, klare, fischreiche Gewässer mit baumbestandenem Ufer im Binnenland, aber auch an der Küste.
Nahrung: Mittelgroße bis große Fische, seltener Kleinsäuger, Wasservögel und Frösche.
Fortpflanzung: Der Horst steht im Wipfel eines trockenen, hohen Baumes, seltener auf einer Felsklippe. Eiablage von Mitte April – Anfang Mai; gewöhnlich 3 Eier. Brutdauer 35 – 38 Tage. Beide Eltern brüten. Die Jungen fliegen nach 8 – 10 Wochen aus. Eine Jahresbrut.
Verbreitung: Ursprünglich mit Ausnahme von Südamerika weltweit verbreitet. In vielen Gebieten durch Fischer, Jäger und Eiersammler ausgerottet und als Endglied der Nahrungskette durch die Verwendung chlorierter Kohlenwasserstoffe und von Quecksilber zur Schädlingsbekämpfung aufs äußerste bedroht. In Westeuropa nur noch in Schottland, wo er 1916 verschwunden war, aber dank energischer Schutzmaßnahmen seit 1959 wieder brütet, und auf Korsika. Ein bemerkenswertes Beispiel für praktischen Vogelschutz liefert der Horst von Loch Garten (Schottland), der durch drakonische Maßnahmen vor unerwünschten Besuchern geschützt wurde. Von 1959 – 1964 flogen 12 Jungvögel aus, deren Entwicklung über 500 000 Besucher unter fachkundiger Führung von weitem verfolgen konnten. In Mitteleuropa nur noch in der Tiefebene östlich der Elbe (in der DDR rund 75 Paare). Sonst nur regelmäßiger Durchzügler und seltener Sommergast. Zugvogel, überwintert z. T. im Mittelmeerraum vorwiegend aber im tropischen Afrika. Geschützte Art. Steht in der Bundesrepublik, Österreich und der Schweiz auf der „Roten Liste“ der ausgestorbenen bzw. ausgerotteten Arten, gilt in der DDR als vom Aussterben bedrohte Art.

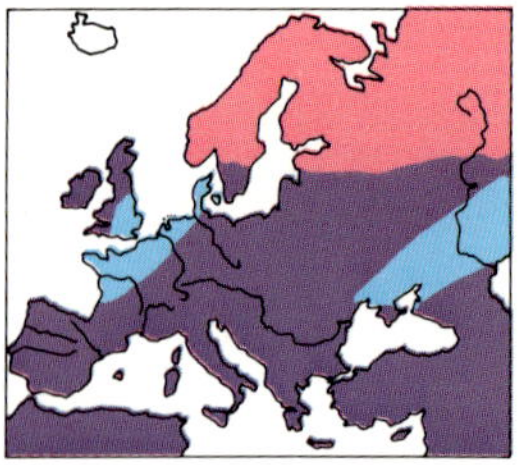

Wanderfalke

Falco peregrinus

E: Peregrine
F: Faucon pèlerin
H: Slechtvalk
I: Falcone pellegrino
S: Halcón peregrino

Kennzeichen: Männchen wenig größer als eine Dohle, Weibchen ca. 10 cm größer. Typischer Falke mit langen, spitzen Flügeln und verhältnismäßig kurzem Schwanz. Ein wichtiges Kennzeichen ist der vom Weiß der Wangen und des Kinns abstechende schwarze Bartstreif.
Biotop: Brütet im Gebirge wie im Tiefland, auch an der Küste, meidet ausgedehnte Hochwälder und Hochgebirge.
Nahrung: Fast nur Vögel (vom Goldhähnchen bis zum Fischreiher), die er im Flug über offenem Gelände erbeutet.
Fortpflanzung: Baut wie alle Falken kein Nest, sondern brütet in einer Nische oder auf einem Vorsprung in steiler Felswand, manchmal an einem hohen Gebäude (Felsbrüter), bzw. auf den Horstplattformen anderer, großer Vögel (Baumbrüter). Eiablage Ende März – Mai; gewöhnlich 3 oder 4 Eier. Brutdauer 28 oder 29 Tage. Die Jungen fliegen nach etwa 1 Monat aus. Eine Jahresbrut.
Verbreitung: Nahezu weltweit. Ursprünglich in ganz Europa, ist jedoch in weiten Gebieten verschwunden, wegen Jagd und Fallenstellerei, Verfolgung durch Taubenliebhaber, Eierraub für Sammler, Aushorsten für die Falknerei, Störungen durch Kletterer, in jüngster Zeit durch die Verwendung von chlorierten Kohlenwasserstoffen zur Schädlingsbekämpfung, die die Eischalen brüchig machen. In den Niederlanden letzte Brut 1956; in Belgien letzter Brutversuch 1970. In Österreich nur noch wenige Paare. In der Bundesrepublik 1950 etwa 350 – 410, 1968/69 etwa 75 Paare. Am dichtesten ist der Bestand noch an der oberen Donau (dank intensiver Schutzmaßnahmen). In der DDR 1960 etwa 80 – 100 Paare – inzwischen ausgestorben. Stand-, Strich- und Zugvogel, je nach Alter und klimatischen Verhältnissen. Nord- und mitteleuropäische Wanderfalken überwintern in Mitteleuropa, Frankreich und Spanien. Geschützte, in Europa seltene und abnehmende, wahrscheinlich gefährdete Art. Steht in der Bundesrepublik, Österreich und der Schweiz auf der „Roten Liste“ der vom Aussterben bedrohten Arten.

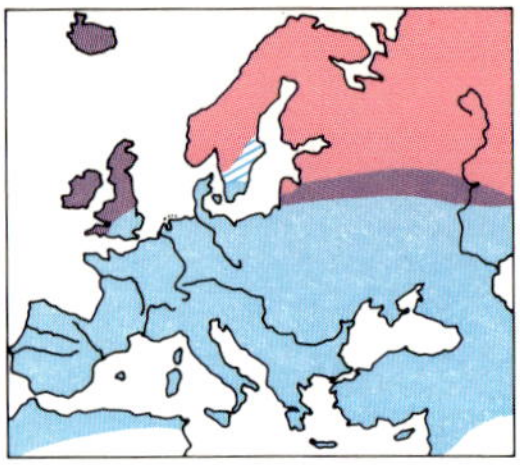

Merlin

Falco columbarius

E: Merlin
F: Faucon émérillon
H: Smelleken
I: Smeriglio
S: Esmerejón

Kennzeichen: Unser kleinster Falke. Männchen kaum größer als Misteldrossel, oben blaugrau, unten rostgelb, Schwanz mit schwarzer Endbinde; Weibchen höchstens hohltaubengroß, ebenso wie die Jungvögel oben dunkelbraun, unten weißlich; in allen Kleidern unten dunkel gestreift. Bartstreif wenig ausgeprägt. Unterscheidet sich vom Turmfalken durch dunklere Färbung, vom Sperber durch schmale, spitze Flügel, von beiden durch geringere Größe und kürzeren Schwanz.
Biotop: Brütet im Zwergbirkenwald, in der Tundra und auf Hochmooren, auch auf dem kahlen Fjell und an Felsküsten. Bevorzugt im Winterquartier offenes, baumarmes Gelände.
Nahrung: Jagt in schnellem Flug dicht über dem Boden in offenem Gelände vor allem Sperlings- und Schnepfenvögel, vereinzelt auch größere Insekten. Bei uns sind die Hauptbeute Lerchen, Pieper, Drosseln, Ammern, Finken und Stare.
Fortpflanzung: Brütet meist in einer Vertiefung im Boden oder auf einem Felsband, selten auf einem Baum in alten Krähennestern. Eiablage von Mitte Mai (Britische Inseln) bis in den Juni (Norwegen); gewöhnlich 4 – 5, ausnahmsweise 2 – 7 Eier. Brutdauer 28 – 32 Tage. Die Jungen sind mit 25 – 30 Tagen flügge, aber erst mit 6 Wochen selbständig. Eine Jahresbrut.
Verbreitung: Die Taiga und Waldtundra der Nordhalbkugel, in Europa in Island (sehr zahlreich), Irland, Schottland, Westengland, Skandinavien, Finnland (rund 1600 Paare) und der nördlichen Sowjetunion. Isländische Vögel überwintern vor allem auf den Britischen Inseln; britische (600 – 800 Paare) sind überwiegend Standvögel; skandinavische ziehen nach Mittel- und Westeuropa und bis nach Nordwestafrika. Heimzug im März/April. Geschützte Art.

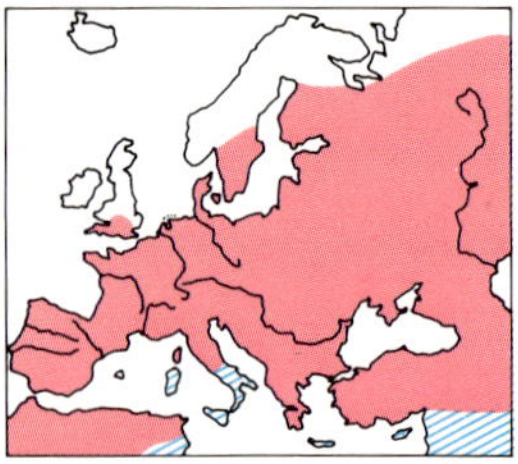

Baumfalke

Falco subbuteo

E: Hobby
F: Faucon hobereau
H: Boomvalk
I: Lodolaio
S: Alcotán

Kennzeichen: Turteltaubengroß, oben schieferschwarz mit deutlichem Bartstreif, unten hell mit dunklen Längsstreifen; Hosen und Unterschwanzdecken rostrot. Charakteristisches Flugbild mit kurzem Schwanz und langen Sichelflügeln wie ein Mauersegler. Flug schnell und gewandt; rüttelt selten. Vor allem gegen Abend sehr aktiv bei der Flugjagd nach Insekten; zeigt dabei ein sehr charakteristisches Flugbild, wenn er seine Beute mit auf die Fänge geneigtem Kopf in der Luft schält.
Biotop: Brütet in kleinen Gehölzen und an Waldrändern in der Nähe offenen Geländes, über dem er Kleinvögel und Insekten jagt.
Nahrung: Kleinvögel (Schwalben, Segler, Stare, Lerchen, Finken) und große Insekten (Libellen, Mistkäfer).
Fortpflanzung: Brütet gewöhnlich in alten Krähen- und Elsternnestern. Eiablage Mitte Mai bis Juli (meist im Juni); gewöhnlich 3 Eier. Brutdauer 28 Tage. Das Weibchen brütet allein oder doch überwiegend. Die Jungen fliegen nach etwa einem Monat aus, werden aber noch einige Zeit von den Eltern gefüttert. Eine Jahresbrut.
Verbreitung: Von Nordwestafrika bis Südengland und Südskandinavien, ostwärts bis zum Stillen Ozean. In Südengland rund 95 Paare, in den Niederlanden 400 – 700, in Belgien rund 60, in Luxemburg nur 3 Paare (1960). In Frankreich vor dem Krieg weit verbreitet, hat aber infolge der Nachstellungen der Vogelfänger abgenommen. In allen Teilen Mitteleuropas von der Tiefebene bis in mittlere Höhenlagen. Ausgesprochener Zugvogel; überwintert in den Savannen Ost- und Südafrikas. Der Wegzug beginnt in der zweiten Augusthälfte. Der Baumfalke ist nicht so bedroht wie der Wanderfalke, da er in der Falknerei nur selten verwendet wird und anscheinend auch – obwohl Insektenfresser – durch Pestizide weniger gefährdet ist. In West- und Mitteleuropa geschützte Art. Steht in der Bundesrepublik und in der Schweiz auf der „Roten Liste“ der bedrohten Arten.

Rotfußfalke

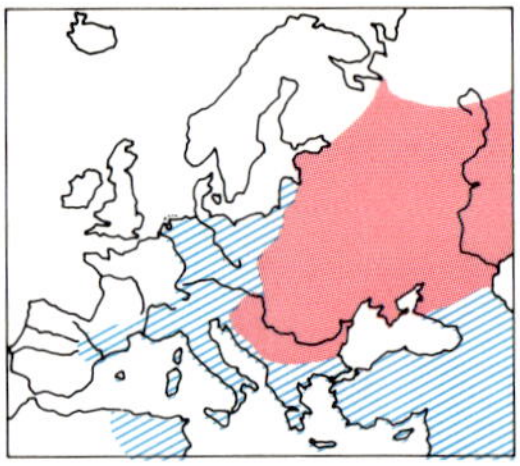

Falco vespertinus

E: Red-footed Falcon
F: Faucon kobez
H: Roodpootvalk
I: Falco cuculo
S: Cernicalo patirrojo

Kennzeichen: Etwas kleiner als Baum- und Turmfalke. Männchen schieferschwarz, Hosen und Unterschwanzdecken rostrot; beim Weibchen Kopf (mit dunklem Augenfleck und Bartstreif), Unterseite und Unterflügeldecken rötlichgelb, Oberseite bräunlichgrau und wie der Schwanz dunkel quergebändert. Füße, Wachshaut und Augenring beim Männchen rot, beim Weibchen orange. Ausgesprochen gesellig, brütet gern in Kolonien.
Biotop: Offenes Gelände mit einzelnen Gehölzen.
Nahrung: Jagt besonders abends, im Suchflug, oft in Gruppen oder vom Ansitz aus, vor allem Insekten (Heuschrecken, Käfer, Ameisen). Die Nahrung der Jungen bilden vorwiegend Wirbeltiere (Kröten, Frösche, Eidechsen, Jungvögel, Kleinsäuger).
Fortpflanzung: Brütet gewöhnlich in Nestern von Krähenvögeln, vor allem von Saatkrähen, was zur Bildung von zuweilen recht großen Kolonien führen kann; seltener in Baumhöhlen. Eiablage Mitte Mai – Juni; gewöhnlich 3 – 4 (seltener 2 – 6) Eier. Brutdauer gewöhnlich 22 – 23 Tage. Die Jungen sind mit knapp 4 Wochen flügge und mit rund 45 Tagen selbständig. Eine Jahresbrut.
Verbreitung: Brütet in Europa regelmäßig in der Ungarischen Tiefebene, Rumänien, Südostpolen und in der Sowjetunion; ziemlich regelmäßig in Österreich (Seewinkel), gelegentlich in Bayern, außerdem im südlichen Sibirien und in einer anderen Rasse im nordöstlichen China. Der Wegzug beginnt Mitte August und führt über Griechenland und Vorderasien in die Savannen Ost- und Südafrikas; der Heimzug erfolgt weiter westlich („Schleifenzug"), so daß Rotfußfalken im Frühjahr auch in Westeuropa beobachtet werden können. Geschützte Art; steht in Österreich auf der „Roten Liste" der bedrohten Arten.

Turmfalke

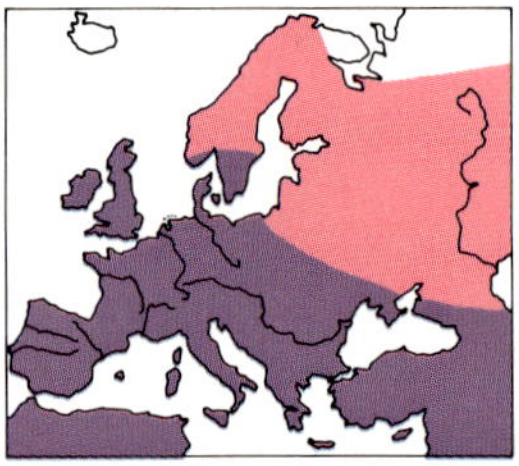

Falco tinnunculus

E: Kestrel
F: Faucon crécerelle
H: Torenvalk
I: Gheppio
S: Cernícalo vulgar

Kennzeichen: Unser häufigster und bekanntester kleiner Greifvogel, etwa so groß wie eine Taube, aber schlanker, mit deutlich längerem Schwanz und spitzeren Flügeln. Männchen oben ziegelrot mit dunklen Tropfenflecken, Kopf, Bürzel und Schwanz (mit breiter, schwarzer, weiß gesäumter Endbinde) blaugrau; unten rahmfarben mit dunkler Längsfleckung. Weibchen fast einheitlich rotbraun, oben quergebändert, unten längsgefleckt. Charakteristisch ist der Rüttelflug in geringer Höhe.
Biotop: Sehr vielseitig. Benötigt zur Jagd offenes Gelände, zur Brut Felswände oder Bäume. Häufig in der Nähe menschlicher Siedlungen, selbst in großen innerstädtischen Parks.
Nahrung: Vor allem Kleinsäuger (Mäuse), aber auch Jungvögel sowie große Insekten und Raupen.
Fortpflanzung: Brütet einerseits in alten Nestern von Krähen, Elstern, anderen Greifvögeln und Eichhörnchen, andererseits an Felswänden (Steinbrüchen) und Gebäuden, (selbst in Großstädten); nimmt auch Nistkästen an. Brütet zuweilen kolonieartig. Eiablage April – Juli, meist im Mai; gewöhnlich 4 – 6 Eier. Brutdauer 28 – 31 Tage. Die Jungen fliegen nach rund einem Monat aus und werden noch ebensolange von den Eltern versorgt. Eine Jahresbrut.
Verbreitung: Europa mit Ausnahme von Island und der Hocharktis, Asien mit Ausnahme von Nordsibirien und dem größten Teil von Vorder- sowie Hinterindien und Afrika mit Ausnahme der Sahara und des Kongobeckens. Mitteleuropa mit Ausnahme der großen Waldungen überall verbreitet. Als Mäusevertilger sehr nützlich für die Landwirtschaft, wird aber, obwohl in ganz Europa geschützt, noch immer von Taubenliebhabern und sogenannten Jägern verfolgt, vor allem in Frankreich, Spanien und Italien. Durch die übermäßige Verwendung von Pestiziden in der modernen Landwirtschaft stark gefährdet. Im Süden und Westen Standvogel, im Norden z. T. Zugvogel.

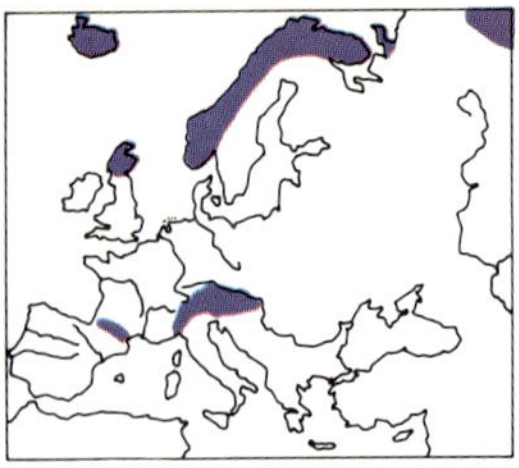

Alpenschneehuhn

Lagopus mutus

E: Ptarmigan
F: Lagopéde des Alpes
H: Alpensneeuwhoen
I: Pernice bianca
S: Perdiz nival

Kennzeichen: Etwas größer als Rebhuhn. Trägt wie das Moorschneehuhn Nordeuropas drei verschiedene Kleider: im Winter weiß, im Brutkleid gelbgrau und schwarzbraun gefleckt, im Herbst braun und weiß gescheckt; Flügel immer weiß, Schwanzecken schwarz. Hahn vom Moorschneehahn durch schwarzen Zügel unterschieden; trägt wie bei allen Rauhfußhühnern rote „Rosen“ (nackte warzige Hautstellen) über den Augen.
Biotop: Felsige Hänge oberhalb der Baumgrenze sowie Tundren. Im Sommer gern in teilweise schneebedecktem Felsgelände.
Nahrung: Knospen, Sprosse, Beeren und Sämereien, gelegentlich auch Schnecken, Würmer und Insekten.

Fortpflanzung: Eine flache Mulde im Boden wird mit trockenem Pflanzenmaterial ausgelegt. Eiablage ausnahmsweise ab Mitte Mai, gewöhnlich gegen Mitte Juni – Juli. Brutdauer 21 – 24 Tage. Nur die Henne brütet, während der Hahn in der Nähe wacht. Er verläßt sie nach dem Schlüpfen der Jungen, gesellt sich aber nach einigen Wochen wieder zur Familie, die bis zum Herbst zusammenhält. Die Jungen, die ein blaßgelbes Dunenkleid mit kastanienbraunem Scheitel und dunkelbraunen Streifen auf der Oberseite tragen, verlassen das Nest nach wenigen Stunden. Sie werden erst mit 2 Jahren geschlechtsreif.
Verbreitung: Der hohe Norden der Neuen und der Alten Welt, in Europa in Island, Spitzbergen, den skandinavischen Gebirgen und Lappland, als Eiszeitrelikt in Schottland, den Alpen und Pyrenäen; in Schottland oberhalb von 600 m, in den Alpen und Pyrenäen oberhalb von 2000 m. In Schottland, den Alpen und Pyrenäen Standvogel. Der Hahn verteidigt sein Revier gegen jeden Eindringling. Jagdbare Art; in der Bundesrepublik geschützt; angesichts der geringen Bestandsdichte wäre ein allgemeines Jagdverbot angebracht. Steht auf der „Roten Liste“ der in der Bundesrepublik bedrohten Arten.

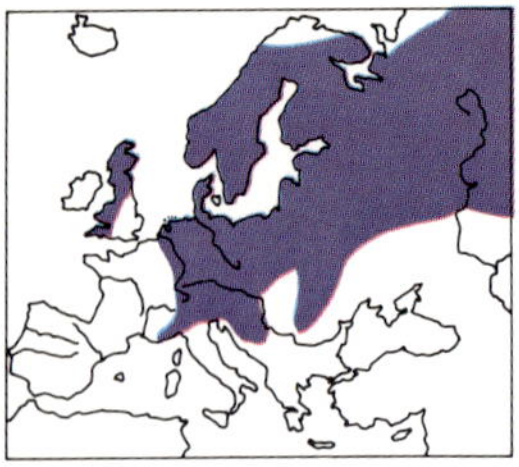

Birkhuhn

Tetrao tetrix

E: Black Grouse
F: Tétras lyre
H: Korhoen
I: Fagiano dimonte
S: Gallo lira

Kennzeichen: Etwa so groß wie ein Haushuhn. Hahn glänzend blauschwarz mit leierförmigem Schwanz, weißen Unterschwanzdecken, weißer Flügelbinde und roten „Rosen“; Henne ähnlich der Auerhenne, aber kleiner und mit weißer Flügelbinde.
Biotop: Ausgedehnte Moore und Heiden mit verstreuten Bäumen, lichte Nadelwälder, im Gebirge Gebiete an der Waldgrenze.
Nahrung: Sehr verschiedenartig, je nach Alter, Jahreszeit und Biotop. Jungvögel verzehren zunächst fast ausschließlich Insekten, später auch überwiegend Pflanzen, Koniferennadeln, Knospen, Blüten, Triebe, Blätter, Beeren und Sämereien.

Fortpflanzung: Keinehig. Die Hähne balzen fast das ganze Jahr hindurch an gemeinsamen Balzplätzen. Höhepunkt Mitte April – Mitte Mai. Nest eine kleine, mit etwas Laub und Nadeln ausgelegte Mulde, meist unter einem Strauch versteckt. Eiablage in Mitteleuropa Ende April – Ende Mai; meist 7 – 10 Eier. Brutdauer 26 Tage. Eine Jahresbrut.
Verbreitung: Von den Alpen, Vogesen und Ardennen nach Norden bis Lappland, nach Osten bis Sibirien, ferner im Westen und Norden von Großbritannien. Die Kultivierung der Moore und die Umwandlung von Heidegebieten und Niederwald in Äcker und Forsten hat im Verein mit der übermäßigen Bejagung im 20. Jahrhundert überall zu starkem Rückgang geführt. In den Niederlanden noch 150 – 300 Bruten, weniger als 400 Bruten in Belgien. Im Südteil der Alpen nur schwach vertreten. In Deutschland soll es nur noch 5000 Bruten geben. Jagdbare Art; nur in Dänemark und den Beneluxländern geschützt; in der DDR ganzjährig geschont. Der Hahn darf in der Bundesrepublik (vom 1. – 31. 5.) und in Österreich bejagt werden, obwohl das Birkwild in beiden Ländern auf der „Roten Liste“ der vom Aussterben bedrohten Arten steht. Standvogel.

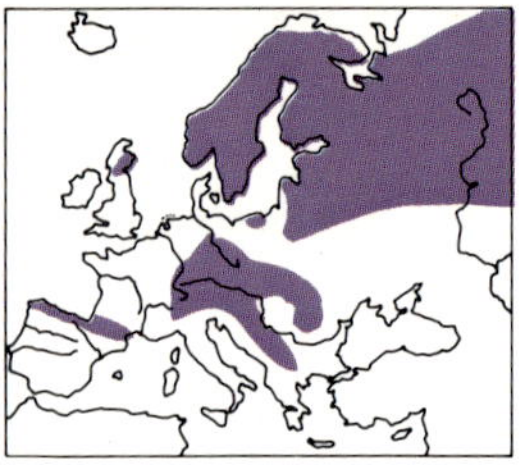

Auerhuhn

Tetrao urogallus

E: Capercaillie
F: Grand tétras
H: Auerhoen
I: Gallo cedrine
S: Urogallo

Kennzeichen: Größter europäischer Hühnervogel, etwa so groß wie eine kleine Pute. Der Hahn hat ein schwarzbraunes, auf der Brust grün schillerndes Gefieder, einen gelben Schnabel und rote „Rosen"; bei der Balz wird der lange Schwanz wie ein Fächer entfaltet, der schwarze Kinnbart gesträubt. Die Henne ist kleiner und rot- bis graubraun gefärbt.
Biotop: Nadel- oder Mischwald mit reich entwickelter Strauchschicht.
Nahrung: Im Winter fast ausschließlich Koniferen-, vor allem Kiefernadeln. Im Sommer Knospen, Sprosse, Blätter, Beeren und Insekten (vor allem Ameisen).
Fortpflanzung: Keinehig. Der Hahn balzt von April – Mai vom Morgengrauen an auf einem lange Zeit besetzten Balzplatz. Das Nest ist eine von der Henne im Boden ausgescharrte Mulde. Eiablage Mitte April – Mai; 5 – 12 Eier. Brutdauer 26 – 29 Tage. Gewöhnlich überleben nur 3 – 4 Junge, die der Mutter bis zum Herbst folgen. Eine Jahresbrut.
Verbreitung: In den Gebirgen Mitteleuropas von den französischen Alpen und Vogesen bis zu den Karpaten und zum Balkan, von Skandinavien bis Sibirien, inselartig in Nordspanien und den Pyrenäen, in Schottland. Überall sind die Bestände stark rückläufig, einerseits infolge übermäßiger Bejagung, andererseits infolge mangelnder Anpassungsfähigkeit. In Frankreich in den Pyrenäen 300 – 800 Hähne, in Obersavoyen, dem Jura und den Vogesen rund 500. In der Schweiz im Jura und den Alpen 1000 – 1300 Hähne. In Österreich knapp 10 000 Hähne (1966/67). In der Bundesrepublik am häufigsten noch in den Alpen, im Bayerischen Wald und im Schwarzwald, in den anderen Mittelgebirgen nur noch vereinzelt bzw. völlig verschwunden. Jagdbare Art, in der DDR ganzjährig geschont. Der Hahn darf in der Bundesrepublik vom 1. – 31. 5. bejagt werden, obwohl das Auerwild hier wie in Österreich und der Schweiz auf der „Roten Liste" der vom Aussterben bedrohten Arten steht. Standvogel.

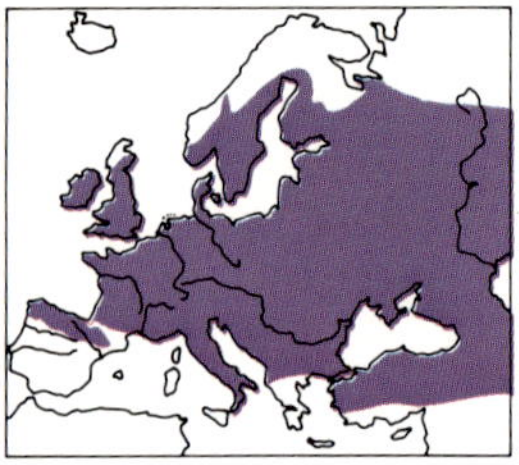

Rebhuhn

Perdix perdix

E: Partridge
F: Perdrix grise
H: Patrijs
I: Starna
S: Perdiz pardilla

Kennzeichen: Kleiner Hühnervogel mit kurzem, rostrotem Schwanz, rostgelbem Kopf und kastanienbraunem Hufeisenfleck auf der Brust. Schneller, geradliniger, geräuschvoller Flug dicht über dem Boden.
Biotop: Liebt abwechslungsreiches, trockenes Acker- und Brachland mit Hecken und Feldgehölzen; sucht gegen Ende des Sommers gern Kartoffel- und Rübenäcker auf. Im Gebirge nur unterhalb 500 m.
Nahrung: Bei kleinen Küken fast ausschließlich tierischer später überwiegend pflanzlicher Art. Getreide, Körner, Unkrautsamen, Grünfutter, Beeren, Insekten und ihre Larven, Schnecken und Würmer.
Fortpflanzung: Nest eine im Boden ausgescharrte und mit Pflanzenmaterial ausgekleidete Mulde in dichter Vegetation. Eiablage Mitte April – Anfang Juni (Hauptlegemonat Mai, Ersatzbruten bis September); 10 – 20 Eier. Nach dem Legen des zweiten oder dritten Eies wird das Gelege bis zum Brutbeginn nach Ablage des letzten Eies mit Nistmaterial zugedeckt. Brutdauer 21 – 25 Tage. Die Henne brütet allein, der Hahn wacht jedoch in der Nähe. Die Jungen können mit weniger als 3 Wochen fliegen. Der Familienverband („Kette") bleibt bis zum Winterende erhalten; mehrere Ketten können sich zu einem „Volk" zusammenschließen.
Verbreitung: Von Frankreich (inselartig Nordspanien), Süditalien und Mittelgriechenland nach Norden bis Großbritannien, Südskandinavien und Südfinnland, nach Osten bis Westsibirien. In West- und Mitteleuropa in Höhenlagen bis600 m allgemein verbreitet. Bestände sind aber aufgrund der modernen Landwirtschaftsmethoden und der Verwendung giftiger Pflanzenschutzmittel überall stark rückläufig, so daß völliger Schutz angebracht erscheint. Jagdbare Art; darf in der Bundesrepublik vom 1. 9. – 15. 12, in der DDR vom 1. 9. – 30. 11. bejagt werden. Steht in der Schweiz auf der „Roten Liste" der gefährdeten Arten. Standvogel.

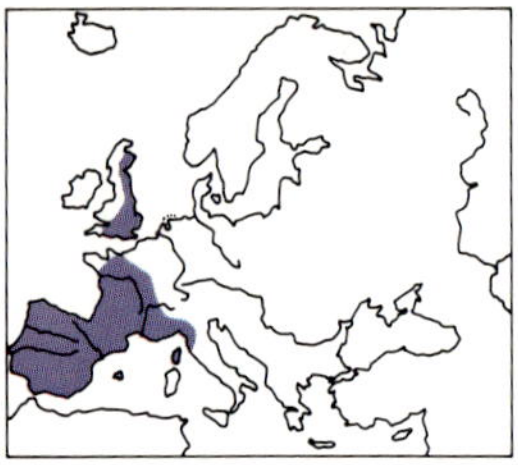

Rothuhn

Alectoris rufa

E: Red-legged Partridge
F: Perdrix rouge
H: Rode Patrijs
I: Pernice rossa
S: Perdiz roja

Kennzeichen: Etwas größer als Rebhuhn; Füße, Schnabel und Augenring rot, Wangen und Kehle weiß mit schwarzer Einfassung, an die sich ein schwarz-weiß geflecktes Kropfband anschließt. Flanken schwarz-weiß-rostbraun gebändert. Oberseite rotbraun. Kein Brustfleck wie beim Rebhuhn.
Biotop: Offenes, felsiges Gelände. Liebt wärmere, trockenere und baumreichere Gebiete als das Rebhuhn (Weinberge).
Nahrung: Sämereien und Grünzeug, wenig Insekten.
Fortpflanzung: Eiablage Ende April – Mai; 10 – 16 Eier. Die Henne legt ihre Eier manchmal in zwei verschiedene Nester; das erste Gelege wird vom Hahn bebrütet. Beide Bruten werden getrennt aufgezogen. Brutdauer 23 – 24 Tage. Eine Jahresbrut.
Verbreitung: Brütet auf der Iberischen Halbinsel, in Süd- und Westfrankreich, Korsika und Norditalien; früher auch weiter nördlich, bis Ende des 16. Jahrhunderts im Rheinland, Ende des 17. Jahrhunderts im Elsaß, Ende des 19. Jahrhunderts im Schweizer Jura. Auf Gran Canaria, den Balearen und in Südengland mit Erfolg eingebürgert. Einbürgerungsversuche in den Niederlanden, Belgien und Deutschland sind erfolglos geblieben. Jagdbare Art; auf Mallorca werden seinetwegen auf den Großgütern alle Greifvögel einschließlich der Schmutzgeier und Kolkraben von den Wildhütern abgeschossen und „zur Abschreckung“ an Galgen zur Schau gestellt. Standvogel. – In den Alpen und Apenninen, auf Sizilien und in den Gebirgen der Balkanhalbinsel brütet das Steinhuhn (*Alectoris graeca*), das sich vom Rothuhn durch eine mehr graue, weniger rötliche Oberseite und durch das Fehlen des schwarz-weißen Kropfbandes unterscheidet. Jagdbare Art. Steht in der Bundesrepublik, Österreich und der Schweiz auf der „Roten Liste“ der (potentiell) bedrohten Arten.

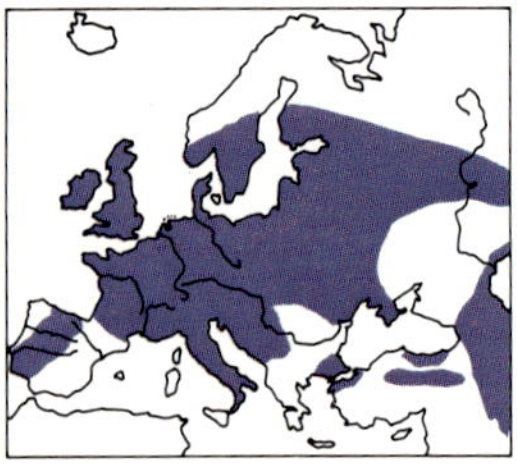

Fasan

Phasianus colchicus

E: Pheasant
F: Faisan de Colchide
H: Fazant
I: Fagiano
S: Faisán vulgar

Kennzeichen: Dieser Hühnervogel ist ein so bekanntes Federwild, daß sich eine Beschreibung erübrigt. Der „Jagdfasan“ Europas ist ein Mischling aus mehreren Rassen mit unterschiedlichen Merkmalen. Verbringt die meiste Zeit des Tages auf dem Boden, fliegt nur zur Nachtruhe auf einen Baum; fliegt kaum freiwillig.
Biotop: Abwechslungsreiche Kulturlandschaft mit offenen Flächen und ausreichender Deckung, möglichst mit Wasser, liebt Auwälder, fehlt in geschlossenen Waldungen.
Nahrung: Sämereien aller Art, Blattspitzen, Knospen, Beeren sowie Kleinnager, Eier und Junge von bodenbrütenden Vögeln, Eidechsen, Lurche und Insekten.
Fortpflanzung: Nest eine seichte, mit Hälmchen, trockenen Blättern und Federn ausgelegte Mulde im Boden. Eiablage Mitte April – Mitte September; gewöhnlich 8 – 12 Eier. Brutdauer 23 – 25 Tage. Nur die Henne brütet und führt die Jungen. Diese können schon mit rund 12 Tagen etwas fliegen und sind nach etwa einem Monat selbständig. Eine Jahresbrut, aber Ersatzbruten möglich.
Verbreitung: Stammt ursprünglich aus Asien, wurde schon von den Römern in den Westen des Reiches verpflanzt und seit rund 1000 Jahren in Mitteleuropa eingebürgert, zunächst in Gehegen („Fasanerien“), später im Freiland. Im Norden der Bundesrepublik teilweise sogar erst nach 1950 eingebürgert. Ihm zuliebe wurde (und wird z. T. noch heute) ein erbarmungsloser Kampf gegen alles „Raubzeug“ geführt. In den meisten Gegenden lassen sich die Bestände nur bei intensiver Fütterung halten; sie werden vielerorts durch Aussetzen von in Großbetrieben gezüchteten Jungvögeln vermehrt. Jagdzeit in der Bundesrepublik vom 1. 10. – 15. 1., in der DDR vom 1. 10. – 31. 12. Standvogel, der aber im Winter aus ihm nicht zusagenden Revieren abwandert.

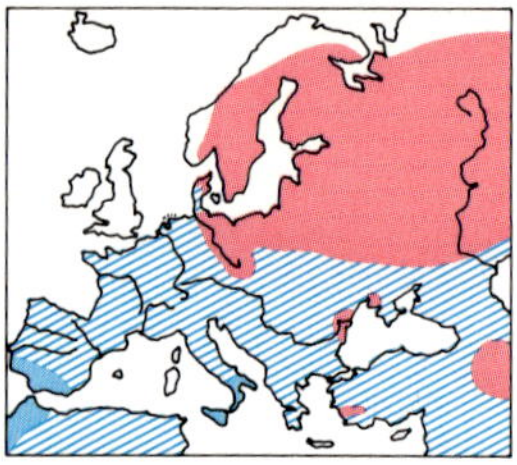

Kranich
Grus grus
E: Crane
F: Grue cendrée
H: Kraanvogel
I: Gru
S: Grulla común

Kennzeichen: Größer als Graureiher. Gefieder aschgrau, bei Altvögeln Kopf und Hals schwarz-weiß gestreift, nackter Scheitel rot. Die verlängerten Ellbogenfedern wirken wie ein buschiger Schwanz. Im Flug werden Beine und Hals gerade ausgestreckt.
Biotop: Mehr oder weniger bewaldete Feuchtgebiete, vor allem Bruchwälder und Moore.
Nahrung: Vorwiegend pflanzlicher Art (Getreidekörner, Hülsenfrüchte, Grünfutter, Beeren, vorjährige Kartoffeln); ferner Würmer, Insekten und ihre Larven, Kriechtiere, Lurche, Jungvögel und Kleinsäuger (Mäuse). Liest seine Nahrung vom Boden auf oder sticht sie mit seinem Dolchschnabel aus.
Fortpflanzung: Berühmt ist der „Tanz" der Kraniche, der vor allem, aber nicht nur, zur Balzzeit stattfindet. Ein Paar hält lebenslänglich zusammen. Das Nest, ein großer Haufen aus Schilf und dgl., steht gut versteckt im Bruchwald oder Röhricht oder auf einer Insel im Moor. Eiablage ab Ende März (im Süden) bis Ende Mai (im Norden); 2, ausnahmsweise 3 Eier. Beide Eltern brüten einen Monat lang und führen die Jungen gemeinsam. Diese sind mit 9 – 10 Wochen flügge; die Familie löst sich erst im Winter, mitunter erst im Frühjahr auf. Eine Jahresbrut.
Verbreitung: Früher von Spanien, Oberitalien und den Donauländern nach Norden bis zu den Britischen Inseln und Lappland, nach Osten bis Kleinasien und Ostsibirien. Aus Süd- und Westeuropa sowie dem Westen Deutschlands seit langem verschwunden. In der Bundesrepublik nur noch wenige Paare in Holstein und Ostniedersachsen, in der DDR dagegen noch 430 – 450. Zum wirksamen Schutz der Art ist die Erhaltung der artgemäßen Biotope unerläßlich. Zugvogel, der Mitte September – Mitte November von Skandinavien über Deutschland und Frankreich nach Spanien und Nordwestafrika zieht. Heimzug März – April. Geschützte Art; steht in der Bundesrepublik und der DDR auf der „Roten Liste" der vom Aussterben bedrohten Arten.

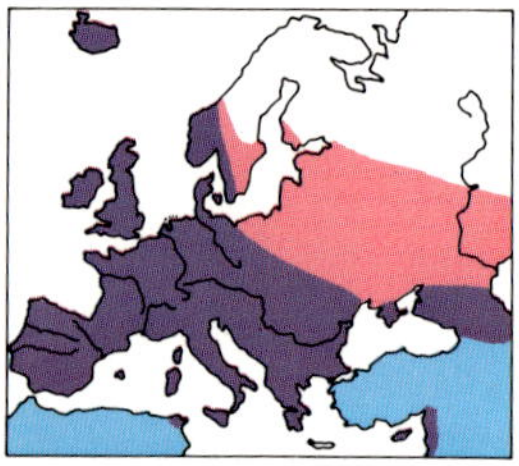

Wasserralle
Rallus aquaticus
E: Water Rail
F: Râle d'eau
H: Waterral
I: Porciglione
S: Rascón

Kennzeichen: Viel kleiner als Teichhuhn, etwa amselgroß, unsere einzige Ralle mit langem, rotem Schnabel. Flanken auffallend schwarzweiß gestreift, Unterschwanzdecken weißlich. Sehr heimlich, selten außerhalb der Deckung zu beobachten.
Biotop: Feuchtgebiete mit kleinen seichten Wasserflächen und dichtem Bewuchs (Röhricht, Schilfgürtel an Teichen, Seen, Flüssen und Gräben sowie Bruchwälder).
Nahrung: Vor allem Insekten und ihre Larven, Würmer, Schnecken, kleine Fische und Kaulquappen, auch kleine Frösche, von denen sie nur das Gehirn und die Eingeweide verzehrt, zarte Kräuter und Sämereien.
Fortpflanzung: Das Nest aus Pflanzenteilen steht gut versteckt in dichter Sumpfvegetation. Hauptlegezeit Ende April – Ende Juni; gewöhnlich 7 – 10 Eier. Brutdauer 19 – 21 Tage; beide Eltern brüten. Die Jungen schlüpfen gleichzeitig und sind mit 7 – 8 Wochen flügge. 1 –2 Jahresbruten.
Verbreitung: In ganz Europa vom Mittelmeer bis zu den Britischen Inseln, Island, Südskandinavien und Südfinnland, in großen Teilen Asiens zwischen dem 25. und dem 60. Breitengrad, in Ägypten und Nordwestafrika. In Deutschland und den Niederlanden rund 1500 – 4500 Paare; in Belgien noch 150 Paare (gegenüber 1000 1955 – 1957). Für die Abnahme ist die Trockenlegung von Feuchtgebieten verantwortlich. In Süd- und Westeuropa vorwiegend Standvogel. Nord- und mitteleuropäische Vögel ziehen Anfang September – Ende November, meist nach dem ersten Frost (GÉROUDET) bis ins Mittelmeergebiet, doch harren nicht wenige bei uns aus; in strengen Wintern können daher hohe Verluste entstehen. Heimzug Anfang März – Mitte Mai. Zieht bei Nacht einzeln in geringer Höhe, wird dabei oft ein Opfer von Hochspannungsdrähten. In den meisten Ländern geschützt, in Frankreich und Italien jagdbare Art. Steht auf der „Roten Liste" der in der Bundesrepublik bedrohten Arten.

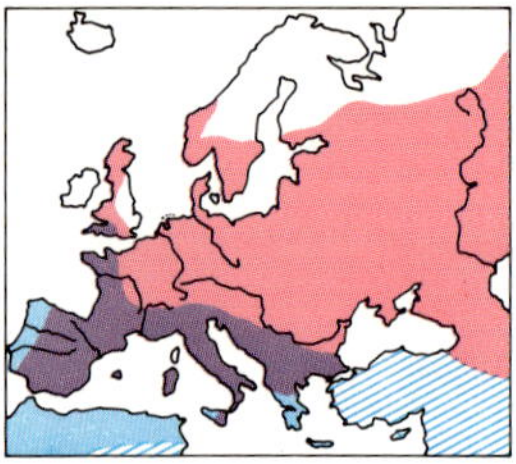

Tüpfelsumpfhuhn

Porzana porzana

E: Spotted Crake
F: Marouette ponctuée
H: Porseleinhoen
I: Voltolino
S: Polluela pintoja

Kennzeichen: So groß wie eine Singdrossel. Sehr heimlich. Verhalten erinnert an Wasserralle, aber Gefieder gefleckt, Schnabel kurz und kräftig, grün mit roter Wurzel; Zehen ziemlich lang.
Biotop: Schilf- und Binsengürtel an stehenden und fließenden Gewässern aller Art, Seggenbestände mit niedrigem Wasserstand, dicht zugewachsene Gräben; selten in dichtem Röhricht. Im Gebirge meist unterhalb 700 m. Auf dem Zug in Feuchtgebieten aller Art.
Nahrung: Abwechslungsreiche gemischte Kost, tierischer (im Wasser lebende Insekten, Würmer aller Art, Süßwasserschnecken) und pflanzlicher (verschiedene Sämereien, Sprosse und Algen) Art.
Fortpflanzung: Die Art ist zur Brut an ganz bestimmte Wasserstände gebunden. Das Nest steht gewöhnlich von der umgebenden Vegetation verdeckt auf einer Gras- oder Seggenbülte. Eiablage von Mai – Juli; gewöhnlich 8 – 14 Eier. Brutdauer 18 – 21 Tage; beide Eltern brüten. Bereits die einen Tag alten Jungen nehmen selbständig Nahrung auf. Gewöhnlich zwei Jahresbruten.
Verbreitung: Brütet von Nordspanien und Mittelitalien bis zum Polarkreis. Bestandsschätzungen wegen der sehr heimlichen Lebensweise sehr schwierig und ungenau. In Großbritannien gelegentlicher, in den Niederlanden und Belgien recht seltener, in Frankreich spärlicher Brutvogel. In ganz Mitteleuropa sehr lückenhaft verbreitet, am stärksten noch im Nordosten (Mecklenburg und Brandenburg). Die Bestände sind überall in ständigem Rückgang begriffen (Trockenlegung der Feuchtgebiete, Jagd in den Winterquartieren). Als Nachtzieher ist die Art durch die Verdrahtung der Landschaft (Hochspannungsleitungen) gefährdet. Zugvogel, der gelegentlich in Südwesteuropa überwintert, meist aber im tropischen Afrika außerhalb des Urwaldgürtels. Geschützte Art; steht in der Bundesrepublik, Österreich und der Schweiz auf der „Roten Liste" der bedrohten Arten.

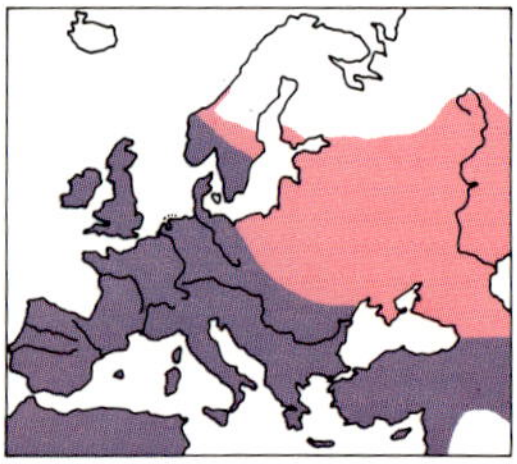

Teichhuhn

Gallinula chloropus

E: Moorhen
F: Poule d'eau
H: Waterhoen
I: Gallinella d'acqua
S: Polla de agua

Kennzeichen: Allbekannt, etwa rebhuhngroß, oberseits olivbraun, unterseits schieferschwarz, an den Flanken ein weißes Band; Stirnschild rot, Schnabelspitze gelb. Hebt beim Schwimmen und Gehen ständig den Schwanz, so daß die weißen Unterschwanzdecken auffallen.
Biotop: Süße Gewässer aller Art; brütet selbst auf kleinsten Teichen.
Nahrung: Teils tierischer (Wasserinsekten, Larven, Würmer, Nackt- und Gehäuseschnecken, Kaulquappen usw.) teils pflanzlicher Art. Wagt sich selbst auf Bäume, um dort Insekten zu jagen. Fängt sich leider häufig in mit Apfelstückchen geköderten Bisamrattenfallen.
Fortpflanzung: Das Nest steht meist auf dem Land dicht am Wasser, unter einem dichten Busch oder in einem Schilfhorst; zuweilen bis zu 3 m hoch in den unteren, über dem Wasser hängenden Zweigen eines Baumes (z. B. auf einem alten Amselnest). Eiablage Ende März – Anfang August; gewöhnlich 6 – 8 Eier. Brutdauer 20 – 21 Tage; beide Eltern brüten. Die Jungen sind mit rund 7 Wochen flügge. Meist zwei Jahresbruten. Die Jungen der ersten Brut füttern manchmal die der zweiten.
Verbreitung: Von Nordafrika bis Südskandinavien, von den Azoren bis Japan und Indonesien, in Afrika südlich der Sahara und in Amerika zwischen den Großen Seen und dem La Plata. In Großbritannien über 100 000 Paare, in den Niederlanden und Deutschland über 50 000, in Belgien fast 20 000; in Frankreich zahlreich. Die Bestandsstärke schwankt erheblich je nach der Strenge des Winters, da die Art selbst gegen nur kurze strenge Frostperioden sehr empfindlich ist. Dennoch hat sie sich seit Anfang des Jahrhunderts deutlich vermehrt, wahrscheinlich dank dem Rückgang der tierischen Räuber, denen sie leicht zur Beute fiel. Im allgemeinen Stand- und Strichvogel, bei uns das ganze Jahr hindurch vertreten. In den meisten Ländern geschützte, in Belgien, Frankreich, Italien und Großbritannien jagdbare Art.

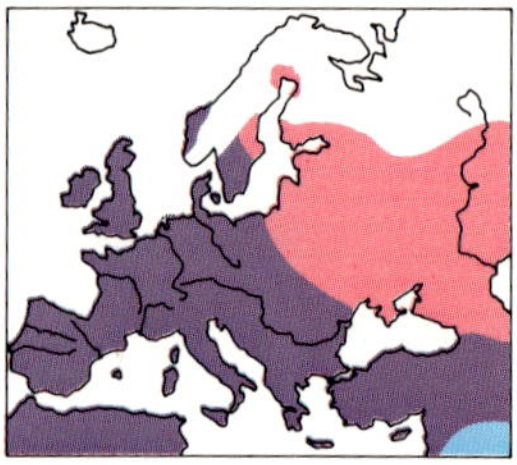

Bleßhuhn
Fulica atra
E: Coot
F: Foulque macroule
H: Meerkoet
I: Folaga
S: Focha común

Kennzeichen: Fast stockentengroß, leicht kenntlich am ganz schwarzen Gefieder und am weißen Stirnschild.
Biotop: Mehr oder weniger ausgedehnte seichte, breit mit Röhricht, Schwertlilien oder Binsen umsäumte Süßwasserflächen. Bei starkem Frost manchmal in großer Zahl auf dem Meer und auf dem Watt.
Nahrung: Vorwiegend pflanzlicher Art. Sie wird entweder nach Gänseart auf dem Land abgeweidet oder bei kurzen Tauchstößen, nach denen das Bleßhuhn wie ein Korken emporschießt, vom Grund der Gewässer abgerissen.
Fortpflanzung: Im dichten Bewuchs schwimmendes Nest aus Wasserpflanzen. Eiablage von Mitte April – August; gewöhnlich 6 – 9 Eier. Brutdauer 21 – 24 Tage. Die Jungen verlassen das Nest gleich nach der Geburt, kehren aber oft dorthin zurück, wo sie von den Eltern gefüttert und gehudert werden; sie sind mit knapp 9 Wochen flügge. Wahrscheinlich zwei Jahresbruten.
Verbreitung: Von Nordwestafrika bis Island und Südskandinavien, von den Azoren bis Japan, in Australien. In Mitteleuropa verbreitet und häufig. In den Niederlanden 50 000 Paare, in Belgien 2000, in Deutschland angeblich über 300 000. Die Bestände leiden unter langen strengen Wintern, erholen sich aber in den folgenden Jahren schnell. Im allgemeinen ist anscheinend eine Zunahme festzustellen. Jagdbare Art, darf in der Bundesrepublik vom 1. 9. – 15. 1., in der DDR vom 1. 6. – 30. 4. bejagt werden. Auf dem Bodensee ist die als „Belchenschlacht“ berüchtigte unsportliche Jagd vom Boot aus bis jetzt leider immer noch nicht vollständig aufgehoben. In Frankreich werden jährlich Zehntausende von Bleßhühnern geschossen und zu Hasenpastete verarbeitet! Sie sind leicht zu jagen, da sie selten fortfliegen. Stand-, Strich- und Zugvogel, dessen Wanderungen zum Teil von den Temperaturschwankungen abhängen. Überwintert von der westlichen Ostsee bis Nordwestafrika.

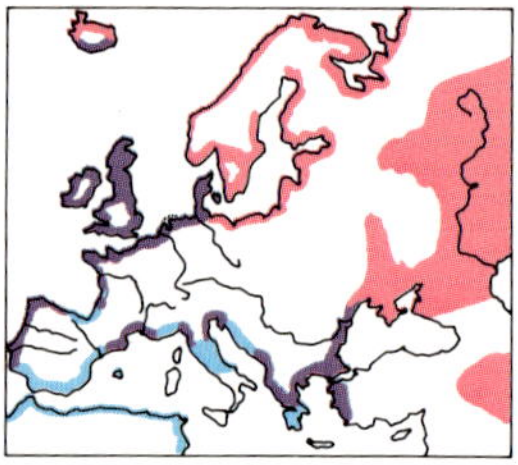

Austernfischer
Haematopus ostralegus
E: Oystercatcher
F: Huîtrier pie
H: Scholekster
I: Beccaccia di mare
S: Ostrero

Kennzeichen: Gedrungener, gut taubengroßer Strandvogel mit auffällig schwarz-weißem Gefieder, langem, orangerotem Schnabel und ziemlich hohen, roten Beinen.
Biotop: Brütet an Stränden aller Art, in Dünen, auf Wattwiesen, auf Wiesen und Feldern in Poldern und Kögen, stellenweise im Binnenland bis über 100 km von der Küste entfernt; außerhalb der Brutzeit vorwiegend an der Küste.
Nahrung: Muscheln, Schnecken, Krebse, Würmer und Insekten.
Fortpflanzung: Das Nest steht am Boden in offenem Gelände, in Dünen, Wiesen, Weiden und Feldern, gern in der Nähe einer kleinen Erhebung. Eiablage Anfang Mai – Juli; gewöhnlich 3 Eier. Brutdauer 25 – 27 Tage. Beide Partner brüten. Die Jungen werden von den Eltern gefüttert und sind mit rund 35 Tagen flügge, werden aber häufig noch länger geführt. Eine Jahresbrut; Nachgelege im Süden des Verbreitungsgebietes häufig.
Verbreitung: An den Küsten von Nord- und Südamerika, Südafrika und Australien, im Inneren der Sowjetunion zwischen dem 30. und dem 60. Längengrad, an den Küsten Europas, mit großen Verbreitungslücken in Frankreich und am Mittelmeer; lokal auch im Binnenland, z. B. im Norden von Großbritannien, in den Niederlanden und in Nordwestdeutschland. In den Niederlanden wird der Bestand auf 40 000 – 100 000 Paare geschätzt. In Belgien brüten rund 20, in der Bundesrepublik 9000 – 10 000, in der DDR mindestens 150 Paare. Teilzieher, überwintert vor allem an der südlichen Nordsee (in nicht zu strengen Wintern) und an den Küsten Großbritanniens und Frankreichs; nur wenige ziehen bis Spanien, Portugal und Marokko. In den meisten Ländern geschützte, in Dänemark und Frankreich jagdbare Art; wird in Großbritannien von Austernzüchtern verfolgt, obwohl er keine Austern verzehrt.

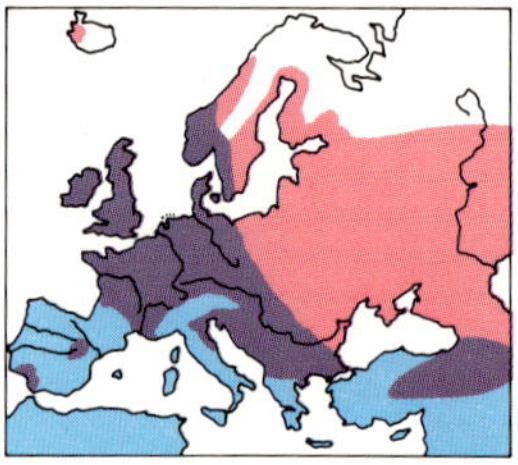

Kiebitz

Vanellus vanellus

E: Lapwing
F: Vanneau huppé
H: Kievit
I: Pavoncella
S: Avefría

Kennzeichen: Sieht von weitem wie eine kleine, schwarz-weiße Taube aus, mit breitem, schwarzem Brustlatz und langer, nach vorn umgebogener Federholle. Im Flug sind der Gegensatz zwischen Schwarz und Weiß sowie der langsame Schlag der runden, breiten Flügel sehr auffällig.
Biotop: Offenes Gelände (Sümpfe und feuchte Heiden), vor allem feuchte, kurzgrasige Wiesen, aber auch Ödland.
Nahrung: Vorwiegend Würmer und bodenbewohnende Insekten und ihre Larven.
Fortpflanzung: Die Männchen führen über dem Brutrevier eindrucksvolle Balzflüge aus. Das Nest ist eine einfache Mulde im Boden, auch im Feuchtland meist an trockenen Stellen, Eiablage von Ende März – Anfang Juli; gewöhnlich 4 Eier. Brutdauer 23 – 26 Tage. Eine Jahresbrut, doch können mehrere Ersatzbruten erfolgen, zumal wenn die Eier systematisch abgesammelt werden, wie in den Niederlanden und Belgien üblich. Beide Eltern brüten. Die Jungen sind Nestflüchter und mit rund 6 Wochen flügge.
Verbreitung: Brütet in Europa von den Pyrenäen und Oberitalien bis zu den Färöern und Lappland, nach Osten bis Ostsibirien; vereinzelte Brutvorkommen in Spanien. In den Niederlanden über 120 000 Paare, in Belgien rund 5000, in Luxemburg mindestens 200, in der Schweiz mindestens 730, in Österreich 1500, in der Bundesrepublik mindestens 60 000, in der DDR mindestens 8500. Scheint sein Brutgebiet in Westeuropa auszubreiten, doch ist eine Zunahme des Gesamtbestandes nicht nachgewiesen. In milden Wintern bei uns z. T. Standvogel (Winterflüchter), aber nord- und osteuropäische Vögel ziehen ins Mittelmeergebiet bis Marokko; dabei sind sie in manchen Ländern Nachstellungen ausgesetzt. In der DDR und der Bundesrepublik sowie in den Niederlanden, Luxemburg. Irland und Großbritannien geschützte, in den übrigen EG-Ländern jagdbare Art.

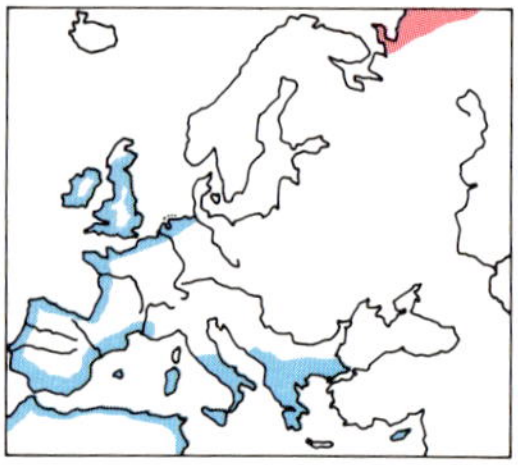

Kiebitzregenpfeifer

Pluvialis squatarola

E: Grey Plover
F: Pluvier argenté
H: Zilverplevier
I: Pivieressa
S: Chorlito gris

Kennzeichen: Eine Spur größer als Goldregenpfeifer, von dem er sich durch silbergraue statt goldgelbe Oberseite und stärkeren Schnabel, vor allem aber, besonders im Flug, durch weißen statt dunklen Bürzel und schwarze statt weiße Achselfedern unterscheidet. Im Brutkleid mit großem schwarzem, weiß eingefaßtem Brustlatz. Tritt meist allein oder in kleinen Gruppen auf.
Biotop: Brütet auf trockenen Erhebungen in der kahlen Tundra. Auf dem Zug und im Winterquartier vorwiegend an der Küste, vor allem im Watt.
Nahrung: Mehr Weichtiere, Krebse und Würmer als Insekten und ihre Larven; im Sommer auch Beeren.
Fortpflanzung: Eiablage ab Mitte Juni; gewöhnlich 4 Eier. Brutdauer 27 Tage, wobei der Anteil des Männchens größer zu sein scheint. Die Jungen werden von beiden Eltern geführt und hartnäckig verteidigt. Sobald sie flügge sind, beginnt die lange Wanderung. Insgesamt verweilen Kiebitzregenpfeifer nur wenige Wochen im Brutgebiet, in dem sie frühestens Ende Mai eintreffen und spätestens Anfang September abziehen. Eine Jahresbrut.
Verbreitung: Brütet in der Arktis in der Sowjetunion, Alaska und Kanada; in Europa in Nordrußland, zieht von dort nach Südwesten bis Südafrika. Erscheint auf dem Zug bei uns selten im Binnenland, häufig dagegen an den Küsten, wo er gelegentlich auch überwintert. In den meisten Ländern geschützte, in Dänemark, Großbritannien und Frankreich jagdbare Art.

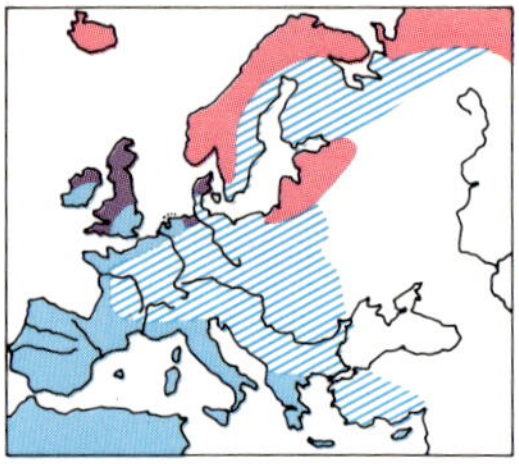

Goldregenpfeifer
Pluvialis apricaria
E: Golden Plover
F: Pluvier doré
H: Goudplevier
I: Piviere dorato
S: Chorlito dorado común

Kennzeichen: Knapp turteltaubengroß, gedrungen und kurzbeinig. Im Brutkleid oberseits glänzend goldgelb; der schwarze, rundum weiß eingefaßte Brustlatz ist bei nördlichen Populationen stark, bei südlichen weniger ausgeprägt. Im Winter unterseits reinweiß.
Biotop: Brütet in Nordeuropa in feuchtem Grasland und nasser Heide sowie in der Tundra; in Mitteleuropa im Moor und in der Heide. Auf dem Zug und im Winterquartier auf Saatfeldern oder kurzgrasigen Wiesen, vor allem im Küstengebiet, aber fast nie im unmittelbaren Küstenbereich.
Nahrung: Insekten und Larven aller Art, kleine Schnecken, Würmer, Spinnen und Krebstiere.
Fortpflanzung: Das Nest, eine seichte, mit Grashalmen, Moos und Flechten ausgekleidete Mulde im Boden, steht gewöhnlich offen auf einer kleinen Erhebung. Eiablage je nach den klimatischen Verhältnissen Anfang April bis Ende Juli; gewöhnlich 4 Eier. Beide Geschlechter brüten 27 – 31 Tage. Die Jungen verlassen das Nest einen Tag nach dem Schlüpfen und sind mit rund 5 Wochen flügge. Eine Jahresbrut.
Verbreitung: Früher von der norddeutschen Tiefebene bis zum Nordkap und von Island bis Nordwestsibirien. Im Süden des Verbreitungsgebietes in ständigem Rückgang begriffen, brütet jetzt nur noch inselartig im Norden der Britischen Inseln, im Baltikum, in Dänemark und in Niedersachsen. Brutvorkommen in den Niederlanden und Belgien Anfang des Jahrhunderts erloschen, östlich der Elbe schon früher. Für den katastrophalen Rückgang ist vor allem die systematische Vernichtung des Lebensraumes durch Kultivierung der Moore verantwortlich, aber auch die in den meisten Ländern immer noch gestattete Bejagung. Nur in der Bundesrepublik, wo er auf der „Roten Liste“ der vom Aussterben bedrohten Arten steht, in der DDR und in Luxemburg geschützt. Zieht ab Juli/August nach Südwesten bis Nordwestafrika. Der Heimzug erfolgt im März/April.

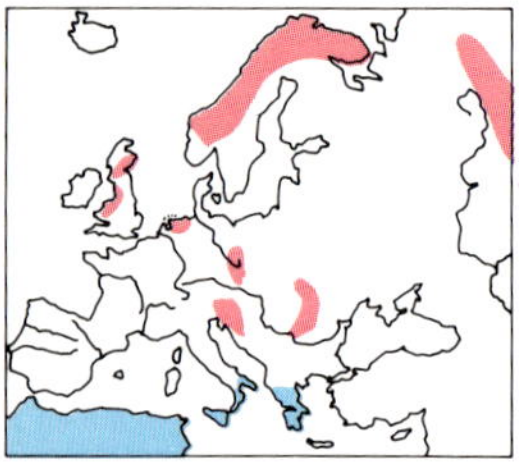

Mornell
Eudromias morinellus
E: Dotterel
F: Pluvier guignard
H: Morinelplevier
I: Piviere tortolino
S: Chorlito carambolo

Kennzeichen: Singdrosselgroß, gleicht im Winterkleid dem etwas größeren Goldregenpfeifer, von dem er sich durch im Nacken zusammenlaufende weiße Brauenstreifen und helles Brustband unterscheidet. Im Brutkleid ganz anders: Scheitel schwarz, Oberseite schiefergrau, Kinn und Kehle weißlich, Vorderbrust graubraun, von der kastanienbraunen Hinterbrust durch eine schwarz-weiße Querbinde getrennt. Weibchen etwas größer und prächtiger als Männchen.
Biotop: Brütet in der arktischen Tundra, im Gebirge oberhalb der Baumgrenze auf spärlich mit Moos, Flechten und niedrigen Kräutern bewachsenen und mit Felsblöcken übersäten Flächen; hat in den Ijsselmeerpoldern auf Kartoffeläckern unterhalb des Meeresspiegels gebrütet (seit 1961). Rastet auf dem Zug auf mageren Weiden und Äckern.
Nahrung: Insekten, vor allem Käfer, und ihre Larven, weniger Schnecken und Würmer, daneben Beeren, Sprosse und Sämereien.
Fortpflanzung: Eiablage im Mai (im Süden) bzw. Juni (im Norden); gewöhnlich 3 Eier in einem Nest. Brutdauer 24 – 28 Tage. Das Weibchen geht mit mehreren Männchen „Lege-Ehen“ ein. Das Männchen allein brütet und führt die Jungen. Eine Jahresbrut. Ersatzbruten im Norden selten, im Süden häufiger.
Verbreitung: Brütet in der Tundra von Skandinavien bis Ostsibirien sowie in Gebirgen weiter südlich; in Europa in Schottland (60 – 80 Nester) und Nordengland, in Skandinavien und in den Alpen (Steiermark); hat 1961 und in den folgenden Jahren in den Niederlanden gebrütet (s. o.). In der Schweiz ein Brutnachweis, steht hier wie in Österreich auf der „Roten Liste“ der gefährdeten Arten. Seine übergroße Vertrautheit machte ihn zur leichten Beute der Jäger. Zugvogel, der nördlich der großen Wüsten von Marokko bis Iran überwintert.

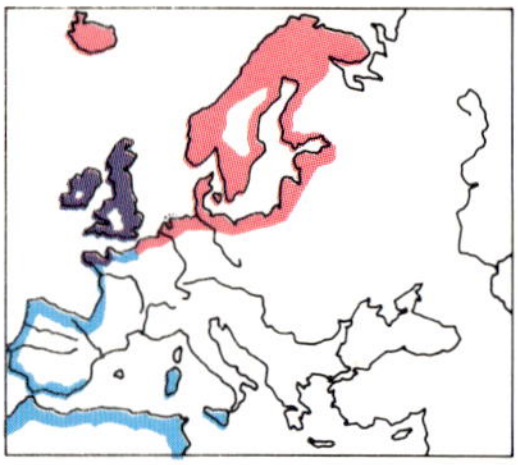

Sandregenpfeifer

Charadrius hiaticula

E: Ringed Plover
F: Grand Gravelot
H: Bontbekplevier
I: Corriere grosso
S: Chorlitejo grande

Kennzeichen: Etwa lerchengroß, Hauptmerkmale weißes Halsband und breites, bis zum Nacken verlaufendes, schwarzes Brustband, schwarze Stirn- und Augenbinde und weißer Fleck über dem Schnabel, der orange mit schwarzer Spitze ist. Zeigt im Flug eine auffällige weiße Flügelbinde. Der schnelle Lauf mit plötzlichen Unterbrechungen ist für alle Regenpfeifer typisch.
Biotop: Brütet auf flachen Sand- und Kiesstränden an der Küste und an nicht regulierten Flüssen; gern auf Spülfeldern. Auf dem Zug auch im Binnenland auf feuchten Schlammflächen (Filterbecken, Klärteichen).
Nahrung: Insekten und ihre Larven, Krebstiere, Würmer, Muscheln und Schnecken.
Fortpflanzung: Nest eine kleine, mit Steinchen, Muschelstückchen und Pflanzenteilen ausgekleidete Mulde im trockenen Boden. Eiablage von Ende März (im Süden) bis August; gewöhnlich 4 birnförmige Eier. Brutdauer 22 – 28 Tage. Beide Eltern brüten und führen die Jungen, die mit 21 – 23 Tagen flügge sind. Zweitbruten im Süden häufig, im Norden selten.
Verbreitung: In zwei Rassen von Baffinland über Grönland, Nordwest- und Nordeuropa und Nordsibirien bis zur Beringstraße, in Europa nach Süden bis zu den Küsten von Ost- und Nordsee und Ärmelkanal. Im Süden des Verbreitungsgebietes durch das Eindringen des Menschen in den Brutbiotop bedroht. In Großbritannien weniger als 6000, in den Niederlanden 400 – 600 Paare. In Deutschland verbreiteter Brutvogel an Nord- und Ostsee (in der Bundesrepublik 1250 – 1300, in der DDR etwa 120 Paare). Überwintert an den Atlantikküsten vom Rheindelta bis Senegal bzw. (nordosteuropäische und sibirische Vögel) Südafrika. Wegzug Ende Juli – Oktober, Heimzug Februar – April bzw. Juni. Scheint seit einigen Jahren abzunehmen. In Nord- und Mitteleuropa geschützte Art, wird in Frankreich und den Mittelmeerländern immer noch bejagt.

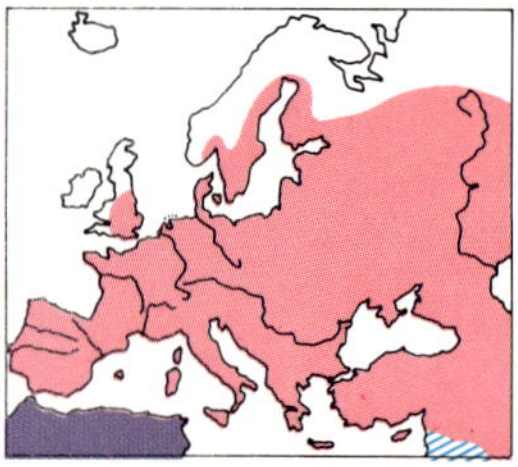

Flußregenpfeifer

Charadrius dubius

E: Little Ringed Plover
F: Petit Gravelot
H: Kleine Plevier
I: Corriere piccolo
S: Chorlitejo chico

Kennzeichen: Dem Sandregenpfeifer sehr ähnlich, aber kleiner und schlanker, mit schmalerem Halsband, ganz schwarzem Schnabel und ohne Flügelbinde. Weniger gesellig als jener.
Biotop: Ursprünglich Brutvogel auf Sand-, Kies- und Schotterflächen an Binnengewässern. Flußregulierungen und andere Wasserbaumaßnahmen haben diese natürlichen Biotope in Mitteleuropa fast überall zerstört. Da sie von Natur aus häufigen Veränderungen unterworfen waren, mußte die Art sehr anpassungsfähig sein. Dies ermöglichte ihr die Besiedlung künstlicher, von Menschen geschaffener Biotope wie Kiesgruben, Spülflächen, Filterbecken, Klärteiche und Industriegelände, die in Mitteleuropa und Großbritannien den hauptsächlichen Brutbiotop bilden.
Nahrung: Wie Sandregenpfeifer.
Fortpflanzung: Nest eine kleine Mulde im Boden, manchmal mit Steinchen, Hälmchen und Muschelstückchen ausgelegt, auf Kies- oder Sandbänken am oder im Wasser, auf Schlakkenhalden und dgl. Eiablage Mitte April – August; gewöhnlich 4 Eier. Brutdauer 22 – 28 Tage. Beide Partner brüten. Die Jungen sind mit rund 3 Wochen flügge. Zweitbruten im Süden des Brutgebietes häufig; u. U. führt das Männchen die Jungen der ersten Brut, während das Weibchen auf dem zweiten Gelege brütet.
Verbreitung: Brütet von Marokko bis Südskandinavien, ostwärts bis Japan; in Großbritannien erst seit 1938 bzw. 1944 eingewandert (z. Zt. 500 Paare). Brütet in Frankreich in geringer Zahl (in der Bretagne erst seit den 50er Jahren). In den Niederlanden etwa 1300 Paare, in Belgien rund 180, in Luxemburg 10, in der Schweiz über 20, in Österreich 20 – 25, in der Bundesrepublik etwa 2000, in der DDR rund 500. In West- und Mitteleuropa geschützte Art, außer in Frankreich, wo sie auf dem Zug an der Küste bejagt wird; steht in der Schweiz auf der „Roten Liste“ der gefährdeten Arten. Zugvogel, überwintert im tropischen Afrika bis zum Äquator.

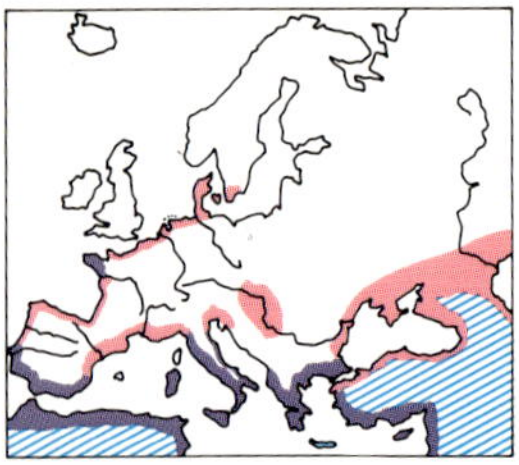

Seeregenpfeifer

Charadrius alexandrinus

E: Kentish Plover
F: Gravelot à collier interrompu
H: Strandplevier
I: Fratino
S: Chorlitejo patinegro

Kennzeichen: Etwa feldlerchengroß, sehr hell, mit auf der Brust unterbrochenem Halsband, schwarzem Schnabel, schwarzen Beinen und mit im Flug sichtbarer weißer Flügelbinde.
Biotop: Sandstrand, Dünen, Salzböden, kahle Spülflächen.
Nahrung: Kleines Getier, das größtenteils am Rand der Salzwasserflächen aufgepickt wird.
Fortpflanzung: Nest eine flache, mit Kies, Muschelstückchen und Hälmchen ausgelegte Mulde; die Eier sind oft bis zu 4/5 im Nistmaterial eingegraben. Eiablage an der Nordsee von Mitte April – Mitte Juli; gewöhnlich 3 Eier. Brutdauer 23 – 29 Tage. Die Jungen sind nach 40 Tagen flügge. Gewöhnlich eine Jahresbrut.
Verbreitung: In der gemäßigten und tropischen Zone beiderseits des Äquators weltweit verbreitet, vornehmlich an den Küsten, aber auch im Binnenland an brackigen und salzigen Gewässern. In Europa an der westlichen Ostsee (in Schweden und Dänemark) und an der Nordsee, am Atlantik, Mittelmeer und Schwarzen Meer, an den Salzlacken der Ungarischen Tiefebene; brütet nicht mehr in Großbritannien (Eiersammler!). In den Niederlanden im Rückgang begriffen (1000 – 1400 Paare). In Belgien hält sich der Bestand (rund 115 Bruten). In der Bundesrepublik rund 900 Paare. Brütet nicht mehr an der deutschen Ostseeküste; Bestand an der Nordsee rückläufig. In Österreich im Seewinkel 35 – 40 Paare. Für den Rückgang werden einerseits Klimaschwankungen, andererseits Massentourismus und Bebauung bzw. Kultivierung geeigneter Biotope verantwortlich gemacht. Neugeschaffene Biotope, z. B. Spülflächen, werden schnell besiedelt, aber mit zunehmender Bewachsung ebenso schnell wieder aufgegeben. Zugvogel, der vom Mittelmeer bis zum Golf von Guinea und Südarabien überwintert. Erscheint auf dem Zug selten im Binnenland. In den meisten Ländern geschützte, in Frankreich jagdbare Art. Steht in der Bundesrepublik und in Österreich auf der „Roten Liste“ der bedrohten Arten.

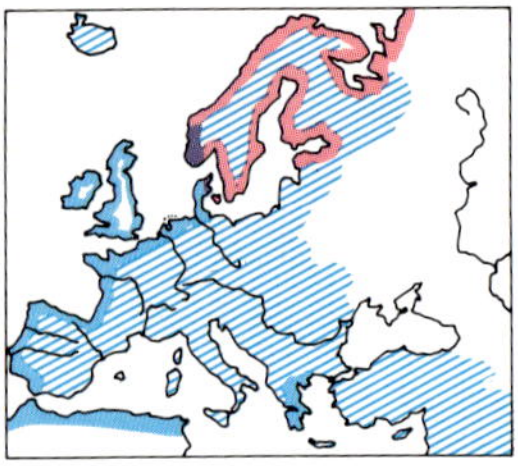

Steinwälzer

Arenaria interpres

E: Turnstone
F: Tournepierre à collier
H: Steenloper
I: Voltapietre
S: Vuelvepiedras

Kennzeichen: Amselgroßer Strandvogel, unverwechselbar, im Frühjahr oberseits rostrot, schwarz und weiß gescheckt, unterseits weiß mit schwarzem Brustband; im Winter weniger bunt, zeigt aber im Flug dasselbe auffällige Muster (Mittelrücken, Schultern, Oberschwanzdecken und Flügelbinde weiß). Füße orange; kurzer, kräftiger, kegelförmiger Schnabel.
Biotop: Brütet an felsigen Küsten und in der Tundra. Auf dem Zug und im Winterquartier vorwiegend an Fels- und Kieselstränden, auf Muschelbänken und Buhnen.
Nahrung: Insekten, Krebstiere, Mollusken, Sämereien, Beeren und andere Vegetabilien. Trägt seinen Namen wegen der Gewohnheit, Kiesel, Tanghaufen und dgl. umzudrehen und Nahrung darunter hervorzuholen.
Fortpflanzung: Eiablage von Mitte Mai im Süden bis Juli im Norden des Brutgebietes; gewöhnlich 4 Eier. Brutdauer 21 – 23 Tage; beide Partner brüten. Die Jungen werden während der ersten Woche von beiden Eltern, danach aber nur noch vom Männchen geführt; sie sind mit 26 Tagen voll flügge. Eine Jahresbrut.
Verbreitung: Brütet rund um den Nordpol, in Europa auf Spitzbergen, in Norwegen, Dänemark, Schweden, Estland, Finnland und Nordrußland; früher auch auf den Nordfriesischen Inseln und an der südlichen Ostseeküste. Für das Verschwinden dieser Populationen werden einerseits Klimaänderungen, andererseits Eiersammler verantwortlich gemacht. Der finnische Bestand hat sich in den letzten Jahrzehnten stark vermehrt (1970 rund 3000 Paare). Zugvogel, überwintert von Großbritannien und der südlichen Nordsee bis zum Kapland. Zieht meist bei Nacht einzeln oder in kleinen Gruppen an der Küste; Wegzug ab Ende Juli, Heimzug April – Mai. Erscheint selten im Binnenland. In den meisten Ländern geschützte, in Frankreich jagdbare Art.

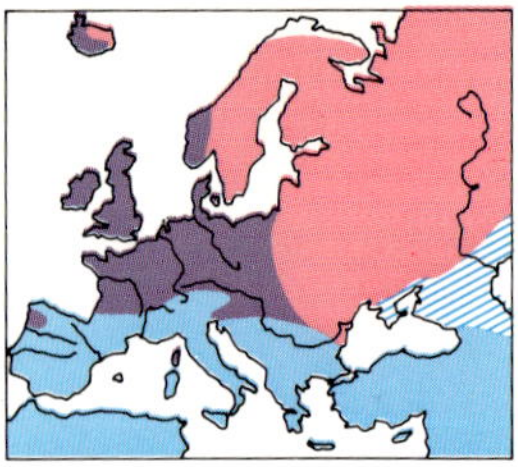

Bekassine
Gallinago gallinago

E: Snipe
F: Bécassine des marais
H: Watersnip
I: Beccaccino
S: Agachadiza común

Kennzeichen: Knapp amselgroß, braun, oberseits schwarz und rahmfarben längsgestreift; sehr langer, gerader Schnabel, ziemlich kurze Beine.
Biotop: Sumpfgelände mit schlammigem Boden und faulenden Wasserpflanzen, feuchte Heiden, morastige Wiesen, feuchte Dünentäler. Meidet Salzwasser und hohes Schilf.
Nahrung: Vorwiegend Würmer, kleine Käfer, Nachtschmetterlinge, Wasser- und Landschnecken.
Fortpflanzung: Bekannt ist der Balzflug über dem Revier, bei dem durch Abspreizen der äußeren Schwanzfedern im Sturzflug ein lautes „Meckern“ erzeugt wird. Nest eine recht flache, durch Zusammendrücken der bodenbedeckenden Vegetation entstandene Mulde. Eiablage in Mitteleuropa von Ende März – Anfang August; gewöhnlich 4 Eier. Brutdauer rund 20 Tage; nur das Weibchen brütet. Beide Eltern führen die Jungen, nicht selten getrennt; diese sind mit rund 3 Wochen flügge. Eine Jahresbrut, doch werden manchmal Zweitbruten vermutet.
Verbreitung: In der ganzen nördlichen gemäßigten Zone, in Süd- und Ostafrika und in Südamerika; in Europa von Mittelfrankreich und Norditalien bis zum Nordkap, sporadisch auch weiter südlich. In den Niederlanden gut 10 000 Bruten, in Belgien rund 80, in Luxemburg höchstens 20. In der Schweiz höchstens 25 – 30 Paare, in Österreich kaum mehr als 100. In Deutschland brütet die Bekassine vor allem in der norddeutschen Tiefebene, in der Bundesrepublik weniger als 20 000 Paare (vor allem in Schleswig-Holstein und Niedersachsen); die Bestände in der DDR sind nicht ausreichend erfaßt. Überall im Rückgang, einerseits wegen der Zerstörung der Biotope, andererseits wegen des ungeheuren Jagddrucks. Jagdbare Art (in der DDR vom 16. 8. – 31. 12). In der Bundesrepublik ganzjährig geschont, steht hier wie in Österreich und der Schweiz auf der „Roten Liste“ der bedrohten Arten.

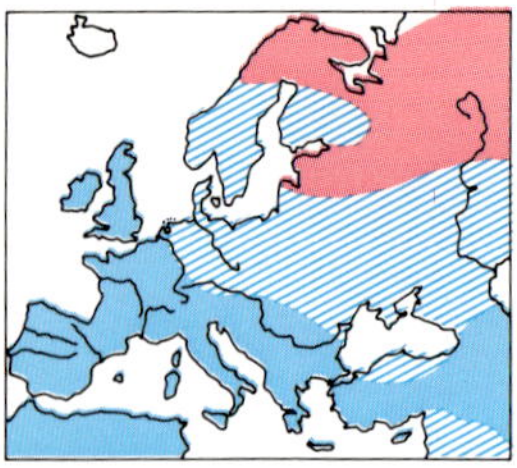

Zwergschnepfe
Lymnocryptes minimus

E: Jack Snipe
F: Bécassine sourde
H: Bokje
I: Frullino
S: Agachadiza chica

Kennzeichen: Lerchengroß, deutlich kleiner als Bekassine und mit kürzerem Schnabel, ohne hellen Scheitelstreif, Schwanz spitz, ohne Weiß. Drückt sich in der Vegetation und fliegt stumm auf, um gleich danach wieder einzufallen.
Biotop: Brütet in Sümpfen und Mooren in der Taiga. Auf dem Zug oder im Winterquartier auf nassen Wiesen, in Flachmooren, Verlandungszonen, Rieselfeldern und dgl.
Nahrung: Kleine Wassertiere, Würmer, Schnecken, Insekten und ihre Larven, Sämereien und grüne Pflanzenteile.
Fortpflanzung: Das Nest steht gut verborgen auf Bülten oder zwischen Sträuchern im seichten Wasser. Eiablage ab Mitte Mai; gewöhnlich 4 Eier. Brutdauer 21 – 24 Tage. Brutpflege so gut wie unbekannt. Für Zweitbruten gibt es keine Belege.
Verbreitung: Brütet spärlich im nördlichen Norwegen und Schweden, häufiger in Nord- und Mittelfinnland (geschätzter Bestand 10 000 Paare) und im Norden der Sowjetunion (früher auch Estland), hat im 19. Jahrhundert vereinzelt und unregelmäßig in der Norddeutschen Tiefebene gebrütet, zuletzt 1928 im Bourtanger Moor. Zieht auf breiter Front durch Mittel- und Westeuropa, normalerweise von Ende August – Anfang November bzw. von Ende Januar – Anfang Mai. Überwintert von Westeuropa (einschließlich Großbritannien) bis zum Äquator, vereinzelt aber auch in Mitteleuropa. Schwer zu beobachten, da außerhalb der Brutzeit vorwiegend dämmerungsaktiv. Wird leicht mit der Bekassine verwechselt und daher in Ländern, wo diese bejagt werden darf, geschossen. Wie französische Abschußlisten zeigen, nimmt die Art seit einigen Jahren stark ab; sie sollte daher schleunigst überall unter völligen Schutz gestellt werden! In vielen Ländern jagdbare, in der Bundesrepublik und der DDR ganzjährig geschonte, in Irland, Belgien und den Niederlanden geschützte Art.

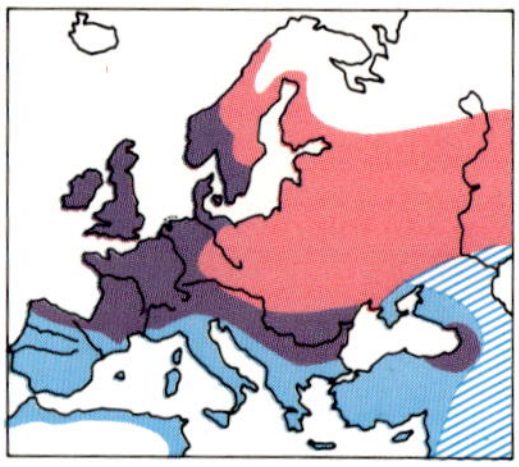

Waldschnepfe

Scolopax rusticola

E: Woodcock
F: Bécasse des bois
H: Houtsnip
I: Beccaccia
S: Chocha perdiz

Kennzeichen: Rebhuhngroß, mit charakteristischem, langem, geradem Schnabel, ziemlich kurzen Beinen und sehr großen, weit hinten sitzenden Augen. Scheitel und Nacken schwarz und braun gebändert. Im Flug fallen die gedrungene Form und die breiten Flügel auf.
Biotop: Zur Brutzeit vorwiegend in großen Laub-, aber auch in Nadelwäldern mit reicher Strauchschicht; auf dem Zug und im Winterquartier auch in Parks, auf Friedhöfen und in Obstgärten.
Nahrung: Vor allem Regenwürmer, die sie durch Trampeln aufscheucht, mit der besonders empfindlichen Schnabelspitze im feuchten Boden ertastet und erfaßt. Vorwiegend dämmerungs- und nachtaktiv.
Fortpflanzung: Singflug in der Dämmerung und nachts während der Balzzeit („Schnepfenstrich"). Das Nest steht meist am Waldrand oder einer Lichtung, wo der auffliegende Vogel nicht durch Sträucher behindert wird, manchmal ziemlich offen. Eiablage von Mitte März – Anfang August; gewöhnlich 4 Eier. Brutdauer 21 – 24 Tage. Nur das Weibchen brütet und führt die Jungen; diese sind mit 3 Wochen flügge, bleiben aber noch 2 – 3 Wochen bei der Mutter. Gewöhnlich eine Jahresbrut, doch kommen auch Zweitbruten vor.
Verbreitung: Im Norden der Alten Welt, in Europa von Nordspanien, Norditalien und dem Balkan bis Nordskandinavien und Nordrußland. In den Niederlanden 1200 – 1600 Bruten (1977), in Belgien 600, in Luxemburg etwa 350. In Deutschland angeblich 6000 Bruten. Jagdbare Art, darf in der DDR vom 1. 9. – 31. 12., in der Bundesrepublik, wo die Frühjahrsbejagung erst 1977 aufgehoben wurde, vom 16. 10. – 15. 1. geschossen werden, obwohl sie hier wie in Österreich auf der „Roten Liste" der bedrohten Arten steht. Verdient völligen Schutz! Auf den Britischen Inseln Standvogel, sonst Strich- bzw. Zugvogel, der in West- und Südeuropa und in Nordafrika überwintert.

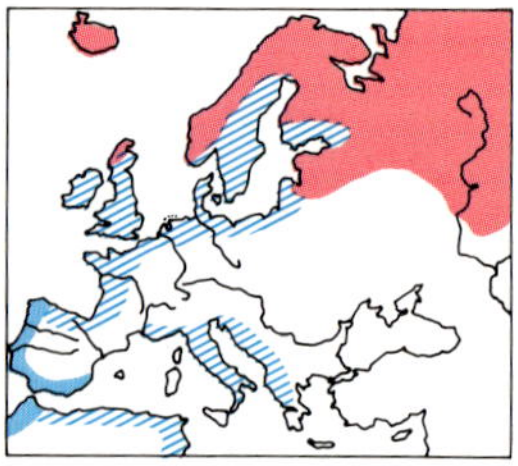

Regenbrachvogel

Numenius phaeopus

E: Whimbrel
F: Courlis corlieu
H: Regenwulp
I: Chiurlotello
S: Zarapito trinador

Kennzeichen: Vom Großen Brachvogel durch geringere Größe, kürzeren und stärker gebogenen Schnabel, dunklere Oberseite und gestreiften Oberkopf unterschieden.
Biotop: Brutvogel in Heide, Moor und Tundra. Auf dem Zug vor allem an der Küste, im Binnenland auf Mooren und Heiden, auf Wiesen, Weiden und Äckern und auf Rieselfeldern.
Nahrung: Ähnlich wie beim Großen Brachvogel, wird aber nur zum kleinen Teil durch Stochern im Boden gesucht, vorwiegend vom Boden oder von der Vegetation aufgelesen; Beeren spielen eine größere Rolle als bei jenem.
Fortpflanzung: Eiablage von Anfang Mai – Ende Juni; gewöhnlich 4 Eier. Brutdauer 27 – 28 Tage. Beide Partner brüten, bei stärkerem Anteil des Weibchens. Die Jungen sind mit 4 – 5 Wochen flügge; sie werden zunächst von beiden Eltern geführt, doch können die Weibchen die Familie 2 Wochen nach dem Schlüpfen verlassen. Eine Jahresbrut.
Verbreitung: Rund um den Nordpol, in Europa von Nordschottland (knapp 200 Paare) und Island über Nord- und Mittelskandinavien, Finnland (43 000 Paare) und Estland (250 Paare) bis Nordrußland. Zugvogel, zieht sowohl entlang der Küste wie durchs Binnenland, Europäische Brutvögel überwintern vorwiegend im tropischen Westafrika. Auf dem Heimzug (März/April) werden stärkere Konzentrationen beobachtet als auf dem Wegzug (Juli/August), vor allem an der Küste. Auf dem Herbstzug werden besonders in Dänemark zahlreiche Regenbrachvögel erlegt. In Großbritannien, Frankreich und Dänemark jagdbare, in den Beneluxländern, Irland, Italien, der Bundesrepublik und der DDR geschützte Art.

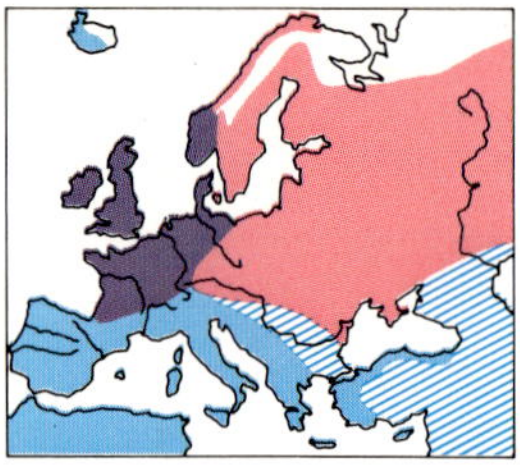

Großer Brachvogel

Numenius arquata

E: Curlew
F: Courlis cendré
H: Wulp
I: Chiurlo maggiore
S: Zarapito real

Kennzeichen: Unser größter Schnepfenvogel (etwa krähengroß), mit langem gebogenem Schnabel (beim Weibchen gewöhnlich länger, kräftiger und stärker gebogen). Gefieder auf bräunlichem Grund dunkel gestreift und gefleckt; Mittel- und Hinterrücken weiß.
Biotop: Ursprünglich Brutvogel in Heide und Moor, hat sich jedoch mit dem Verschwinden dieser Biotope auf ausgedehnte Wiesen und Viehweiden und sogar auf Kartoffeläcker und Getreidefelder umgestellt. Auf dem Zug und im Winterquartier gern auf überschwemmtem Wiesenland, an flachen Ufern, vor allem im Watt.
Nahrung: Sehr verschiedenartig, vorwiegend jedoch Würmer, Insekten und ihre Larven, Spinnen, kleine Mollusken und Krebstiere, aber auch Beeren, Sämereien und Sprosse.
Fortpflanzung: Paarbildung gewöhnlich nach der Rückkehr ins Brutgebiet (in Mitteleuropa ab Anfang März). Das Männchen führt während der Brutzeit von lautem, wohlklingendem Gesang begleitete wellenförmige Revierflüge aus. Es bietet dem Weibchen mehrere Nistmulden an, von denen dieses eine auswählt. Das Nest steht auf dem Boden in niedriger Vegetation und ist meist mit trockenen Hälmchen ausgelegt. Eiablage von Ende März – Mitte Juni; gewöhnlich 4 Eier. Brutdauer je nach der Witterung 27 – 29 Tage; beide Partner brüten, überwiegend jedoch das Weibchen, während das Männchen Wache hält. Die Jungen verlassen das Nest bald nach dem Schlüpfen; sie verbleiben gewöhnlich im Nestrevier, können sich aber auch mehrere Kilometer weit entfernen. Sie werden zunächst von beiden Eltern geführt, doch können die Weibchen bereits Anfang Juni wegziehen; die Männchen folgen erst nach dem Flüggewerden der Jungen, die danach noch einige Zeit im Brutgebiet verweilen. Eine Jahresbrut, in der Regel ein Ersatzgelege.
Verbreitung: In Europa von Südfrankreich, den Alpen und dem Schwarzen Meer bis zum Polarkreis, ferner in Nordasien. Scheint auf den Britischen Inseln zuzunehmen (40 000 – 70 000 Paare), ebenso in Skandinavien (als Folge der Abholzung). In Frankreich brüten rund 1000 Paare (je zur Hälfte im Elsaß und in der Bretagne). In Mitteleuropa vor allem in der nördlichen Tiefebene, aber auch in Niederungen und Ebenen zwischen Alpen und Mittelgebirgen; in den letzten Jahrzehnten ist überall infolge von Biotopzerstörungen ein Rückgang dieser Vögel zu verzeichnen. Gesamtbestand 7000 – 9000 Paare, davon in den Niederlanden um 2400, in Belgien rund 350, in der Schweiz ungefähr 15, in Liechtenstein 3 – 6, in Österreich etwa 110, in der Bundesrepublik etwa 3000 – 3500, in der DDR wahrscheinlich mehr als 450. In Irland, den Beneluxländern und der DDR geschützte, in Dänemark, Großbritannien, Frankreich und Italien jagdbare Art. In der Bundesrepublik ganzjährig geschont, steht hier wie in Österreich und der Schweiz auf der „Roten Liste“ der (vom Aussterben) bedrohten Arten. Zugvogel, überwintert von Mitteleuropa bis Westafrika, zum größten Teil an den Küsten der Britischen Inseln und der Niederlande.

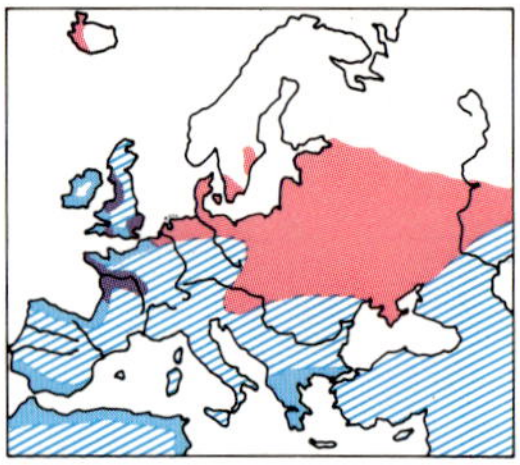

Uferschnepfe

Limosa limosa

E: Black-tailed Godwit
F: Barge à queue noire
H: Grutto
I: Pittima reale
S: Aguja colinegra

Kennzeichen: Taubengroß; mit langen, schwarzen Beinen und sehr langem, hellem, an der Spitze dunklem Schnabel. Im Flug leicht zu erkennen an der breiten, weißen Flügelbinde und am weißen Schwanz mit breiter, schwarzer Endbinde. Im Brutkleid Hals und Brust rostrot, Bauch weiß, dunkel quergebändert, Oberseite braun, dunkel längsgefleckt. Im Ruhekleid graubraun mit weißem Bauch. Das Männchen setzt sich gern auf einen Pfahl oder dgl. und „beschimpft" von dort aus einen Eindringling in sein Revier.

Biotop: Ursprünglich wohl Brutvogel des Moores und der feuchten Heide, brütet heute vorwiegend auf ausgedehnten feuchten Wiesen und Weiden mit hohem Graswuchs, gelegentlich auch in Getreidefeldern. Auf dem Zug gern in Überschwemmungsgebieten und im Deichvorland.

Nahrung: Vorwiegend Würmer, Insekten und ihre Larven, Schnecken, Kaulquappen und Sämereien.

Fortpflanzung: Das Männchen führt über dem Brutrevier eindrucksvolle, von lauten Rufen begleitete Balzflüge aus. Das Nest, eine flache, mit einigen Hälmchen ausgelegte Mulde, steht gut versteckt in der Krautschicht auf dem Boden, gern etwas erhöht. Eiablage von Ende März – Juli, Hauptlegezeit in Mitteleuropa Mitte April – Ende Mai; gewöhnlich 4 birnförmige Eier. Brutdauer 22 – 24 Tage. Beide Eltern brüten (das Männchen vorwiegend nachts) und führen die Jungen, die mit 30 – 35 Tagen flügge sind. Gelegentlich kommt es zur Bildung kleiner Kolonien. Bigamie ist nicht mit Sicherheit nachgewiesen, aber in einigen Fällen wahrscheinlich, wo zwei Weibchen entweder in dasselbe Nest legten oder dicht nebeneinander brüteten. Eine Jahresbrut; früh verlorene Gelege werden ein- bis zweimal ersetzt.

Verbreitung: Im Norden der Alten Welt, in Europa auf Island (*L. l. islandica*), in der Tiefebene von Belgien bis Estland und zum Schwarzen Meer; isolierte Vorkommen in Großbritannien (seit 1953, rund 65 Paare), Frankreich (weniger als 20 Paare) und in der Ungarischen Tiefebene. In den Niederlanden brüten 100 000 – 130 000 Paare, in Belgien 200, in der Bundesrepublik Deutschland etwa 8000, in der DDR 250 – 325, in Österreich 40 – 90. Die Bestände sind von Jahr zu Jahr beträchtlichen Schwankungen unterworfen. Schädlich wirken sich die Verwendung von Kunstdünger, frühe Mahd und die Bejagung in Frankreich und Dänemark aus. Zugvogel, europäische Brutvögel überwintern an der Atlantikküste, in geringer Zahl schon in Frankreich, Spanien und Portugal, vorwiegend von Marokko bis Guinea. In der Bundesrepublik, wo sie wie in Österreich auf der „Roten Liste" der gefährdeten Arten steht, sowie in der DDR, den Beneluxländern, Großbritannien und Irland geschützte Art.

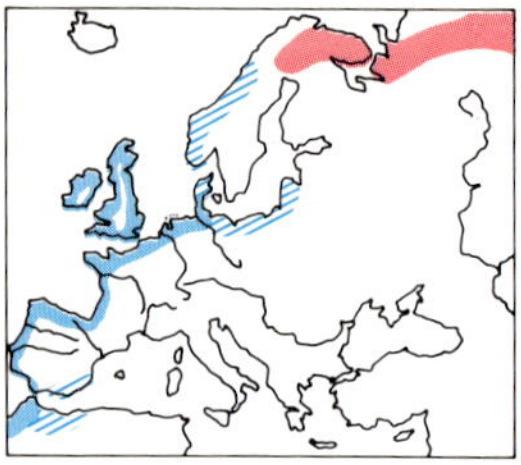

Pfuhlschnepfe

Limosa lapponica

E: Bar-tailed Godwit
F: Barge rousse
H: Rosse Grutto
I: Pittima minore
S: Aguja colipinta

Kennzeichen: Kleiner, gedrungener und kurzbeiniger als Uferschnepfe mit kürzerem, deutlich aufwärts gebogenem Schnabel; im Flug leicht zu erkennen am Fehlen einer deutlichen Flügelbinde, am eng gebänderten Schwanz und am weißen Bürzel und Rücken. Im Brutkleid unterseits ganz rostrot, das Männchen kräftig, das Weibchen matter; im Ruhekleid oberseits grau und hellbraun, unterseits weiß, ähnlich dem Regenbrachvogel. In diesem Kleid begegnet man ihr meist bei uns.
Biotop: Brütet in Mooren und Heiden in Tundra und Taiga. Auf dem Zug und im Winter vorwiegend im Wattenmeer, seltener an Schlickufern größerer Binnengewässer und an Klärteichen.
Nahrung: Im Brutgebiet Mückenlarven und Käfer sowie Beeren und Sämereien; im Watt Meereswürmer, kleine Weichtiere und Krebstiere.
Fortpflanzung: Eiablage von Ende Mai (in Lappland) bis Ende Juni (in Sibirien); gewöhnlich 4 Eier; Brutdauer 20 – 21 Tage. Beide Partner brüten und führen die Jungen, bei stärkerer Beteiligung des Männchens. Eine Jahresbrut.
Verbreitung: Brütet in der Tundra und im Norden der Taiga von Lappland (in geringer Zahl) über Sibirien (Hauptverbreitungsgebiet) bis Alaska. Überwintert an der Irischen See und im Wattenmeer, vor allem aber an der nordafrikanischen Atlantikküste (z. T. sogar bis Südafrika) und an den Küsten des Indischen Ozeans. In den Beneluxländern, der Bundesrepublik und der DDR geschützte Art; darf in Dänemark, Großbritannien, Frankreich und Italien bejagt werden.

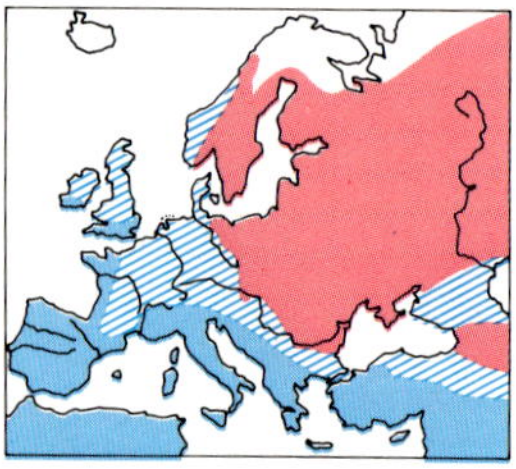

Waldwasserläufer

Tringa ochropus

E: Green Sandpiper
F: Chevalier culblanc
H: Witgatje
I: Piro-piro culbianco
S: Andarríos grande

Kennzeichen: Gut starengroß, etwas größer als Bruchwasserläufer. Diesem sehr ähnlich, aber gedrungener und kurzbeiniger; die dunkle Oberseite sticht schärfer gegen die weiße Unterseite und den weißen Bürzel ab. Im Flug fällt die dunkle Unterseite der Flügel auf, und der Schwanz scheint eine dunkle Endbinde zu tragen. Viel mehr Einzelgänger als sein Verwandter. Stimme ganz anders, flötend statt schrill pfeifend.
Biotop: Brütet in Bruch- und Auwäldern, in Waldmooren und an bewaldeten Ufern kleiner Seen und Flüsse. Auf dem Zug und im Winter an schlammigen Pfützen, Viehtränken, Filterbecken, Rieselfeldern, Seen, Teichen, Flüssen, Bächen und Gräben; nur selten an Salzwasser.
Nahrung: Hauptsächlich Wasserinsekten und ihre Larven, Schnecken und andere im Wasser lebende Kleintiere.
Fortpflanzung: Brütet in alten Nestern von Drosseln sowie von Ringeltauben, Eichelhähern, Krähen und Eichhörnchen, gewöhnlich 0,25 – 15 m hoch, in der Nähe eines Gewässers. Eiablage von Mitte April (im Süden) bis Anfang Juni; gewöhnlich 4 Eier, seltener 3. Brutdauer rund 20 Tage. Beide Partner brüten, bei stärkerer Beteiligung des Weibchens. Die Jungen springen bald nach dem Schlüpfen aus dem Nest. Sie werden zunächst von beiden Eltern geführt, doch verläßt das Weibchen die Familie schon bald. Die Führungszeit ist nicht genau bekannt. Eine Jahresbrut.
Verbreitung: Brütet im Norden und Osten Europas bis zum Polarkreis und in Sibirien, so im äußersten Nordosten derBundesrepublik (Lüneburger Heide, Hamburg, Holstein), im Norden der DDR und in Niederösterreich. Überwintert in geringer Zahl schon in Mitteleuropa, häufiger in Südengland und Westfrankreich, hauptsächlich aber im Mittelmeerraum und im tropischen Afrika. Erscheint bei uns auf dem Zug von Ende Juni – Anfang Oktober und von Ende März – Anfang Juni. Überall geschützt, außer in Frankreich. Steht in der Bundesrepublik auf der „Roten Liste“ der potentiell bedrohten Arten.

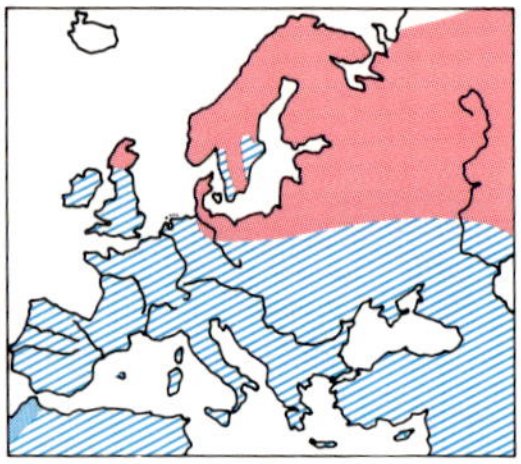

Bruchwasserläufer

Tringa glareola

E: Wood Sandpiper
F: Chevalier sylvain
H: Bosruiter
I: Piro-piro boschereccio
S: Andarríos bastardo

Kennzeichen: Etwas kleiner, schlanker und langbeiniger als Waldwasserläufer; Oberseite heller und weniger scharf gegen die weiße Unterseite abstechend, im Brutkleid mit weißen Flecken; im Flug erkennt man die hellen Unterflügel und die Schwanzbänderung erscheint verschwommen. Stimme schriller als bei jenem.
Biotop: Brütet auf mit einigen Bäumen und Sträuchern bestandenen Hochmooren, in Europa nicht über 1000 m, in Asien bis 2300 m.
Nahrung: Insekten und ihre Larven, die er vorwiegend im seichten Süßwasser sucht, auf dem Zug auch kleine Krebstiere und Süßwasserschnecken.
Fortpflanzung: Das Nest steht gut in der Vegetation versteckt etwas erhöht auf nassem Untergrund, ausnahmsweise auch in alten Baumnestern anderer Vögel. Eiablage Anfang Mai (im Süden) bis Juni; gewöhnlich 4, selten 3 Eier, Brutdauer 22 – 23 Tage. Beide Partner brüten, doch verläßt ein Elter (wahrscheinlich das Weibchen) die Familie manchmal schon vor dem Schlüpfen, spätestens 7 – 10 Tage danach. Wann die Jungen flügge werden und wann sich die Familie auflöst, ist nicht bekannt. Eine Jahresbrut.
Verbreitung: Im Norden der Alten Welt; in Nordschottland, im Norden der Bundesrepublik (40 – 45 Paare), in Dänemark (etwa 100 Paare), Skandinavien, Finnland (180 000 Paare) und der nördlichen Sowjetunion; früher auch in den Niederlanden (bis 1936) und im Norden der DDR. Dem Rückgang im Süden steht die Ausbreitung im Norden gegenüber, wofür in erster Linie Klimaschwankungen verantwortlich sein dürften. Überwintert vorwiegend südlich der Sahara. Zieht bei uns von Mitte April – Anfang Juni und von Ende Juni – Anfang September durch. Überall geschützt, außer in Frankreich. Steht in der Bundesrepublik auf der „Roten Liste" der vom Aussterben bedrohten Arten.

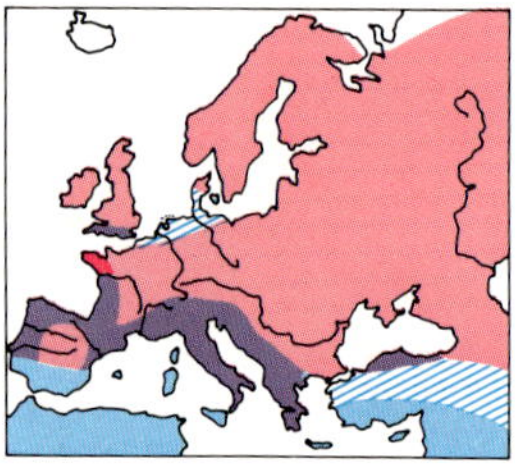

Flußuferläufer

Actitis hypoleucos

E: Common Sandpiper
F: Chevalier guignette
H: Oeverloper
I: Piro-piro piccolo
S: Andarríos chico

Kennzeichen: Lerchengroß, verhältnismäßig kurzbeinig, Oberseite braungrau (im Brutkleid leicht gefleckt), Unterseite weiß, Vorderbrust grau (ein weißer Keil zwischen Vorderbrust und Flügel). Im Flug fallen die weißen Schwanzseiten und die weiße Flügelbinde auf. Charakteristisch sind das Schwanzwippen beim Laufen und im Stand sowie der Flug auf starren Flügeln dicht über dem Wasser.
Biotop: Brütet an schlammigen und kiesigen, mit Bäumen und Sträuchern bestandenen Ufern von fließenden und stehenden Gewässern von der Ebene bis ins Gebirge. Auf dem Zug an Gewässern aller Art.
Nahrung: Überwiegend Insekten, die er mit langsamem Anschleichen und plötzlichem Zustoßen erbeutet.
Fortpflanzung: Nest eine kleine Mulde im Boden nahe am Wasser, Eiablage Ende April – Anfang Juni; gewöhnlich 4 Eier. Brutdauer 21 – 22 Tage. Beide Partner brüten und führen die Jungen, die mit rund 3 Wochen voll flugfähig sind. Bald danach löst sich die Familie auf. Eine Jahresbrut.
Verbreitung: Von den Britischen Inseln und der Iberischen Halbinsel bis Japan. In Großbritannien sollen 50 000 Paare brüten. Im übrigen West- und Mitteleuropa große Verbreitungslücken, infolge von Flußbegradigungen, Uferverbauung und Wassersport überall abnehmend. Brütet in Frankreich lokal und in geringer Zahl, in den Niederlanden nur gelegentlich, in Belgien seit 1900 nicht mehr; in der Schweiz verbreitet, aber spärlich (100 – 150 Paare), ebenso in Österreich, der Bundesrepublik (am häufigsten in Bayern) und der DDR. Geschützte Art, außer in Frankreich, wo er eifrig bejagt wird. Steht in der Bundesrepublik, Österreich und der Schweiz auf der „Roten Liste" der (vom Aussterben) bedrohten Arten. Überwintert z. T. schon in Großbritannien und im Mittelmeergebiet, hauptsächlich aber in Afrika südlich der Sahara bis zum Kapland. Hauptdurchzug bei uns Mitte April – Ende Mai und von Ende Juli – Mitte September.

Rotschenkel

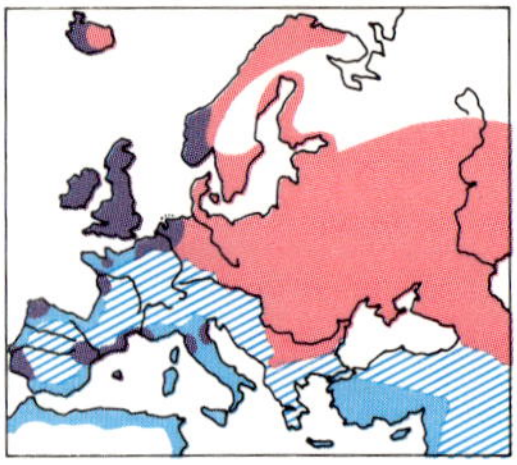

Tringa totanus
E: Redshank
F: Chevalier gambette
H: Tureluur
I: Pettegola
S: Archibebe común

Kennzeichen: Etwas kleiner als Misteldrossel. Am Boden an den langen, orangeroten Beinen (bei Jungvögeln gelblich) und an der orangen Wurzel des langen Schnabels, im Flug am weißen Hinterrücken und Bürzel und am weißen Flügelhinterrand leicht zu erkennen.
Biotop: Brütet in feuchten Wiesen, sumpfigen Heiden, Poldern, im Deichvorland und auf Kiesbänken.
Nahrung: Unterschiedlich je nach dem Biotop, am Meer vor allem Ringelwürmer, kleine Krebstiere und Mollusken, im Binnenland Insekten und ihre Larven, kleine Spinnen, Asseln und Schnecken sowie Regenwürmer.
Fortpflanzung: Die Nestmulde liegt meist gut versteckt im Gras; der brütende Vogel zieht oft die umstehenden Halme zusammen, so daß eine Laube entsteht. Eiablage von Anfang April – Juli; gewöhnlich 4 Eier. Brutdauer 22 – 29 Tage; beide Partner brüten. Die Jungen sind mit etwa einem Monat flügge; sie werden zunächst von beiden Eltern geführt, doch verläßt das Weibchen die Familie meist schon einige Zeit vor dem Männchen.
Verbreitung: Von der Iberischen Halbinsel, den Britischen Inseln und Island ostwärts bis Ostsibirien. In den Niederlanden rund 30 000 Brutpaare, in Belgien etwa 190, in der Bundesrepublik über 16 500 (fast alle im Norden), in der DDR kaum mehr als 400 – 500, in Österreich mindestens 150 (am Neusiedler See). In der Schweiz ausgestorben; in ganz Süddeutschland brüten nur noch weniger als 15 Paare. Im Binnenland sind Brutgebiet und Bestand infolge von Trockenlegungen überall zurückgegangen. Auch die Bejagung in Großbritannien, Dänemark, Frankreich und Italien wirkt sich ungünstig aus. Überwintert am Atlantik von Island bis Westafrika, an der Nordsee und am Mittelmeer. Durchzug bei uns von Mitte März – Ende Mai und von Mitte Juli – Anfang Oktober. In Irland, den Beneluxländern und der DDR geschützt, ebenso in der Bundesrepublik, wo er wie in Österreich auf der „Roten Liste“ der vom Aussterben bedrohten Arten steht.

Dunkler Wasserläufer

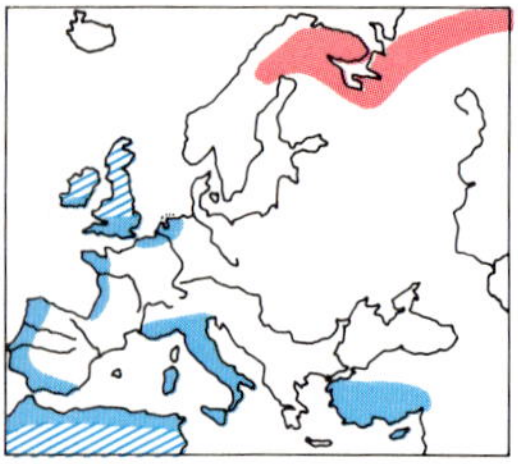

Tringa erythropus
E: Spotted Redshank
F: Chevalier arlequin
H: Zwarte Ruiter
I: Totano moro
S: Archibebe oscuro

Kennzeichen: Wenig kleiner als Grünschenkel, im Brutkleid schieferschwarz, oberseits weiß gefleckt. Kann mit seinen langen roten Beinen im Ruhekleid mit dem Rotschenkel verwechselt werden, ist aber heller und hat kein Weiß im Flügel.
Biotop: Brütet in Mooren und auf Lichtungen in der nördlichen Taiga und in der Strauchtundra. Auf dem Zug an süßen oder brackigen Gewässern, gern in Kläranlagen und auf Rieselfeldern.
Nahrung: Vor allem Wasserinsekten und ihre Larven, Mollusken, Würmer, Kleinkrebse, Kaulquappen. Sucht seine Nahrung im seichten Wasser oder am Ufer; schwimmt mehr als andere Wasserläufer.
Fortpflanzung: Das Nest, eine flache Mulde, steht am Boden im offenen Gelände, oft an einem Stein, einem toten Stamm oder einer anderen Geländemarke. Eiablage von Ende Mai – Ende Juni; gewöhnlich 4 (selten 3) Eier. Brutdauer und Führungszeit unbekannt. Das Männchen brütet allein oder vorwiegend; das Weibchen verläßt das Brutgebiet spätestens bald nach dem Schlüpfen der Jungen. Eine Jahresbrut.
Verbreitung: Brütet im hohen Norden von Nordnorwegen bis Ostsibirien, in Schweden rund 20 000, in Finnland rund 24 000 Paare. Europäische Brutvögel überwintern in geringer Zahl in Westeuropa, in etwas größerer im Mittelmeerraum und an der Westküste Nordafrikas, hauptsächlich aber an den Küsten Westafrikas. Zieht bei uns sowohl an der Küste wie im Binnenland durch, meist einzeln oder in kleinen Gruppen, hauptsächlich von Ende März – Anfang Mai und von Mitte August – Anfang Oktober. Seltenster der in Mitteleuropa regelmäßig beobachteten Wasserläufer. In Irland, den Beneluxländern, der DDR und der Bundesrepublik geschützte Art.

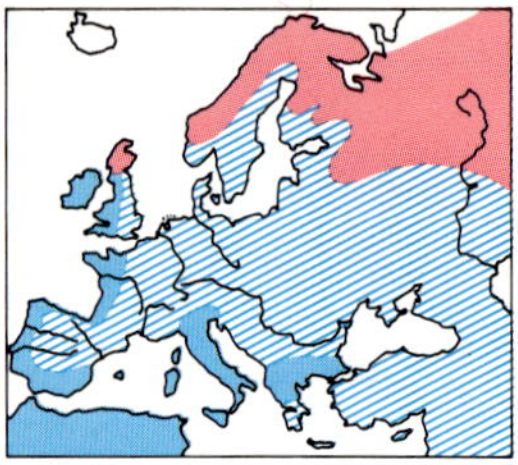

Grünschenkel
Tringa nebularia
E: Greenshank
F: Chevalier aboyeur
H: Groenpootruiter
I: Pantana
S: Archibebe claro

Kennzeichen: Größer und heller als Rotschenkel, unterscheidet sich auch durch die längeren, grünen Beine, den schwärzlichen, leicht aufwärts gebogenen Schnabel und das Fehlen von Weiß im Flügel. Im Flug sieht man, daß das Weiß des Rückens sehr weit nach vorn reicht, und auch der Schwanz erscheint fast weiß.
Biotop: Brütet in offenem Gelände, in Heide und Moor und in der lichten Taiga in der Nähe des Wassers, von Meereshöhe (in Schottland) bis 1200 m hoch (in Skandinavien). Auf dem Zug an seichten Gewässern aller Art.
Nahrung: Würmer, Krebstiere, Insekten und ihre Larven, Mollusken, sowie kleine Frösche und Fische. Sucht seine Beute sowohl im seichten Wasser wie auf dem trockenen Land.
Fortpflanzung: Nest eine Mulde im Boden, oft in der Nähe eines Felsblocks, eines großen Steins oder eines toten Baumstamms. Eiablage von Ende April – Anfang Juni; gewöhnlich 4 (seltener 3) Eier. Brutdauer 23 – 25 Tage. Beide Partner brüten und führen die Jungen, zunächst gemeinsam, später häufig getrennt. Die Jungen werden mit rund 4 Wochen flügge. Manchmal verläßt das Weibchen die Familie schon vorher, während das Männchen noch länger bei ihr bleibt. Eine Jahresbrut, aber Nachgelege sind möglich.
Verbreitung: Im Norden der Alten Welt von Nordschottland und Norwegen bis zum Pazifik. In Schottland 450 – 750 Brutpaare, in Schweden 50 000, in Finnland 30 000. Europäische Brutvögel überwintern von den Küsten Westeuropas und des Mittelmeeres bis Südafrika. Bei uns häufiger Durchzügler, meist in kleinen Gruppen, an der Küste und im Binnenland, auf dem Wegzug von Juli – Mitte Oktober, auf dem Heimzug von Ende April – Anfang Juni. In den meisten Ländern geschützte, in Dänemark und Frankreich jagdbare Art.

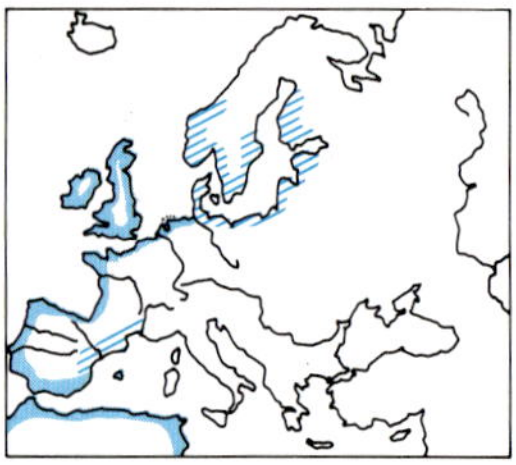

Knutt
Calidris canutus
E: Knot
F: Bécasseau maubèche
H: Kanoetstrandloper
I: Piovanello maggiore
S: Correlimos gordo

Kennzeichen: Größter Strandläufer, so groß wie eine Misteldrossel oder ein dicker Rotschenkel. Beine kurz, im Ruhekleid olivgrün, Schnabel kopflang, dick und gerade. Im Brutkleid unterseits rostrot, oberseits schwarzbraun mit rostbraunen Flecken. Im Ruhekleid sehr hell, oberseits aschgrau, unterseits weiß mit feiner Fleckung, vom ähnlich aussehenden Kiebitzregenpfeifer durch grauen Bürzel und Schwanz und helle Achseln unterschieden.
Biotop: Brütet auf steinigen, dürftig mit Flechten bewachsenen Ebenen von Meereshöhe bis 300 m hoch sowie in der trockenen, kahlen Tundra. Auf dem Zug und im Winter vor allem im Mischwatt (Sand und Schlick).
Nahrung: Verschiedenartig; Insekten und ihre Larven, Spinnen und allerlei Sämereien, Sprosse und Wurzeln von Tundrapflanzen, an der Küste auch Mollusken, Würmer und kleine Krebstiere.
Fortpflanzung: Nest am Boden, an die Vegetation angelehnt. Eiablage im Juni; gewöhnlich 4, selten 3 Eier. Brutdauer rund 22 Tage. Die Jungen werden gleich nach dem Schlüpfen ins Feuchtland geführt. Das Weibchen zieht bald danach ab, das Männchen führt die Jungen, die mit rund 18 Tagen flügge sind. Eine Jahresbrut.
Verbreitung: Brütet im nördlichsten Nordamerika, in Grönland, Spitzbergen und auf Halbinseln und Inseln in Nordsibirien. An der Nordsee erscheinen die ersten im Juli. Fast 3/4 aller Knutts, die von Nordkanada bis Nordwestsibirien brüten, versammeln sich Ende August/Anfang September im deutsch-niederländischen Wattenmeer (219 000 bzw. 93 000 im September 1973); sie ziehen größtenteils weiter an die britischen Küsten (261 000 Vögel im Dezember 1970) und weiter südlich an die Küsten Südwesteuropas sowie an die Westküste Afrikas bis zum Kap. Erscheint selten im Binnenland, in Mitteleuropa am häufigsten an den Voralpenseen. Von März – Anfang Mai ziehen die Vögel von der Nordsee wieder in die Heimat. In den meisten Ländern geschützte, in Dänemark und Frankreich jagdbare Art.

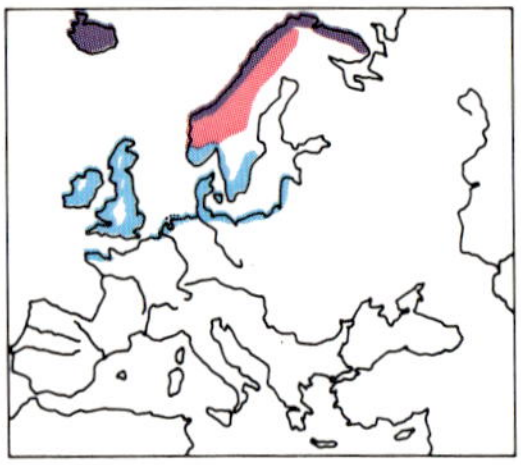

Meer- oder Klippenstrandläufer

Calidris maritima

E: Purple Sandpiper
F: Bécasseau violet
H: Paarse Strandloper
I: Piovanello violetto
S: Correlimos oscuro

Kennzeichen: Dunkelster Strandläufer, etwa amselgroß, deutlich größer als Alpenstrandläufer, von dem er sich außer durch die Gefiederfärbung (im Schlichtkleid rußbraun) durch gelbe Beine und orangegelbe Schnabelwurzel unterscheidet.
Biotop: Brütet z.T. weit entfernt von der Küste in der offenen, mit einzelnen Kriechweiden und Zwergbirken durchsetzten Tundra bis zu 500 m hoch an der Grenze des ewigen Schnees. Auf dem Zug und im Winterquartier an felsigen und steinigen sowie an befestigten Küsten (Buhnen u. dgl.).
Nahrung: Verschiedenartig; im Brutgebiet Insekten und ihre Larven, Moos, Sämereien, Sprosse und Blättchen, im Winterquartier vorwiegend Strandschnecken, daneben Muscheln und Kleinkrebse, die er in Spalten zwischen den Steinen im Brandungsbereich aufpickt, oft mit Steinschmätzern vergesellschaftet.
Fortpflanzung: Nest eine tiefe, mit trockenen Blättern ausgelegte Mulde im Moos. Eiablage von Mai – Juli; gewöhnlich 4, selten 3 Eier. Brutdauer 21 – 22 Tage. Beide Partner brüten, aber das Männchen allein führt die Jungen. Führungszeit unbekannt. Eine Jahresbrut.
Verbreitung: Brütet in der Arktis von Ostkanada über Grönland und Skandinavien bis Mittelsibirien; in Europa in Island, auf den Färöern, in Spitzbergen, Norwegen, Lappland und Nordrußland. Überwintert an den Küsten, soweit sie eisfrei bleiben, in Europa hauptsächlich in Norwegen und auf den Britischen Inseln, in geringerer Zahl an der Nordsee, am Ärmelkanal und an der Ostsee. Erscheint nur ausnahmsweise im Binnenland. Sehr vertraut. Geschützte Art (außer in Frankreich).

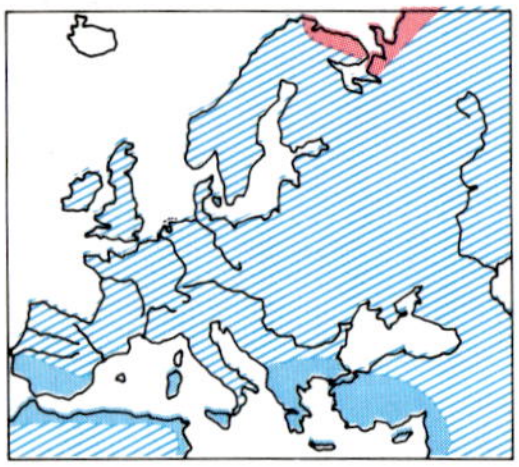

Zwergstrandläufer

Calidris minuta

E: Little Stint
F: Bécasseau minute
H: Kleine Strandloper
I: Gambecchio
S: Correlimos

Kennzeichen: Etwa rotkehlchengroß, Schnabel schwarz, gerade, kürzer als der Kopf. Oberseite im Brutkleid rotbraun, im Ruhekleid graubraun, Jungvögel kastanienbraun; unterseits weiß, Brustseiten bräunlich. Vor allem Jungvögel tragen ein auffälliges weißes V auf dem Rücken. Vom fast gleich großen Temminckstrandläufer auch durch die längeren, schwarzen Beine und die grauen äußeren Schwanzfedern sowie durch anderes Verhalten und meist anderen Aufenthalt unterschieden. Außerhalb der Brutzeit gesellig, oft auch mit anderen Schnepfenvögeln vergesellschaftet.
Biotop: Brütet im hohen Norden in Mooren und in der Tundra, an der Küste und in Tälern. Nach dem Schlüpfen der Jungen an Gewässern. Auf dem Zug und im Winterquartier an schlammigen Ufern, sowohl an der Küste wie im Binnenland, bei uns auch an Filterbekken und Klärteichen.
Nahrung: Hauptsächlich kleine Insekten (Mükken) und ihre Larven, aber auch Würmer und kleine Mollusken.
Fortpflanzung: Nest eine seichte Mulde im Moos oder Gras. Eiablage im Juni/Juli; 4 Eier. Beide Partner brüten. Manchmal macht das Weibchen zwei Gelege, von denen das erste vom Männchen, das zweite vom Weibchen bebrütet wird. Brutdauer und Führungszeit unbekannt. Möglicherweise verläßt das Männchen die Jungen eher als das Weibchen.
Verbreitung: Im hohen Norden, von Nordostnorwegen bis Ostsibirien. Überwintert vom Mittelmeerraum bis Südafrika. Zieht sowohl an der Küste wie durchs Binnenland. Erscheint bei uns auf dem Wegzug von Mitte Juli – Anfang Oktober, in geringerer Zahl auf dem Heimzug von Ende März – Mitte Juni. In den meisten Ländern geschützt. Wird in Frankreich trotz seiner geringen Größe (30 g) eifrig bejagt. In Europa wegen ihrer örtlich begrenzten Verbreitung leicht zu gefährdende Art.

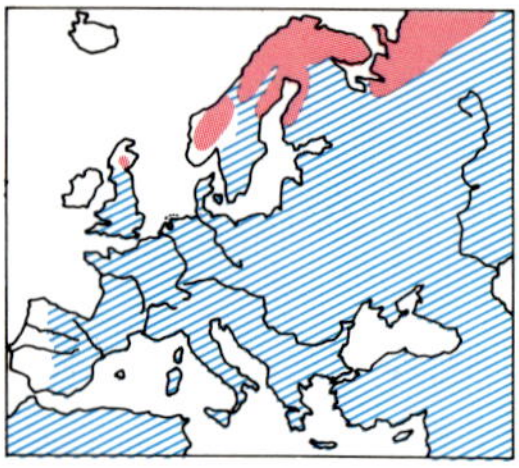

Temminck-strandläufer

Calidris temminckii

E: Temminck's Stint
F: Bécasseau de Temminck
H: Temminck's Strandloper
I: Gambecchio nano
S: Correlimos de Temminck

Kennzeichen: Vom Zwergstrandläufer durch zarteren, an der Spitze leicht gebogenen Schnabel, kürzere, grünliche oder gelbliche Beine, graue, von der weißen Unterseite abstechende Kehle und Brust, weiße Schwanzseiten und gleichmäßige graue Oberseite ohne V-Zeichnung unterschieden.
Biotop: Brütet in der feuchten, mit Zwergsträuchern und Kriechweiden durchsetzten Moostundra und auf Wiesen an Ufern von Flüssen und Seen bis in die Zwergbirkenregion. Auf dem Zug und im Winterquartier an schlammigen Ufern, an Filterbecken und Klärteichen, an der Küste an Prielen und auf Wattwiesen.
Nahrung: Wie Zwergstrandläufer, aber auch außerhalb des Brutgebietes bei der Nahrungssuche Einzelgänger.
Fortpflanzung: Eiablage von Ende Mai – Mitte Juli; gewöhnlich 2 Gelege (normal je 4 Eier), von denen das erste vom Männchen, das zweite vom Weibchen ausgebrütet wird. Brutdauer beim Männchen 20 – 38, beim Weibchen 19 – 22 Tage. Das Nest steht meist ziemlich frei an einer trockenen Stelle, gern in der Nähe menschlicher Siedlungen. Die Brutreviere grenzen eng aneinander, so daß sich kleine Kolonien bilden können. Die Nestmulde wird laufend mit trockenen Hälmchen und Blättchen ausgepolstert. Die Jungen sind mit 18 Tagen voll flügge und selbständig.
Verbreitung: Brütet in der Tundrazone von Norwegen bis zur Beringstraße. Gesamtbestand wahrscheinlich über 10 Millionen. Hat wiederholt, wenn auch meist erfolglos, in Schottland und Nordengland gebrütet. Zieht meist einzeln oder in kleinen Trupps. Erscheint bei uns auf dem Wegzug von Mitte Juli – Ende September, auf dem Heimzug von Ende April – Ende Mai sowohl an der Küste wie im Binnenland. Bei uns durchziehende Vögel überwintern vorwiegend in der Sahelzone. Geschützte Art (außer in Frankreich).

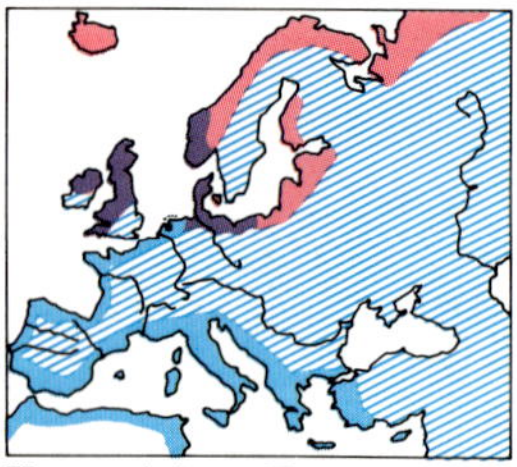

Alpenstrandläufer

Calidris alpina

E: Dunlin
F: Bécasseau variable
H: Bonte Strandloper
I: Piovanello pancia nera
S: Correlimos común

Kennzeichen: Etwa starengroß, mit etwas über kopflangem, an der Spitze leicht gebogenem Schnabel und verhältnismäßig kurzen schwarzen Beinen. Im Brutkleid unverwechselbar, oberseits rostbraun, unterseits weiß mit schwarzem Bauch. Im Ruhekleid oberseits graubraun, unterseits weiß.
Biotop: Brütet auf kurzgrasigen, nassen Weideflächen, auf den Britischen Inseln auf Mooren, in Skandinavien auf dem Fjell, in der Tundra in feuchten Niederungen an Süßwasser. Außerhalb der Brutzeit auf Schlammflächen im Watt, an Lagunen und an Binnengewässern.
Nahrung: Zur Brutzeit vorwiegend Insekten und ihre Larven, an der Küste Ringelwürmer, Muscheln und Schnecken.
Fortpflanzung: Die Nestmulde wird meist in einer Grasbülte angelegt; durch Zusammenziehen der herumstehenden Halme entsteht im Laufe der Bebrütung eine Laube. Eiablage von Mitte April – Mitte Juni; gewöhnlich 4 Eier. Brutdauer 20 – 22 Tage. Beide Partner brüten, doch verlassen viele Weibchen die Familie einige Tage nach dem Schlüpfen der Jungen. Manchmal zeitigen sie dann mit einem anderen Männchen ein zweites Gelege, während das Männchen 19 – 20 Tage bei den Jungen bleibt, die mit 20 –28 Tagen voll flugfähig sind. Normal eine Jahresbrut.
Verbreitung: Brütet fast rund um den Nordpol, in Europa in Island, im Norden der Britischen Inseln, in Südskandinavien und im Ostseeraum (*C.a. schinzii*) sowie in Nordskandinavien, auf Spitzbergen und in Nordrußland (*C.a. alpina*). In Mitteleuropa höchstens 270 Brutpaare an der Westküste Schleswig-Holsteins und an der Ostseeküste bis zur Danziger Bucht. Die Bestände gehen hier infolge von Biotopzerstörungen stark zurück. Nordeuropäische Brutvögel überwintern hauptsächlich an den Gezeitenküsten Westeuropas, mitteleuropäische am Atlantik von Spanien bis Marokko. Zieht hauptsächlich an der Küste, in geringer Zahl auch durchs Binnenland. Geschützte Art (außer in Frankreich). Steht in der Bundesrepublik auf der „Roten Liste“ der vom Aussterben bedrohten Arten.

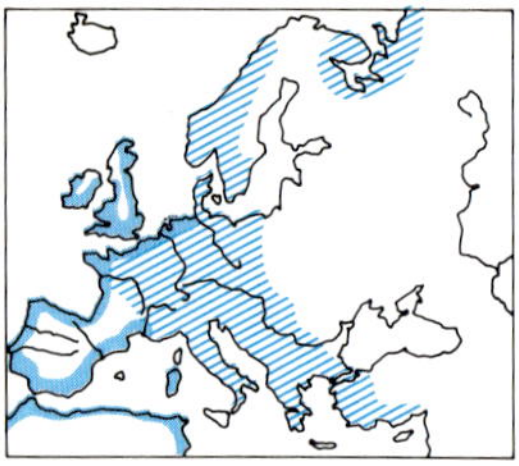

Sanderling

Calidris alba

E: Sanderling
F: Bécasseau sanderling
H: Drieteenstrandloper
I: Piovanello tridattilo
S: Correlimos tridáctilo

Kennzeichen: Etwa lerchengroß, wenig größer als Alpenstrandläufer, im Ruhekleid von weitem an der sehr hellen grauen Oberseite und der rein weißen Unterseite zu erkennen. Im Brutkleid sind Kopf, Hals, Brust und Oberseite rostbraun und dunkelbraun gesprenkelt. Im Flug fällt die weiße Flügelbinde auf. Schnabel schwarz, gerade, etwa kopflang.
Biotop: Brütet in der trockenen, steinigen Tundra mit spärlichem, niedrigem Bewuchs. Außerhalb der Brutzeit fast ausschließlich an Sandstränden in der Brandungszone, folgt dabei wie kein anderer Strandläufer den vordringenden und zurückweichenden Brandungswellen; selten im Binnenland an sandigen und kiesigen Ufern und auf Filterbecken.
Nahrung: Am Brutplatz hauptsächlich Insekten, auf dem Zug und im Winterquartier dazu kleine Krebstiere, Ringelwürmer, Mollusken und Aas.
Fortpflanzung: Nest eine Vertiefung im Boden in niedriger Vegetation oder offen. Eiablage Mitte Juni – Anfang Juli; normalerweise 2 Gelege (je 4 Eier) kurz hintereinander, von denen das erste vom Männchen, das zweite vom Weibchen betreut wird. Brutdauer 23 – 24 Tage. Die Jungen können bereits mit 17 Tagen etwas fliegen und sind mit 23 – 24 Tagen selbständig.
Verbreitung: Brütet in der Arktis in Nordamerika und Asien; in Europa auf Spitzbergen. Überwintert an der Küste, im Westen der Alten Welt von den Britischen Inseln, der südlichen Nordsee und dem Mittelmeer bis Südafrika. Durchzug an der Nordsee ab Ende Juli (am zahlreichsten im November) bzw. von März – Anfang Juni; im Binnenland spärlich, Ende Juli – Mitte Oktober bzw. Mitte April – Anfang Juni. Geschützte Art (außer in Frankreich).

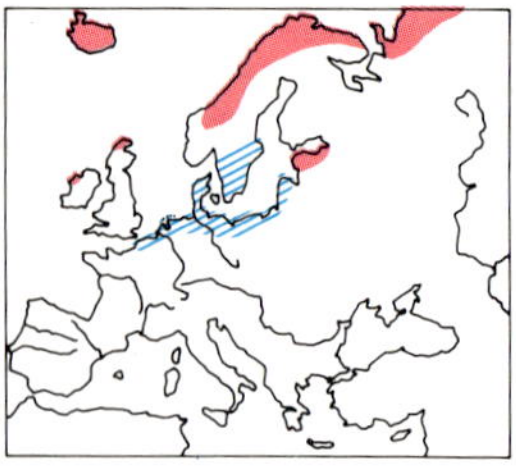

Odinshühnchen (Halsbandwassertreter)

Phalaropus lobatus

E: Red-necked Phalarope
F: Phalarope à bec étroit
H: Grauwe Franjepoot
I: Falaropo beccosottile
S: Falaropo picofino

Kennzeichen: Lerchengroß, im Brutkleid vom amselgroßen Thorshühnchen oder Rostroten Wassertreter (*Ph. fulicarius*) durch dünnen schwarzen Schnabel, scheckig braune (Männchen) bzw. schiefergraue (Weibchen) Oberseite, weiße Unterseite und weiße Kehle mit rostroter Umrahmung, im Ruhekleid durch dunklere Oberseite unterschieden.
Biotop: Brutvogel an Teichen und auf Inselchen, in Seen, in Tundra und Taiga und in Lavafeldern (Island). Auf dem Zug an der Küste und auf stehenden Gewässern jeder Größe im Binnenland. Im Winter auf hoher See.
Nahrung: Im Sommer Insekten und ihre Larven (33% Mückenlarven), auf dem Zug kleine Mollusken, Krebstiere und Würmer. Im Winter Planktontierchen, folgt dabei Walen, denen er auch Parasiten abliest, und Fischschwärmen. Sucht seine Nahrung meist schwimmend, wobei er sich wie ein Kreisel um sich selbst dreht, um im seichten Wasser Bodentierchen hochzuwirbeln.
Fortpflanzung: Das Weibchen balzt und kann sich nacheinander mit zwei Männchen verbinden. Eiablage Ende Mai – Mitte Juli; das Gelege enthält gewöhnlich 4 Eier. Das Nest, eine mit Hälmchen u. dgl. ausgelegte Mulde, steht meist dicht am Wasser. Nur das Männchen brütet (Brutdauer 17 – 21 Tage) und führt die Jungen, die mit 18 – 20 Tagen flügge sind, aber schon mit 2 Wochen vom Vater verlassen werden. Eine bis zwei Jahresbruten.
Verbreitung: Brütet rund um den Nordpol, in Europa in Island, auf den Färöern, in Nordschottland, Nordwestirland, auf Spitzbergen und von Nordnorwegen bis Nordrußland. Überwintert in den Tropen auf dem Pazifik und dem Indischen Ozean. In Mitteleuropa regelmäßiger Durchzügler in geringer Zahl, auch im Binnenland, meist im August – September, seltener im Frühjahr. In den meisten Ländern (außer in Frankreich) geschützte Art.

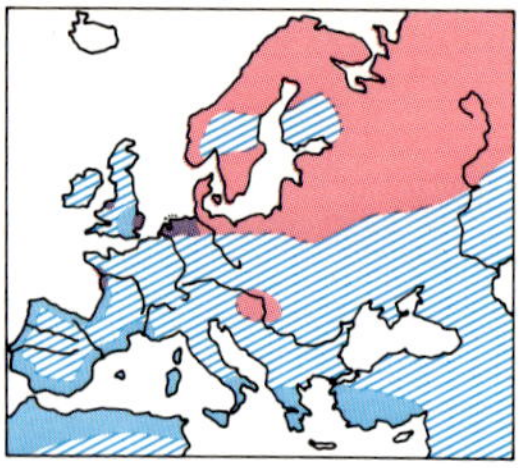

Kampfläufer
Philomachus pugnax
E: Ruff (Weibchen: Reeve)
F: Chevalier combattant
H: Kemphaan
I: Combattente
S: Combatiente

Kennzeichen: Weibchen rotschenkelgroß, Männchen deutlich größer, im Brutkleid unverwechselbar wegen der prächtigen bunten, bei jedem Männchen anders aussehenden Halskrause und Perücke. Ruhekleid graubraun, oberseits geschuppt. Beine bei beiden Geschlechtern meist rötlich oder gelblich. Schnabel verhältnismäßig kurz. Haltung aufrecht. Im Flug fallen die beiden ovalen weißen Flecken auf den Oberschwanzdecken auf. Im Gegensatz zu anderen Schnepfenvögeln fast stumm.

Biotop: Zur Brutzeit in Mitteleuropa vorwiegend feuchte, kurzgrasige Wiesen mit flachen Tümpeln. Im Norden Feuchtgebiete in der Zwergstrauch- und Waldtundra. Auf dem Zug bei uns in ähnlichen Biotopen, gern auf Rieselfeldern und an Klärteichen.

Nahrung: Hauptsächlich Insekten und ihre Larven, Schnecken, kleine Krebstiere und Würmer, die er im seichten Wasser und auf dem Land sucht, ferner Sämereien.

Fortpflanzung: Die Männchen führen auf jahrelang beibehaltenen Turnierplätzen Scheinkämpfe aus, bei denen sie ihr prächtiges Gefieder zur Schau stellen. Männchen mit dunkler Perücke verteidigen einen Platz innerhalb der „Arena“, Männchen mit weißer Perücke dagegen nicht. Die „Kämpfe“ dienen einzig und allein dem Anlocken der Weibchen; die Anwesenheit der „weißen“ Männchen übt dabei eine verstärkende Wirkung aus. Das Weibchen paart sich mit dem Männchen seiner Wahl, manchmal auch mit mehreren. Es herrscht Promiskuität; man kann weder von Paarbildung noch von Polygamie oder Polyandrie sprechen. Die Männchen beteiligen sich dementsprechend nicht am Brutgeschäft. Das Nest, eine tiefe Mulde in dichter Vegetation, wird vom Weibchen angelegt und mit Hälmchen ausgepolstert; die umstehenden Halme werden oft während des Brütens zu einer Laube zusammengezogen. Eiablage von Mitte Mai (im Süden) bis Juli; 4 Eier. Brutdauer 20 – 23 Tage. Die Jungen werden mit 25 – 27 Tagen flugfähig; sie werden mitunter schon 7 – 10 Tage nach dem Schlüpfen sich selbst überlassen. Eine Jahresbrut; Nachgelege möglich.

Verbreitung: Brütet von der Nordsee bis Ostsibirien, lokal in Westfrankreich und (wieder seit 1963) in Ostengland. In Mitteleuropa noch ungefähr 4000 Bruten, davon 2/3 in den Niederlanden, der Rest hauptsächlich an der Nordsee-, weniger an der Ostseeküste der beiden deutschen Staaten (angeblich noch rund 1000 Bruten); brütet auch wieder am Niederrhein. In Österreich als Brutvogel verschwunden. Bestand überall infolge von Biotopzerstörungen (Entwässerungen) stark rückläufig; auch die Vorverlegung der Heuernte und die Bejagung auf dem Zug in Frankreich und Italien tragen mit dazu bei. Zugvogel, überwintert hauptsächlich im tropischen Afrika südlich der Sahara, z. T. auch schon in Westeuropa und im Mittelmeerraum. Zieht in Mitteleuropa auf breiter Front von Mitte Juni – Anfang Oktober und von März – Anfang Juni durch. In den meisten Ländern geschützte, in Frankreich und Italien jagdbare Art. Steht in der Bundesrepublik auf der „Roten Liste“ der vom Aussterben bedrohten Arten.

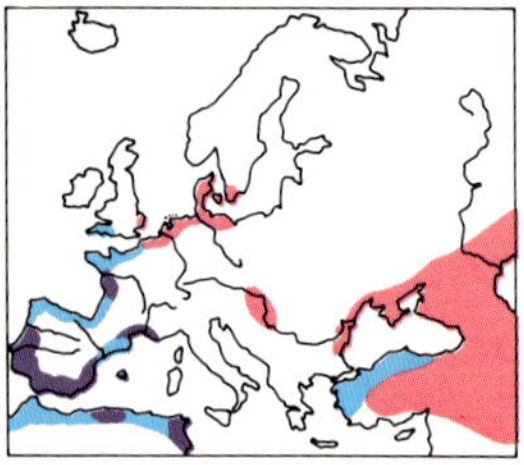

Säbelschnäbler

Recurvirostra avosetta

E: Avocet
F: Avocette
H: Kluut
I: Avocetta
S: Avoceta

Kennzeichen: Taubengroßer Watvogel, leicht zu erkennen am kontrastreichen schwarz-weißen Gefieder, an den langen, blaugrauen Beinen mit Schwimmfüßen und am langen, dünnen, aufwärts gebogenen schwarzen Säbelschnabel.
Biotop: Die Ufer seichter, nicht unbedingt salziger oder brackiger Gewässer; die zur Brutzeit genügend Nahrung und Deckung für die Jungen bieten müssen, aber ohne geschlossene Pflanzendecke; an der Nordsee im Deichvorland, auf Spülflächen und auf Äckern, an der Ostsee an schlickreichen Flachküsten, im Binnenland an Salzseen.
Nahrung: Wirbellose Kleintiere, die im Laufen oder Schwimmen mit mähendem Hin- und Herschwingen des Schnabels aus dem schlammigen Boden oder aus dem Wasser aufgenommen werden; Küken lesen die Nahrung von der Vegetation oder vom Boden auf.
Fortpflanzung: Nistet in Kolonien, oft vermischt mit anderen Schnepfen- und Möwenvögeln. Nest eine seichte, manchmal mit einigen Hälmchen oder Müschelchen ausgelegte Mulde im Boden. Eiablage in West- und Mitteleuropa von Mitte April – Juli; gewöhnlich 4 Eier. Brutdauer 24 – 25 Tage. Eine Jahresbrut; in der Regel Ersatzbruten. Beide Partner brüten und führen die Jungen. Diese können schon am ersten Tag schwimmen und sind mit 32 – 36 Tagen voll flugfähig.
Verbreitung: Brütet in Europa von Westfrankreich bis Südskandinavien, im westlichen Mittelmeerraum und in den Steppenzonen Osteuropas, in West- und Innerasien, in Süd- und Ostafrika. In Belgien höchstens 190, in den Niederlanden 4000 – 4500, in der Bundesrepublik 2500 – 2700 (in Niedersachsen und Schleswig-Holstein), in der DDR etwa 120 (an der Ostsee), in Österreich rund 45 (im Burgenland). Stand-, Strich- und Zugvogel, überwintert im Westen von der Bretagne und Südfrankreich bis Senegal und Gambia. Überall geschützte Art. Steht in Österreich auf der „Roten Liste“ der gefährdeten Arten.

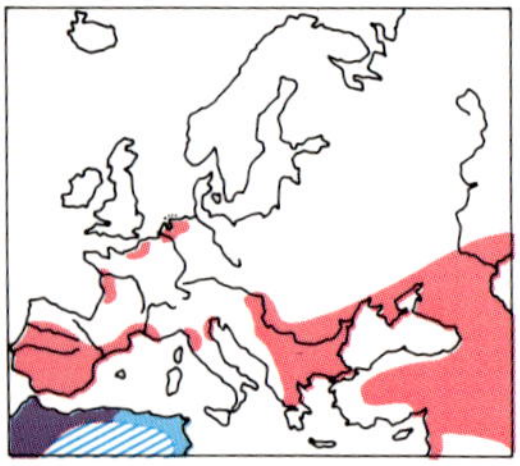

Stelzenläufer

Himantopus himantopus

E: Black-winged Stilt
F: Échasse blanche
H: Steltkluut
I: Cavaliere d'Italia
S: Cigüeñuela

Kennzeichen: Etwa turteltaubengroßer Watvogel, leicht kenntlich an den außergewöhnlich langen roten Beinen, die im Flug den Schwanz weit überragen. Schnabel schwarz, gerade und ziemlich lang, Rücken und Flügel schwarz.
Biotop: Seichte, mit Vorliebe süße, aber auch brackige und salzige Gewässer mit schlammigem Grund und Ufer in offenem Gelände, z. B. Reisfelder.
Nahrung: Hauptsächlich Wasserinsekten und ihre Larven, die aus dem Wasser, von Pflanzen oder vom Boden aufgenommen werden.
Fortpflanzung: Nistet meist in Kolonien, die unter günstigen Verhältnissen 100 Nester umfassen können. Neststand auf feuchtem wie auf trockenem, schlammigem oder sandigem Boden in mehr oder weniger dichter Vegetation (Heidekraut, Queller, Reis). Eiablage in Südwesteuropa Mitte April – Mitte Juni; gewöhnlich 4 Eier. Brutdauer 22 – 24 Tage. Gewöhnlich brüten beide Partner und führen die Jungen gemeinsam; diese sind mit 28 – 32 Tagen voll flugfähig. Eine Jahresbrut, bei Verlust der Eier Nachgelege.
Verbreitung: Vom Mittelmeerraum bis Inner- und Südasien. In Europa auf der Iberischen Halbinsel, in Südfrankreich, Norditalien, im Donauraum, auf der Balkanhalbinsel sowie in der südlichen Sowjetunion, gelegentlich auch in Großbritannien, Belgien, den Niederlanden, Deutschland und Österreich, vor allem bei großer Trockenheit im Mittelmeerraum. Zugvogel, der vorwiegend in den Tropen nördlich des Äquators überwintert. Frankreich ist erst seit der Jahrhundertwende besiedelt worden; in der Camargue, dem bedeutendsten Brutplatz, schwankt der Bestand zwischen 50 und 500 Brutpaaren. Geschützte Art.

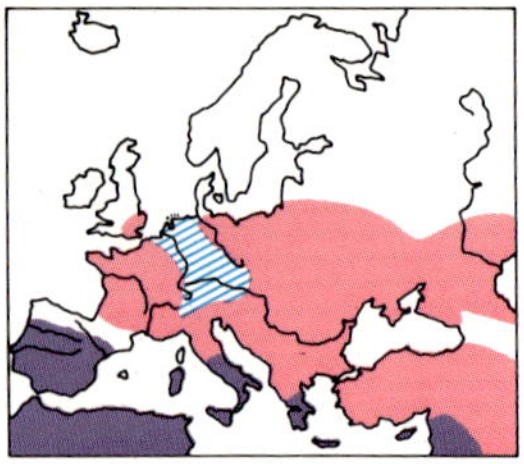

Triel

Burhinus oedicnemus

E: Stone Curlew
F: Oedicnème criard
H: Griel
I: Occhione
S: Alcaraván

Kennzeichen: Ringeltaubengroß, mit langen gelben Beinen, sandfarbenem Gefieder, dikkem, rundem Kopf und großen gelben, weiß und schwarz umrahmten Augen. Im Flug fallen die breiten weißen Flügelbinden auf. Dämmerungsaktiv, gut getarnt, verrät sich oft durch seine kennzeichnenden Rufe.
Biotop: Brütet in steppen- und wüstenartigem, trockenem Gelände in der Ebene, auf Ödland und Schotterflächen, in sandigem und steinigem Heideland, neuerdings auch auf Kulturland mit spärlicher, niedriger Vegetation (magere Weiden, Äcker, Weinberge). Auf dem Zug auch an Sandstränden und Lagunen.
Nahrung: Kleine Schnecken, Würmer, Insekten und ihre Larven, ferner Reptilien und Kleinsäuger.
Fortpflanzung: Nest eine flache, mit kleinen Kieseln, Hasen- oder Kaninchenkot ausgelegte Mulde im nackten Boden. Eiablage Anfang April – Ende August (Hauptlegezeit Ende April – Mitte Mai); gewöhnlich 2 Eier. Brutdauer 24 – 27 Tage. Beide Eltern brüten und führen die Jungen, die mit 6 Wochen voll flugfähig und mit 2 Monaten selbständig sind. In manchen Regionen offenbar zwei Jahresbruten.
Verbreitung: Von den Kanarischen Inseln und Südengland bis Süd- und Innerasien. In West- und Mitteleuropa infolge der immer mehr zunehmenden Kultivierung von Ödländereien und trockenen Wiesen, in Frankreich auch infolge der Verbauung der Strände und des Jagddrucks stark zurückgehend. In England noch höchstens 500 Brutpaare, in Frankreich weit verbreiteteter, aber spärlicher, in Österreich und der DDR sehr seltener Brutvogel. Die Brutvorkommen in der Bundesrepublik und in den Niederlanden sind erloschen. In Belgien, Luxemburg, der Schweiz und Liechtenstein hat der Triel nie gebrütet. Geschützte Art. Steht in Österreich auf der „Roten Liste“ der gefährdeten Arten.

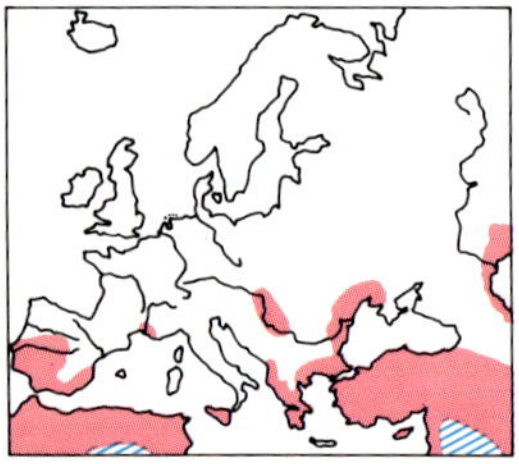

Rotflügelbrachschwalbe

Glareola pratincola

E: Pratincole
F: Glaréole à collier
H: Vorkstaartplevier
I: Pernice di mare
S: Canastera

Kennzeichen: Drosselgroß, seeschwalbenähnlich (auch im Flug) mit tief gegabeltem, schwarzem Schwanz, Oberseite olivbraun, Oberschwanzdecken weiß, Kehle gelblich, durch ein schwarzes Band von der bräunlichen Brust getrennt; Unterflügeldecken rostrot (wirken dunkel).
Biotop: Steppen mit spärlichem Graswuchs, Salzsteppen, ausgetrocknete Überschwemmungsgebiete, Sand- und Schlammbänke.
Nahrung: Ziemlich große chitinisierte Insekten aller Art.
Fortpflanzung: Brütet in lockeren Kolonien. Nest eine seichte Mulde im Boden, oft ohne Auskleidung, manchmal im Eindruck eines Pferde- oder Rinderhufs, manchmal in einem trockenen Kuhfladen, gern im Schutz einer Pflanze oder einer Erdscholle. Eiablage von Mitte April – Mitte Juli (meist Mai – Juni); gewöhnlich 3 Eier. Brutdauer etwa 18 Tage; beide Partner brüten und füttern die Jungen, die mit 33 Tagen flügge sind.
Verbreitung: Im Mittelmeerraum, im Karpatenbecken und vom Schwarzmeergebiet bis zum Indus. In Spanien brüten u. a. rund 1000 Paare in den Marismen des Guadalquivir. Der Bestand in der Camargue (30 – 60 Paare) ist von Überschwemmungen und der Ausdehnung der Reisfelder bedroht. In Ungarn (1971 172 Brutpaare), Rumänien und Bulgarien haben Bestand und Ausdehnung deutlich abgenommen. Zugvogel, überwintert in der Sahelzone von Senegal bis Äthiopien. In Italien voll, in Frankreich teilweise geschützte Art.

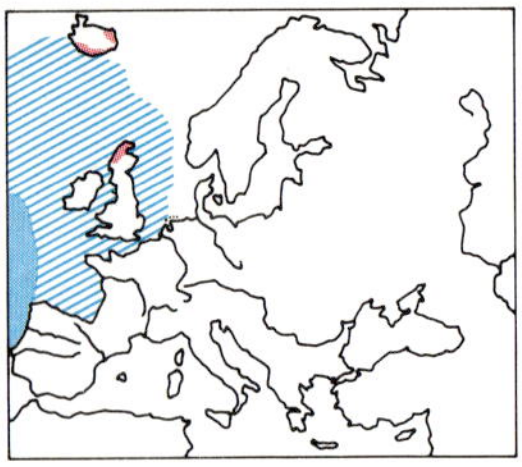

Skua (Große Raubmöwe)

Stercorarius skua

E: Great Skua
F: Grand Labbe
H: Grote Jager
I: Stercorario maggiore
S: Págalo grande

Kennzeichen: So groß wie eine junge Silbermöwe, unterscheidet sich von ihr durch kurzen, keilförmigen Schwanz, fast einförmig braunes Gefieder und im Flug gut sichtbares weißes Flügelfeld.
Biotop: Seevogel, sucht die Küste nur zur Brut auf. Brütet auf mit Sümpfen übersäten Felsinseln mit niedrigem Bewuchs, auf ausgedehnten grasigen oder sandigen Flächen an Flußmündungen oder in Tälern (Island) oder an eisfreien Felsküsten (Antarktis).
Nahrung: Zugleich Jäger, Beuteräuber und Aasfresser, sucht ihre Nahrung auf See und an Land. Verzehrt Kadaver und Mutterkuchen von Seehunden, Eier, Küken und Altvögel von Adéliepinguinen (Antarktis); wenn sie den Schiffen folgt, zwingt sie die Albatrosse, aufs Wasser niederzugehen, tötet sogar ausgewachsene Sturmtaucher. 82% der Nahrung bilden Fische, die sie entweder selbst fängt oder Baßtölpeln, Möwen und Seeschwalben abjagt.
Fortpflanzung: Eiablage in der Antarktis von Ende November – Anfang Dezember, im Norden von Ende Mai – Anfang Juni; gewöhnlich 2 Eier. Brutdauer 28 – 30 Tage, beide Partner brüten. Die Jungen sind Nesthocker. Sie werden von beiden Eltern versorgt und sind mit 6 – 7 Wochen flügge. Eine Jahresbrut.
Verbreitung: Nistet in 7 Unterarten einerseits an den Küsten der Antarktis, auf den Inseln der südlichen Ozeane und an der Südwestküste Südamerikas, andererseits im Nordatlantik. Die Nominatform (*Stercorarius skua skua*) brütet in Europa, und zwar in Island, Schottland und auf den Färöern. Sie nimmt aber gegenwärtig in Island ab, in Schottland dagegen zu, nicht infolge von Umsiedlungen isländischer Vögel, sondern infolge besserer Schutzmaßnahmen. Europäische Brutvögel ziehen ab August – September nach Süden und Westen und treiben sich an den Küsten und auf hoher See herum. In den meisten europäischen Ländern geschützte Art.

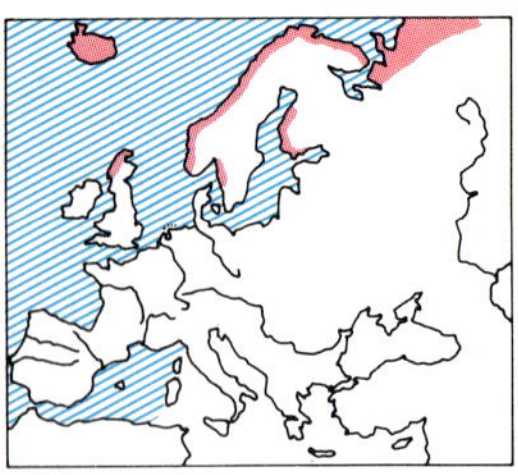

Schmarotzerraubmöwe

Stercorarius parasiticus

E: Arctic Skua
F: Labbe parasite
H: Kleine Jager
I: Labbo
S: Págalo parásito

Kennzeichen: Lachmöwengroß, Altvögel leicht kenntlich an den verlängerten, spitzen mittleren Schwanzfedern. Ausgezeichneter Flieger mit langen, spitzen Flügeln. Tritt in verschiedenen Farbphasen auf, entweder einförmig dunkel oder oberseits dunkel, unterseits weiß mit oder ohne dunkles Brustband.
Biotop: Zur Brutzeit an der Küste in niedriger Vegetation in der Nähe von Süßwasser. Außerhalb der Brutzeit auf hoher See, manchmal in Küstennähe, nur ausnahmsweise nach Stürmen im Binnenland.
Nahrung: Ernährt sich von Fischen, Kleinvögeln und ihren Eiern, Insekten, Mollusken, Krebstieren, verzehrt aber auch Beeren und andere Pflanzenteile.
Fortpflanzung: Brütet einzeln oder in kleinen, lockeren Kolonien in Sümpfen, meist am Meer oder auf kleinen, küstennahen Inseln, manchmal auch im Binnenland. Nest eine einfache Mulde im Boden ohne Auskleidung. Eiablage von Ende Mai – Juni; gewöhnlich 2 – 3 Eier. Brutdauer 25 – 26 Tage; Brutpflege wie bei der Skua. Die Jungen sind nach 4 oder 5 Wochen flügge. Eine Jahresbrut.
Verbreitung: Brütet im Norden von Asien, Amerika und Europa, nach Süden bis Schottland, Norwegen, Mittelschweden und Südfinnland. War im 14. Jahrhundert in Schottland überaus häufig, ging dann zurück infolge der Nachstellungen durch Jäger und Hirten, die sie auch heute noch nicht lieben; Bestand nach der Zählung von 1969 – 1970 1090 Brutpaare, hauptsächlich auf den Shetland- und Orkneyinseln; gehört damit zu den seltensten Vögeln der Britischen Inseln. Überwintert auf See vor der afrikanischen Westküste bis hinunter nach Südafrika, erreicht dabei manchmal auch das amerikanische Festland. Geschützte Art.

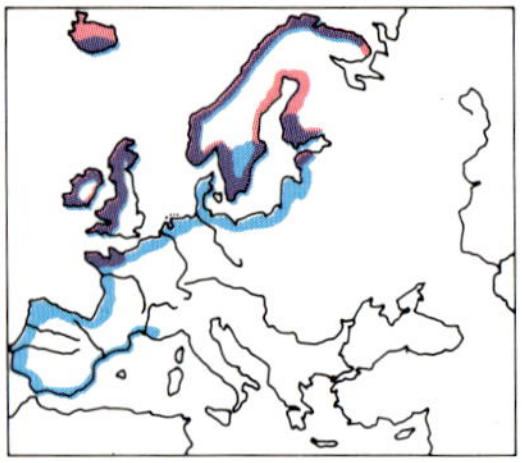

Mantelmöwe

Larus marinus

E: Great Black-backed Gull
F: Goéland marin
H: Grote Mantelmeeuw
I: Mugnaiaccio
S: Gavión

Kennzeichen: Unsere größte Möwe, Altvögel (älter als 3 Jahre) kenntlich am schwarzen Mantel, am gelben Schnabel mit rotem Fleck vor der Spitze des Unterschnabels und an den fleischfarbenen Beinen. Allen anderen Möwen überlegen, besetzt an Felsküsten stets den höchsten Beobachtungsplatz.
Biotop: Zur Brutzeit an Felsküsten und Kieselstränden, seltener an Sandstränden und auf Wattwiesen, gern auf kleinen Inseln vor der Küste, ausnahmsweise auch an großen Binnenseen bis 800 m hoch. Außerhalb der Brutzeit an Küsten aller Art, auch in Häfen.
Nahrung: Allesfresser, erhebt zur Brutzeit einen erdrückenden Tribut an Eiern, Jungen und selbst Altvögeln von den Brutkolonien anderer Seevögel (Dreizehenmöwe, Papageitaucher, Alken, Lummen, Eiderenten u. a.). Verzehrt zu anderen Zeiten auch Fische, Krebstiere, Mollusken, Würmer und Abfälle.
Fortpflanzung: Brütet einzeln oder in kleinen Kolonien, gern inmitten von Brutkolonien anderer Seevögel. Nest eine Mulde oben auf einem großen Haufen aus Zweigen, Tang und anderen Pflanzen mit ein paar Federn. Eiablage von Mai – Juni; gewöhnlich 3 Eier. Brutdauer 26 – 28 Tage. Bei allen Möwenvögeln beteiligen sich beide Partner beim Brüten und bei der Aufzucht der Jungen. Diese sind Nesthocker und werden von den Eltern gefüttert, bei der Mantelmöwe etwa 50 Tage lang. Sie sind nach 8 Wochen voll flugfähig. Eine Jahresbrut.
Verbreitung: Brütet an den Küsten des Nordatlantik, in Europa von der Bretagne bis Spitzbergen und zur Halbinsel Kola, nicht an der südlichen Nordsee, wohl aber an der mittleren und nördlichen Ostsee. Altvögel meist seßhaft, während Jungvögel weit umherstreifen. Einzelne Exemplare sind zu allen Jahreszeiten an unseren Küsten anzutreffen. Nur in Belgien und Frankreich geschützte, in der Bundesrepublik (vom 16. 8. – 30. 4) und in Dänemark jagdbare Art.

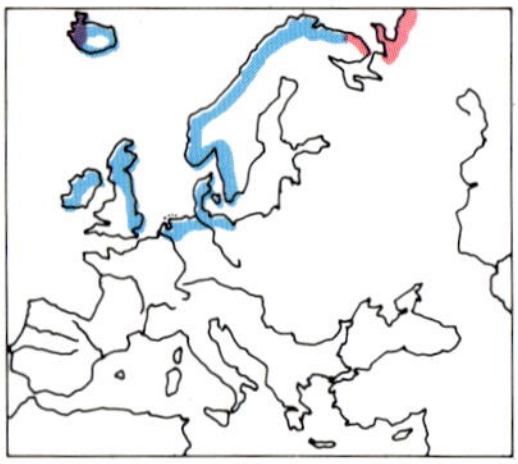

Eismöwe

Larus hyperboreus

E: Glaucous Gull
F: Goéland bourgmestre
H: Grote Burgmeester
I: Gabbiano glauco
S: Gaviota hiperbórea

Kennzeichen: Mantelmöwengroß, aber ohne Schwarz auf den Handschwingen. Altvögel weiß mit perlgrauem Mantel. Jungvögel einheitlich hell-graubraun. Die sehr ähnliche Polarmöwe (*Larus glaucoides*) ist kleiner und hat einen weniger kräftigen Schnabel; ihre Flügel sind schmaler und länger und überragen im Sitzen den Schwanz.
Biotop: Zur Brutzeit felsige und flache Küsten und Inseln (bis 600 m hoch). Außerhalb der Brutzeit vorwiegend an der Küste, auch in Häfen, seltener an Binnengewässern.
Nahrung: Allesfresser; frißt Eier, Junge und Altvögel anderer Arten, Fische, Krebse, Aas, vor allem aber Fischereiabfälle, Tang, Moos und Krähenbeeren.
Fortpflanzung: Brütet meist in Kolonien, aber auch einzeln. Baut ein gewöhnlich recht umfangreiches Nest aus Wasserpflanzen. Eiablage ab Mitte Mai; gewöhnlich 3 Eier. Brutdauer 27 – 30 Tage. Beide Partner brüten (vom ersten Ei an). Die Jungen werden von beiden Eltern versorgt, die Zeit der Selbständigkeit der Jungen ist jedoch noch nicht ermittelt. Wie bei allen Möwenvögeln eine Jahresbrut, früh verlorene Gelege können aber ersetzt werden.
Verbreitung: Brütet im hohen Norden rund um den Pol, z. B. in Grönland und Island, auf Jan Mayen, der Bäreninsel, Spitzbergen, Franz-Josef-Land, Nowaja Semlja und an den Küsten der Barentssee. Hat sich in Island mit der in jüngster Zeit eingewanderten Silbermöwe vermischt. Vorwiegend Standvogel, wird jedoch im Winter regelmäßig an der britischen Ostküste, seltener an der südlichen Nord- und an der Ostsee, ausnahmsweise im westlichen Mittelmeer angetroffen. Allgemein geschützte Art.

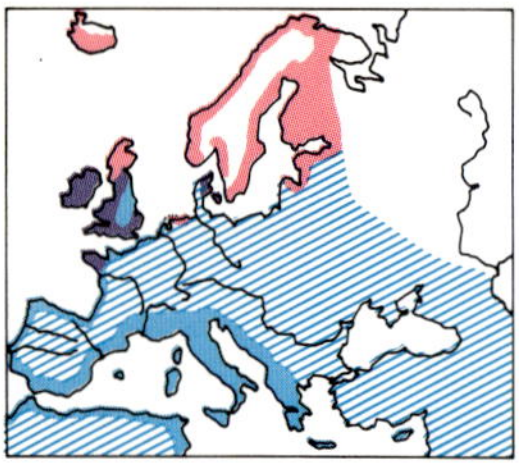

Heringsmöwe
Larus fuscus
E: Lesser Black-backed Gull
F: Goéland brun
H: Kleine Mantelmeeuw
I: Gabbiano zafferano
S: Gaviota sombría

Kennzeichen: Knapp silbermöwengroß. Altvögel der skandinavischen Rasse bis auf die gelben Beine wie Mantelmöwe gefärbt, die der westlichen Rasse wesentlich heller. Jungvögel sind jungen Silbermöwen sehr ähnlich.
Biotop: Küsten und Strände aller Art, auch an großen Binnenseen.
Nahrung: Allesfresser, raubt zur Brutzeit Eier und Junge anderer Seevögel, fischt mehr als die Silbermöwe.
Fortpflanzung: Koloniebrüter, oft gemeinsam mit Silbermöwen. Das einfache Nest aus trokkenen Pflanzen steht an flachen oder felsigen Küsten, auf grasigen Inseln, aber auch in sumpfigem Gelände oder an Ufern von Gewässern im Binnenland. Eiablage von Anfang Mai – Juni; gewöhnlich 3 Eier. Brutdauer 23 – 27 Tage. Die Jungen sind mit 32 Tagen flügge. Eine Jahresbrut.
Verbreitung: Die Systematik von Herings- und Silbermöwe ist ein sehr verwickeltes Problem. VOOUS (1960) vereinigt die gelbfüßigen „Silbermöwen“ der Azoren und Kanaren (*L. a. atlantis*), der Mittelmeerländer (*L. a. michahelles*), sowie Nord- und Innerasiens mit der Heringsmöwe zu einer Art. „Eigentliche“ Heringsmöwen brüten von der Bretagne bis Island (*L. f. graellsii*), an der Westküste Skandinaviens (*L. f. intermedius*), an den Küsten der nördlichen Ostsee (*L. f. fuscus*) sowie im finnischen und baltischen Binnenland (*L. f. omissus*). Der britische Bestand beläuft sich auf 47 000 Paare. In den Niederlanden brütet die Art seit 1926; der Bestand nimmt langsam zu. Der französische Bestand ist seit dem ersten Auftreten (1925) auf fast 7000 Paare gestiegen. Einige Paare brüten auch auf den Ostfriesischen Inseln. Die Heringsmöwe zieht von allen europäischen Möwen am weitesten; sie überwintert in Afrika bis zum Senegal und zum Nyassasee. Nur in den Beneluxländern, Frankreich und Italien geschützte, in der Bundesrepublik (vom 16. 8. – 30. 4.) und in Dänemark jagdbare Art.

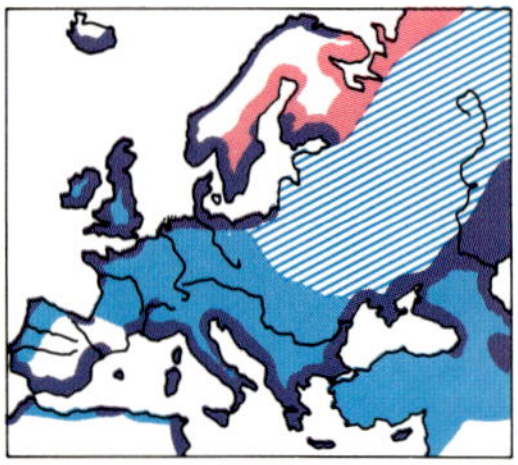

Silbermöwe
Larus argentatus
E: Herring Gull
F: Goéland argenté
H: Zilvermeeuw
I: Gabbiano reale
S: Gaviota argéntea

Kennzeichen: Häufigste Möwe der Nordsee, von Mantel- und Heringsmöwe durch den perlgrauen Mantel, von der kleineren Sturmmöwe durch Größe, kräftigere Gestalt und stärkeren Schnabel unterschieden. Die Nordatlantischen Silbermöwen haben fleischfarbene, die anderen gelbe Füße.
Biotop: Brütet auf felsigen, spärlich bewachsenen Inseln, in Dünen, auf Strandwiesen, an steilen Felsenküsten, sogar auf Gebäuden, meist an der Küste, aber auch an Binnengewässern. Außerhalb der Brutzeit an Küsten aller Art, vor allem in Häfen, zunehmend auch im Binnenland.
Nahrung: Wie bei anderen Großmöwen. Beraubt selbst die Nester der eigenen Artgenossen. Besonders anpassungsfähige Art, nutzt Nahrungsquellen wie Fischerei- und andere Abfälle, Kläranlagen, Müllkippen u. ä.
Fortpflanzung: Brütet in Kolonien von Hunderten, ja Tausenden von Paaren. Nest eine einfache, im Boden ausgescharrte und mit in der Umgebung aufgelesenem Nistmaterial ausgekleidete Mulde. Eiablage Ende April – Mitte Juni; gewöhnlich 3 Eier. Brutdauer 25 – 27 Tage. Brutpflege wie andere Möwen. Die Altvögel würgen den Jungen ihre Nahrung vor, diese picken instinktiv nach dem roten Fleck am Unterschnabel des Altvogels, der die Nahrungsquelle signalisiert. Sie sind mit rund 6 Wochen flügge. Eine Jahresbrut.
Verbreitung: „Eigentliche“ Silbermöwen (mit rosa Füßen) brüten in Nordamerika, an den Küsten Nordeuropas von der Bretagne bis zur Bäreninsel, von Island bis Finnland, in Südschweden auch im Binnenland an den großen Seen. In Belgien nur einige wenige, in Deutschland 55 000 Paare, vor allem an der Nordsee. Gelbfüßige Mittelmeersilbermöwen übersommern regelmäßig im Burgenland. In der Schweiz steht die Silbermöwe auf der „Roten Liste“ der gefährdeten Arten. Nur in Frankreich und Italien geschützte, in der Bundesrepublik (vom 16. 8. – 30. 4.), den Beneluxländern und Dänemark jagdbare Art.

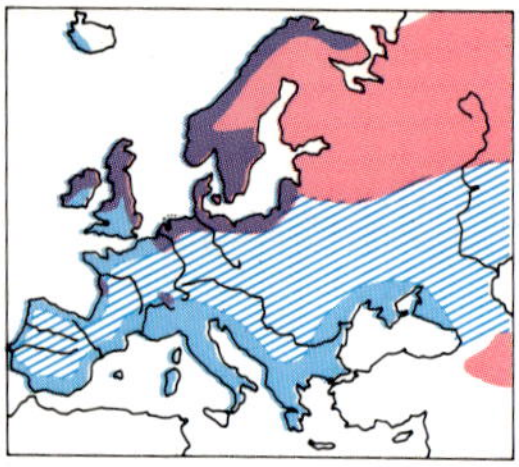

Sturmmöwe

Larus canus

E: Common Gull
F: Goéland cendré
H: Stormmeeuw
I: Gavina
S: Gaviota cana

Kennzeichen: Deutlich größer als Lachmöwe, aber wesentlich kleiner als Silbermöwe. Unterscheidet sich von dieser auch durch schwächeren, wie die Beine gelblichgrünen Schnabel und „sanfteres" Aussehen, von jener im Flug durch die schwarzen, weißgefleckten Flügelspitzen.
Biotop: An der Küste ähnlich wie bei der Silbermöwe, aber häufiger im Binnenland auf Äkkern, Wiesen und Heiden.
Nahrung: Ähnlich wie bei der Lachmöwe, weniger Nesträuber als andere Großmöwen.

Fortpflanzung: Ähnlich wie bei der Silbermöwe, brütet gern in mit Gras, Seggen oder Heidekraut bestandenem Gelände. Eiablage von Ende April – Juli; gewöhnlich 3 Eier. Brutdauer 24 – 26 Tage. Die Jungen sind mit 5 Wochen flügge. Eine Jahresbrut.
Verbreitung: Brütet im Norden von Europa und Asien sowie im Nordwesten von Amerika; in Europa im Norden der Britischen Inseln (50 000 Paare), in Skandinavien, Finnland, der nördlichen Sowjetunion und rund um die Ostsee, in den Niederlanden (10 000 Paare) und in Deutschland (annähernd 50 000 Paare). Hier breitet sie sich ins Binnenland aus; sie brütet jetzt am Rhein bis in die Gegend von Köln, in Bayern und am Bodensee, ja sogar am Neuenburger See in der Schweiz (3 – 5 Paare). Brütet nur ausnahmsweise in Frankreich und Belgien. Überwintert in Westeuropa, vorwiegend an den Küsten. Allgemein geschützte, in der Bundesrepublik (vom 16. 8. – 30. 4.) und in Dänemark jagdbare Art. Steht in der Schweiz und in Österreich auf der „Roten Liste" der gefährdeten Arten.

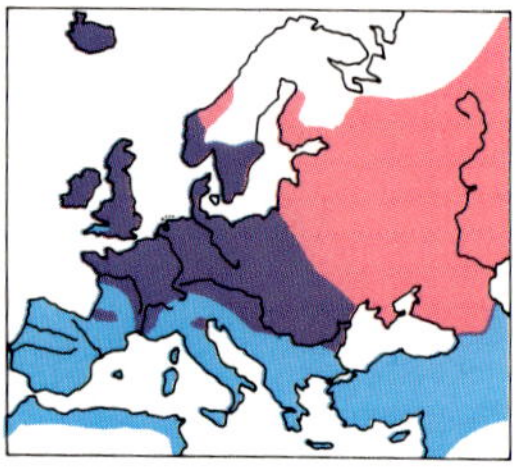

Lachmöwe

Larus ridibundus

E: Black-headed Gull
F: Mouette rieuse
H: Kokmeeuw
I: Gabbiano commune
S: Gaviota reidora

Kennzeichen: Bekannteste Möwe des Binnenlandes. Schnabel und Füße rot, Kapuze im Brutkleid dunkel schokoladebraun, im Winter Kopf weiß mit kleinem, schwarzem Ohrfleck; im Flug auch am breiten weißen Vorderrand der Flügel kenntlich.
Biotop: Brütet vorwiegend im Binnenland in Sümpfen, Mooren und an größeren Gewässern, aber auch an der Küste in Poldern, auf Wattwiesen und an Strandseen. Außerhalb der Brutzeit an Gewässern aller Art, Flüssen, Stauseen, aber auch auf Parkteichen in den Städten.
Nahrung: Vorwiegend tierischer Art, sehr verschiedenartig je nach Biotop und Jahreszeit. Zur Brutzeit vorwiegend Würmer sowie Insekten und ihre Larven, die sie auf feuchten Wiesen und frisch gepflügten Äckern erbeutet; folgt dem Pflug. Besucht in großer Zahl Müllkippen, Kläranlagen und Schlickbänke, wo sie Abfälle verzehrt.
Fortpflanzung: Brütet in Kolonien. Nest eine Mulde aus vorgefundenem, pflanzlichem Material. Eiablage von Mitte April – Mitte Juni; gewöhnlich 3 Eier. Brutdauer 23 – 24 Tage. Die Jungen sind mit rund 5 Wochen flügge. Eine Jahresbrut.
Verbreitung: Brütet von Island und Südskandinavien im Norden und von Südfrankreich und Norditalien im Süden bis Tibet und Ostsibirien. In Ausbreitung begriffen, doch ist z. Zt. eine gewisse Stabilisierung festzustellen. Auf den Britischen Inseln 150 000 – 300 000, in den Niederlanden 120 000 – 150 000, in Belgien 32 000, in Frankreich 25 000 und in Deutschland 55 000 Brutpaare. Brütet auch in Österreich und der Schweiz. Westeuropäische Lachmöwen sind z. T. Standvögel; weiter östlich brütende ziehen gleich nach der Brutzeit nach Westen und Südwesten und überwintern in Mittel- und Westeuropa sowie im Mittelmeerraum. In einigen Ländern geschützte, in anderen (in der Bundesrepublik vom 16. 7. – 30. 4.) jagdbare Art. In der DDR dürfen mit besonderer Genehmigung die Eier bis zum 10. 5. gesammelt werden.

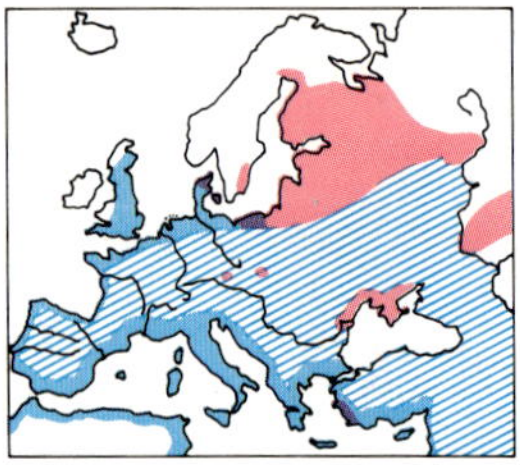

Zwergmöwe

Larus minutus

E: Little Gull
F: Mouette pygmée
H: Dwergmeeuw
I: Gabbianello
S: Gaviota enana

Kennzeichen: Unsere kleinste Möwe, kaum größer als eine Trauerseeschwalbe. Im Brutkleid der Lachmöwe ähnlich, aber die Kapuze ist tiefschwarz und reicht im Nacken tiefer hinab. Im Flug fällt der schwärzliche (bei Jungvögeln hellgraue) Unterflügel auf. Jungvögel zeigen dabei eine charakteristische Zickzackbinde auf den Flügeln, ähnlich wie junge Dreizehenmöwen, aber kein dunkles Genickband.
Biotop: Zur Brutzeit Sümpfe, Moore und seichte Seen mit reicher Vegetation.
Nahrung: Jagt gern nach Trauerseeschwalbenart in leichtem Flug unmittelbar über dem Wasser, dabei manchmal wie eine Sturmschwalbe auf dem Wasser laufend; nimmt dabei verschiedene Insekten, kleine Fische, Algen und Teile von Wasserpflanzen auf. Verzehrt auch kleine Krebstiere, Mollusken und Würmer.
Fortpflanzung: Brütet meist in lockeren Kolonien, oft zusammen mit Lachmöwen und Flußseeschwalben. Das Nest wird auf Schwimmpflanzen errichtet. Eiablage von Mitte bis Ende Mai im Süden, bis Juni im Norden; gewöhnlich 3, häufig 2, selten 4 Eier. Brutdauer 21 – 24 Tage. Beide Partner brüten und füttern die Jungen, die mit 21 – 24 Tagen flügge sind. Eine Jahresbrut.
Verbreitung: Die Zwergmöwe brütet im nördlichen und östlichen Europa: in Dänemark (rund 35 Bruten), Südschweden (rund 45 Bruten), Finnland (rund 200 Bruten), in der DDR (unregelmäßig), im früheren Ostpreußen und in der Sowjetunion von Lettland und Estland bis Ostsibirien; sporadisch in den Niederlanden (1977 5 – 25 Bruten). Überwintert gewöhnlich am Mittelmeer, zieht dabei vorwiegend an der Küste, aber auch durchs Binnenland, verweilt dabei an Flußmündungen, Lagunen, Seen und Teichen. Allgemein geschützte Art.

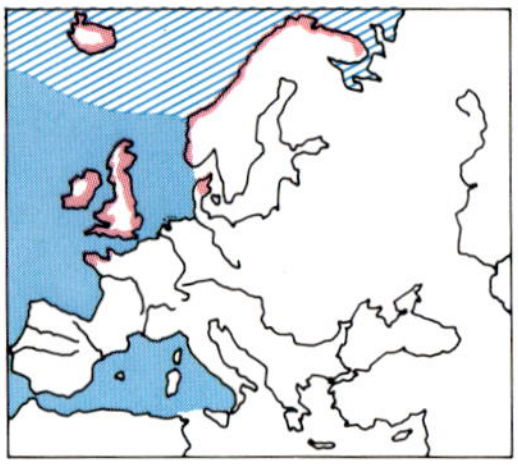

Dreizehenmöwe

Rissa tridactyla

E: Kittiwake
F: Mouette tridactyle
H: Drieteenmeeuw
I: Gabbiano tridattilo
S: Gaviota tridáctila

Kennzeichen: Altvögel sehr ähnlich der Sturmmöwe, von ihr durch schwarze Füße und ganz schwarze Flügelspitzen (ohne Weiß) unterschieden.
Biotop: Im Gegensatz zu anderen Möwen Hochseevogel, der nur zur Brutzeit Felsküsten aufsucht.
Nahrung: Ernährt sich vorwiegend von Fischen; folgt ihren Schwärmen, die sie den Fischern durch Geschrei und Geflatter von weitem anzeigt.
Fortpflanzung: Brütet meist in großen Kolonien auf Felsbändern und Vorsprüngen an Steilküsten; in manchen britischen und norwegischen Häfen auch auf Fensterbänken und Gesimsen von Häusern und Schuppen am Wasser. Das von beiden Partnern aus Gras, Tang und dgl. erbaute Nest wird wegen seiner geringen Ausdehnung gut auf der Nestunterlage befestigt; es hat eine ausgeprägte Mulde. Eiablage von Ende Mai – Mitte Juni; gewöhnlich 2 Eier. Brutdauer 21 – 26 Tage. Während die Jungen der anderen Möwenvögel sich bis zum Flüggewerden in der näheren Umgebung des Nestes aufhalten („uneigentliche Nestflüchter"), müssen junge Dreizehenmöwen wegen der gefährlichen Lage des Nistplatzes bis zu diesem Zeitpunkt (im Alter von 5 – 6 Wochen) im Nest bleiben.
Verbreitung: Brütet an den Felsküsten der nördlichen Meere, in Europa bis zur Bretagne, besonders zahlreich auf den Britischen Inseln (470 000 Paare), aber auch auf Helgoland, dem einzigen deutschen Vogelberg (1971 390 Paare); brütet nicht an der Ostsee. Europäische Brutvögel überwintern z. T. in britischen Gewässern, hauptsächlich aber auf dem Atlantik östlich von Kanada und Grönland. Geschützte Art, steht auf der „Roten Liste" der in der Bundesrepublik potentiell bedrohten Arten.

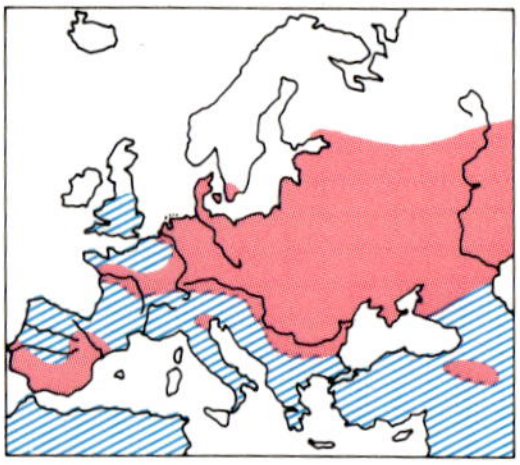

Trauersee-schwalbe
Chlidonias niger
E: Black Tern
F: Guifette noire
H: Zwarte Stern
I: Mignattino
S: Fumarel común

Kennzeichen: Süßwasserseeschwalbe, etwa amselgroß, mit langen, spitzen Flügeln, sehr kurzen Beinen und Gabelschwanz. Im Brutkleid Kopf und Unterseite schwarz, Rücken, Schwanz und Flügel aschgrau, Unterschwanzdecken weiß. Die ähnliche, weiter östlich brütende Weißflügelseeschwalbe (*Ch. leucopterus*) hat schwarzen Rücken, weiße Flügeldecken und weißen Schwanz.
Biotop: Zur Brutzeit offenes Sumpfgelände, verlandende Seen, Moore, kleinere Gewässer mit dichtem Krebsscherenbestand. Auf dem Zuge und im Winterquartier an Gewässern aller Art.
Nahrung: Vor allem Insekten und ihre Larven, die im Flug von der Wasseroberfläche, aber auch vom Boden aufgelesen werden; erbeutet auch kleine Fische, Kaulquappen und kleine Frösche, taucht dabei aber nie ins Wasser ein.
Fortpflanzung: Brütet fast immer in Kolonien von 10 – 15 Paaren auf im seichten Wasser schwimmenden Flößen aus Wasserpflanzen. Eiablage Mitte Mai – Juli; gewöhnlich 3 Eier. Brutdauer 20 – 22 Tage; beide Partner brüten. Die Jungen fliegen nach 25 – 30 Tagen aus, werden aber noch eine unbekannte Zeit von den Eltern gefüttert. Eine Jahresbrut.
Verbreitung: Brütet in der gemäßigten Zone von Spanien über Frankreich und Mitteleuropa bis Innerasien und in Nordamerika. Wegen ihrer großen Empfindlichkeit gegenüber Veränderungen des Biotops gehen die Bestände überall bedrohlich zurück. Brütet nicht mehr in der Schweiz; in den Niederlanden verbreitet, aber abnehmend (1977 über 1500 Paare), in Belgien gefährlich abnehmend (1972 weniger als 20 Bruten), in der Bundesrepublik selten bis spärlich (nur noch in der norddeutschen Tiefebene; weniger als 700 Paare), ebenso in der DDR und in Österreich. Europäische Brutvögel ziehen ab Juli an die Küsten des tropischen Afrika bis über den Äquator hinaus. Geschützte Art, in der Bundesrepublik und in Österreich auf der „Roten Liste" der vom Aussterben bedrohten Arten.

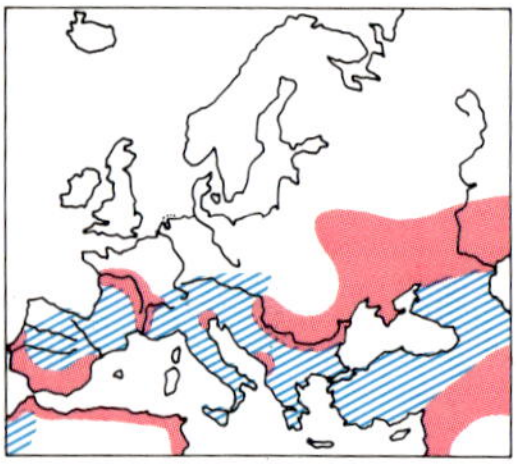

Weißbartsee-schwalbe
Chlidonias hybrida
E: White-whiskered Tern
F: Guifette moustac
H: Witwangstern
I: Mignattino piombato
S: Fumarel carialbo

Kennzeichen: Sehr ähnlich der Fluß- bzw. der Küstenseeschwalbe, aber kleiner und grauer.
Biotop: Seichte süße oder brackige Teiche und Sümpfe mit weder zu hoher noch zu dichter Vegetation. Jagt nicht nur über dem Wasser, sondern auch über Feldern und Wiesen (in der Camargue über Reisfeldern).
Nahrung: Hauptsächlich Insekten und ihre Larven (Libellen, Zweiflügler, Käfer, Heuschrecken usw.).
Fortpflanzung: Brütet gewöhnlich in kleinen Kolonien. Baut ein schwimmendes Nest aus Schilfhalmen und anderen Wasserpflanzen. Eiablage Mitte Mai – Mitte Juli, gewöhnlich 3 Eier. Brutdauer wahrscheinlich ähnlich wie bei der Trauerseeschwalbe. Die Jungen sind mit rund 20 Tagen flügge. Eine Jahresbrut.
Verbreitung: Die Weißbartseeschwalbe brütet in den mediterranen Steppen- und Savannenregionen Europas, Asiens, Afrikas und Australiens; in Westeuropa vor allem in Portugal, Spanien und Südfrankreich, hat aber wiederholt auch in den Niederlanden, Belgien und Deutschland gebrütet. Sie ist in Frankreich häufiger als die Trauerseeschwalbe (rund 3000 Paare), doch schwanken die Bestände von Jahr zu Jahr. Zugvogel; europäische Brutvögel überwintern in Afrika südwärts bis Kenia. Geschützte Art.

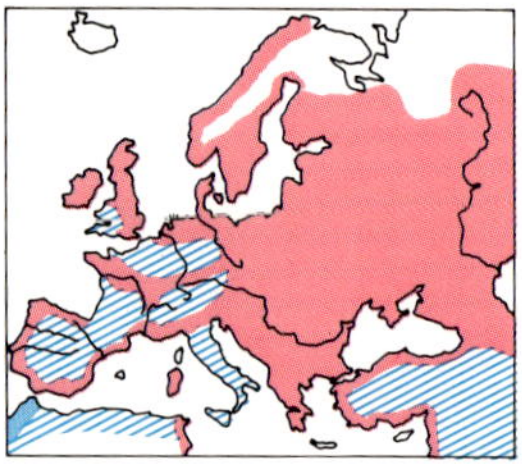

Flußsee-schwalbe

Sterna hirundo

E: Common Tern
F: Sterne pierre-garin
H: Visdief
I: Rondine di mare
S: Charrán común

Kennzeichen: Unsere häufigste Seeschwalbe, Mantel perlgrau, Oberkopf und Nacken schwarz, übriges Gefieder reinweiß, Füße rot, Schnabel orangerot mit schwarzer Spitze, Flügel sehr schmal und spitz.
Biotop: Brütet im Binnenland in sumpfigen Ebenen, an langsam fließenden Flüssen, an Flußmündungen und an seichten, fischreichen Teichen; ebenso am Meer, vor allem auf kleinen, grasigen oder sandigen Inseln, meist an Brackwasser.
Nahrung: Hauptsächlich kleine Fische, vor allem kleine Aale, in geringerer Menge Stichlinge und Plötzen, die durch Stoßtauchen erbeutet werden.
Fortpflanzung: Koloniebrüter. Nest eine seichte, mit ein paar Hälmchen ausgelegte Vertiefung im Boden. Eiablage von Anfang Mai – Juli; gewöhnlich 3 Eier. Brutdauer 23 – 24 Tage. Die Jungen sind mit 21 – 30 Tagen flügge, werden aber noch monatelang von den Eltern gefüttert, da der Fischfang große Geschicklichkeit verlangt. Eine Jahresbrut.
Verbreitung: Brütet in Europa, Nordafrika und Innerasien, in Nordamerika und im nördlichen Südamerika. Die wenigen, aber gut besetzten Brutplätze entlang der niederländischen Küste umfassen 7000 – 12 000 Paare (1977). In Belgien nur rund 100 Paare; in Frankreich nur einige hundert Vögel im Binnenland. In der Bundesrepublik große Kolonien auf den Inseln vor der Südküste der Nordsee, während auf den Nordfriesischen Inseln die Küstenseeschwalbe überwiegt. In Westdeutschland seltener Brutvogel, etwas häufiger in Süddeutschland; brütet auch in der Schweiz (250 – 300 Paare), in Österreich und im Norden der DDR. Zugvogel; europäische Brutvögel überwintern hauptsächlich an der Westküste Afrikas bis zum Kap. Zieht meist an der Küste, Ankunft in Mitteleuropa Ende April/Anfang Mai, Wegzug Ende Juli – September/Oktober. Geschützte Art, steht in der Bundesrepublik, Österreich und der Schweiz auf der „Roten Liste“ der vom Aussterben bedrohten Arten.

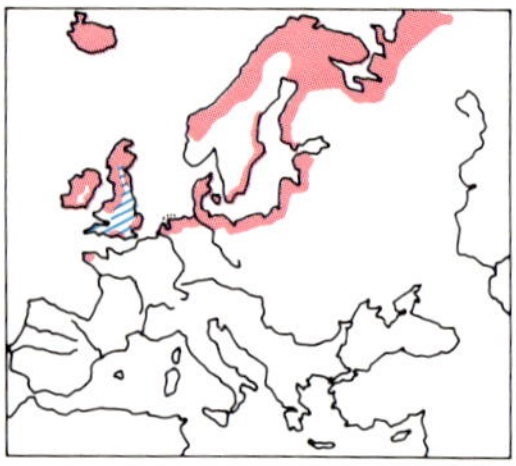

Küstensee-schwalbe

Sterna paradisaea

E: Arctic Tern
F: Sterne arctique
H: Noordse Stern
I: Rondine di mare coda lunga
S: Charrán ártico

Kennzeichen: Von der sehr ähnlichen Flußseeschwalbe durch weißen Strich unter der schwarzen Kopfplatte, längeren, im Sitzen die zusammengelegten Flügel etwas überragenden Schwanz, kürzere Beine und blutroten Schnabel ohne schwarze Spitze unterschieden. Schnabel und Füße bei Altvögeln im Ruhekleid schwärzlich.
Biotop: Brütet an sandigen, spärlich bewachsenen Flachküsten oder auf flachen Felseninselchen vor der Küste.
Nahrung: Ähnlich wie bei der Flußseeschwalbe, aber hauptsächlich Seefische und Krebstiere.
Fortpflanzung: Brütet in großen Kolonien, oft gemeinsam mit Fluß- und Brandseeschwalben. Nest eine flache, manchmal mit einigen Hälmchen notdürftig ausgelegte Mulde. Eiablage je nach der geographischen Breite Ende April – Juni; gewöhnlich 2 Eier. Brutdauer 20 – 22 Tage. Die Jungen sind mit 3 Wochen flügge. Eine Jahresbrut.
Verbreitung: Brütet im Norden der Alten und Neuen Welt, in Europa nach Süden bis zur Bretagne (2 – 3 Paare). Auf den Britischen Inseln sehr häufig (43 000 Paare), in den Niederlanden 300 – 1000, in Deutschland 1000 Paare, hauptsächlich an der Westküste Schleswig-Holsteins, weniger an der Ostsee. Die Küstenseeschwalbe, die von allen Vögeln am weitesten nördlich brütet, zieht auch am weitesten nach Süden, bis zur Packeisgrenze in der Antarktis – eine Gesamtstrecke von rund 36 000 km bei den nördlichsten Populationen! Das garantiert ihnen ein Maximum an Tageslicht – fast 8 Monate mit 24-Stundentag –, und auch während der restlichen 4 Monate ist der Tag länger als die Nacht. Die Küstenseeschwalbe verläßt das Brutgebiet ab Juli, hält sich im Dezember vielleicht in der Antarktis auf und kehrt ab April/Mai an ihren Ausgangspunkt im Norden zurück. Geschützte Art, steht auf der „Roten Liste“ der in der Bundesrepublik bedrohten Arten.

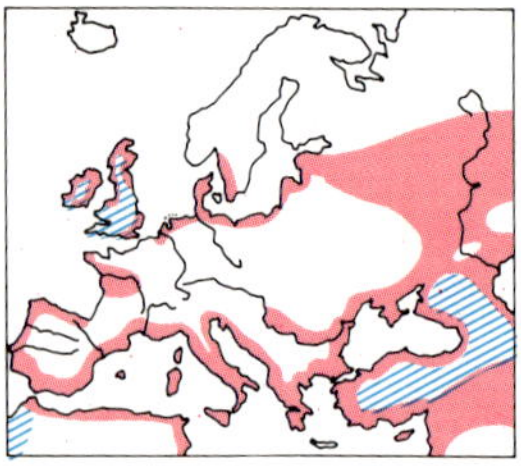

Zwergseeschwalbe

Sterna albifrons

E: Little Tern
F: Sterne naine
H: Dwergstern
I: Fraticello
S: Charrancito

Kennzeichen: Kleiner als Trauerseeschwalbe, etwa so groß wie ein Mauersegler. Die weiße Stirn sticht von der schwarzen Kappe und dem schwarzen Augenstreif ab. Füße gelb, Schnabel gelb mit schwarzer Spitze.
Biotop: Brütet an der Küste an Sand- und Kieselstränden mit spärlicher Vegetation und im Binnenland auf Sand- und Kiesbänken an Flüssen und Seen.
Nahrung: Hauptsächlich kleine Krebstiere und Fischchen, in geringerer Menge Wasserinsekten und ihre Larven, die sie durch Stoßtauchen erbeutet; sie fischt mit Vorliebe in seichtem, klarem und ruhigem Wasser ohne Rücksicht auf dessen Salzgehalt.
Fortpflanzung: Brütet in kleinen, lockeren Kolonien. Nest eine flache, manchmal mit Steinchen, Muschelstückchen oder Hälmchen ausgelegte Mulde im Boden. Eiablage Mitte Mai – Ende Juni; gewöhnlich 3 Eier. Brutdauer 20 – 22 Tage. Sobald die Jungen (nach 4 Wochen) flügge werden, beginnen die Zwergseeschwalben an den Küsten entlang umherzustreifen. Eine Jahresbrut.
Verbreitung: Brütet in allen Erdteilen, in Europa vom Mittelmeer bis Schottland, Dänemark, Südschweden und Estland. Die europäischen Bestände gehen überall infolge der Zerstörung der Biotope durch den Tourismus (Strandhotels, Campingplätze) stark zurück. Der britische Bestand beläuft sich, nach einem Rückgang im 19. Jahrhundert, auf 1800 Paare (1970), der niederländische erreicht 150 – 200, der französische bleibt unter 400. In Belgien als Brutvogel verschwunden. In Deutschland spärlicher Brutvogel an Nord- und Ostsee. Zugvogel, trifft bei uns Ende April – Anfang Mai ein und zieht ab Ende Juli weg. Europäische Brutvögel überwintern an der Küste von Ostafrika. Geschützte Art, steht auf der „Roten Liste" der in der Bundesrepublik vom Aussterben bedrohten Arten.

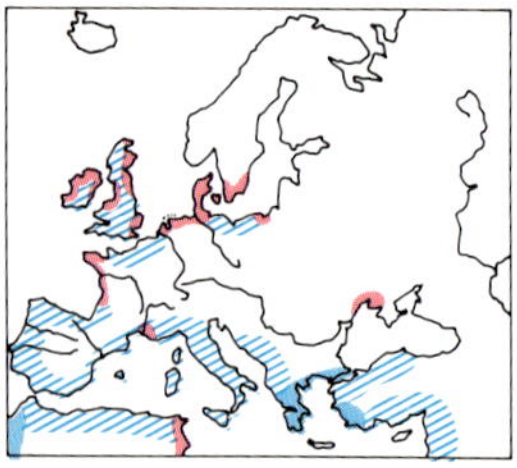

Brandseeschwalbe

Sterna sandvicensis

E: Sandwich Tern
F: Sterne caugek
H: Grote Stern
I: Beccapesci
S: Charrán patinegro

Kennzeichen: Größer und stärker als Flußseeschwalbe (so groß wie eine Lachmöwe), durch ziemlich dünnen, schwarzen Schnabel mit gelber Spitze und ziemlich lange, schwarze Beine unterschieden. Die verlängerten schwarzen Federn der Kopfplatte werden oft wie eine Haube gesträubt. Schon früh im Sommer wird die Stirn weiß, und die schwarze Kopfplatte wird mit weißen Federn durchsetzt.
Biotop: Brütet an flachen Sand- und Kieselstränden, selten an Felsküsten.
Nahrung: Zu 2/3 Fische, vor allem Sandaale, Sardinen und Heringe, die durch Stoßtauchen erbeutet werden, aber auch Würmer und Mollusken.
Fortpflanzung: Brütet in dichten Kolonien (Nestabstand 30 – 45 cm). Nest eine mit einigen Schilfstengeln oder anderen Pflanzenteilen ausgelegte Mulde im Boden. Eiablage Anfang Mai – Ende Juni; gewöhnlich 2 Eier. Brutdauer rund 23 Tage. Ein oder 2 Wochen nach dem Schlüpfen werden die Jungen in „Kindergärten" unter der Obhut einiger Altvögel zusammengeführt; sie bleiben darin, bis sie (mit 5 Wochen) flügge sind. Sie werden angeblich erst mit 4 oder 5 Jahren fortpflanzungsfähig. Eine Jahresbrut.
Verbreitung: Reiner Seevogel, brütet sehr lokal und erratisch auf den Britischen Inseln, in Frankreich, den Niederlanden, Deutschland, Dänemark und Südschweden, in Tunesien, am Schwarzen und am Kaspischen Meer sowie im südlichen Nordamerika und in der Karibik. Langjährig besetzte Brutplätze werden oft plötzlich aufgegeben und neue angenommen. An der deutschen Nordseeküste brüteten 1964 – 1967 3382 Paare, an der Ostsee 1965 404; in den Niederlanden brüten gegenwärtig 5500 Paare. Brütet nicht in Belgien. Überwintert an den afrikanischen Küsten bis nach Südafrika, einzelne Vögel aber auch an der Küste der Provence. Geschützte Art; steht auf der „Roten Liste" der in der Bundesrepublik bedrohten Arten.

Tordalk

Alca torda

E: Razorbill
F: Petit pingouin
H: Alk
I: Gazza marina
S: Alca (común)

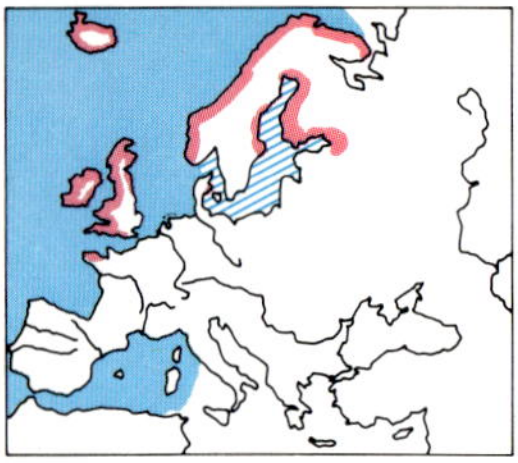

Kennzeichen: Stockentengroß, Kopf und Oberseite schwarz mit weißer Flügelbinde, Unterseite weiß. Von der Trottellumme durch hohen, seitlich zusammengedrückten Schnabel mit weißer Querbinde unterschieden.
Biotop: Seevogel, der das Land nur zur Brutzeit aufsucht. Brütet auf Absätzen an steilen Felsküsten.
Nahrung: Hauptsächlich Fische, aber auch Krebstiere, Ringelwürmer und Mollusken.
Fortpflanzung: Brütet in Kolonien, oft gemeinsam mit Trottellummen, Papageitauchern und Dreizehenmöwen (Vogelberge). Eiablage von April – Juni. Ein Nest wird nicht gebaut; das einzige Ei liegt unmittelbar auf dem Felsen im Schutz eines Felsblocks oder in einer Spalte. Brutdauer 33 – 36 Tage. Im Alter von rund 2 Wochen stürzt sich das noch unvollständig befiederte, flugunfähige Junge ins Meer, wo es von den Eltern erwartet wird. Eine Jahresbrut.
Verbreitung: Brütet an den Steilküsten des Nordatlantik, in Europa von der Bretagne bis Island und bis zur Murmanküste sowie an der nördlichen Ostsee. 70% des Weltbestandes brütet auf den Britischen Inseln (144 000 Paare). In Frankreich hat die durch den Schiffbruch des Tankers „Torrey Canyon“ verursachte Ölpest (1966) die Bestände auf 450 – 500 Paare vermindert. Der Tordalk hat wiederholt auch auf Helgoland gebrütet. Da der Tordalk fast 8 Monate auf dem Wasser verbringt, ist er eines der Hauptopfer der Verschmutzung der Meere. Er wird sogar durch das auf dem Wasser treibende Öl angelockt, das den Eindruck eines Fischschwarmes macht. Viele Tordalken überwintern bereits auf der Nord- und Ostsee, soweit diese eisfrei bleiben, während andere bis an die Küste von Marokko und ins westliche Mittelmeer ziehen. Die meisten kehren mit Frühlingsbeginn an die Brutplätze zurück. Geschützte Art (außer in Dänemark); steht auf der „Roten Liste“ der in der Bundesrepublik potentiell bedrohten Arten.

Trottellumme

Uria aalge

E: Guillemot
F: Guillemot de Troïl
H: Zeekoet
I: Uria
S: Arao común

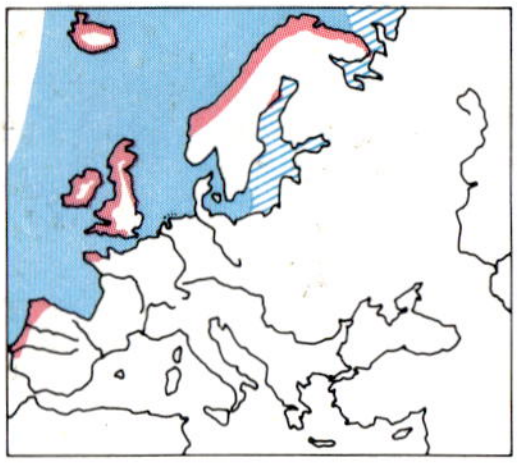

Kennzeichen: Ähnelt dem Tordalken, aber etwas größer, Kopf und Oberseite mehr bräunlich, Schnabel dünn, spitz und ganz schwarz; erscheint wegen ihres längeren, dünneren Halses schlanker, besonders im Flug.
Biotop: Wie Tordalk.
Nahrung: Hauptsächlich kleine Fische (50%), Krebstiere (36%), Mollusken (10%) sowie Algen (2%).
Fortpflanzung: Brütet in großen Kolonien auf Felsbändern an Steilküsten, oft gemeinsam mit Tordalken, Dreizehenmöwen und anderen Arten. Eiablage von Mitte Mai – Juni. Das einzige Ei wird auf den nackten Fels gelegt; seine Birnenform verhindert ein Hinabrollen. Brutdauer 28 – 30 Tage. Wenn das Junge 2 Wochen alt ist, bringen ihm die Eltern keine Nahrung mehr, so daß es gezwungen ist, vom Felsen hinabzuspringen („Lummensprung“), wobei die winzigen Flügel den Aufprall mildern, und das Meer aufzusuchen, wo es von den Eltern erwartet wird. Es wird noch längere Zeit von ihnen ernährt; während dieser Zeit entfernt sich die Familie von der Kolonie.
Verbreitung: Küsten der nördlichen Meere, in Europa von Portugal bis Spitzbergen und zur Murmanküste. Häufigster Seevogel der Britischen Inseln (577 000 Paare, davon 80% in Schottland). In Frankreich in ständiger Abnahme begriffen (nur noch in der Bretagne, nicht mehr als 400 Paare). Auf Helgoland brüten rund 1000 Paare. Der Rückgang, der auf allen Meeren mit starkem Tankerverkehr zu beobachten ist, erscheint unwiderruflich. Dazu kommen die verhängnisvollen Auswirkungen der Ölbohrungen im Meer. Die Zukunft der Art erscheint daher höchst ungewiß. Trottellummen überwintern südwärts bis zur Höhe von Marokko und den kanarischen Inseln sowie im westlichen Mittelmeer, vor allem Jungvögel, während Altvögel fast Standvögel sind. Geschützte Art, steht auf der „Roten Liste“ der in der Bundesrepublik potentiell bedrohten Arten.

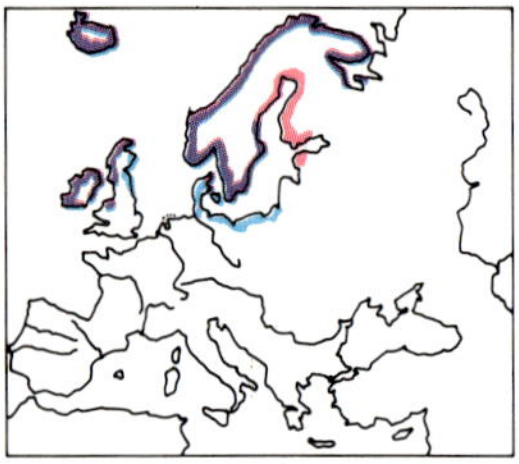

Gryllteiste

Cepphus grylle

E: Black Guillemot
F: Guillemot à miroir
H: Zwarte Zeekoet
I: Uria nera
S: Arao aliblanco

Kennzeichen: So groß wie ein Teichhuhn, nicht mit anderen Seevögeln zu verwechseln, im Brutkleid schwarz mit großem weißem Flügelfeld. Im Ruhekleid Kopf und Unterseite weiß, Rücken schwarz-weiß gebändert, Flügel wie im Sommer. Füße rot.
Biotop: Zur Brutzeit Felsküsten und steinige, an der Ostsee auch bewaldete Inseln; außerhalb der Brutzeit mehr an die Küste gebunden als andere Alkenvögel.
Nahrung: Kleine Fische, Krebstiere und Mollusken. Taucht dabei bis zu 1 Minute lang und bis über 8 m tief.
Fortpflanzung: Brütet in kleinen Kolonien am unteren Rand der Vogelberge in Felsspalten und in Mauerlöchern, selten in selbst gegrabenen Höhlen. Eiablage von Mitte Mai im Süden bis Ende Juni im Norden; gewöhnlich 2 Eier, manchmal auch nur 1 Ei. Brutdauer 24–29 Tage. Das Männchen brütet bei Nacht, das Weibchen bei Tag. Oft bleibt nur 1 Junges übrig. Wenn die Jungen 6 Wochen alt und noch nicht vollständig befiedert sind, bringen die Eltern ihnen oft keine Nahrung mehr, so daß sie ins Wasser springen müssen. Manchmal werden sie dort noch bis Ende August gefüttert; dabei entfernt sich die Familie von der Kolonie. Anschließend streifen die Jungen auf hoher See umher, während die Altvögel im Verlauf des Winters wieder in die Nähe des Brutplatzes zurückkehren. Eine Jahresbrut.
Verbreitung: Brütet im Norden von Asien, Amerika und Europa, hier von den Britischen Inseln und Island über Dänemark und Skandinavien bis zum Weißen Meer und an der nördlichen Ostsee. Isländische und britische Brutvögel überwintern in der Nähe der Brutplätze, nördlicher brütende weiter südlich bis zur Bretagne. Allgemein geschützte Art.

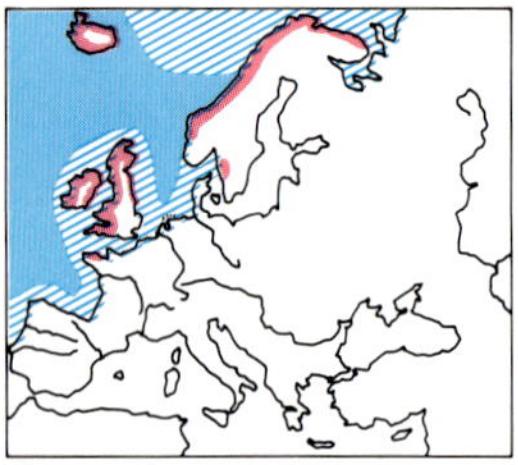

Papageitaucher

Fratercula arctica

E: Puffin
F: Macareux moine
H: Papegaaiduiker
I: Pulcinella di mare
S: Frailecillo

Kennzeichen: Taubengroß, mit seinem schwarz-weißen Gefieder, runden Kopf, dikken Hals und bunten, grau-gelb-roten dreieckigen Schnabel unverkennbar.
Biotop: Zur Brutzeit Felsküsten und -inseln mit grasigen Hängen; außerhalb der Brutzeit sowohl Küstengewässer wie Hochsee.
Nahrung: Kleine Fische (vor allem Sandaale), Krebstiere, Würmer und Mollusken, die durch Tauchen von der Wasseroberfläche aus erbeutet werden.
Fortpflanzung: Brütet in großen Kolonien in 1 1/2–2 m tiefen, meist selbstgegrabenen Höhlen im Erdreich oberhalb der Felskante, benutzt aber auch verlassene Höhlen von Kaninchen und Sturmtauchern. Eiablage von Ende April–Mai; 1 Ei. Brutdauer 40–42 Tage. Im Alter von rund 40 Tagen wird das Junge von den Eltern verlassen; nachdem es einige Tage gefastet hat, verläßt es die Höhle nach Anbruch der Nacht und sucht das Meer auf, wo es selbst für sich sorgen muß. Eine Jahresbrut.
Verbreitung: Brütet auf beiden Seiten des Nordatlantik, in Europa von der Bretagne bis Island, Spitzbergen und Nowaja Semlja. Hat früher auch auf den Berlengas (Portugal) und auf Helgoland gebrütet. Der französische Bestand fiel nach der Katastrophe der „Torrey Canyon" (1966) von 2500 auf 400 Paare. Der britische Bestand wird auf 500 000 Paare geschätzt. Den Papageitauchern wird in manchen nordischen Ländern mit Drahtnetzen, die vor die Bruthöhle gespannt werden, und mit Keschern nachgestellt; die Jungen werden beim Verlassen der Bruthöhlen eingesammelt. Überwintert von der Nordsee bis zu den Küsten von Nordwestafrika sowie im westlichen Mittelmeer. In Großbritannien, Irland und Frankreich geschützte Art.

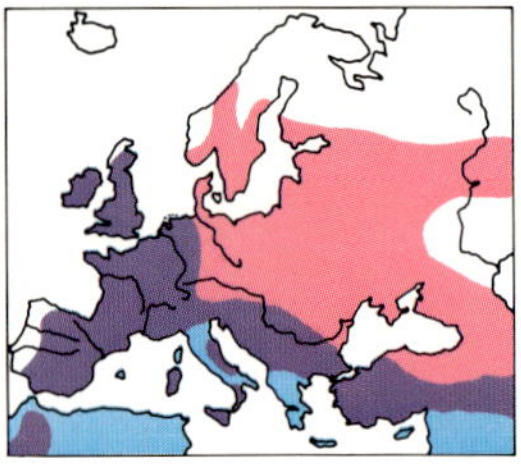

Hohltaube

Columba oenas

E: Stock Dove
F: Pigeon colombin
H: Holenduif
I: Colombella
S: Paloma zurita

Kennzeichen: Ähnelt einer Brieftaube, ist aber dunkler, ohne jedes Weiß im Gefieder, mit nur schwach ausgeprägten schwarzen Flügelbinden. Schnabel ohne Warzen, Augen dunkelbraun.
Biotop: Brütet in lichten Wäldern, alten Parks und verwilderten Obstgärten mit hohlen Bäumen, in offenem, mit Kopfweiden durchsetztem Gelände und in Dünen mit Kaninchenbauen.
Nahrung: Sämereien aller Art (von Esche, Flachs, Getreide, Hanf usw.), die vom Boden aufgelesen und ganz verschluckt werden, zarte Sprosse, Beeren und Eicheln.
Fortpflanzung: Brütet in Baumhöhlen (z. B. alten Schwarzspechthöhlen) mit großer Öffnung, in Steinbrüchen und alten Mauern, in Nistkästen, verlassenen Kaninchenbauen und in Nistkörben für Stockenten. Eiablage von Ende März – Ende September, 2 – 3 Bruten; 2 Eier (wie bei allen Tauben). Brutdauer 27 – 28 Tage; beide Partner brüten. Die Jungen werden wie bei allen Tauben von beiden Eltern zuerst mit Taubenmilch, einer Absonderung der Kropfschleimhaut, gefüttert; sie sind mit 27 – 28 Tagen flügge.
Verbreitung: Europa mit Ausnahme des hohen Nordens, West- und Innerasien. Geht infolge der modernen Forstwirtschaft, die keine hohlen Bäume duldet, in vielen Ländern zurück; die Erschließung neuer Biotope durch den Übergang zum Brüten in anderen Höhlen bietet nur einen teilweisen Ersatz. In West- und Südeuropa Standvogel, besonders die Altvögel, sonst Zugvogel, der bei uns Ende September/Anfang Oktober abzieht und im März zurückkehrt. In den Beneluxländern geschützte Art, ebenso in der Bundesrepublik, steht hier wie in Österreich und der Schweiz auf der „Roten Liste“ der gefährdeten Arten.

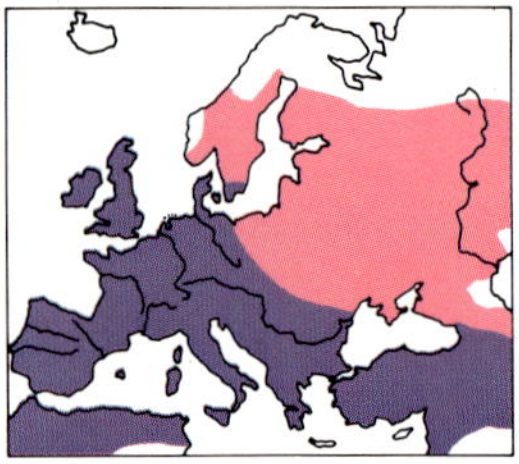

Ringeltaube

Columba palumbus

E: Wood-Pigeon
F: Pigeon ramier
H: Houtduif
I: Colombaccio
S: Paloma torcaz

Kennzeichen: Deutlich größer als Brieftaube, mit längerem Schwanz und breiter weißer Querbinde auf den Flügeln; Altvögel mit weißem Halsfleck beiderseits und weinrötlicher Unterseite.
Biotop: Brütet mit Vorliebe in mit Lichtungen durchsetzten Laub- und Mischwäldern, an Waldrändern, in Feldgehölzen, in West- und Mitteleuropa aber auch in städtischen Parks und Alleen. Außerhalb der Brutzeit vor allem auf Feldern in der Ebene.
Nahrung: Sämereien und Körner aller Art, Erbsen, Eicheln, Bucheckern, Klee, Löwenzahn, Kohl, Rüben (vor allem im Winter), Beeren aller Art sowie junge Blätter und Knospen von Laub- und Nadelbäumen.
Fortpflanzung: Baut wie viele Tauben ein dürftiges Nest aus wenigen Zweigen, meist in beträchtlicher Höhe. Eiablage von März – Oktober, 2 – 4 Bruten; 2 Eier. Brutdauer 15 – 17 Tage; beide Partner brüten. Die Jungen sind mit 29 – 35 Tagen flügge.
Verbreitung: Brütet in Europa mit Ausnahme des hohen Nordens, in Nordafrika, Westasien und im Himalaja. In West- und Mitteleuropa außerordentlich häufig, hat sich seit 1900 und besonders seit 1950 stark vermehrt und nach Norden ausgedehnt, wahrscheinlich infolge des vermehrten Nahrungsangebotes im Winter. Die britischen Bestände werden auf 3 bis 5 Millionen Paare geschätzt, die französischen auf über 1 Million. In Großbritannien gilt die Ringeltaube als größter Schädling der Landwirtschaft und wird das ganze Jahr hindurch mit allen Mitteln bekämpft. Ungeschützt, darf in der Bundesrepublik vom 1. 7. – 30. 4., in der DDR vom 1. 8. – 15. 4. geschossen werden. In Mitteleuropa Stand-, Strich- und Zugvogel, je nach den Witterungsverhältnissen und dem Nahrungsangebot. Zieht bis Spanien und Marokko.

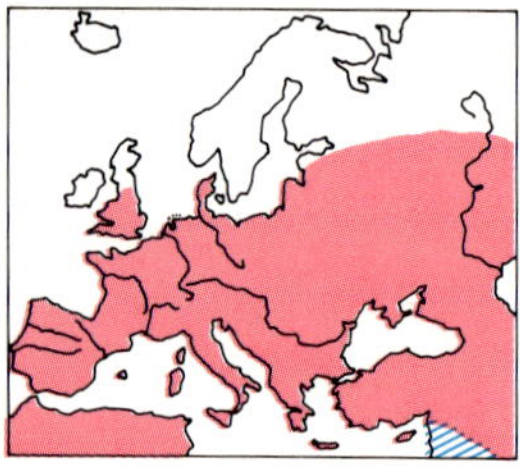

Turteltaube
Streptopelia turtur
E: Turtle Dove
F: Tourterelle des bois
H: Tortelduif
I: Tortora
S: Tórtola común

Kennzeichen: Eine schlanke Taube, größer als Amsel, etwas kleiner als Türkentaube. Oberseite rotbraun, Bauch weißlich. Im Flug fällt der ziemlich lange, abgerundete, unterseits schwarze Schwanz mit weißer Endbinde auf. Altvögel haben schwarz-weiß gestreifte Halsseiten.
Biotop: Brütet in Busch- und Heideland, an Waldrändern und Lichtungen, in Parks und großen Gärten auf dem Land, aber nicht zu dicht bei Siedlungen. Selten im höheren Bergland.
Nahrung: Allerlei Sämereien, weiche Körner, daneben Insekten.
Fortpflanzung: Nest eine kleine Plattform aus ein paar Zweigen. Eiablage von Mitte Mai – Mitte August, 2 Eier. Brutdauer 13 – 15 Tage. Die Jungen sind mit rund 20 Tagen flügge. Gewöhnlich 2 Jahresbruten.
Verbreitung: Europa südlich von Skandinavien, ferner West- und Innerasien und Nordafrika. Brütet in Schottland erst seit 1946, in Irland sehr lokal und sporadisch an der Süd- und Ostküste, in England dagegen verbreitet (rund 125 000 Paare). Häufiger Brutvogel in den Beneluxländern, wo jedoch infolge der Beseitigung von Hecken und Unterholz ein leichter Rückgang zu verzeichnen ist. In Frankreich überall verbreitet; wird dort in manchen Gebieten illegal bejagt. Zugvogel, zieht im August/September ab und kehrt im Mai zurück. Überwintert im tropischen Afrika nördlich des Äquators. In den meisten Ländern geschützte, in Frankreich und Italien jagdbare Art. Steht in der Bundesrepublik auf der „Roten Liste“ der gefährdeten Arten.

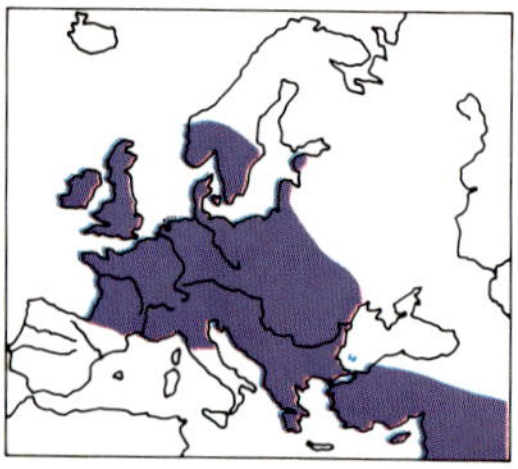

Türkentaube
Streptopelia decaocto
E: Collared (Turtle) Dove
F: Tourterelle turque
H: Turkse tortel
I: Tortora dal collare orientale
S: Tórtola turca

Kennzeichen: Etwas größer und deutlich heller als Turteltaube, von ihr durch blaugraue Flügel, blaßgraue Unterseite, rosa überhauchte Brust, schwarzes Halsband und längeren, unterseits schwarzen, hinten weißen Schwanz unterschieden.
Biotop: Ursprünglich Bewohner offener, baumarmer Trockengebiete; sucht in Europa die Nähe menschlicher Siedlungen, Vorstädte, Wohnviertel, seltener Parks.
Nahrung: Vor allem Getreidekörner, sucht gerne Geflügelfütterungen, Kornspeicher, Mühlen u. dgl. auf; seltener Beeren (*Cotoneaster*) und Insekten; im Winter Speiseabfälle.
Fortpflanzung: Das Nest, eine zerbrechliche Plattform aus ein paar Zweigen, steht meist in einem Nadelbaum, manchmal auch auf einer Fensterbank oder dgl. Eiablage von März – September; 2 Eier. Gewöhnlich 3, manchmal 4 Bruten. Gebalzt wird zu allen Jahreszeiten. Brutdauer 14 – 16 Tage; beide Partner brüten. Die Jungen sind mit 17 – 20 Tagen flügge.
Verbreitung: Die Türkentaube stammt aus Indien und Afrika und ist wahrscheinlich erst durch den Menschen nach Europa gebracht worden. Bis 1925 war sie auf den Balkan beschränkt, wo sie seit dem 13. Jahrhundert lebt. Seitdem hat sie in aufsehenerregender Weise ganz Europa besiedelt: Ungarn 1928, Rumänien 1932, die Tschechoslowakei 1935, Polen und Österreich 1943, Deutschland 1944, Italien 1946, Dänemark 1948, die Niederlande 1949, Schweden 1950, Frankreich 1951, Luxemburg 1954, die Sowjetunion, Norwegen, Großbritannien und Belgien 1955, die Schweiz 1958, Spanien 1960, die Färöer und Island 1970. Im gleichen Ausmaß haben sich die Bestände vermehrt, z. B. in Großbritannien von 1964 bis 1976 von 3000 auf 30 000 bis 40 000 Paare. Altvögel sind Standvögel, aber Jungvögel breiten sich auf der Suche nach Nistplätzen sprunghaft nach allen Richtungen aus. In einigen Ländern geschützte, in anderen (der Bundesrepublik vom 1. 7. – 30. 4.) jagdbare Art.

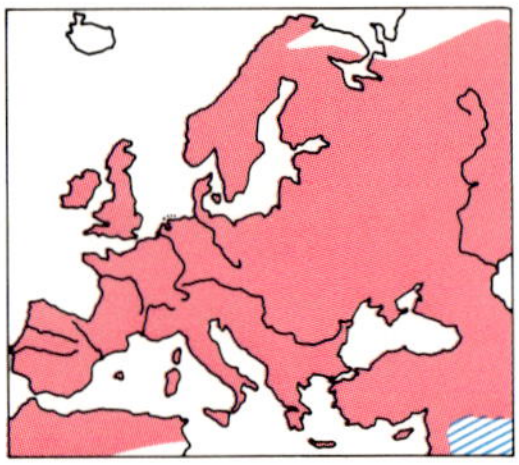

Kuckuck

Cuculus canorus

E: Cuckoo
F: Coucou gris
H: Koekoek
I: Cuculo
S: Cuco

Kennzeichen: Etwa turteltaubengroß. Das charakteristische Flugbild – spitze Flügel, kurzer, schneller Flügelschlag und langer, schmaler, abgerundeter Schwanz mit weißer Endbinde – erinnert zusammen mit der Färbung – meist blaugrau, bei manchen Weibchen und Jungvögeln rostbraun – entfernt an Sperber bzw. Turmfalken.
Biotop: Als Brutparasit zahlreicher (über 30) Arten kleiner insektenfressender Sperlingsvögel in Biotopen aller Art anzutreffen, im Gebirge bis zur Baumgrenze.
Nahrung: Klassischer Insektenfresser, verzehrt hauptsächlich haarige Raupen, die wegen ihres Nesselgiftes von den meisten Vögeln verschmäht werden, aber auch andere Raupen und Larven aller Art, Tausendfüßler, Würmer und Nacktschnecken.
Fortpflanzung: Kuckuckmännchen besetzen ab Mitte April ein Revier, das sie hartnäckig gegen Eindringlinge verteidigen. Sie verraten ihre Anwesenheit durch den charakteristischen, meist zweisilbigen Ruf, der lange vor Sonnenaufgang beginnt und bis Sonnenuntergang anhält, ja sogar in hellen Mondnächten erklingt. Das Revier eines Weibchens umfaßt das mehrerer Männchen, mit denen es sich paart; es gibt also keine feste Partnerbindung. Die Eiablage erfolgt von Mai – Anfang Juli und richtet sich nach der Brutzeit der Wirtsarten. Innerhalb von 36 – 46 Tagen legt ein Weibchen 10 – 16 Eier. Während dieser Zeit späht es unermüdlich kleine Sperlingsvögel aus, die beim Nestbau sind oder bereits mit dem Legen begonnen haben. Sobald es ein Nest gefunden hat, legt es trotz des Protestes der Kleinvögel der Umgebung ein Ei hinein, ehe das Gelege vollständig ist und der Wirtsvogel mit dem Brüten beginnt. Manchmal trägt es ein Ei aus dem Gelege im Schnabel fort und verzehrt es anschließend. Um sein eigenes Ei kümmert es sich nicht weiter. Nur in Ausnahmefällen legt es mehr als 1 Ei in dasselbe Nest. Das Kuckucksei ist erstaunlich klein und leicht im Verhältnis zur Größe der Art und kommt dem der Wirtsvögel nahe. Die Pflegeeltern nehmen das fremde Ei im allgemeinen an; manche Arten werfen es allerdings hinaus oder geben das Nest auf. Da die Brutdauer nur 12 – 14, im Durchschnitt 12 1/2 Tage beträgt, also etwas weniger als bei Sperlingsvögeln, schlüpft der kleine Kuckuck etwas vor oder gleichzeitig mit den anderen Jungen. Zehn Stunden nach dem Schlüpfen wird der junge Kuckuck, nackt, rosig, blind, scheinbar zu jeder Anstrengung unfähig, von einem unwiderstehlichen Trieb ergriffen; durch die Berührung mit den Eiern oder Jungen der Wirtsvögel aufs äußerste gereizt, nimmt er eins nach dem anderen auf den dafür besonders ausgebildeten Rücken und wirft sie unter unerhörten Anstrengungen aus dem Nest. Da er jetzt allein von den Pflegeeltern ernährt wird, ist es nicht verwunderlich, daß er schnell wächst und nach rund 12 Tagen das Nest völlig ausfüllt. Wenn er es nach rund 3 Wochen verläßt, bemühen sich seine Zwangseltern immer noch, seine unersättliche Freßgier zu stillen, obwohl er längst viel größer ist als sie; dabei werden sie oft von anderen Kleinvögeln unterstützt. Nach weiteren 3 Wochen ist der junge Kuckuck selbständig.
Verbreitung: Der Kuckuck bewohnt ganz Europa sowie den größten Teil von Asien und Afrika. Genaue Bestandsangaben sind nicht möglich. Die Verluste von der Eiablage bis zum Ausfliegen sind sehr hoch, und man kann annehmen, daß nur aus einem Ei von zwanzig ein Jungkuckuck bis zum Wegzug heranwächst. Nur eine bemerkenswerte Langlebigkeit macht es möglich, daß sich die Art trotz dieser Schwierigkeiten erhält. Europäische Kuckucke überwintern im tropischen Afrika. Der Wegzug beginnt im Juli, wobei die Altvögel vor den Jungvögeln abziehen. Geschützte Art.

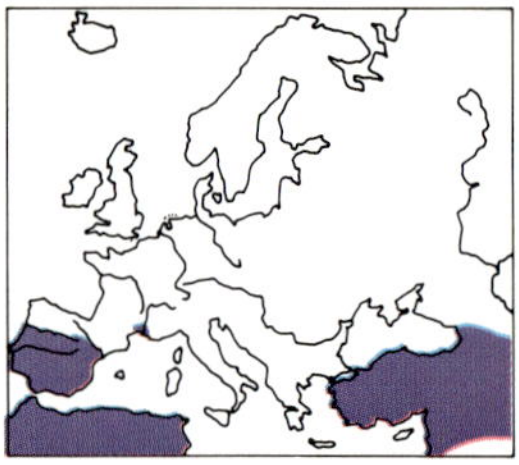

Spießflughuhn

Pterocles alchata

E: Pin-tailed Sandgrouse
F: Ganga cata
H: Witbuikzandhoen
I: Grandule
S: Ganga

Kennzeichen: Taubenähnlich, etwas größer als Rebhuhn und heller, mit breitem, hellbraunem, schwarz eingefaßtem Brustband und weißem Bauch, langem, spitzem Schwanz und langen, spitzen Flügeln; Männchen mit schwarzem Kinn.
Biotop: Steiniges oder sandiges steppenähnliches Gelände mit karger Vegetation.
Nahrung: Körner, Sämereien, grüne Sprosse und zarte Blättchen.
Fortpflanzung: Eiablage von Mai – Juli; gewöhnlich 3, manchmal 2 Eier. Nest eine natürliche Bodenvertiefung oder eine Hufspur in der Nähe eines Grasbüschels, meist aber in praller Sonne, selten mit Pflanzenteilen ausgelegt. Vom ersten Ei an sitzt ein Elter auf dem Gelege, um es vor den Sonnenstrahlen und der nächtlichen Abkühlung zu schützen. Brutdauer 21 – 23 Tage. Beide Partner brüten, das Weibchen bei Tage, das Männchen bei Nacht. Die Jungen sind Nestflüchter und werden von beiden Eltern geführt. Sie finden ihre Nahrung selbständig, wie die Schnepfenvögel, mit denen sie wahrscheinlich verwandt sind, werden aber vom Vater mit in den Bauchfedern herbeigetragenem Wasser versorgt. Eine Jahresbrut.
Verbreitung: Bewohnt Portugal, Spanien, Südfrankreich (Crau), Nordafrika und Vorderasien. Während sich in Afrika und Asien manchmal Schwärme von mehreren tausend Vögeln zusammenfinden, sind die europäischen Bestände durch die Kultivierung der Brutbiotope bedroht, vor allem in der Crau. Die europäischen Spießflughühner sind Standvögel. In Europa seltene, meist abnehmende Art; in Frankreich teilgeschützt. – In Südspanien und Nordwestafrika sowie von Kleinasien bis Pakistan und Turkestan brütet das etwas größere Sandflughuhn (*P. orientalis*) mit viel kürzerem Schwanz und vor allem im Flug auffallendem schwarzem Bauch.

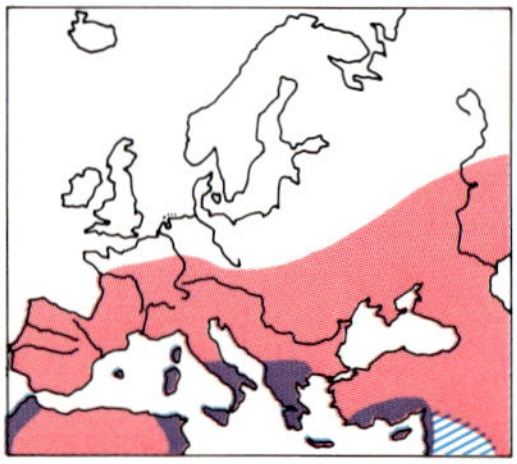

Zwergohreule

Otus scops

E: Scops Owl
F: Hibou petit-duc
H: Dwergooruil
I: Assiolo
S: Autillo

Kennzeichen: Verkleinerte Ausgabe der Waldohreule, amselgroß, kleiner und viel schlanker als Steinkauz. Die kurzen Federohren sind nicht immer sichtbar. Nachtvogel.
Biotop: Lichter Mischwald, offenes, trockenes Gelände mit verstreuten Bäumen und Büschen, Parks, Obstgärten, Olivenhaine, Friedhöfe, Alleen (besonders Platanenalleen).
Nahrung: Im wesentlichen Insekten, Nachtschmetterlinge, Maikäfer, Heuschrecken und andere Schmetterlinge und Käfer; selten Kleinsäuger und Kleinvögel, die sie vor dem Verzehren rupft. Lauert gern in der Nähe von Straßenlaternen, deren Licht die Insekten anzieht; deswegen hält sie sich wahrscheinlich so häufig in Dörfern und Städten auf, wo sie außerdem auf Plätzen und in Alleen große Bäume mit Nistmöglichkeiten findet.
Fortpflanzung: Brütet in Baumhöhlen, alten Spechthöhlen, manchmal in Mauerlöchern und Felshöhlen; nimmt auch Nistkästen an. Eiablage ab Ende April; gewöhnlich 4 – 5 Eier. Brutdauer 24 – 25 Tage; nur das Weibchen brütet. Es füttert die Jungen mit Nahrung, die vom Männchen herbeigeschafft wird. Die Jungen verlassen das Nest nach 3 Wochen und sind mit 7 Wochen selbständig. Eine Jahresbrut.
Verbreitung: Das südliche Europa sowie weite Gebiete im gemäßigten und tropischen Asien und Afrika. In Europa verläuft die nördliche Verbreitungsgrenze durch Mittelfrankreich, die Schweiz und Österreich. War früher in der Schweiz gut vertreten, besonders im Wallis, wo indessen seit kurzem eine starke Abnahme zu verzeichnen ist; insgesamt wohl nicht mehr als 20 Paare. Die Bestände gehen zurück infolge von illegaler Bejagung, Verlusten durch den nächtlichen Straßenverkehr, Zersiedlung der Landschaft, Ausdehnung des Weinbaus unter Zerstörung der natürlichen Biotope sowie der Abnahme der großen Insekten (infolge der Verwendung von Pestiziden?). Zugvogel, der in Afrika südlich der Sahara überwintert. Allgemein geschützte Art. Steht in Österreich und der Schweiz auf der „Roten Liste“ der gefährdeten Arten.

Schleiereule

Tyto alba

E: Barn Owl
F: Chouette effraie
H: Kerkuil
I: Barbagianni
S: Lechuza común

Kennzeichen: Krähengroß, heller als andere Eulen, mit herzförmigem weißem Gesicht („Schleier") und schwarzen Augen, ohne Federohren; west- und südeuropäische Rassen oben goldbraun, unten weiß, mittel- und osteuropäische oben grauer, unten gelbbräunlich.
Biotop: Bewohnt alte Gebäude in der Nähe von Feldern, Wiesen, Obstgärten, Ödland und Sümpfen in der Ebene und im Hügelland; kommt selbst in Großstädten vor, meidet den dichten Wald.
Nahrung: Jagt nachts nach dem Gehör, vor allem Mäuse und Spitzmäuse, aber auch Kleinvögel, gelegentlich auch Mai- und andere Käfer. Benötigt täglich etwa 100 g Nahrung. Wenn Feldmäuse knapp sind oder in stürmischen Nächten oder schneereichen Wintern die Jagd im Freien unmöglich ist, jagt sie in Ställen und Scheunen Hausmäuse, Haus- und Wanderratten, Fledermäuse, Sperlinge, Stare, zuweilen auch Schwalben und Mauersegler. Dagegen haben Haustauben, mit denen sie häufig zusammenlebt, nichts von ihr zu fürchten.
Fortpflanzung: Die Schleiereule war ursprünglich Felsbewohner und brütet gelegentlich noch in Felsspalten oder in Baumhöhlen, heutzutage jedoch fast ausschließlich in Gebäuden, in Ruinen, Burgen, Scheunen, Ställen, Kirchtürmen, Mühlen, verlassenen und bewohnten Taubenschlägen, selten in Wohnhäusern. Eiablage ab April; gewöhnlich 4 – 7 Eier, die unmittelbar auf den Boden gelegt werden, wenn dort nicht zufällig Heu oder Stroh liegt; manchmal auch auf eine dünne Schicht Gewölle. Nimmt Nistkästen in Kistenform an (45×40×55 cm, mit einem Einflugloch von höchstens 20×20 cm in der oberen Ecke), die am besten unter dem Dachfirst an einer dunklen, aber von außen leicht zugänglichen Stelle angebracht werden. Brutdauer 30 – 34 Tage; nur das Weibchen brütet, während das Männchen die Nahrung beschafft. Die Jungen sind mit 2 Monaten flügge und nach rund 10 Wochen selbständig. In nahrungsarmen Jahren kann die Brut ausfallen, während in Feldmausjahren oft zwei Bruten gemacht werden.
Verbreitung: Brütet in den gemäßigten und tropischen Regionen aller Erdteile, in Europa vom Mittelmeergebiet bis Schottland und Dänemark im Norden und bis zur Ukraine im Osten. Die Bestände gehen überall zurück; die Gründe dafür sind mannigfaltig. Der Bruterfolg hängt von der relativen Häufigkeit der Beutetiere (Mäuse) ab, die die Nachwuchsrate regelt. Die Schleiereule ist empfindlich gegen Kälte und Feuchtigkeit; in Regennächten kann sie nicht erfolgreich jagen. Viele verhungern in strengen, schneereichen Wintern. Eine dünne Schneedecke (unter 3 cm) erleichtert die Mäusejagd, aber wenn über eine Woche lang der Schnee mehr als 7 cm hoch liegt, findet ein Massensterben statt, da die Gänge der Beutetiere dann unter dem Schnee geschützt sind. Wie andere Nachttiere ist die Schleiereule durch Unfälle gefährdet: Ertrinken in einem Brunnen oder Regenfaß, Zusammenstoß mit einem Auto oder Zug, Aufprall gegen ein erleuchtetes Fenster, vor allem aber gegen Antennen sowie Leitungs- und Hochspannungsdrähte. Dazu kommt die Vergiftung durch Pestizide, da die Schleiereule am Ende der Nahrungskette steht. Die noch nicht überall verbotene Verwendung von Schlagfallen, die auf Pfählen angebracht werden, auf die sich die Schleiereule gern setzt, fordert auch immer wieder Opfer. Und es gibt immer noch abergläubische Menschen, die zur Abwendung von Unheil eine Schleiereule ans Scheunentor nageln! Die Schleiereule ist im allgemeinen Standvogel, kann aber durch Schlechtwetter oder Nahrungsmangel zu Wanderungen veranlaßt werden. Allgemein geschützte Art, steht in der Bundesrepublik und in Österreich auf der „Roten Liste" der bedrohten Arten.

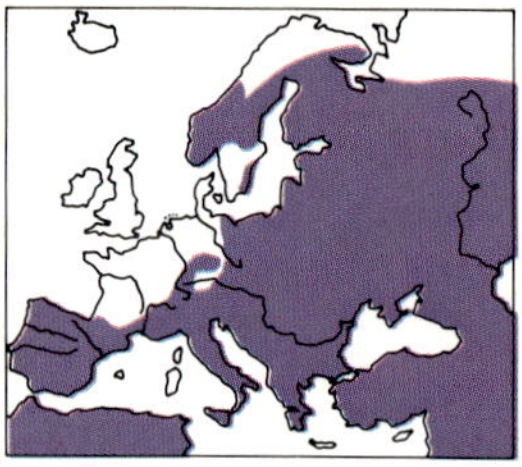

Uhu

Bubo bubo
E: Eagle Owl
F: Hibou grand-duc
H: Oehoe
I: Gufo reale
S: Buho real

Kennzeichen: Größte Eule Europas. Dicker Kopf mit langen Federohren; Brust gelbbraun, breit gestreift, Augen orange.
Biotop: Ausgedehnte, ungestörte Fels- und Waldregionen.
Nahrung: Vögel, Säugetiere aller Art bis zu Rehkitzen, Fische. Manche Uhus haben sich auf Igel spezialisiert.
Fortpflanzung: Lebenslängliche Ehe scheint die Regel zu sein. Baut wie fast alle Eulen kein Nest, legt seine Eier (gewöhnlich 3) ab Mitte März in eine Felsspalte, unter überhängende Felsen, hohle Bäume oder alte Greifvogelnester. Brutdauer 33 – 36 Tage. Die Jungen beginnen ihre ersten Flugübungen mit etwa 70 Tagen. Eine Jahresbrut.
Verbreitung: Ursprünglich von Nordafrika bis zum Polarkreis. In weiten Gebieten Europas (den Britischen Inseln, den Niederlanden, Belgien, Dänemark, sowie dem größten Teil von Frankreich und Deutschland) ausgerottet, überall abnehmend. Nur in der Schweiz hat der Uhu seit der Unterschutzstellung (1955) seine alten Brutplätze im Jura und in den Alpen wieder besiedelt (60 Paare). In der Bundesrepublik zur Zeit rund 70 Paare, davon etwa 60 in Bayern; durch ständige Überwachung ist es gelungen, die Bestände einigermaßen zu erhalten. Ob die Wiedereinbürgerungsversuche zu dauerndem Erfolg führen werden, muß die Zukunft erweisen. Die Gründe für den Rückgang sind mannigfaltig: Störungen durch Holzfäller, Touristen (Bergsteiger!), Fotografen und unvorsichtige Beobachter, die die Vögel veranlassen, ihre Brut aufzugeben, Verdrahtung der Landschaft (Hochspannungsleitungen, Drahtseilbahnen) und nicht zuletzt die Habgier der Eiersammler und der Besitzer von Privatzoos. In Europa seltene, meist abnehmende, in den meisten Ländern geschützte Art. Steht in der Bundesrepublik, der DDR, Österreich und der Schweiz auf der „Roten Liste“ der vom Aussterben bedrohten Arten.

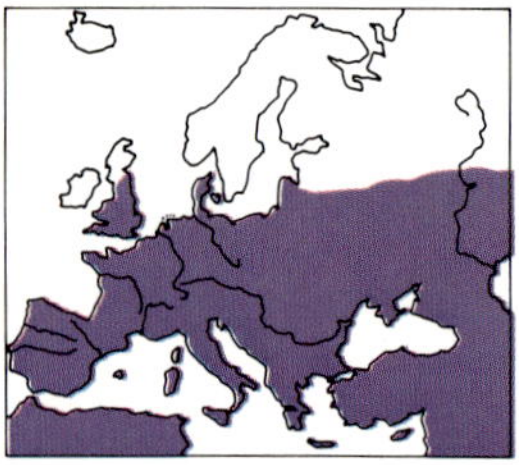

Steinkauz

Athene noctua
E: Little Owl
F: Chouette chevêche
H: Steenuil
I: Civetta
S: Mochuelo

Kennzeichen: Etwa amselgroß, gedrungen mit dickem, flachem Kopf, sehr kurzem Schwanz und hellgelben Augen; von all unseren Eulen am häufigsten bei Tage zu sehen.
Biotop: Reich gegliederte Landschaften, Waldränder, Obstgärten, Parks, Dünen- und Heidegelände, meist unterhalb 600 m.
Nahrung: Hautpsächlich Insekten und Feldmäuse; gelegentlich bilden Jungvögel im Nest eine leichte Beute.
Fortpflanzung: Brütet in hohlen Bäumen (Kopfweiden, alten Apfelbäumen), Mauerlöchern, Felshöhlen, Erdlöchern, auch in Nistkästen, auf einer Unterlage von Gewöllen. Eiablage ab Anfang April; gewöhnlich 3 – 5 Eier. Brutdauer 28 Tage. Die Jungen sind schon mit 5 Wochen flügge. Eine Jahresbrut.
Verbreitung: Von Nordafrika und Dänemark nach Osten bis Somalia und Nordchina. Hat in jüngster Zeit wiederholt in Schweden gebrütet, was vielleicht auf eine gewisse Tendenz zur Ausbreitung nach Norden deutet. In England erst in der 2. Hälfte des 19. Jahrhunderts durch regelmäßige Einführungen aus den Niederlanden eingebürgert; der gegenwärtige Bestand wird auf 7000 – 14 000 Paare geschätzt (im Süden). In Frankreich früher zweifellos die häufigste Eulenart. In Belgien 4000, in den Niederlanden 4000 – 6000, in Deutschland 50 000 Paare. Die Bestände gehen stark zurück infolge der Vergiftung der Beutetiere durch Pestizide. Standvogel, streicht nur gelegentlich etwas umher. Allgemein geschützte Art, steht in der Bundesrepublik und in der Schweiz auf der „Roten Liste“ der bedrohten Arten.

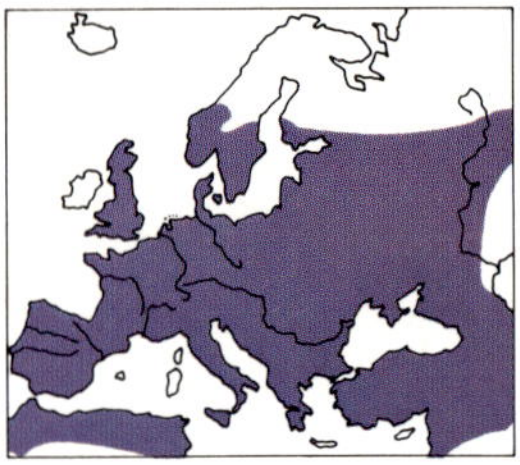

Waldkauz

Strix aluco

E: Tawny Owl
F: Chouette hulotte
H: Bosuil
I: Alloco
S: Cárabo

Kennzeichen: Größer als Waldohreule, ohne Federohren, mit dickem, rundem Kopf, schwarzen Augen und entweder rotbraunem oder graubraunem, unterseits dunkel gestreiftem Gefieder.
Biotop: Hochwald und große Parks mit hohlen Bäumen, selbst in Großstädten. Hat nach dem 2. Weltkrieg auch in den Trümmergebieten der Großstädte gebrütet.
Nahrung: Hauptsächlich Feld- und Waldmäuse, Vögel vom Goldhähnchen bis zur Ringeltaube, zusätzlich auch Frösche, Fische und große Insekten (Maikäfer, Mistkäfer).
Fortpflanzung: Paart sich wahrscheinlich auf Lebenszeit. Brütet in Höhlen, meist in alten Bäumen, aber auch in Gebäuden, in Nistkästen und Kaninchenbauen, manchmal sogar in alten Reiher- und Greifvogelhorsten oder in Krähen- und Elsternnestern. Eiablage von Ende Januar – Mai, meist eine, in Mäusejahren auch zwei Bruten; gewöhnlich 3 – 4 Eier. Brutdauer 28 – 30 Tage; nur das Weibchen brütet. Die Jungen bleiben gewöhnlich 4 – 5 Wochen in der Bruthöhle.
Verbreitung: Bewohnt die gemäßigte Zone der Alten Welt, in Europa nach Norden bis Südskandinavien und Südfinnland; fehlt in Irland. Nimmt in Großbritannien zu, oft auf Kosten der Waldohreule. In denNiederlanden ziemlich selten (3000 – 5000 Paare), in Belgien vorwiegend im Süden (rund 3000 Paare). In Frankreich die häufigste und am weitesten verbreitete Eule (mehrere 10 000 Paare). Auch in Deutschland häufig. Der Bestand kann durch das Aufhängen von Nistkästen erhöht werden. Ausgesprochener Standvogel. Allgemein geschützte Art.

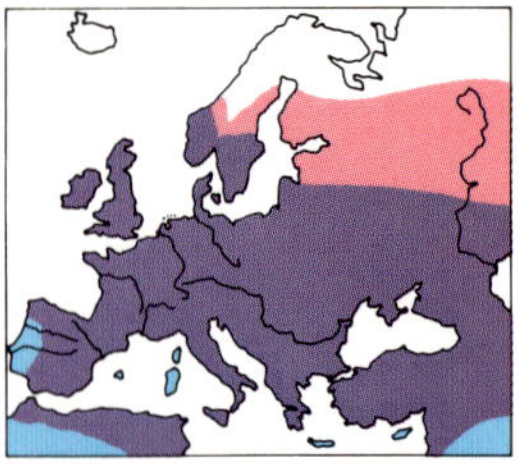

Waldohreule

Asio otus

E: Long-eared Owl
F: Hibou moyen-duc
H: Ransuil
I: Gufo commune
S: Buho chico

Kennzeichen: Wesentlich kleiner als Rabenkrähe, wirkt aber durch ihr lockeres Gefieder größer als sie ist. Gekennzeichnet durch lange Federohren und orangegelbe Augen; oberseits rostbraun, unterseits gelblich mit kräftigen dunklen Längsflecken.
Biotop: Nadelwälder inmitten offenen Geländes aller Art.
Nahrung: Mäuse aller Art, Spitzmäuse, Maulwürfe, daneben Vögel bis zu Amselgröße; gelegentlich auch Frösche, Blindschleichen, Fische und Insekten.
Fortpflanzung: Offenbrüter im Gegensatz zu Stein- und Waldkauz, brütet nur in alten Nestern anderer Vögel (Krähe, Elster, Ringeltaube, Bussard, Sperber, Graureiher) sowie in Eichhörnchenkobeln. Eiablage von Mitte März – Mitte Juni; gewöhnlich 4 – 5 Eier; meist eine Jahresbrut, manchmal zwei. Brutdauer 28 Tage. Die Jungen bleiben rund 24 Tage im Nest und sind mit 4 Wochen flügge.
Verbreitung: Bewohnt die gemäßigte Zone der nördlichen Halbkugel. Die Bestände unterliegen großen Schwankungen, die von denen der Kleinnagerbestände abhängig sind; die örtliche Bestandsdichte kann durch die Konkurrenz mit dem stärkeren und anpassungsfähigeren Waldkauz verringert werden. In Großbritannien über 3000 Paare; nimmt in Irland infolge der Anlegung von Nadelwäldern zu kommerziellen Zwecken zu. In den Niederlanden (4000 – 8000 Paare) und in Belgien (weniger als 2500 Paare) ziemlich selten. In Frankreich nur lokal verbreitet und wenig zahlreich; genaue Bestandsangaben fehlen. In Deutschland häufig. Teilzieher. Im Winter finden sich oft Ansammlungen von Waldohreulen in Parks und Vorgärten in der Nähe der Schlafplätze von Kleinvögeln (Sperlingen, Staren), die bei hohem Schnee ihre Hauptbeute bilden. Allgemein geschützte Art.

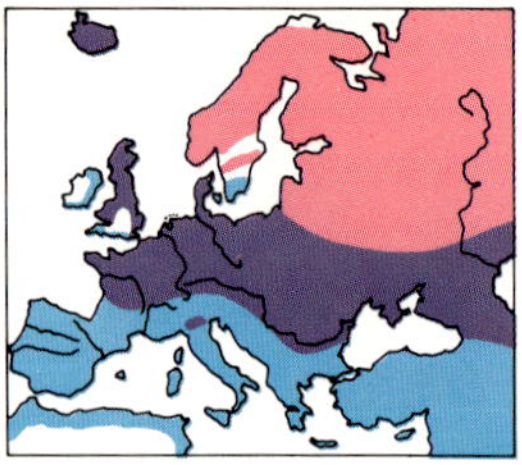

Sumpfohreule
Asio flammeus
E: Short-eared Owl
F: Hibou des marais
H: Velduil
I: Gufo di palude
S: Lechuza campestre

Kennzeichen: Weit mehr tagaktiv als andere Eulen ihrer Größe; ähnelt der Waldohreule, aber die Federohren sind viel kürzer, meist kaum sichtbar, die Iris ist gelb, die „tiefliegenden" Augen sind schwarz umrandet und die dunklen Längsstreifen der Unterseite sind nicht verästelt. Oberseite gelbbraun, Unterseite gelblich bis weißlich. Unterseite der Flügel fast weiß mit einem dunklen Fleck am Flügelbug („Ellbogen"). Flug geschmeidig, mit regelmäßigen tiefen Flügelschlägen. Wenn die Sumpfohreule bei Tage in offenem Gelände dicht über dem Boden jagt, könnte man sie von weitem für eine Weihe halten, während der schwebende Kreisflug wegen des kurzen Schwanzes und der breiten Schwingen an einen Bussard erinnert. Rüttelt gelegentlich wie ein Turmfalke. Ruht gern auf dem Boden im Schutz der niedrigen Vegetation.
Biotop: Bewohnt offenes Gelände, Moor- und Heideland, Sümpfe, Polder und Köge, Wattwiesen, im Norden auch Tundra und Fjell; aber auch trockenes Gelände, Brachland, Kahlschläge, Brandflächen, Dünen und junge Schonungen. Auf dem Zug und im Winter einzeln oder in kleinen Gruppen auf Kohl-, Kartoffel- und Rübenfeldern, Stoppeläckern und Wiesen.
Nahrung: Durch Untersuchung der Gewölle und geduldige Beobachtungen im Freiland hat man die Zusammensetzung der Nahrung genau ermitteln können. Die Grundlage bilden bei uns die Feldmaus, im Norden der Lemming oder andere, örtlich massenhaft auftretende Kleinnager, nur gelegentlich werden Spitzmäuse, Waldmäuse, junge Kaninchen, bodenbewohnende Kleinvögel (Pieper, Lerchen) oder ermüdete Zugvögel erbeutet, besonders im Winter und zu Frühlingsanfang.
Fortpflanzung: Zeigt einen spektakulären Balzflug, oft bei Tage und in großer Höhe. Brütet auf dem Boden, gewöhnlich in einer durch Zusammendrücken der Vegetation gebildeten Mulde oder auf der bloßen Erde; baut im Gegensatz zu anderen Eulen manchmal nach Weihenart ein Nest aus zerbrochenen Schilf-, Rohrkolben- oder Binsenstengeln. Eiablage von Mitte April – Mitte Mai; bei reichem Nahrungsangebot bis zu 14 Eier; selten, bei einer Massenvermehrung der Kleinnager, auch im Winter. Brutdauer 27 – 29 Tage; nur das Weibchen brütet und füttert die Jungen, während das Männchen die Nahrung für die Familie herbeischafft. Das Nest und seine Umgebung werden von Gewöllen und Nahrungsresten gesäubert. Die Jungen verlassen das Nest nach 12 – 17 Tagen und verstecken sich in der Umgebung; mit 5 Wochen unternehmen sie die ersten Flüge.
Verbreitung: Bewohnt die Nordhalbkugel nördlich vom 40. Breitengrad sowie die Südhälfte von Südamerika. Fehlt in Irland, Südengland und Südschweden. Die Niederlande beherbergen etwa 250 Paare. Seltener und unregelmäßiger Brutvogel in Belgien. Brütet sehr selten und nur lokal in Frankreich bei Massenvermehrungen der Feldmaus. Hat in der Schweiz zuletzt 1939 gebrütet. In der Bundesrepublik im Norden noch am besten vertreten, steht hier wie in Österreich auf der „Roten Liste" der vom Aussterben bedrohten Arten. Mehr Strich- als eigentlicher Zugvogel, dessen Wanderbewegungen mehr vom Nahrungsangebot als von den klimatischen Verhältnissen abhängig sind und invasionsartigen Charakter tragen können; harrt bei gesicherter Ernährung auch in strengen Wintern aus. Es ist daher nicht verwunderlich, daß die Sumpfohreule weder geburtsorts- noch brutplatztreu ist und sich auch nicht an bestimmte Zugstraßen hält. Beringungen haben große Streuungen aufgezeigt, die bis nach Grönland führen können. Das Winterquartier erstreckt sich bis ins tropische Afrika südlich der Sahara und nach Indien. Allgemein geschützte Art.

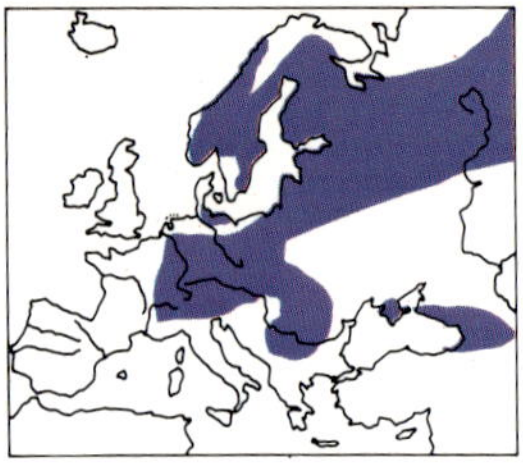

Rauhfußkauz
Aegolius funereus
E: Tengmalm's Owl
F: Chouette de Tengmalm
H: Ruigpootuil
I: Civetta capogrosso
S: Lechuza de Tengmalm

Kennzeichen: Ungefähr so groß wie ein Steinkauz, aber mit dickerem, rundem Kopf, deutlicherem Gesichtsschleier, ausgeprägteren weißen „Augenbrauen" und zitronengelben, schwarz umringten Augen; die Füße tragen eine besonders dichte, weiße Befiederung. Auch das Flugbild erinnert an den Steinkauz, aber der Schwanz ist länger und die Flugbahn nicht wellenförmig.
Biotop: Dichte, geschlossene Waldungen in kaltem, rauhem Klima, im Süden des Verbreitungsgebietes vorwiegend in Nadelwäldern mit eingesprengten Laubbäumen im höheren Bergland, aber auf der kalten Kalksteinhochebene von Burgund auch im Buchenhochwald in 400 m Höhe; im Jura zwischen 1000 und 1400 m, in den Alpen bis 1700 – 2000 m, in der Lüneburger Heide dagegen bei 70 – 100 m.
Nahrung: Hauptsächlich Mäuse und Spitzmäuse, daneben, besonders zur Zeit der Jungenaufzucht, auch kleine Waldvögel, sogar Mistel- und Wacholderdrosseln, die fast so groß sind wie er selbst (LINKOLA 1963); selten Insekten und nur ausnahmsweise Frösche.
Fortpflanzung: Brütet mit Vorliebe in Schwarzspechthöhlen mit ovaler Öffnung in Buchen und Weißtannen, begnügt sich in Ermangelung dieser nach Maß gemachten Behausungen aber auch mit vom Grünspecht und selbst vom Buntspecht oder Dreizehenspecht geschlagenen Höhlen mit engerer Öffnung. Nimmt selten natürliche Baumhöhlen an. Die Bestandsentwicklung kann durch das Aufhängen von Nistkästen gefördert werden. Diese sollten 32 cm hoch, 28 cm breit und 24 cm tief sein, mit einem runden Einflugloch von 7 cm Durchmesser. Auch in strengen Wintern wartet der Rauhfußkauz zur Fortpflanzung nicht auf sonniges Wetter. Ab Januar lockt das Männchen das Weibchen mit melodischen Pfiffen in seine Nisthöhle, deren Boden mit frischen Morgengaben bedeckt ist (bis zu 20 aufeinandergeschichteten Kleinnagern). Wenn die Auserkorene diese an Ort und Stelle verzehrt, bedeutet dies anscheinend, daß sie mit dem Gatten und der Wohnungswahl einverstanden ist (KUHK 1953). Die Eiablage kann im Norden ab Mitte Februar, im Süden von Mitte März bis Mitte April stattfinden, gewöhnlich 3 – 6 Eier, bei reichlichem Nahrungsangebot bis zu 10, die im Abstand von 2 Tagen gelegt werden. Brutdauer 26 – 36 Tage; nur das Weibchen brütet. Die Jungen bleiben wenigstens einen Monat in der Bruthöhle. Gewöhnlich eine Jahresbrut.
Verbreitung: Ein typischer Bewohner der Taiga im Norden der Alten und der Neuen Welt, als Eiszeitrelikt in Europa südwärts bis Südfrankreich und Nordgriechenland, vor allem im Gebirge. Fehlt auf den Britischen Inseln. Sehr seltener Brutvogel in den Niederlanden (5 – 10 Paare) und in Belgien (1968 3 Bruten im Hohen Venn); im Großherzogtum Luxemburg dürfte eine gründlichere Bestandserhebung mehr als 2 Brutpaare im Jahresdurchschnitt ergeben. In Finnland brüten zur Zeit rund 15 000 Paare, in Deutschland 5000. In Frankreich verläuft die Ausbreitung des Rauhfußkauzes parallel zu der des Schwarzspechts; sie entspricht der mehrerer anderer östlicher Arten, die jetzt weiter westlich brüten als früher. In den Ostpyrenäen ist das Brutvorkommen erst 1962, in den provenzalischen Alpen erst 1965 festgestellt worden, reicht aber zweifellos weiter zurück. Dagegen ist die Besiedlung der burgundischen Hochebenen und der lothringischen Wälder jüngeren Datums. Dennoch sind die französischen Bestände gering, und die Art gilt mit einem Bestand von weniger als 1000 Brutpaaren als selten (YEATMAN 1976). Der Rauhfußkauz ist Standvogel, doch erfolgen in manchen Jahren im Herbst ziemlich ausgedehnte Wanderbewegungen (Invasionen), die z. B. im Winter 1950/51 bis nach Norditalien führten. Wenig scheu und sehr vertraut gegenüber dem Menschen, der den Bestand der Art nicht unmittelbar zu bedrohen scheint. Seine natürlichen Feinde sind Habicht und Uhu, vor allem aber der Edelmarder, der brütende Weibchen und Jungvögel aus der Nisthöhle holt, und dessen Vermehrung infolge der geringeren Bejagung (weil sie sich wegen der gesunkenen Fellpreise nicht mehr lohnt) eine große Bedrohung darstellt. In den meisten europäischen Ländern geschützte Art, steht auf der „Roten Liste" der in der Bundesrepublik bedrohten Arten.

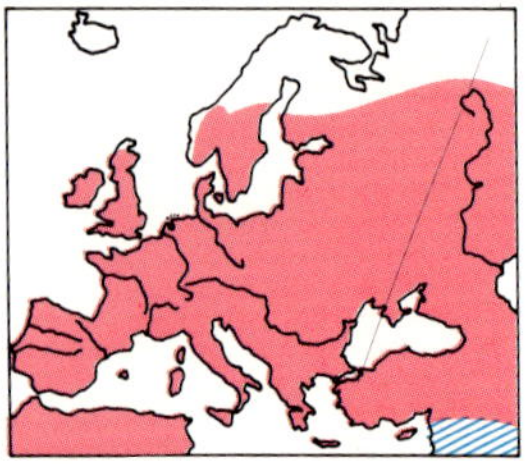

Nachtschwalbe (Ziegenmelker)

Caprimulgus europaeus

E: Nightjar
F: Engoulevent d'Europe
H: Nachtzwaluw
I: Succiacapre
S: Chotacabras gris

Kennzeichen: Im wesentlichen Dämmerungs- und Nachtvogel, etwa turteltaubengroß mit dickem, flachem Kopf, sehr kleinem Schnabel und weitem Rachen, langen Flügeln und langem Schwanz. Gefieder im allgemeinen graubraun mit zahlreichen rostbraunen Flecken. Erinnert im Flug an Mauersegler; das Männchen zeigt dabei in der Dämmerung auffallende weiße Flecken auf Schwanz und Flügeln.
Biotop: Brütet in lichten Kiefernwäldern, jungen Schonungen, auf verbuschtem Brachland, in bewachsenen Dünen und in Heidegebieten.
Nahrung: Fängt im Flug Insekten aller Art, die in der Dämmerung, in hellen Nächten und bei sehr bedecktem Himmel auch nachmittags fliegen: Maikäfer, Mistkäfer usw.
Fortpflanzung: Das Männchen läßt nachts zur Paarungszeit im Sitzen ein eigenartiges Schnurren hören; beim Balzflug schlägt es die Flügel klatschend zusammen. Ein Nest wird nicht gebaut, das Männchen scharrt höchstens symbolisch den Boden dort, wo das Weibchen später die Eier ablegt, etwas auf, meist an einer mit trockenen Kiefernnadeln, Rindenstückchen, zerbrochenen kleinen Zweigen und trokkenen Hälmchen bedeckten Stelle. Eiablage von Ende Mai – Mitte Juli; zwei Jahresbruten (je 2 Eier). Brutdauer 16 – 18 Tage; beide Partner brüten. Die Jungen werden von beiden Eltern betreut; sie sind mit 16 – 18 Tagen flügge und mit 31 – 34 Tagen selbständig.
Verbreitung: Von Nordafrika und Südskandinavien und in weiten Teilen Asiens. Brütet auf den Britischen Inseln hauptsächlich in Südengland (über 3000 Paare); seltener Brutvogel in den Niederlanden (100 – 300 Paare) und in Belgien (rund 750 Paare). In ganz Frankreich verbreitet und lokal recht häufig. Steht in der Bundesrepublik und der Schweiz auf der „Roten Liste" der bedrohten Arten. Zugvogel, überwintert hauptsächlich in Ost- und Südafrika. Wegzug im August – September, Heimzug Ende April – Anfang Mai. Geschützte Art.

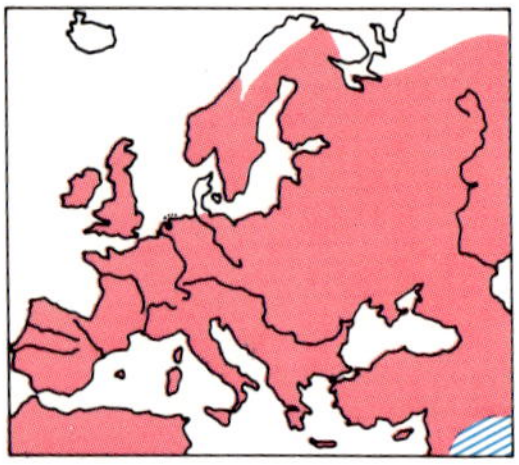

Mauersegler

Apus apus

E: Swift
F: Martinet noir
H: Gierzwaluw
I: Rondone
S: Vencejo común

Kennzeichen: Deutlich größer als Rauchschwalbe, ganz schwarz, nur Kinn und Kehle weißlich grau. Typisches Flugbild mit langen, schmalen, sichelförmigen Flügeln und kurzem Gabelschwanz. Schnabel sehr kurz, Rachen tief gespalten.
Biotop: Als Luftjäger an keinen Biotop gebunden, häufig über Großstädten zu beobachten, wo Scharen von Mauerseglern durch durchdringende Rufe und reißenden, wendigen Flug Aufmerksamkeit erregen.
Nahrung: Reiner Insektenfresser, fängt seine Beute (Mücken, Eintagsfliegen, Kleinschmetterlinge, Libellen, fliegende Ameisen und Blattläuse usw.) ausschließlich im Flug, vorwiegend in großer Höhe.
Fortpflanzung: Paart sich im Flug. Brütet in kleinen Kolonien, ursprünglich an Felsen, jetzt fast ausschließlich an – am liebsten hohen – Gebäuden (Kirchtürmen, Burgen), in dunklen Spalten und Nischen, vor allem unterm Dach oder in Mauerlöchern, auch in Großstädten. Das Nest wird aus allerlei vom Wind hochgewirbelten, in der Luft aufgeschnappten Baustoffen (trockene Hälmchen und Blättchen, Fäden, Haare, Federn) gefertigt, die mit Speichel verklebt werden. Eiablage von Mitte Mai – Mitte Juni; gewöhnlich 3 Eier. Brutdauer 17 – 22 Tage; beide Partner brüten. Die Jungen werden von beiden Eltern gefüttert und bleiben 30 – 50 Tage im Nest. Sie können mehrere Tage lang ohne Nahrung aushalten, wenn die Eltern bei anhaltender Schlechtwetterlage zum zeitweiligen Verlassen des Brutgebietes gezwungen sind. Eine Jahresbrut.
Verbreitung: Bewohnt Nordafrika, ganz Europa mit Ausnahme des hohen Nordens und große Teile von Asien. In Europa noch überall häufig. Verläßt uns meist nach dem Ausfliegen der letzten Brut der Kolonie, gewöhnlich Ende Juli/Anfang August; überwintert im tropischen und südlichen Afrika, kehrt Ende April/ Anfang Mai zurück. Geschützte Art.

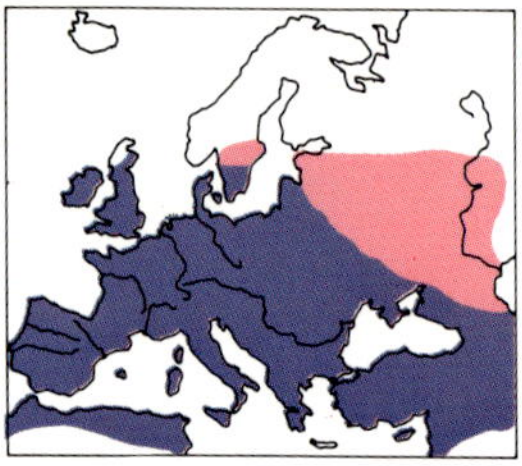

Eisvogel

Alcedo atthis

E: Kingfisher
F: Martin-pêcheur
H: Ijsvogel
I: Martin pescatore
S: Martín pescador

Kennzeichen: Kleiner als Star. Leicht kenntlich am schillernden Gefieder, dicken Kopf, langen Schnabel, kurzen Schwanz und an den kurzen, roten Füßen.

Biotop: Lebt an süßen, klaren, fischreichen stehenden oder langsam fließenden Gewässern, wo ihm Steilufer Gelegenheit zum Anlegen von Bruthöhlen geben.

Nahrung: Gewöhnlich kleine Fische sowie Larven von Libellen, Wasserkäfern, Wasserskorpionen und Eintagsfliegen, ferner Kaulquappen, kleine Frösche und Süßwasserkrebse. Wenn er seine Beute von einer Warte auf einem über das Wasser ragenden Zweig oder einer Wurzel aus oder im Rüttelflug über dem Wasser erspäht hat, stürzt er sich kopfüber ins Wasser, wobei er ganz unter die Oberfläche verschwindet. Fängt hauptsächlich junge Weißfische und andere reichlich vorkommende und wirtschaftlich uninteressante Arten, weniger die Brut von Forellen, Hechten und anderen sportlich und wirtschaftlich wertvollen Arten. Eine kürzlich vorgenommene Untersuchung von über 5000 Gewöllen hat ergeben, daß „edle" Fische nur 4,08% der Sommernahrung des Eisvogels ausmachen, Koppen und Stichlinge dagegen 56,45% (Doucet 1976). Wenn man bedenkt, daß diese beiden Arten Fischbrut fressen und im allgemeinen Fischereischädlinge sind, muß man zugeben, daß der Eisvogel für die Fischzucht wertvoll ist. Es ist daher falsch zu behaupten, der Eisvogel verursache der Fischwirtschaft schwere Schäden, umsomehr, als Fischbrutanlagen leicht und mit geringen Kosten mit Netzen abgedeckt werden können.

Fortpflanzung: Der Eisvogel legt sein Nest in einer Brutkammer am Ende eines Ganges an, den er selbst mit Schnabel und Krallen ausgräbt und dessen Länge je nach der Härte des Bodens zwischen 45 und 100 cm schwankt. Diese schwere Arbeit wird vom Männchen allein erledigt, das dafür 4 – 7 Tage benötigt. Der Gang ist gewöhnlich gerade und steigt etwas an, damit kein Wasser hineinlaufen kann. Nistmaterial wird nicht eingetragen; Fischgräten und -schuppen, später auch zerfallene Gewölle, bilden die Unterlage für die Eier. Die Eiablage beginnt Mitte April; gewöhnlich 7 Eier. Im Laufe des Jahres kann eine zweite, manchmal auch eine dritte Brut folgen. Brutdauer 19 – 22 Tage. Nach jeder Fütterung im Nest stürzt sich der Altvogel ins Wasser, um Schnabel und Gefieder zu säubern, denn während die Jungen heranwachsen, werden Brutkammer und Gang von flüssigem Kot und faulenden Fischresten verschmutzt. Die Jungen bleiben 21 – 26 Tage im Nest.

Verbreitung: Bewohnt Europa und Asien bis zum 60. Breitengrad sowie Afrika nördlich und südlich der Sahara. In West- und Mitteleuropa ziemlich selten. Die Bestände werden durch die große Ausdehnung der Reviere und die spezialisierten Biotopansprüche begrenzt. In strengen Wintern können die Verluste 90% der Bestände erreichen. Dazu kommen das törichte Fangen und Abschießen an Fischzuchtanlagen, die Gewässerverschmutzung und vor allem die Manie der Wasserbauer, Wasserläufe zu begradigen und die Ufer zu betonieren, wodurch eine Vielzahl von natürlichen Biotopen zerstört wird. Trotz seiner hohen Vermehrungsrate gelingt es dem Eisvogel nicht, seine frühere Bestandsdichte wieder zu erreichen. Altvögel sind Standvögel, soweit sie nicht gezwungen sind, bei Vereisung des Brutreviers eisfreie Gewässer aufzusuchen. Im Winter erscheinen bei uns Eisvögel aus Nord- und Osteuropa. Vor allem Jungvögel streichen weit umher und können sich Hunderte von Kilometern nach Südwesten in Richtung Mittelmeer vom Brutplatz entfernen. Offiziell geschützte Art, steht in der Bundesrepublik, Österreich und der Schweiz auf der „Roten Liste" der bedrohten Arten.

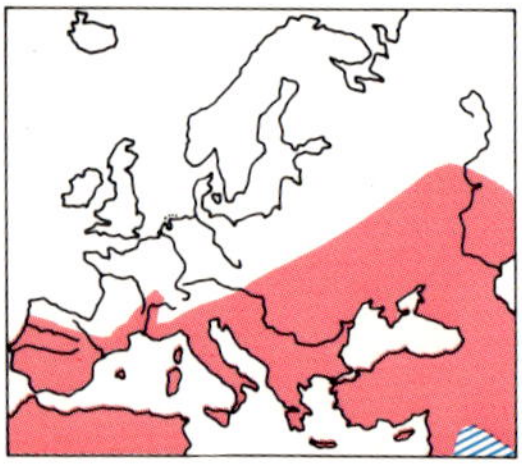

Bienenfresser

Merops apiaster

E: Bee-eater
F: Guêpier d'Europe
H: Bijeneter
I: Gruccione
S: Abejaruco

Kennzeichen: Ein bunter, vorwiegend glänzend blaugrün und leuchtend gelb und kastanienbraun gefärbter, exotisch aussehender Vogel, etwa so groß wie eine Amsel, aber länger und schlanker. Sein Flug erinnert an eine Schwalbe, aber die beiden mittleren Schwanzfedern sind verlängert. Es ist schwer zu entscheiden, was mehr zu bewundern ist, das bunte Gefieder des Bienenfressers oder sein Flug. Schnabel ziemlich lang, leicht nach unten gebogen; Füße so kurz, daß der Schwanz beim Laufen den Boden berührt. Setzt sich gern auf Leitungsdrähte und andere Aussichtspunkte, von denen aus er sein Jagdrevier beobachtet. Im Geradeausflug, bei dem Reihen rascher Flügelschläge mit Stoßflügen bei fast geschlossenen Flügeln abwechseln, erinnert das Flugbild an einen Specht. Bei der Flugjagd beschreibt der Bienenfresser im Segelflug auf starren, ausgebreiteten Flügeln große Bögen, die von schnellen kurzen Flügelschlägen unterbrochen werden.
Biotop: Entspricht seinen Nahrungsansprüchen und seinen Nistgewohnheiten. Da er sich von Fluginsekten, vornehmlich von Libellen, ernährt, hält sich der Bienenfresser gern in der Nähe des Wassers auf, so daß man ihn oft an Flüssen und auf Sandbänken antrifft. Als wärmeliebender Bewohner des Mittelmeerraums bewohnt er offenes, sonniges Gelände.
Nahrung: Luftjäger, dessen Beute von dem örtlichen und jahreszeitlichen Angebot an Fluginsekten abhängt: Wespen, Bienen, Hummeln, Hornissen, Käfer, Zweiflügler, Schmetterlinge, Libellen. Einer der wenigen Jäger, die stachelbewehrte Insekten erbeuten, deren Gift ihm nichts ausmacht. Verschlingt seine Beute manchmal im Flug, wie die Schwalben, setzt sich aber gewöhnlich nach jedem Fang auf einen Zweig oder dergl. und tötet die Beute mit einigen Schnabelschlägen, ehe er sie verschluckt.
Fortpflanzung: Nistet in Kolonien, die manchmal mehrere hundert Vögel umfassen. Beide Partner graben abwechselnd einen Gang, dessen Länge je nach Bodenbeschaffenheit zwischen 80 und 250 cm schwankt, in einer mehr oder weniger steilen Wand oder auch in fast ebenem Gelände. Das Erdreich wird mit dem Schnabel zerkleinert und mit den Füßen hinausbefördert. Am Ende des Ganges befindet sich eine Brutkammer von 10 – 20 cm Durchmesser, die mit Gewöllen aus Chitinteilen ausgekleidet wird. Ein eigentliches Nest wird nicht gebaut. Eiablage von Mai – Juli; gewöhnlich 5 – 6 Eier. Brutdauer 22 – 24 Tage. Eine Jahresbrut; bei frühzeitiger Zerstörung des ersten Geleges erfolgt gewöhnlich ein Nachgelege. Die Jungen bleiben rund einen Monat in der Bruthöhle. Sie beginnen gleich nach dem Ausfliegen zu jagen, werden aber noch bis zum Wegzug von den Eltern gefüttert.
Verbreitung: Brütet vom Mittelmeerraum bis Innerasien sowie in Südafrika. Zeigt seit den 40er-Jahren die Tendenz, das Brutgebiet nach Norden auszudehnen, sowohl in Südfrankreich wie in Osteuropa; gilt seit einigen Jahren in der Ukraine als sehr häufig. Brütet in Mitteleuropa regelmäßig nur im Dreieck zwischen Donau, Save und Plattensee, hat aber verschiedentlich auch schon außerhalb dieses Gebietes gebrütet, so in Belgien, den Niederlanden, Deutschland, der Schweiz und Österreich. In Frankreich brütet der Bienenfresser am regelmäßigsten im Mittelmeergebiet, z. B. in der Camargue, von wo er sich das Rhônetal aufwärts nach Norden ausbreitet, und ist auf Korsika recht häufig; dennoch liegt der Bestand unter 1000 Paaren, und die Art wird als selten eingestuft. Im August werden die Brutkolonien verlassen,und starke Verbände streichen im Brutgebiet umher. Der eigentliche Wegzug beginnt Anfang September und führt bis ins tropische und südliche Afrika. Die Zugscharen ziehen bei Tage in beträchtlicher Höhe und verraten sich durch ihre Rufe. Die Rückkehr in die Camargue erfolgt ab Ende April. Geschützte Art. Steht in Österreich auf der „Roten Liste" der gefährdeten Arten.

Blauracke

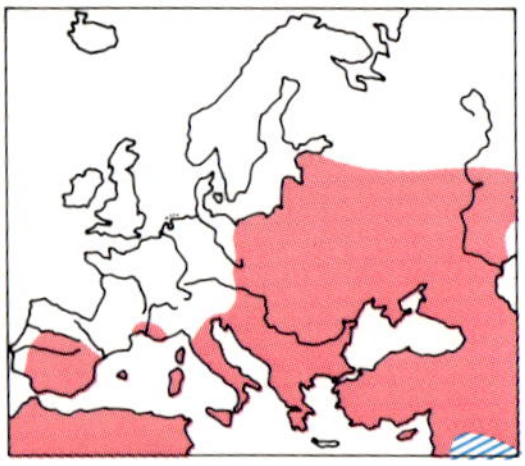

Coracius garrulus
E: Roller
F: Rollier d'Europe
H: Scharrelaar
I: Ghiandaia
S: Carraca

Kennzeichen: Etwas kleiner als Eichelhäher, Unterseite, Schwanz, Flügel und Kopf schillernd blaugrün, Rücken rotbraun. Flug erinnert an Dohle.
Biotop: Offenes Gelände, mehr oder weniger kahl oder mit niedrigem Bewuchs, das einige Aussichtsplätze aufweist; zum Brüten ist das Vorhandensein von großen alten Bäumen mit Nisthöhlen unerläßlich.
Nahrung: Zum großen Teil Insekten, vor allem Großinsekten mit Chitinpanzer, z. B. Geradflügler (Grillen, Heuschrecken) und Käfer (Laufkäfer, Maikäfer usw.), die er mit seinem kräftigen Schnabel schält, dazu Spinnen und Skorpione, zuweilen auch Eidechsen, Frösche oder Kleinvögel.
Fortpflanzung: Brütet in Mitteleuropa einzeln, im Süden in lockeren Kolonien. Die Männchen führen zur Balzzeit unter lautem Krächzen spektakuläre Taumelflüge aus. Eiablage Ende Mai – Juni; 4 – 5 Eier. Brütet in geräumigen Höhlen alter Bäume, wo die Eier unmittelbar auf das morsche Holz gelegt werden, aber auch in Felswänden und Ruinen oder in Mauerlöchern, Erdlöchern oder Nistkästen (Schweden). Brutdauer 18 – 19 Tage. Die Jungen fliegen mit 25 – 32 Tagen aus. Eine Jahresbrut.
Verbreitung: Die aus dem Osten stammende Art bewohnte früher wahrscheinlich ganz Europa mit Ausnahme des Nordens, zieht sich aber nach Osten zurück und ist aus weiten Gebieten West- und Mitteleuropas verschwunden. Die Schuld daran wird einer Ausbreitung des atlantischen Klimas mit kühlen, feuchten Sommern zugeschrieben. Brütet in Nordafrika, Spanien, Südfrankreich, Italien und von der Elbe bis Innerasien. Besiedelt in Frankreich die ganze Mittelmeerküste. In der Bundesrepublik als Brutvogel seit 1950 verschwunden, brütet aber noch in der DDR und in Österreich. Zieht ab Ende August/Mitte September in die Savannengebiete Ostafrikas und kehrt Ende Mai wieder zurück. Geschützte Art. Steht in der DDR und in Österreich auf der „Roten Liste" der vom Aussterben bedrohten Arten.

Wiedehopf

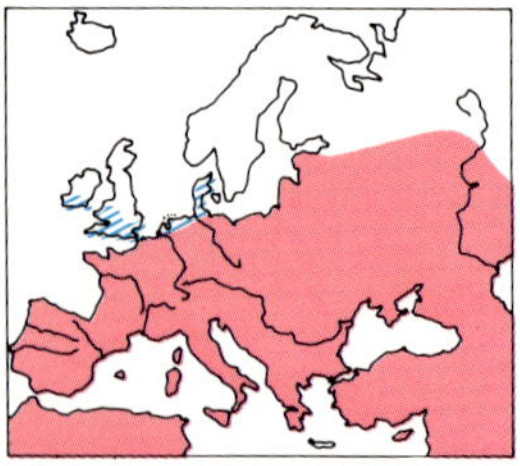

Upupa epops
E: Hoopoe
F: Huppe fascié
H: Hop
I: Upupa
S: Abubilla

Kennzeichen: Etwas größer als Misteldrossel, leicht kenntlich an den schwarz-weiß gebänderten, gerundeten Flügeln, die ihn im Flug wie einen großen Schmetterling erscheinen lassen, sowie an der aufrichtbaren Haube mit schwarzen Spitzen; Gefieder bräunlichrosa, Schnabel dünn, lang und leicht gebogen.
Biotop: Offenes, warmes, trockenes Gelände mit einzelnen Bäumen in der Ebene und im Hügelland; meidet geschlossene Waldungen.
Nahrung: Maulwurfsgrillen, Heuschrecken, Spinnen, Regenwürmer, Schnakenlarven, Raupen und Ameisen; sucht seine Nahrung am Boden, auf Viehweiden und Feldwegen, untersucht besonders gern Kuhfladen auf Insekten und Larven.
Fortpflanzung: Höhlenbrüter, nistet in Baumhöhlen und Mauerlöchern, in Steinhaufen und Holzstößen, unter Dachziegeln und freiliegenden Wurzeln, auch in alten Elsternnestern. Baut kein eigentliches Nest. Eiablage von Mitte Mai – Mitte Juli; gewöhnlich 6 – 7 Eier. Brutdauer 16 Tage. Die Jungen sind mit 26 Tagen flügge. Eine Jahresbrut.
Verbreitung: Brütet im südlichen und mittleren Europa und Asien sowie in weiten Teilen Afrikas. Brütet nur ausnahmsweise in England und sehr selten in Nordfrankreich, Belgien und den Niederlanden. Aus Dänemark und Nordwestdeutschland, wo er früher häufig war, als Brutvogel verschwunden; steht in der Bundesrepublik und der Schweiz auf der „Roten Liste" der vom Aussterben bedrohten Arten. In den meisten Ländern geschützte Art, wird aber in manchen südeuropäischen Ländern gejagt und soll so in Griechenland weitgehend ausgerottet worden sein. Überwintert in Afrika im Süden der Sahara; zieht im September weg und kehrt im April zurück.

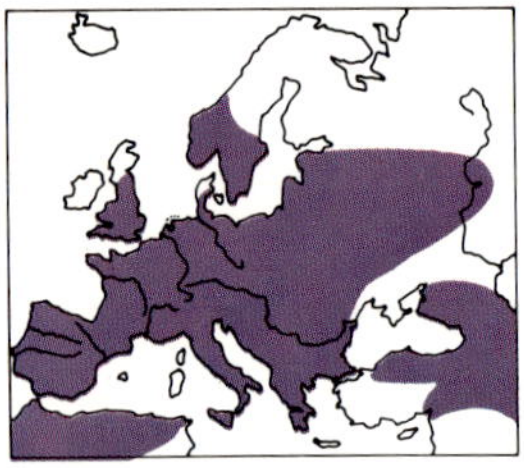

Grünspecht

Picus viridis
E: Green Woodpecker
F: Pic vert
H: Groene specht
I: Picchio verde
S: Pito real

Kennzeichen: Etwa eichelhähergroß, im ganzen grün gefärbt (auf dem Rücken dunkler als unterseits), mit gelbem Bürzel, rotem Scheitel und einem schwarzen Feld ums Auge. Das Männchen hat einen schwarzgerandeten roten, das Weibchen einen schwarzen Bartstreif.
Biotop: Lichte Laubwälder, an Heideflächen angrenzende Nadelwälder, Parks mit hohen Bäumen und Rasenflächen sowie Obstgärten mit Wiesen in der Nähe. Der Lebensraum des Grünspechts muß hohe Bäume aufweisen, in denen er Nisthöhlen zimmern kann, sowie Wiesen, auf denen er Ameisenbauten findet.
Nahrung: Sucht seine Nahrung (Ameisen und Larven) viel mehr als andere Spechte am Boden, wobei er mit seiner langen, klebrigen Zunge, die rund fünfmal so lang ist wie der Kopf, tief in die Ameisenbauten eindringt und die daran klebenden Ameisen herauszieht. Frißt gelegentlich auch Körner und Früchte.
Fortpflanzung: Höhlenbrüter, zimmert seine Nisthöhle in den Stamm eines alten Laubbaumes, mit Vorliebe einer kernfaulen Eiche oder eines alten Obstbaumes. Die Nestmulde wird nur mit einigen Holzspänen ausgelegt. Eiablage von Ende April – Ende Mai; gewöhnlich 5 – 7 Eier. Brutdauer 15 – 19 Tage. Die Jungen bleiben rund vier Wochen im Nest. Eine Jahresbrut.
Verbreitung: Bewohnt ganz Europa vom Mittelmeer bis England, Südskandinavien und bis zum Finnischen Meerbusen, nach Osten bis zum Ural; ferner Teile von Vorderasien. Fehlt in Irland. In Mitteleuropa recht häufig. Standvogel, dessen Bestände sehr unter strengen Wintern zu leiden haben, wenn die Ameisen unter tiefem Schnee oder im gefrorenen Boden unerreichbar sind. Geschützte Art. – Von Frankreich bis Nordjapan und Sumatra brütet der kleinere Grauspecht (*P. canus*) mit grauer Unterseite und grauem Kopf mit schmalem schwarzem Bartstreif; nur das Männchen hat eine rote Stirn. Fehlt in Mitteleuropa in der Ebene. Weniger Bodenvogel als der Grünspecht.

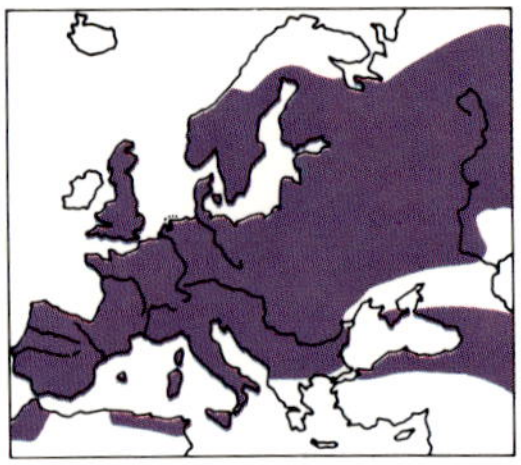

Buntspecht

Dendrocopos major
E: Great Spotted Woodpecker
F: Pic épeiche
H: Grote bonte specht
I: Picchio rosso maggiore
S: Picapuertas mayor

Kennzeichen: Etwa singdrosselgroß, schwarzweiß-rot gefärbt. Verbreitetste und häufigste Spechtart West- und Mitteleuropas. Männchen mit rotem Genickfleck, der dem Weibchen fehlt, Jungvögel mit rotem Scheitel.
Biotop: Gehölze aller Art, Parks, große Gärten, Alleen und Friedhöfe.
Nahrung: Untersucht, wie andere Spechte, Stämme und Äste, deren Rinde er aufmeißelt, um Käfer- und Schmetterlingslarven hervorzuholen; verschmäht auch Wespen, Libellen, Heuschrecken und Spinnen nicht. Klemmt Zapfen von Nadelbäumen in Rindenspalten, um sie zu zerlegen und die Samen freizulegen; diese „Spechtschmieden" verraten sich durch die am Fuß des Baumes aufgehäuften Schuppen. Vergreift sich zuweilen an den Jungen anderer Höhlenbrüter. Verzehrt gern Eicheln, Bucheckern, Nüsse und Beeren sowie das im Winter ausgelegte Meisenfutter.
Fortpflanzung: Höhlenbrüter. Die Nisthöhlen werden meist in mehr oder weniger morschen Bäumen gezimmert; die Nestmulde wird mit Holzspänen ausgelegt. Eiablage Mai – Juni; gewöhnlich 4 – 7 Eier. Brutdauer 12 – 13 Tage. Eine Jahresbrut. Die Jungen verlassen die Nisthöhle mit 3 – 4 Wochen.
Verbreitung: Von Nordwestafrika bis zum Polarkreis und von Großbritannien bis Japan. Fehlt in Irland und Griechenland. In ganz West- und Mitteleuropa häufig. Im allgemeinen Standvogel; bei Nahrungsmangel ziehen nordische Buntspechte in großer Zahl nach Süden. Geschützte Art. – Der etwas kleinere Mittelspecht (*D. medius*) mit rotem Scheitel bewohnt Laubwälder von Italien und Griechenland bis Südschweden und Mittelrußland und von Nordspanien bis Iran; er steht in der Bundesrepublik und in der Schweiz auf der „Roten Liste" der bedrohten Arten. Der sperlingsgroße Kleinspecht (*D. minor*) ist oberseits schwarz-weiß quergestreift und bis auf den hellroten Scheitel des Männchens ohne Rot; er bewohnt Laub- und Mischwälder sowie Parks und Obstgärten von Nordwestafrika bis Nordskandinavien und von Portugal und England bis Kamtschatka und Nordjapan.

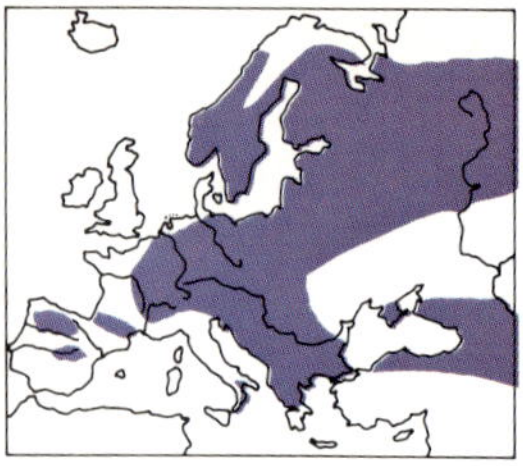

Schwarzspecht

Dryocopus martius

E: Black Woodpecker
F: Pic noir
H: Zwarte specht
I: Picchio nero
S: Pito negro

Kennzeichen: Unser größter Specht (krähengroß), ganz schwarz, mit rotem Scheitel (Männchen) bzw. Hinterkopf (Weibchen). Schnabel lang und gerade, Auge weißlich.
Biotop: Dichter, hoher Nadel- und Mischwald, im Gebirge auch Buchenwald.
Nahrung: Zerhackt mit seinem starken Schnabel morsches Holz und holt mit seiner langen, klebrigen Zunge Insekten aller Art und ihre Larven hervor. Typischer Baumspecht, kommt aber auch auf den Boden, um Wurzeln und morsche Stämme zu untersuchen und um Ameisennester zu plündern.
Fortpflanzung: Die Nisthöhlen werden an schadhaften Stellen in Bäumen aller Art gezimmert; die Nestmulde wird nur mit einigen Spänen ausgelegt. Eiablage von April – Mai; gewöhnlich 4 –5 Eier. Brutdauer 12 – 14 Tage. Die Jungen verlassen die Nisthöhle nach 24 – 28 Tagen und streifen in der Gegend umher. Eine Jahresbrut. Meist wird jedes Jahr eine neue Bruthöhle gezimmert. Alte Schwarzspechthöhlen werden gern von anderen Höhlenbrütern benutzt, z. B. Hohltauben, Käuzen, Blauracken, Dohlen, Staren und Kleibern.
Verbreitung: Von Ostfrankreich bis Japan und von Nordgriechenland bis Nordskandinavien; isolierte Vorkommen in Nordspanien und Süditalien. Fehlt in Großbritannien und Dänemark. In den Niederlanden 1000 – 2000 Bruten, in Belgien rund 250, in Luxemburg rund 60. In Frankreich selten, trotz einer Ausbreitung nach Westen. Der Bestand ist überall spärlich, da ein Schwarzspechtpaar ein Revier von mehreren hundert Hektar benötigt. Standvogel, doch ziehen nordische Schwarzspechte gelegentlich nach Süden. Geschützte Art.

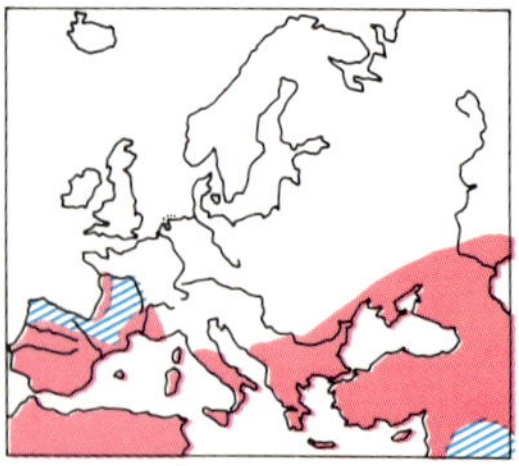

Kurzzehenlerche

Calandrella brachydactyla

E: Short-toed Lark
F: Alouette calandrelle
H: Kortteenleeuwerik
I: Calandrella
S: Terrera común

Kennzeichen: Viel kleiner als Feldlerche, sehr hell, im Einklang mit dem von ihr bewohnten Biotop. Oberseits rostrot mit fast schwarzen Streifen, unterseits weißlich ohne Streifung. Charakteristisch sind kleine dunkle Flecken an beiden Seiten des Halses sowie der dunkle Scheitel. Setzt sich nicht auf Bäume, läuft schnell. Flug wellenförmig und niedrig.
Biotop: Steppenvogel, bewohnt Stranddünen, Brachfelder, Salicorniasteppen (Camargue), trockene Hochebenen, steinige Wüsten (Crau), Ödland und Weinberge.
Nahrung: Im großen und ganzen wie bei anderen Lerchen, Körner und Insekten, die sie in schnellem Lauf am Boden erbeutet.
Fortpflanzung: Brütet immer an trockenen, sandigen oder tonigen Stellen mit spärlichem Bewuchs. Das Nest ist eine kleine Mulde im Boden im Schutz eines Grasbüschels. Eiablage von Mitte Mai – Juni/Juli; gewöhnlich 3 – 5 Eier. Brutdauer 13 – 15 Tage. Die Jungen bleiben 9 – 12 Tage im Nest. Zwei Jahresbruten mit Ersatzbrut.
Verbreitung: Vom Mittelmeerraum bis Innerasien, in Europa auf der Iberischen Halbinsel, in West- und Südfrankreich, in Mittel- und Süditalien, auf der Balkanhalbinsel und im Süden der Sowjetunion. Außerhalb der Brutzeit gesellig und tritt dann manchmal in sehr starken Flügen auf. Zieht im September/Oktober nach Nordwestafrika und kehrt ab Mitte April in die Camargue zurück. Einige Vögel überwintern bereits im Roussillon und auf Korsika. Geschützte Art, ist durch die in Frankreich und Italien noch immer gestattete Bejagung der Feldlerche gefährdet.

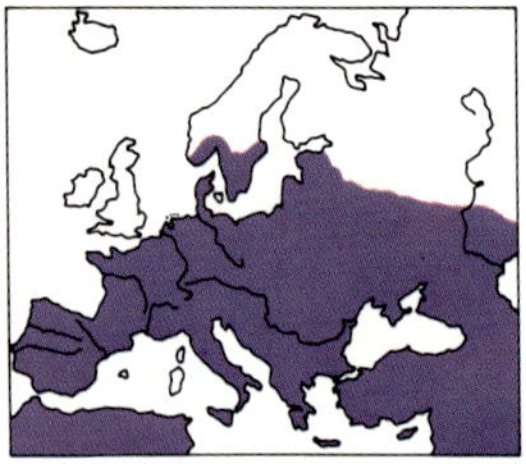

Haubenlerche
Galerida cristata
E: Crested Lark
F: Cochevis huppé
H: Kuifleeuwerik
I: Capellaccia
S: Cogujada común

Kennzeichen: Ähnelt der Feldlerche, aber plumper. Schwanz kurz, ohne Weiß, Kopf mit langer, spitzer Haube.
Biotop: Trockenes, selbst arides, mit Vorliebe sandiges, offenes, teilweise von niedriger Vegetation oder Gebüsch bedecktes oder begrenztes Gelände; daher in Eisenbahn- und Industrieanlagen, ja selbst in den Straßen der Großstädte anzutreffen. Singt in niedrigem Flug, am Boden oder von einer Warte aus.
Nahrung: Diese wird ausschließlich vom Boden aufgelesen. Sämereien aller Art, Getreidekörner (z. B. aus Pferdeäpfeln oder in Mühlenbetrieben) und junges Grün (Sprosse und Blattspitzen). Zur Brutzeit Heuschrecken, Käfer, Raupen, Motten und Spinnen.
Fortpflanzung: Eiablage von Mitte März – Juli; gewöhnlich 3 – 4 Eier, die in ein Bodennest aus trockenen Gräsern und Würzelchen gelegt werden. Brutdauer 11 – 13 Tage. Zwei, manchmal drei Jahresbruten. Die Jungen bleiben rund 9 Tage im Nest, sind aber erst mit 16 – 18 Tagen flügge.
Verbreitung: Von der Sahelzone bis Südskandinavien und vom Atlantik bis zum Pazifik. Hat sich im Verfolg des Ausbaues der großen Straßen vom Mittelmeerraum aus weit nach Norden ausgebreitet, aber die Britischen Inseln nicht erreicht. Mit dem Ersatz des Pferdes, ihres Hauptnahrungslieferanten, durch das Auto ist die Ausbreitung zum Stillstand gekommen und der Bestand in den Industrieländern verringert worden. Standvogel, leidet in strengen Wintern unter Nahrungsmangel. Allgemein geschützte, in Italien jagdbare Art. Ist in Frankreich durch die noch immer gestattete Bejagung der Feldlerche gefährdet. Steht in Österreich auf der „Roten Liste" der vom Aussterben bedrohten Arten.

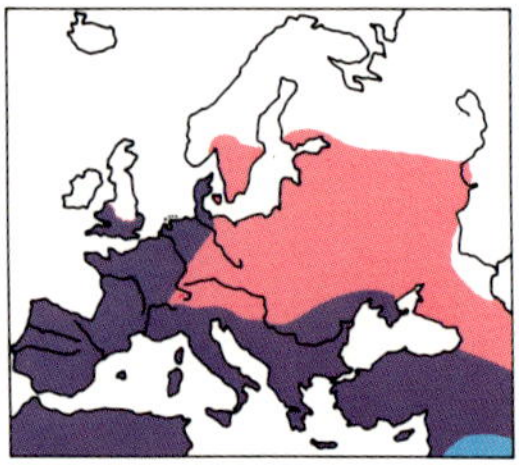

Heidelerche
Lullula arborea
E: Woodlark
F: Alouette lulu
H: Boomleeuwerik
I: Tottavilla
S: Totavía

Kennzeichen: Etwas kleiner als Feldlerche mit verhältnismäßig kürzerem Schwanz; kennzeichnend sind die im Genick zusammenlaufenden weißen Brauenstreifen und ein dunkler Fleck unterhalb des Flügelbugs. Singt am Boden und im Flug, am liebsten von der Spitze eines niedrigen Bäumchens.
Biotop: Sandiges Brach- und Heideland mit einigen Bäumen, Waldränder und junge Kiefernschonungen.
Nahrung: Zum großen Teil tierischer Art: bodenbewohnende Insekten (Käfer, Fliegen, Heuschrecken und ihre Larven), dazu junge Sprosse und Körner (hauptsächlich im Herbst).
Fortpflanzung: Paarbildung sehr früh, vom Winterende an. Eiablage von Mitte März – Juli; gewöhnlich 3 – 4 Eier; Nest eine kleine Mulde im Boden. Brutdauer 13 – 15 Tage. Die Jungen verlassen das Nest mit 9 – 15 Tagen, vor dem Flüggewerden. Zwei Jahresbruten.
Verbreitung: Von Nordwestafrika bis Südskandinavien und von Südengland bis zum Ural. Vor allem im Norden des Verbreitungsgebietes in ständigem Rückgang begriffen. In England nur 200 – 450 Paare, in den Beneluxländern selten. In Frankreich, wo sie früher überall verbreitet war, ist ebenfalls ein allgemeiner Rückgang zu verzeichnen, doch schwanken die Bestände von Jahr zu Jahr. Die Gründe für den Rückgang sind in der Vergangenheit zu suchen, vor allem in den verheerenden Auswirkungen der Vogelstellerei mit Netzen im Herbst, die bis vor kurzem in Belgien und in Südfrankreich so beliebt war. Die nördlichen Populationen ziehen ab Ende September in kleinen Flügen oder einzeln nach West- und Südeuropa sowie nach Nordwestafrika. Allgemein geschützte, in Italien jagdbare Art, ist in Frankreich durch die gestattete Bejagung der Feldlerche gefährdet. Steht in der Bundesrepublik und der Schweiz auf der „Roten Liste" der bedrohten Arten.

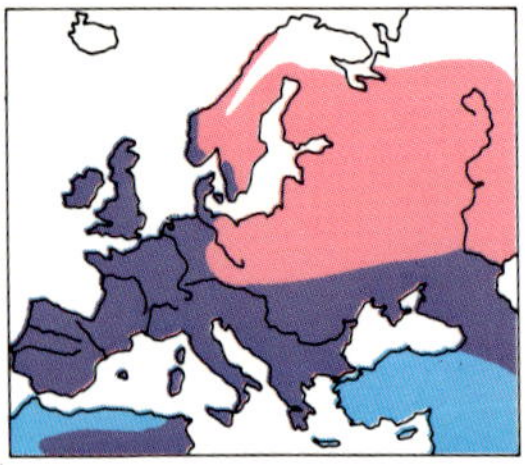

Feldlerche
Alauda arvensis
E: Skylark
F: Alouette des champs
H: Veldleeuwerik
I: Lodola
S: Alondra

Kennzeichen: Häufigste und durch ihren wohllautenden Gesang allbekannte Lerchenart. Dieser wird im Singflug, zu dem sie fast senkrecht emporsteigt und der durch einen plötzlichen Absturz beendet wird, über dem Revier vorgetragen. Kleiner als Star, oberseits erdbraun, unterseits weißlich mit fein gestrichelter Brust.
Biotop: Trockenes, offenes Gelände, Korn- und Kleefelder, trockene Heide, Dünen und Wiesen.
Nahrung: Vorwiegend pflanzlicher Art: Sämereien, Körner und zartes Grün; verschmäht aber auch tierische Nahrung nicht, vor allem im Sommer. Die Jungen werden mit Spinnen, Tausendfüßlern, Blattläusen, Heuschrecken, Mücken, Raupen und Regenwürmern ernährt.
Fortpflanzung: Das Nest wird immer in einer kleinen Mulde im Boden angelegt. Eiablage von Anfang April – August; gewöhnlich 4 Eier. Brutdauer 11 – 12 Tage. Die Jungen verlassen das Nest nach 10 Tagen, noch vor dem Flüggewerden; mit 3 Wochen fliegen sie schon recht gut und werden selbständig. Zwei, manchmal drei Jahresbruten.
Verbreitung: Von Nordwestafrika bis zum Nordkap und von den Britischen Inseln bis zum Pazifik. Überall in Europa zahlreich; der Bestand geht jedoch zurück infolge der Anwendung von Insektiziden und Unkrautbekämpfungsmitteln sowie der Mechanisierung der Landwirtschaft. Kommt lokal auch im Hochgebirge vor. Die Feldlerchen im Westen und Süden des Verbreitungsgebietes sind Standvögel, die im Norden und Osten Zugvögel, deren Winterquartiere in Südwesteuropa und im Mittelmeerraum liegen. Allgemein geschützte, in Frankreich und Italien jagdbare Art.

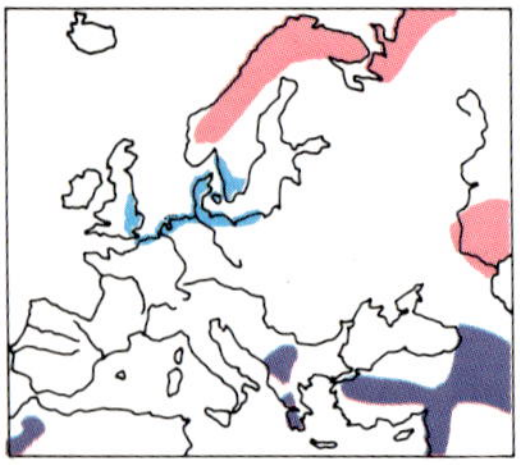

Ohrenlerche
Eremophila alpestris
E: Shore Lark
F: Alouette hausse-col
H: Strandleeuwerik
I: Lodola golagialla
S: Alondra cornuda

Kennzeichen: Etwas kleiner als Feldlerche. Leicht am schwarzen Bartstreif und Brustband und am Gelb von Gesicht und Kehle zu erkennen; Männchen im Frühjahr mit schwarzen Federohren. Verhalten ähnlich wie Bachstelze, schlank, flink, wenig scheu; läuft sehr schnell. Der schnelle, geradeaus gerichtete, leicht wellige Flug läßt mehr an einen Pieper als an eine Lerche denken.
Biotop: Brütet in der Trockensteppe im Hochgebirge oberhalb der Baumgrenze und in der arktischen Tundra. In West- und Mitteleuropa nur im Winter am Strand, in den Dünen und auf Wattwiesen zu beobachten; sehr selten im Binnenland.
Nahrung: Im Winterquartier Sämereien sowie kleine Weich- und Krebstiere. Man hat beobachtet, wie sie mit Schnabel und Füßen im Pulverschnee scharrte, um nach Nahrung zu suchen und um eine Schlafstelle zu schaffen.
Fortpflanzung: Das Nest steht am Boden und wird zum Schutz gegen den Wind mit Steinchen oder dgl. umringt. Eiablage von Ende Mai – Juli; gewöhnlich 3 – 4 Eier. Brutdauer 11 – 13 Tage. Die Zeit bis zum Flüggewerden der Jungen ist noch nicht genau bekannt. Zwei Jahresbruten.
Verbreitung: Einerseits im skandinavischen Hochgebirge und in der Tundra vom Nordkap bis Ostsibirien, andererseits im Hochgebirge des Balkans und Vorderasiens und von Nordwestafrika bis China; außerdem in ganz Nordamerika. Nordeuropäische Brutvögel ziehen beim ersten Schneefall, gewöhnlich im September, nach Südwesten. Sie überwintern regelmäßig an den Küsten der südlichen Nord- und Ostsee, vor allem in England, sehr selten weiter südlich; nur ausnahmsweise in der Schweiz. Geschützte Art.

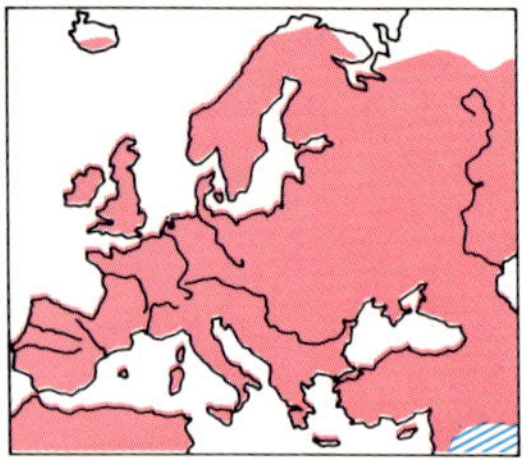

Rauchschwalbe

Hirundo rustica

E: Swallow
F: Hirondelle de cheminée
H: Boerenzwaluw
I: Rondine
S: Golondrina común

Kennzeichen: Unsere häufigste Schwalbe, kenntlich an der metallisch blauen Oberseite, der rotbraunen Stirn und Kehle und dem tief gegabelten Schwanz, bei dem die beiden äußeren Federn die anderen weit überragen.
Biotop: Offenes Gelände aller Art; brütet in Ställen und Scheunen, selbst in bewohnten Räumen, wenn sie ungehindert ein- und ausfliegen kann.
Nahrung: Kleine Insekten aller Art, die im Flug aufgeschnappt werden.
Fortpflanzung: Das aus mit Speichel vermischtem feuchtem Lehm, Strohhälmchen, Federn und Haaren erbaute, oben offene Nest hat die Form einer Viertelkugel und wird gewöhnlich im Innern eines Gebäudes an einer Wand auf einer Unterlage mit einem gewissen Abstand zur Decke errichtet. Eiablage von Mitte April – Mitte September; gewöhnlich 5 Eier. Brutdauer 12 – 14 Tage. Die Jungen sind mit rund 3 Wochen flügge, werden aber noch einige Zeit von den Eltern gefüttert, manchmal im Sitzen, manchmal im Flug, und verbringen die Nacht zusammen mit den Eltern im Nest. Wenn sie selbständig geworden sind, versammeln sie sich abends in großen Scharen zum Schlafen im Schilf oder im Gebüsch. Zwei, manchmal drei Jahresbruten.
Verbreitung: Brütet in der gemäßigten Zone der nördlichen Halbkugel. In Europa überall verbreitet, geht aber im Gebirge kaum über 1200 m hinauf. Trotz ihrer Beliebtheit gehen die Bestände langsam zurück. Die Gründe dafür sind mannigfaltig: die Jagd in den Mittelmeerländern und in Afrika, die Verwendung von Pestiziden und Insektiziden in der Landwirtschaft, der Bau moderner Ställe und Scheunen, die ihr kaum noch Nistmöglichkeiten bieten, schließlich die Desinfizierung alter Ställe durch Verspritzen von Giftstoffen zur Brutzeit. Zieht im September/Oktober, in ungünstigen Jahren erst im November, ins tropische Afrika bis zum Kapland, kehrt im April zurück. Geschützte Art.

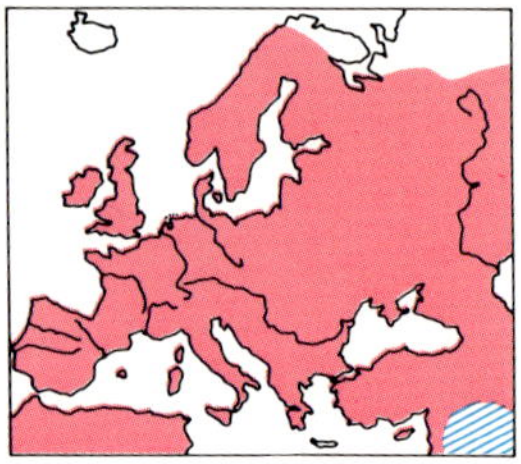

Mehlschwalbe

Delichon urbica

E: House Martin
F: Hirondelle de fenêtre
H: Huiszwaluw
I: Balestruccio
S: Avión común

Kennzeichen: Von der Rauchschwalbe durch schwarzblaue Oberseite, rein weiße Unterseite, weißen Bürzel und viel kürzeren, weniger tief ausgeschnittenen Schwanz unterschieden.
Biotop: Mehr Stadtbewohner als die Rauchschwalbe, brütet dort, wo sie Nistplätze, Nistmaterial (Lehm) und Nahrung findet.
Nahrung: Wie Rauchschwalbe, jagt aber in höheren Luftschichten; badet und trinkt wie diese im Flug.
Fortpflanzung: Das aus zahlreichen Lehmklümpchen erbaute, mehr oder weniger halbkugelförmige Nest wird gewöhnlich an der Außenwand eines Gebäudes unmittelbar unter einem vorspringenden Dach, Balkon oder dgl. errichtet, so daß nur ein kleines Einschlupfloch freibleibt. Koloniebrüter; meist werden mehrere Nester aneinandergebaut. Eiablage von Mitte Mai – Mitte September; gewöhnlich 5 Eier. Brutdauer 12 – 14 Tage. Die Jungen bleiben 19 – 25 Tage im Nest und werden noch zwei Wochen nach dem Ausfliegen von den Eltern gefüttert. Nach dem Selbständigwerden schließen sie sich zu Flügen zusammen und verbringen die Nacht in irgendeinem Nest, manchmal sehr weit vom Geburtsort entfernt. Zwei Jahresbruten.
Verbreitung: Von Nordwestafrika bis zum Nordkap und den Britischen Inseln bis Japan. In ganz Europa (außer Island) verbreitet, aber weniger zahlreich als Rauchschwalbe. Wird aus vielerlei Gründen seltener: außer der Verwendung von Pestiziden und Insektiziden sind der Bau von Gebäuden ohne Vorsprünge, der Mangel an feuchtem Lehm (Betonbauweise) und die Sauberkeitsliebe vieler Hausbesitzer zu nennen, die die im Bau befindlichen Nester zerstören. Zieht von der zweiten Septemberhälfte an nach Süden und überwintert wahrscheinlich im tropischen Afrika. Geschützte Art.

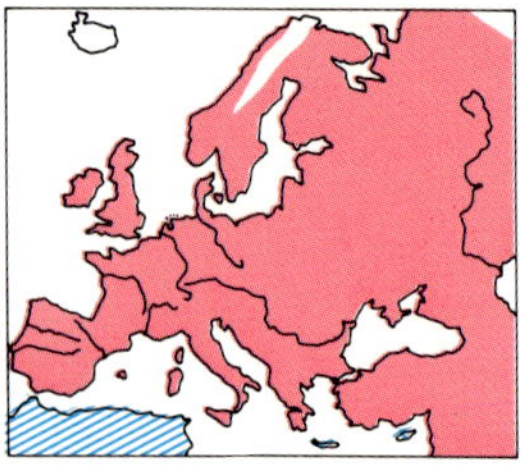

Uferschwalbe
Riparia riparia
E: Sand Martin
F: Hirondelle de rivage
H: Oeverzwaluw
I: Topino
S: Avión zapador

Kennzeichen: Unsere kleinste Schwalbe, oberseits einheitlich braun, unterseits weiß mit braunem Brustband; kurzer Gabelschwanz.
Biotop: Zur Brutzeit an mehr oder weniger senkrechte Sand-, Mergel- oder Tonwände in der Nähe von offenem Wasser gebunden; bleibt im Bergland meist unterhalb 600 m.
Nahrung: Fluginsekten (kleine Käfer, fliegende Ameisen, Fliegen und Mücken), die sie vor allem morgens und abends über offenem Wasser jagt.
Fortpflanzung: Koloniebrüter. Mit Schnabel und Füßen wird ein 60 – 80 cm langer waagerechter Gang in eine Böschung, ein Steilufer oder die Steilwand einer Sand- oder Mergelgrube gegraben. Dieser endet in einer Nestkammer (wie beim Eisvogel). Eiablage von Mitte Mai – Ende Juli; gewöhnlich 5 Eier. Brutdauer 12 – 14 Tage. Die Jungen bleiben 16 – 19 Tage im Nest, halten sich anschließend im Gang auf. Zwei Jahresbruten. Die Jungen kehren im nächsten Jahr nicht unbedingt an ihren Geburtsort zurück, sondern können sich mit anderen Jungvögeln zusammentun und eine neue Kolonie gründen.
Verbreitung: Bewohnt Europa (außer Island), den größten Teil Asiens und Nordamerika. Wegen ihrer Bindung an geeignete Brutplätze lokal verbreitet; da diese von Natur veränderlich sind, ist ihre Lebensdauer beschränkt, so daß die Kolonien zum Wandern gezwungen sind. Die Begradigung der Flüsse und die Verbauung der Ufer schränken die Nistmöglichkeiten immer mehr ein. Steht in der Bundesrepublik und in der Schweiz auf der „Roten Liste“ der gefährdeten Arten. Die Uferschwalbe zieht früher als die anderen Schwalbenarten. Der Wegzug beginnt bereits Anfang August und führt vornehmlich nach Ost-, aber auch nach West- und bis Südafrika. Geschützte Art.

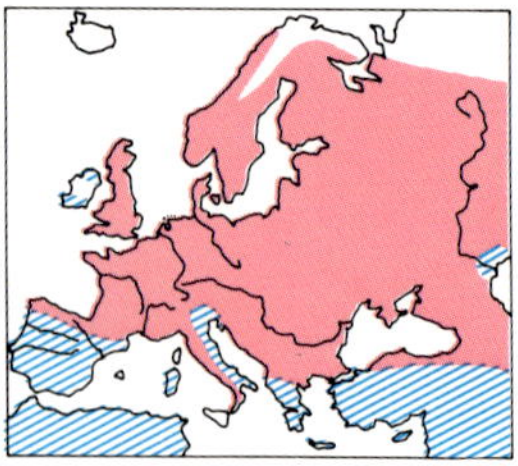

Baumpieper
Anthus trivialis
E: Tree Pipit
F: Pipit des arbres
H: Boompieper
I: Pispolone
S: Bisbita arbóreo

Kennzeichen: Etwas kleiner als Feldlerche, aber verhältnismäßig hochbeiniger; Brust deutlich gefleckt. Zur Brutzeit nicht auf Feldern. Beim Singflug steigt das Männchen von einem Baumwipfel aus etwa 10 m in die Höhe und gleitet dann wieder langsam mit hängenden Beinen und gefächertem Schwanz zu einem anderen herab.
Biotop: Waldränder, Lichtungen, Baumreihen in offener Landschaft sowie mit Baumgruppen durchsetztes Heideland.
Nahrung: Kleine Insekten (Heuschrecken, Käfer, Raupen, Schnaken, Mücken, Spinnen und Ameisenpuppen), die er am Boden aufliest.
Fortpflanzung: Brütet am Boden im Gras, Heidekraut oder Farngestrüpp. Eiablage von Mai – Juli; gewöhnlich 4 – 5 Eier. Brutdauer 12 – 13 Tage; nur das Weibchen brütet. Beide Eltern füttern die Jungen. Diese verlassen das Nest nach etwa zehn Tagen, noch ehe sie flügge sind. Zwei Wochen später sind sie selbständig und verlassen den Geburtsort. Meist eine, zuweilen zwei Jahresbruten.
Verbreitung: Von Frankreich und dem Balkan bis Nordskandinavien und von Großbritannien bis Ostsibirien; isolierte Vorkommen in Nordspanien und im Apennin. Fehlt in Irland und Island. Geht im Gebirge bis 2000 m hinauf. Ziemlich häufig, aber unregelmäßig verbreitet: in Finnland rund 1 650 000 Paare, in den Niederlanden und Belgien rund 10 000. Zieht ab September ins Winterquartier im tropischen Afrika südlich der Sahara. Allgemein geschützte, in Italien jagdbare Art, ist in Frankreich durch die noch immer gestattete Bejagung der Feldlerche gefährdet.

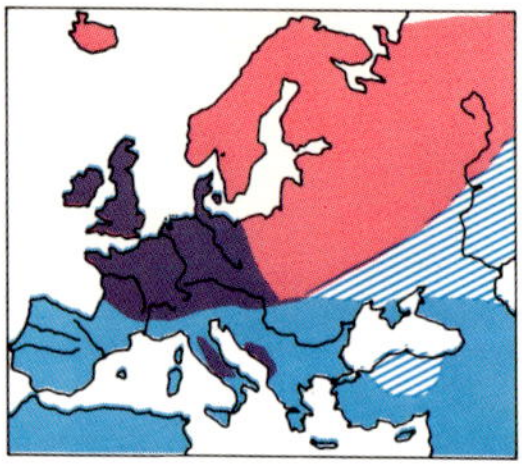

Wiesenpieper

Anthus pratensis

E: Meadow Pipit
F: Pipit farlouse
H: Graspieper
I: Pispola
S: Bisbita común

Kennzeichen: Unser kleinster Pieper, grünlich grau, Brust deutlich gestrichelt. Singflug wie Baumpieper, aber meist vom Boden oder einem niedrigen Sitzplatz aus; Gesang viel schwächer und weniger klangvoll.
Biotop: Wiesen, feuchte Heide, Moore, baumloses Brachland, Deichvorland.
Nahrung: Im Sommer tierischer Art (kleine Käfer, Mücken, Fliegen, Heuschrecken, Blattläuse u. dgl., Larven, Raupen, kleine Schnekken, Würmer), im Winter pflanzlicher (Sämereien) Art.
Fortpflanzung: Brütet immer am Boden in einem flachen, unter einem Grasbüschel oder dergl. verborgenen Nest. Eiablage Anfang April – August; gewöhnlich 5 Eier. Brutdauer 13 – 14 Tage. Die Jungen bleiben 9 – 11 Tage im Nest und werden eine Woche später vom Männchen aus dem Brutrevier vertrieben.
Verbreitung: Europa nördlich der Pyrenäen, Alpen und Karpaten, einschließlich Island und Ostgrönland; isolierte Brutvorkommen im Apennin und im Donau- und Balkanraum. Auf den Britischen Inseln über 3 Millionen Brutpaare; auch in den Beneluxländern zahlreich. In Frankreich vor allem im Küstengebiet von Kanal und Nordsee. In Deutschland vorwiegend im Norden; im Süden und in der Schweiz (50 – 100 Paare) zerstreut in Mooren. Überwintert in West- und Südeuropa. Allgemein geschützte, in Italien jagdbare Art, ist in Frankreich durch die immer noch gestattete Bejagung der Feldlerche, mit der er leicht verwechselt werden kann, gefährdet. Steht in Österreich und der Schweiz auf der „Roten Liste" der gefährdeten Arten.

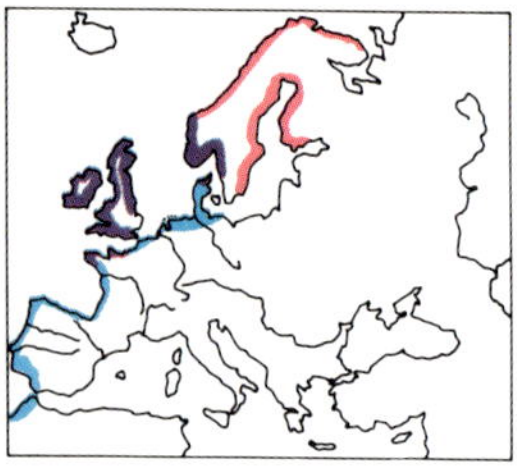

Wasserpieper (Felsen-, Strandpieper)

Anthus spinoletta

E: Water Pipit, Rock Pipit
F: Pipit spioncelle, P. maritime
H: Waterpieper, Oeverpieper
I: Spioncello, Sp. maritimo
S: Bisbita ribereño, B. marítimo

Kennzeichen: Etwas größer als Baum- und Wiesenpieper, mit viel dunkleren Beinen. In Europa zwei geographisch und ökologisch getrennte Rassengruppen: eigentl. Wasserpieper („Bergpieper", *A. s. spinoletta*), oberseits aschgrau, unterseits (im Brutkleid) gelblich rosa fast ohne Strichelung, mit weißen Schwanzkanten, sowie Strandpieper (*A. a. petrosus*) und Felsenpieper (*A. s. littoralis*), oberseits dunkel olivgrau, unterseits stärker gestrichelt, mit wenig oder ohne Rosa, Schwanzkanten hellgrau.
Biotop: Feuchte Wiesen im Gebirge (Wasserpieper) bzw. Felsküsten (Strand- und Felsenpieper).
Nahrung: Insekten und ihre Larven, Spinnen, kleine Weich- und Krebstiere, Sämereien und Pflanzenteile.
Fortpflanzung: Brütet am Boden, in einer Felsspalte oder in der Vegetation versteckt. Eiablage je nach Rasse und Gegend von April – Juli; gewöhnlich 4 – 6 Eier. Brutdauer 14 – 15 Tage. Die Jungen bleiben zwei Wochen im Nest. Zwei Jahresbruten.
Verbreitung: Der Wasserpieper bewohnt die Gebirge Mittel- und Südeuropas, Strand- und Felsenpieper die Felsküsten West- bzw. Nordeuropas; andere Rassen in Asien und Nordamerika. Wasserpieper wandern im Winter vom Gebirge in die Ebene, norwegische Strandpieper (Foto) und die Felsenpieper des Ostseeraums ziehen vorwiegend an die Küsten von Nordsee und Atlantik bis Marokko, während die Strandpieper der Britischen Inseln und Nordfrankreichs vorwiegend Standvögel sind. Steht auf der „Roten Liste" der in der Bundesrepublik potentiell bedrohten Arten. Geschützte, in Italien jagdbare Art.

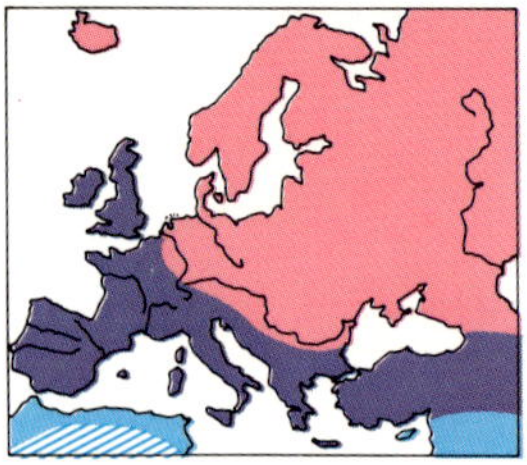

Bachstelze
Motacilla alba
E: White Wagtail
F: Bergeronette grise
H: Witte kwikstaart
I: Ballerina bianca
S: Lavandera blanca

Kennzeichen: Kleiner, hellgrauer Vogel mit weißem Kopf, schwarzer Kappe, Kehle und Brust; läuft schnell und wippt dabei mit dem langen Schwanz.
Biotop: Offenes Gelände aller Art, sofern es ihr Nistmöglichkeiten bietet: Acker- und Weideland, Brachland mit vereinzelten Bäumen und Sträuchern, auch große Rasenflächen in der Nähe einzelnstehender Häuser; am liebsten in der Nähe von Wasser.
Nahrung: Kleine Insekten aller Art, vor allem Mücken und Fliegen, die in schnellem Lauf im Gras und am Ufer aufgepickt werden.
Fortpflanzung: Das Nest wird immer gut versteckt am Boden oder in geringer Höhe an einer dunklen, gut geschützten Stelle in einem Mauerloch, unter einem Steinhaufen, unter Dachziegeln, in einer Kopfweide, in einem Holzstoß, auf einem Balken in einer Scheune oder in einem Nistkasten mit großer rechteckiger Öffnung errichtet. Eiablage von Mitte April – Ende Juli; gewöhnlich 5 – 6 Eier. Brutdauer 12 – 14 Tage. Die Jungen bleiben rund zwei Wochen im Nest und sind etwa acht Tage später selbständig. Zwei Jahresbruten.
Verbreitung: Bewohnt ganz Europa (einschließlich Island) sowie den größten Teil Asiens. Auf den Britischen Inseln kommt die Trauerbachstelze (*M a. yarrellii*) vor, die auch schon in Nordfrankreich, Belgien, den Niederlanden und an den deutschen Küsten gebrütet hat; sie hat einen schwarzen Rücken. Die Bachstelze ist überall in Europa verbreitet, in den Alpen bis 1800 m hoch. Nord-, ost- und mitteleuropäische Bachstelzen überwintern vom Mittelmeerraum bis Mittelafrika. Geschützte Art.

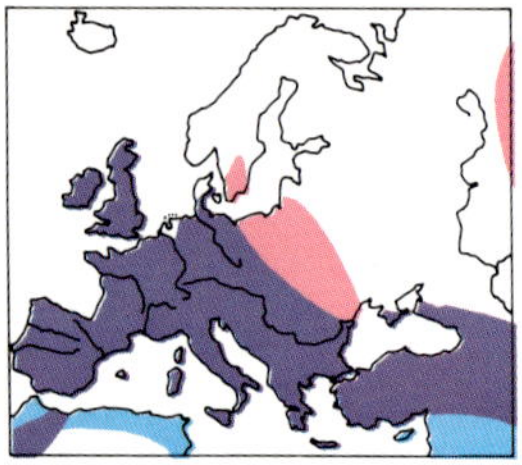

Gebirgsstelze
Motacilla cinerea
E: Grey Wagtail
F: Bergeronette des ruisseaux
H: Grote Gele Kwikstaart
I: Ballerina gialla
S: Lavandera cascadeña

Kennzeichen: Ähnlich der Schafstelze, aber mit wesentlich längerem schwarzem Schwanz mit weißen Kanten, hellgrauem Rücken und gelbem Bürzel; beim Männchen im Brutkleid sind Kinn und Kehle schwarz.
Biotop: Klare, schnell fließende Gewässer: Gebirgsbäche, Stromschnellen, Mühlgräben und Schleusen.
Nahrung: Kleine Insekten aller Art und ihre Larven, kleine Weich- und Krebstiere, selbst kleine Fische; fängt ihre Beute am Ufer entlanglaufend, aber auch in der Luft.
Fortpflanzung: Brütet immer nahe am Wasser, in einem Mauerloch, an einer Mühle, unter einer Brücke oder im Wurzelwerk an einem Steilufer. Eiablage von Ende März – Ende Juli; gewöhnlich 5 – 6 Eier. Brutdauer 11 – 14 Tage. Die Jungen bleiben weniger als zwei Wochen im Nest. Zwei Jahresbruten.
Verbreitung: Von den Kanarischen Inseln und Nordwestafrika bis Schottland und Südschweden und von den Azoren bis Japan. Brütet selten in der Ebene, geht in den Alpen bis 2800 m hoch. In allen mitteleuropäischen Ländern vertreten; in den Niederlanden selten (rund 100 Paare). Das Revier eines Paares umfaßt eine Uferstrecke von 1 km Länge. Altvögel sind zum Teil Standvögel und bleiben in der Nähe des Reviers, solange die Gewässer nicht zufrieren, in strengen Wintern können große Verluste eintreten. Zieht einzeln, vorwiegend bei Tag und in beträchtlicher Höhe. Die Winterquartiere liegen im Mittelmeerraum und in Afrika südlich der Sahara nördlich vom Äquator. Geschützte Art.

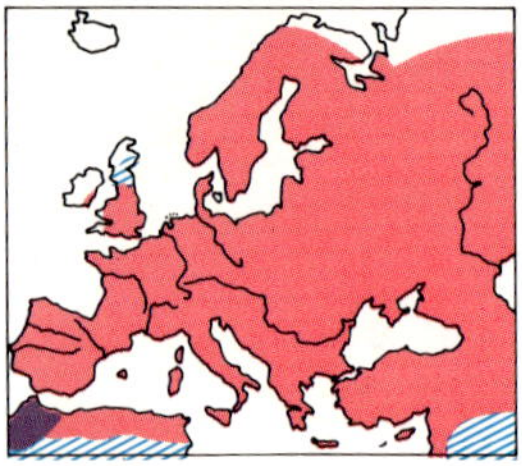

Schafstelze

Motacilla flava

E: Yellow Wagtail
F: Bergeronette printanière
H: Gele Kwikstaart
I: Cutrettola
S: Lavandera boyera

Kennzeichen: Kurzschwänziger als Gebirgsstelze, Oberseite olivgrün. Beim Männchen im Brutkleid Unterseite zitronengelb, Oberkopf je nach Rasse verschieden gefärbt: bei der mitteleuropäischen (*M. f. flava*) blaugrau mit weißem Brauenstreif, bei der britischen (*M. f. flavissima*) grünlichgelb, bei der italienischen (*M. f. cinereocapilla*) dunkelgrau, bei der nordeuropäischen (*M. flava thunbergi*) schwarz. Hält sich gern in der Nähe des Weideviehs auf.
Biotop: Weniger an Wasser gebunden als Gebirgsstelze, bewohnt offenes Gelände in der Ebene, vor allem sumpfiges Weideland, aber auch Heide-, Acker- und Brachland.
Nahrung: Fast ausschließlich Insekten und ihre Larven, gelegentlich Würmer und Schnecken.
Fortpflanzung: Brütet immer am Boden unter einer Erdscholle oder einem Grasbüschel, gern auch im tiefen Trittsiegel eines Pferdes oder Rindes, Eiablage von Mai – Juli; gewöhnlich 5 – 6 Eier. Brutdauer 13 Tage. Während des Brütens sind die Altvögel sehr still und heimlich; nach dem Schlüpfen der Jungen äußern sie ihre Besorgnis lebhafter. Die Jungen bleiben rund zwei Wochen im Nest, sind aber erst mit 17 Tagen wirklich flügge. Die Familien schließen sich zu umherstreifenden Flügen zusammen. Oft zwei Jahresbruten.
Verbreitung: Bewohnt in zahlreichen, oft schwer zu unterscheidenden Rassen Nordwestafrika, Europa (außer Schottland und Island), Mittel- und Nordasien sowie das westliche Alaska. Die britische Rasse brütet auch auf den Friesischen Inseln, die italienische gelegentlich in Österreich und Südwestdeutschland; die nordische erscheint bei uns auf dem Zug. In Irland sehr selten; in den Niederlanden häufiger, in Belgien und Luxemburg regelmäßiger, in der Schweiz unregelmäßiger Brutvogel. Verläßt uns im Spätsommer, um ins tropische Afrika zu ziehen und kehrt Anfang April zurück. Steht in der Schweiz auf der „Roten Liste“ der gefährdeten Arten. Geschützte Art.

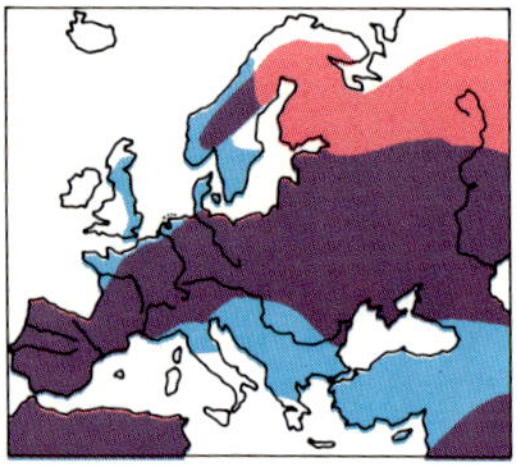

Grauwürger (Raubwürger)

Lanius excubitor

E: Great Grey Shrike
F: Pie-grièche grise
H: Klapekster
I: Averla maggiore
S: Alcaudón real

Kennzeichen: Singdrosselgroß, oberseits hellgrau, unterseits weiß, mit schwarzer Augenbinde und Hakenschnabel; Flügel schwarz mit weißem Abzeichen; kennzeichnender wellenförmiger Flug.
Biotop: Halboffenes Gelände, Heide-, Moor- und Weideland mit einigen Bäumen und Sträuchern.
Nahrung: Große Insekten, Eidechsen, Frösche, Mäuse, Spitzmäuse und Kleinvögel. Jagt seine Beute vom Ansitz aus, schlägt sie meist am Boden und tötet sie durch Schnabelhiebe. Bei reichem Nahrungsangebot wird die Beute zum späteren Verzehr auf Dornen aufgespießt. Würgt Gewölle aus wie ein Greifvogel.
Fortpflanzung: Wo sie Standvögel sind, halten die Paare das ganze Jahr über, vielleicht sogar lebenslänglich zusammen. Baut ein großes, unordentliches Nest in einem einzeln stehenden Baum. Eiablage von Mitte April – Mitte Juni; gewöhnlich 6 Eier. Brutdauer 14 – 15 Tage. Die Jungen bleiben rund 20 Tage im Nest. Sie werden von beiden Eltern gefüttert, die getrennt jagen und getrennte „Speisekammern“ haben. Nach dem Ausfliegen bleiben die Jungen bis spät in den Herbst mit den Eltern zusammen. Eine Jahresbrut.
Verbreitung: Auf der nördlichen Halbkugel weit verbreitet, fehlt in Europa in Westfrankreich, auf den Britischen Inseln und Island, in Dänemark und Südskandinavien, in Italien, im Donauraum und auf dem Balkan. In der Schweiz kaum mehr als 20 Paare. Überall spärlich verbreitet, da die Reviere sehr groß sind; jedes Paar benötigt mindestens einen Quadratkilometer. Für den deutlichen Rückgang der Bestände sind das Verschwinden der Großinsekten als Folge der modernen Landwirtschaftsmethoden und die Akkumulierung von Pestiziden in den Beutetieren verantwortlich. Westeuropäische Brutvögel sind Stand-, mitteleuropäische Stand- und Strichvögel, während nordeuropäische nach Mittel- und Westeuropa ziehen. Allgemein geschützte Art. Steht in der Bundesrepublik, Österreich und der Schweiz auf der „Roten Liste“ der bedrohten Arten.

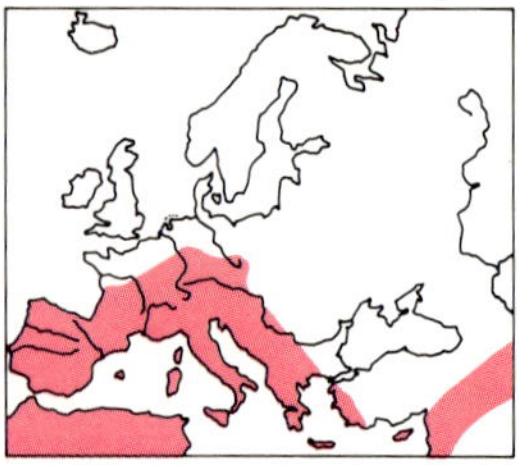

Rotkopfwürger

Lanius senator

E: Woodchat Shrike
F: Pie-grièche à tête rousse
H: Roodkopklauwier
I: Averla capirossa
S: Alcaudón común

Kennzeichen: Starengroß, kenntlich an der kastanienbraunen Kappe und dem im übrigen schwarz-weißen Gefieder. Zuckt wie alle Würger häufig mit dem Schwanz.
Biotop: Gebüschreiches Gelände, in den nördlichen Teilen des Verbreitungsgebietes vor allem Obstgärten mit dichten Dornhecken, im Mittelmeergebiet, wo er häufig ist, Macchie, Oliven- und Citrushaine, ja selbst städtische Parks und Gärten. Geht in Südfrankreich im Gebirge bis 1000 m, in der Schweiz nicht über 850 m, in Süddeutschland nicht über 500 m hoch.
Nahrung: Hauptsächlich Insekten, aber auch Eidechsen, Mäuse und Kleinvögel. Jagt wie alle Würger vorwiegend vom Ansitz aus, aber nicht vom Wipfel eines Baumes, sondern von den unteren Ästen. Geht immer schnell wieder in Deckung.
Fortpflanzung: Das unordentlich gebaute Nest steht in einem Baum. Eiablage von Mitte Mai – Anfang Juli; gewöhnlich 5 – 6 Eier. Brutdauer 14 – 16 Tage. Die Jungen verlassen das Nest mit 18 Tagen. Ende August, vor dem Beginn des Wegzugs, trennen sich die Altvögel von den Jungen. Eine Jahresbrut.
Verbreitung: Nordafrika, das südliche Europa und Vorderasien. Die Nordgrenze des Verbreitungsgebietes verläuft durch Nordfrankreich und das südliche und mittlere Deutschland. In der Schweiz etwa 50 Paare; in Süddeutschland in starkem Rückgang begriffen, u. a. infolge von Vernichtung des Lebensraumes durch Flurbereinigung und Rationalisierung des Obstanbaus. Zieht im Spätsommer nach Afrika zwischen dem Wendekreis und dem Äquator und kehrt Mitte April/Anfang Mai zurück. Allgemein geschützte Art; steht in der Bundesrepublik, Österreich und der Schweiz auf der „Roten Liste“ der vom Aussterben bedrohten Arten.

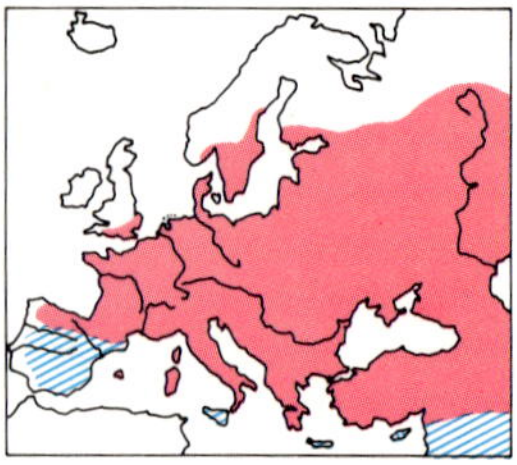

Rotrückenwürger (Neuntöter)

Lanius collurio

E: Red-backed Shrike
F: Pie-grièche écorcheur
H: Grauwe Klauwier
I: Averla piccola
S: Alcaudón dorsirrojo

Kennzeichen: Kleiner als Star, aber größer als Haussperling; Männchen kenntlich am rötlichbraunen Mantel, an der zartrosa getönten Brust, der hellgrauen Kappe und der schwarzen Augenbinde. Das Weibchen ist unauffälliger gefärbt, oberseits rotbraun, unterseits weißlich mit dunklen Querwellen.
Biotop: Offenes Gelände mit Dornbüschen: Feldgehölze, Wegränder, buschreiches Heideland, Lichtungen.
Nahrung: Hauptsächlich Insekten (Laufkäfer, Mistkäfer, Maikäfer, Hummeln, Heuschrekken), aber auch Eidechsen, Blindschleichen, Molche, kleine Frösche sowie Nestlinge und eben flügge Junge von Kleinvögeln.
Fortpflanzung: Das Nest wird vom Männchen angelegt und zum größten Teil fertig gebaut, während das Weibchen sich mit der Inneneinrichtung begnügt. Es steht meist in einem Dornbusch. Eiablage von Mitte Mai – Mitte Juli; meist 5 – 7 Eier. Brutdauer 14 – 16 Tage. Die Jungen wachsen schnell und springen mit 12 Tagen bei Gefahr aus dem Nest, noch ehe sie fliegen können; sie werden noch im Alter von anderthalb Monaten von den Eltern gefüttert. Eine Jahresbrut.
Verbreitung: Europa von Nordspanien, Sardinien, Süditalien und Griechenland bis Südengland, Südskandinavien und Südfinnland sowie große Teile Asiens bis Japan. In den nördlichen Gebieten ist ein allgemeiner Rückgang der Verbreitung wie der Bestände zu verzeichnen, so brüteten in England 1952 über 300 Paare, 1976 dagegen weniger als 50. Steht in der Bundesrepublik und der Schweiz auf der „Roten Liste“ der gefährdeten Arten. Im Süden ist die Abnahme weniger spürbar (in der Schweiz häufig). Zieht ab Mitte August/September in südöstlicher Richtung ab, um in Ost- und Südafrika zu überwintern, und kehrt Anfang Mai zurück. Geschützte Art.

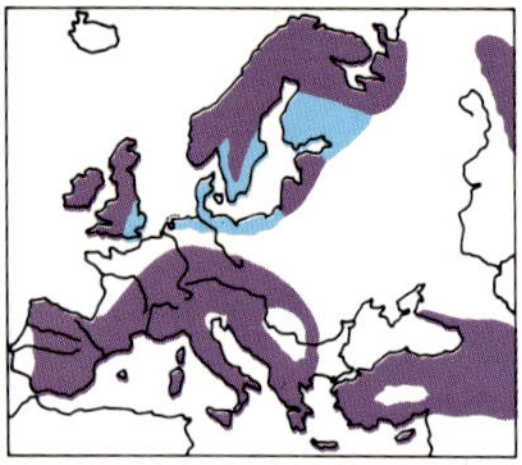

Wasseramsel

Cinclus cinclus

E: Dipper
F: Cincle plongeur
H: Waterspreeuw
I: Merlo acquaiolo
S: Mirlo acuático

Kennzeichen: Starengroß, aber gedrungener und rundlicher; schwärzlich, mit rostbraunem Oberkopf und weißem Latz; bei britischen und mitteleuropäischen Rassen ist dieser unten rotbraun gesäumt. Erinnert an einen großen Zaunkönig, stelzt wie dieser gern den kurzen Schwanz und knickst wie ein Rotkehlchen. Scheu, fliegt ab, sobald er sich beobachtet fühlt. Der schnelle, dem Bachlauf folgende Flug erinnert an einen Eisvogel. Wasseramseln sind die einzigen Sperlingsvögel, die schwimmen und tauchen, haben aber keine besonderen Organe für diese Lebensweise entwickelt.
Biotop: Schnell fließende, klare Gewässer im Berg- und Hügelland, besonders solche mit kiesigem Boden, mit Felsblöcken und kleinen Wasserfällen und Stromschnellen und mit geringem Uferbewuchs.
Nahrung: Fast ausschließlich tierischer Art, hauptsächlich Larven von Wasserinsekten (z. B. Käfern, Köcherfliegen, Libellen, Eintagsfliegen, Wasserwanzen), ferner kleine Mollusken und Krebstiere; auch der Verzehr von Würmern, Kaulquappen und Fischchen (Elritzen) ist beobachtet worden. Läuft bei der Jagd entweder am Ufer, auf den Steinen im Bach oder im seichten Wasser umher, oder schwimmt und taucht bis zum Grund. Dort hält sie sich bei geschlossenen Flügeln mit den Zehen an den Kieseln fest und läuft mit gesenktem Kopf stromaufwärts; dabei übt die Strömung einen Druck auf die Oberseite des Körpers aus, der stark genug ist, sie unter Wasser zu halten. Um in den Wirbeln das Gleichgewicht zu halten, öffnet und schließt sie die Flügel und benutzt den kurzen, breiten Schwanz als Steuer. Auf dem Grund dreht sie Steinchen um und pickt die Beute auf, die sich darunter aufhält. Das Tauchen dauert 4 – 15 Sekunden. Beim Auftauchen schießt sie mit halbgeöffneten Flügeln wie ein Korken zur Oberfläche empor. Kein Federchen ist naß geworden, da sie ihr Gefieder stets sorgfältig pflegt. Kälte macht ihr nichts aus, solange ihr offenes, fließendes Gewässer zur Verfügung steht. Sie taucht aber nicht mehr, wenn das Wasser getrübt ist; dann jagt sie am Ufer und nimmt auch pflanzliche Nahrung auf. Die Wasseramsel wurde – und wird z. T. noch heute – von Fischern verfolgt, weil sie angeblich der Fischbrut schädlich ist. Dafür gibt es aber keine Belege; sie kommt auch an Gewässern vor, in denen keine Fische leben.
Fortpflanzung: Das Nest ist wie beim Zaunkönig kugelig mit seitlichem Eingang und steht in einer Fels- oder Mauerspalte, zwischen Steinen und ausgewaschenen Wurzeln am Ufer, unter Brücken und an Mühlen; auch Nistkästen werden angenommen. Eiablage von März – Anfang Juni; gewöhnlich 4 – 5 Eier. Brutdauer 15 – 16 Tage. Die Jungen verlassen das Nest mit 19 – 25 Tagen, noch ehe sie flügge sind; sie können aber schon gut schwimmen und verstecken sich am Ufer, wo die Eltern sie füttern. Zwei Jahresbruten.
Verbreitung: Von Spanien, Sizilien und Griechenland bis Nordskandinavien und von Irland bis Innerasien; in Europa sechs Unterarten. Wegen ihrer Biotopansprüche im Flachland selten; der Bestand ist überall spärlich, da ein Paar mehrere Kilometer Bachlauf benötigt. Im allgemeinen Standvogel, aber beim Zufrieren der Gewässer wandern Wasseramseln aus höheren Lagen ins Tiefland. Geschützte Art, steht auf der „Roten Liste“ der in der Bundesrepublik bedrohten Arten.

Seidenschwanz

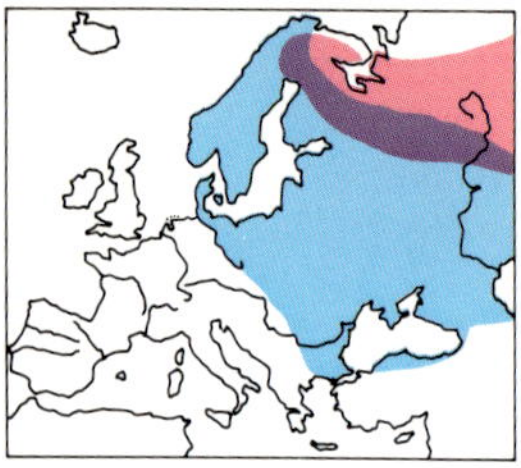

Bombycilla garrulus

E: Waxwing
F: Jaseur boréal
H: Pestvogel
I: Beccofrosone
S: Ampelis europeo

Kennzeichen: Starengroß, gedrungen, mit seidigem, rosig graubraunem Gefieder, schwarzem Kinn und Augenstreif, breiter gelber Schwanzendbinde und einem Häubchen, wenig scheu.
Biotop: Der subarktische Nadel- und Birkenwald. Bei uns Parks, Gärten, Waldränder und Alleen mit fruchttragenden Sträuchern und Bäumen.
Nahrung: Die Hauptnahrung bilden während eines großen Teils des Jahres allerlei Beeren und Früchte von Eberesche, Weißdorn, Heckenrose, Mehlbeerbaum, Schneeball, Berberitze, Wacholder und Zwergmispel, im Winter auch faules Obst; zur Brutzeit Insekten, die er nach Fliegenschnäpperart erbeutet.
Fortpflanzung: Das Nest aus Kiefernnadeln, Moos, Flechten und Rentierhaar steht versteckt in einer Fichte oder Birke am Rand einer sonnigen Lichtung im Sumpfwald. Eiablage im Juni; gewöhnlich 4 – 5 Eier. Brutdauer 14 – 16 Tage. Die Jungen bleiben rund 16 Tage im Nest. Eine Jahresbrut.
Verbreitung: Von Nordskandinavien über Sibirien bis zur Hudsonbai. Erscheint nicht alljährlich westlich der Elbe. Der geringe Nährwert der Früchte, auf denen seine Ernährung beruht, sowie seine erstaunlich rasche Verdauung zwingen ihn, große Mengen davon zu verzehren. Seine unregelmäßigen Einflüge in unser Gebiet werden durch den Mangel an Beeren und Früchten im Brutgebiet veranlaßt und tragen daher Invasionscharakter. Sie haben von jeher die Phantasie der Menschen angeregt; früher sah man in ihnen Vorboten von Krieg, Pest (daher der alte Name „Pestvogel“) oder strenger Kälte. Seine große Vertrautheit hat diesen schönen Vogel zur leichten Beute von Fallenstellern und Schießern gemacht, die damit ihre Volieren oder ihre Wohnzimmer schmücken. Geschützte Art.

Zaunkönig

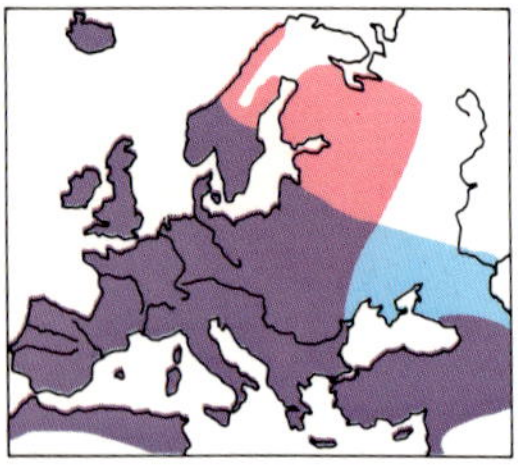

Troglodytes troglodytes

E: Wren
F: Troglodyte mignon
H: Winterkoning
I: Scricciolo
S: Chochín

Kennzeichen: Sehr klein, rundlich mit kurzem, gestelztem Schwänzchen, oberseits rostbraun. Ständig in Bewegung, sitzt eigentlich nur beim Singen still.
Biotop: Dichtes Gebüsch und Unterholz auf humusreichem Boden in mehr oder weniger feuchtem Gelände.
Nahrung: Macht unermüdlich am Boden oder im Gebüsch Jagd auf Insekten oder Spinnen.
Fortpflanzung: Das mehr oder weniger kugelförmige Nest mit seitlichem Eingang steht an den verschiedensten Stellen, aber immer gut versteckt und geschützt und selten mehr als drei Meter hoch im Efeu, in einem Holzstoß, im Wurzelwerk umgestürzter Bäume, im Dorngestrüpp, in einer Baumhöhle, einem Mauerloch oder einem Nistkasten. Das Männchen legt in seinem Revier eine Anzahl von unvollendeten Moosnestern an; das durch seinen Gesang angelockte Weibchen wählt eines von ihnen aus. Eiablage von Mitte April – Mitte August; gewöhnlich 5 – 8 Eier. Brutdauer 14 – 16 Tage. Solange die Jungen im Nest sind, scheint sich das Männchen nicht sehr um sie zu kümmern. Es versucht, andere Weibchen in sein Revier zu locken, was vielfach zu Polygamie führt. Nach dem Ausfliegen der Jungen kümmert er sich um ihre Ernährung. 10 – 15 Tage nach dem Ausfliegen wird mit einer Zweitbrut begonnen.
Verbreitung: Ursprünglich nordamerikanische Art, die sich seit der Eiszeit über Alaska bis Nordnorwegen, Island und Spanien ausgebreitet hat. Überall häufig. Die Bestände werden durch strenge Winter dezimiert, erholen sich aber dank der hohen Vermehrungsrate in wenigen Jahren. Geschützte Art.

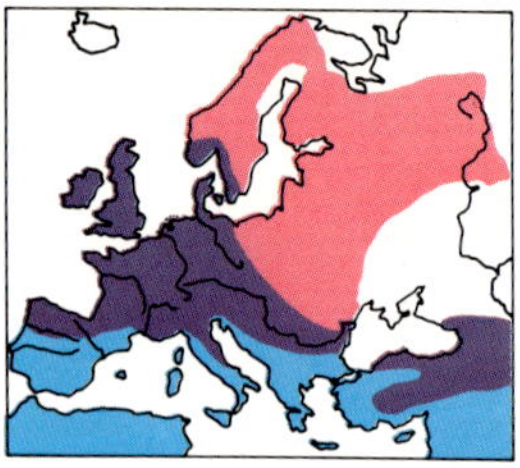

Heckenbraunelle
Prunella modularis
E: Dunnock
F: Accenteur mouchet
H: Heggemus
I: Passera scopaiola
S: Acentor común

Kennzeichen: Größe und Gesamtfärbung wie Haussperlingsweibchen, aber schlanker, mit spitzem Schnabel, Kehle und Brust bleigrau; heimlich.
Biotop: Dichtes, niedriges Gebüsch, Fichtenschonungen, Hecken, Parks und Gärten.
Nahrung: Der spitze Schnabel kennzeichnet die Heckenbraunelle als Insektenfresser, sie verzehrt aber im Sommer wie im Winter auch Beeren und allerlei Sämereien; sucht im Winter gern Futterplätze auf.
Fortpflanzung: Das mit Moos gepolsterte Nest wird vom Weibchen in geringer Höhe (selten mehr als 2 m über dem Boden) gut versteckt an einer möglichst dunklen Stelle erbaut. Eiablage von Ende März – Anfang Juni; gewöhnlich 5 Eier. Brutdauer 11 – 12 Tage; nur das Weibchen brütet. Es sucht seine Nahrung während der häufigen Brutpausen selbst; das Männchen hält sich während dieser Zeit meist fern. Die Jungen bleiben im Durchschnitt 12 Tage im Nest; sie werden von beiden Eltern gefüttert. Zwei, gelegentlich auch drei Jahresbruten.
Verbreitung: Europa von Nordspanien, dem Apennin und dem Balkan bis Nordskandinavien und von Island bis zum Ural sowie die Gebirge Vorderasiens; fehlt im Mittelmeerraum und Schwarzmeergebiet. Im Verbreitungsgebiet überall häufig. Sehr geburtsortstreu. Die nördlichen Populationen ziehen nach Südwesten und erreichen dabei selten Nordwestafrika; die südlicheren sind Standvögel. Gebirgsbewohner wandern ins Tiefland, wo sie sich gern in der Nähe von Häusern aufhalten. Strenge, schneereiche Winter können zu hohen Verlusten führen. Geschützte Art.

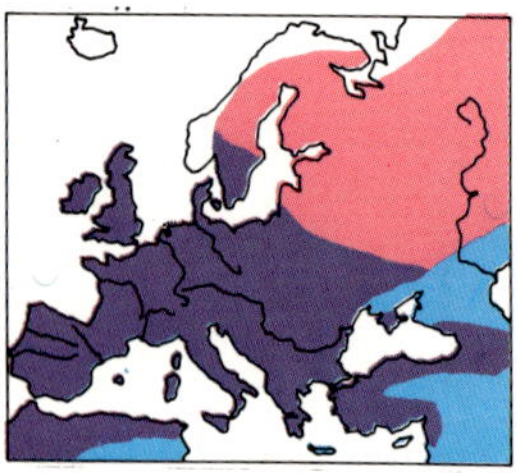

Misteldrossel
Turdus viscivorus
E: Mistle Thrush
F: Grive draine
H: Grote Lijster
I: Tordela
S: Zorzal charlo

Kennzeichen: Unsere größte Drossel, ähnelt der Singdrossel, ist aber oberseits deutlich heller, unterseits mehr gelblich und kräftiger gefleckt. Im Flug zeigt sie die weißlichen Unterflügel (bei der Singdrossel gelbbraun) und die weißen Schwanzecken und läßt den kennzeichnenden schnarrenden Flugruf hören.
Biotop: Waldränder, Lichtungen, große Parks mit Rasenflächen, Friedhöfe sowie an Weideland angrenzende Obstgärten und große Gärten; seit dem letzten Krieg auch die Außenbezirke großer Städte.
Nahrung: Hauptsächlich tierischer Art (Würmer, Insekten und Larven, die sie am Boden sucht), aber auch Beeren und Früchte, besonders Mistelbeeren, deren Samen sie unverdaut ausscheidet und so ihre Vermehrung sichert.
Fortpflanzung: Das recht umfangreiche, dem der Amsel ähnliche Nest steht gewöhnlich in einer Astgabel dicht am Stamm. Eiablage von Ende März – Juli; meist 4 Eier. Brutdauer 12 – 14 Tage. Die Jungen sind nach einem Monat selbständig. Zwei Jahresbruten.
Verbreitung: Von Nordwestafrika und Kleinasien bis Schottland, Südnorwegen und Nordschweden und von Irland bis zum Himalaja und zum Baikalsee; im Mittelmeerraum in höheren Lagen (bis 2000 m hoch). Überall recht häufig. Westeuropäische Misteldrosseln sind meist Standvögel, nord- und mitteleuropäische sind Zugvögel; sie ziehen Ende Oktober/Anfang November nach Südwesteuropa und Nordwestafrika und treffen bereits im Februar/März wieder bei uns ein. Allgemein geschützte, in Frankreich jagdbare Art.

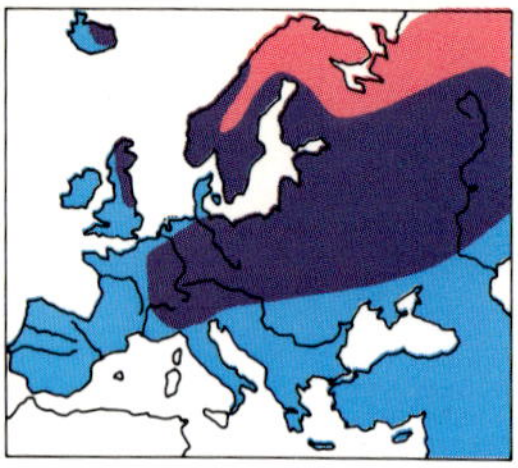

Wacholderdrossel

Turdus pilaris

E: Fieldfare
F: Grive litorne
H: Kramsvogel
I: Cesena
S: Zorzal real

Kennzeichen: Etwas kleiner als Misteldrossel, Kopf, Nacken und Bürzel hellgrau, Rücken kastanienbraun, Schwanz fast schwarz, Unterseite grob geschuppt.
Biotop: Ursprünglich ein Vogel der Taiga, bewohnt bei uns offenes, verhältnismäßig feuchtes Gelände mit Gebüsch- und Baumgruppen. Hat sich in Skandinavien und z. T. auch bei uns an den Menschen angeschlossen und brütet in Parks und Gärten.
Nahrung: Abwechslungsreich; im Sommer Insekten, Würmer und Landschnecken, im Herbst auch Beeren aller Art und Fallobst.
Fortpflanzung: Brütet in lockeren Kolonien. Das umfangreiche, nachlässig gebaute Nest steht am Stamm oder auf einem kräftigen Ast. Eiablage von Mitte April – Mitte Juni; gewöhnlich 5 Eier. Brutdauer 13 – 14 Tage. Wenn die Jungen nach zwei Wochen das Nest verlassen, werden sie vom Männchen versorgt, während das Weibchen schon mit dem zweiten Gelege beschäftigt ist.
Verbreitung: Von Ostsibirien bis Skandinavien und Mitteleuropa; breitet sich stark nach Westen aus. Deutschland ist seit der Mitte des 19. Jahrhunderts besiedelt worden. Die Schweiz wurde 1923 erreicht, Ostfrankreich 1953, Großbritannien 1974, Belgien 1976; brütet seit kurzem auch in den Niederlanden. Bereits seit 1937 besteht eine Kolonie in Südgrönland, die von durch Oststürme verschlagenen Vögeln begründet worden ist. Zugvogel, der im Herbst in großen Flügen bei uns erscheint und in Westeuropa überwintert. (Die grönländischen Wacholderdrosseln sind Standvögel geworden!) War früher die Hauptbeute der Vogelsteller („Krammetsvogel"). Heute allgemein geschützte, nur noch in Dänemark, Frankreich und Italien jagdbare Art.

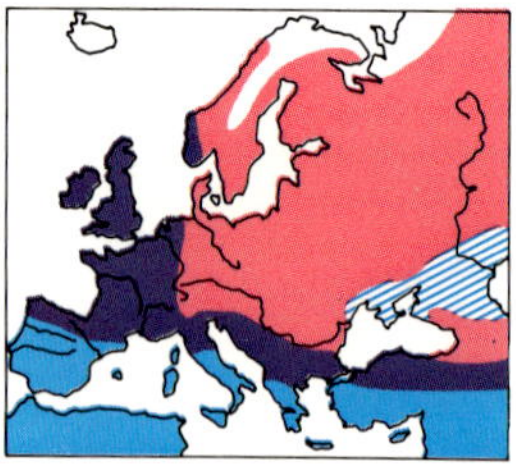

Singdrossel

Turdus philomelos

E: Song Thrush
F: Grive musicienne
H: Zanglijster
I: Tordo bottaccio
S: Zorzal común

Kennzeichen: Ähnlich der Misteldrossel, aber deutlich kleiner, oberseits wärmer braun, unterseits weißlich, kleiner und dichter gefleckt.
Biotop: Gebüsch, dichtes, feuchtes Unterholz, Nadelwald und Rasenflächen. Ursprünglich Waldvogel wie die Amsel, hat sich die Singdrossel wie diese dem Menschen angeschlossen und bewohnt vor allem in Großbritannien, den Niederlanden, Belgien, Deutschland und in den Teilen von Frankreich, wo sie nicht bejagt wird, Friedhöfe, Parks und Gärten. Im Süden ausschließlich im Gebirge bis zur Baumgrenze.
Nahrung: Hauptsächlich Insekten und Larven aller Art, Würmer, Gehäuseschnecken, deren Schalen sie auf einem flachen Stein („Drosselschmiede") zerschlägt, Nacktschnecken sowie Beeren und Fallobst.
Fortpflanzung: Das Nest steht meist in einer Hecke oder einem Strauch und wird innen mit einem Gemisch aus Holzmulm, Speichel und Lehm ausgeschmiert. Eiablage bei uns von Mitte April – Anfang August; gewöhnlich 5 Eier. Brutdauer 13 – 14 Tage. Mit höchstens 14 Tagen springen die Jungen aus dem Nest und werden noch ebensolange von den Eltern gefüttert. Zwei, manchmal drei Jahresbruten.
Verbreitung: Von Nordspanien, dem Apennin und dem Balkan bis Schottland und Nordskandinavien und von Irland bis zum Baikalsee. Häufig. Nord- und mitteleuropäische Singdrosseln ziehen im September/Oktober ab, überwintern im westlichen Mittelmeerraum und kehren Anfang März zurück. In den meisten Ländern voll, in Belgien teilweise geschützte, in Norwegen, Frankreich und Italien jagdbare Art.

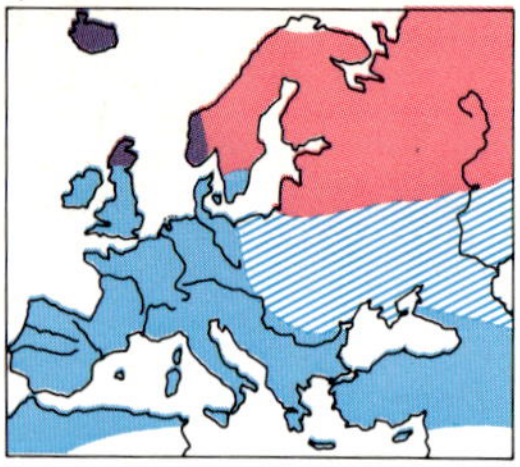

Rotdrossel
Turdus iliacus
E: Redwing
F: Grive mauvis
H: Koperwiek
I: Tordo sassello
S: Zorzal malvis

Kennzeichen: Wenig kleiner als Singdrossel, sofort am breiten, gelblich weißen Brauenstreif und den rostroten Flanken und Unterflügeln zu erkennen; Brust gestreift, nicht gefleckt.
Biotop: Lichte Nadel- und Birkenwälder (Taiga und Strauchtundra), in Skandinavien und Island auch städtische Parks.
Nahrung: Insekten, Würmer, Schnecken und Krebstiere sowie allerlei Beeren und Früchte; sucht ihre Nahrung im Winter viel mehr im offenen Gelände als die Singdrossel.
Fortpflanzung: Das Nest ähnelt dem der Amsel; es steht in geringer Höhe oder am Boden im Schutz eines Wacholderbusches. Eiablage ab Ende Mai, je nach der geographischen Breite; gewöhnlich 5 – 6 Eier; manchmal findet eine Zweitbrut statt. Brutdauer 13 – 14 Tage. Die Jungen bleiben 14 Tage im Nest.
Verbreitung: In zwei Rassen auf Island und den Färöern sowie von Skandinavien bis Nordostsibirien. Hat von Norwegen aus – wahrscheinlich auf dem Frühjahrszug durch Ostwinde verdriftet – seit 1925 Schottland besiedelt (zur Zeit rund 300 Brutpaare) und hat ausnahmsweise auch schon in Deutschland gebrütet. Diese Ausbreitung nach Westen stellt eine Parallele zu der der Wacholderdrossel dar. Bei uns häufiger Durchzügler im Oktober/November und im März/April; überwintert in Südeuropa. Zieht nachts in ungeheuren Scharen; dabei stoßen sich viele an Leuchttürmen und an hellerleuchteten Industrieanlagen an der Küste zu Tode; andere fallen den Abfackelungen der Ölraffinerien und Chemiewerke zum Opfer. Allgemein geschützte bzw. (in der DDR) ganzjährig geschonte, in Frankreich und Italien jagdbare Art.

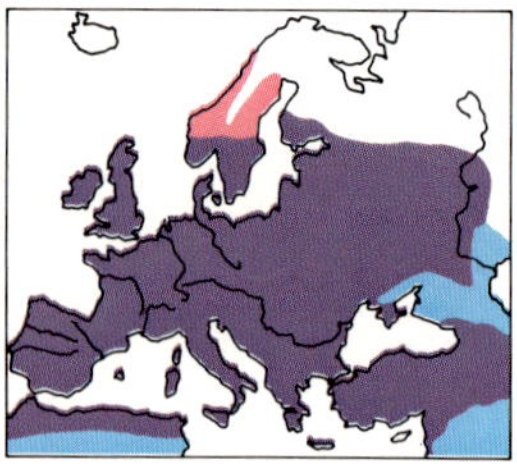

Amsel
Turdus merula
E: Blackbird
F: Merle noir
H: Merel
I: Merlo
S: Mirlo común

Kennzeichen: Das schwarze Männchen mit seinem gelben Schnabel („Schwarzdrossel") ist allbekannt, wird aber dennoch von vielen mit dem Star verwechselt; das braune Weibchen wird oft für eine andere Art gehalten („Graudrossel") bzw. mit der Singdrossel verwechselt, ist aber viel dunkler und kräftiger als diese.
Biotop: Ursprünglich ein Bewohner lichter Wälder und Gehölze aller Art, besiedelt jetzt Friedhöfe, Parks und Gärten, selbst die allerkleinsten im Herzen der Großstädte.
Nahrung: Abwechslungsreich; Würmer, Larven und Raupen, die sie am Boden erbeutet, aber auch Beeren und Früchte.
Fortpflanzung: Das Nest steht selten mehr als 2 m über dem Boden; seit dem Anschluß an den Menschen werden die verschiedenartigsten Nistplätze gewählt: auf einem Balken, einem Fensterbrett, einem Balkon, unter einem Dach, auf einem Gestell in einer Garage oder einem Schuppen, ja selbst auf dem Dachboden. Eiablage von Mitte März – Ende Juli; gewöhnlich 5 Eier. Brutdauer 12 – 14 Tage. Mindestens zwei Jahresbruten.
Verbreitung: Von den Kanaren und Nordwestafrika bis fast zum Polarkreis, von den Azoren bis Ostchina. In West- und Mitteleuropa hat die Besiedelung der Städte zu viel dichteren Beständen geführt als im ursprünglichen Waldbiotop. Nordeuropäische Amseln ziehen nach Südwesten, die anderen sind vorwiegend Standvögel. Allgemein geschützte, in Frankreich und Italien jagdbare Art, darf in einigen Ländern, darunter der DDR, zur Vermeidung wirtschaftlicher Schäden bekämpft und zur Vogelhaltung gefangen werden. – In den höheren Gebirgen Europas von den Pyrenäen und dem Balkan bis zum Nordkap (in Mitteleuropa in den Alpen, im Schweizer Jura, in den Vogesen, dem Schwarzwald, dem Bayerischen Wald und in den Karpaten), auf den Britischen Inseln, im Kaukasus und in Nordiran brütet die Ringdrossel (*Turdus torquatus*). Männchen mattschwarz mit weißer Brust, Weibchen matter gefärbt. Sie überwintert vorwiegend in Nordwestafrika. Steht auf der „Roten Liste" der in der Bundesrepublik bedrohten Arten.

Blaumerle

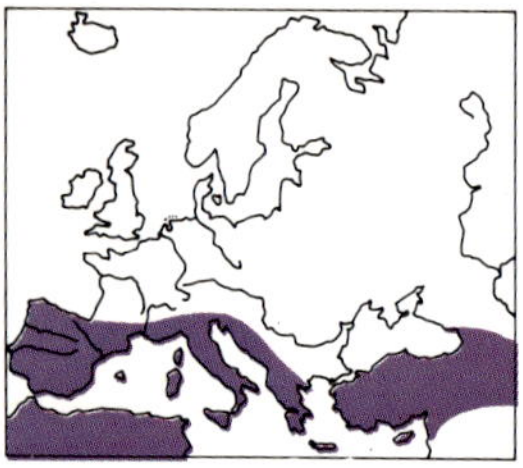

Monticola solitarius

E: Blue Rock Thrush
F: Merle bleu
H: Blauwe Rotslijster
I: Passera solitaria
S: Roquero solitario

Kennzeichen: Leicht mit der Amsel zu verwechseln, aber schwächer und schlanker, mit dickerem Kopf und kürzerem Schwanz; Männchen blaugrau (im Winter schwärzlich). Das gefleckte Weibchen ähnelt dem des Steinrötels, hat aber einen dunkelbraunen Schwanz.
Biotop: Felsbewohner, aber anscheinend in wärmeren, freier und meist auch tiefer gelegenen Biotopen als Steinrötel; in tiefen Schluchten, an sonnigen Felswänden mit einzelnen Büschen, in großen Steinbrüchen, gern an Quellhängen und in der Nähe von Wasserfällen bis hinunter zum Meeresspiegel; besiedelt auch ausgedehnte Ruinenfelder und Kirchen in Städten in der Nähe von Parks und Gärten oder offenen Flächen.
Nahrung: Insekten, Beeren und Eidechsen.
Fortpflanzung: Das umfangreiche, dem des Steinrötels ähnliche Nest steht in einer Fels- oder Mauerspalte, gern an einer geschützten Stelle (Höhle oder Stollen). Eiablage ab Anfang April, je nach der geographischen Breite; gewöhnlich 4 – 5, manchmal 6 Eier. Brutdauer 12 – 13 Tage; nur das Weibchen brütet. Die Jungen werden von beiden Eltern gefüttert und sind mit rund 18 Tagen flügge. Eine, manchmal zwei Jahresbruten.
Verbreitung: Von Nordwestafrika und den europäischen Mittelmeerländern über Kleinasien bis Japan. In Frankreich bis zur Loire verbreitet, ist aus den Schweizer Alpen verschwunden, hält sich aber noch in den Tälern des Tessins und Graubündens (weniger als 20 Paare); steht in der Schweiz auf der „Roten Liste" der gefährdeten Arten. Die Eier werden gern für Eiersammlungen, die Jungvögel zur Volierenhaltung ausgenommen. Geschützte Art. – Im Gebirge vom Mittelmeerraum und Südosteuropa bis Ostasien, am Schwarzen Meer auch an Felsküsten, brütet der Steinrötel (*M. saxatilis*), Kopf und Mantel schieferblau, Unterseite und Schwanz rostrot, Bürzel weiß. In Deutschland ausgestorben, steht in Österreich auf der „Roten Liste" der gefährdeten Arten.

Schwarzkehlchen

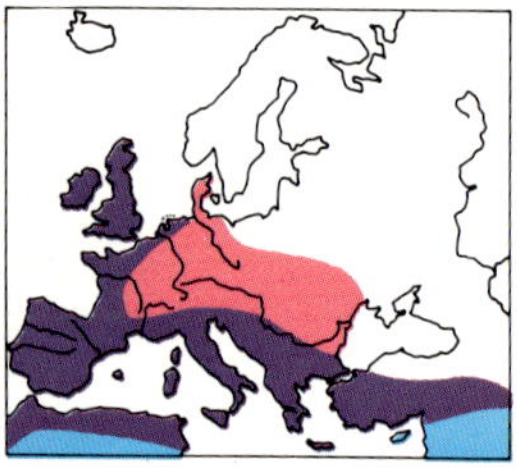

Saxicola torquata

E: Stonechat
F: Traquet pâtre
H: Roodborsttapuit
I: Saltimpalo
S: Tarabilla común

Kennzeichen: Feldsperlingsgroß, Männchen sehr kontrastreich gefärbt, oberseits schwärzlich, mit schwarzem Kopf, weißen Halsseiten und Flügelfeldern, weißem Bürzel und orangerötlicher Brust; Weibchen mehr bräunlich und rostfarben mit kleinem weißem Flügelspiegel.
Biotop: Sonniges, trockenes Ödland mit niedrigem Bewuchs.
Nahrung: Insekten, die am Boden oder im Flug vom Ansitz aus erbeutet werden: kleine Käfer, Fliegen, Mücken, Larven, Kleinschmetterlinge, Räupchen, Spinnen sowie Würmchen.
Fortpflanzung: Brütet meist am Boden. Eiablage je nach Gegend von Mitte März – Mitte Juli; gewöhnlich 5 – 6 Eier. Brutdauer 13 – 15 Tage; nur das Weibchen brütet, aber beide Eltern füttern die Jungen, die das Nest vor dem Flüggewerden verlassen und sich einzeln in der Vegetation verkriechen. Sie werden vom Vater betreut, während das Weibchen mit der Zweitbrut beginnt.
Verbreitung: Von Nordwestafrika bis Schottland, Nordwestdeutschland, Schlesien und Bessarabien, von Kleinasien und dem Ural bis Japan sowie in Ost- und Südafrika; in Süddeutschland spärlich verbreitet, fehlt in Europa in Skandinavien und östlich der Elbe. In den nördlichen Teilen des Verbreitungsgebietes ist in jüngerer Zeit ein beträchtlicher Rückgang zu verzeichnen. In der Schweiz weniger als 300 Paare. Mitteleuropäische Schwarzkehlchen ziehen Mitte September/Oktober ins westliche Mittelmeergebiet und kehren bereits Ende Februar/März zurück; west- und südeuropäische sind Standvögel. Geschützte Art, steht in der Bundesrepublik und in der Schweiz auf der „Roten Liste" der bedrohten Arten.

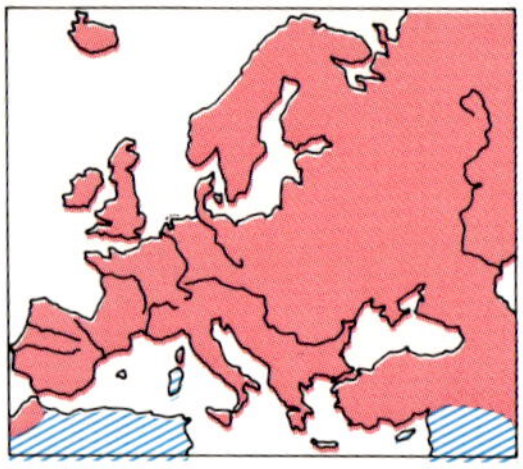

Steinschmätzer

Oenanthe oenanthe

E: Wheatear
F: Traquet motteux
H: Tapuit
I: Culbianco
S: Collalba gris

Kennzeichen: Kaum größer als Haussperling, hochbeinig und verhältnismäßig kurzschwänzig, immer in Bewegung, nervös knicksend und mit Schwanz und Flügeln zitternd. Männchen leicht kenntlich an der hellgrauen Oberseite, der schwarzen Augenbinde und dem leuchtenden Weiß des Bürzels und des Schwanzes mit dem abstechenden schwarzen umgekehrten T. Weibchen und Jungvögel sind weniger kontrastreich bräunlich und rötlich gefärbt.
Biotop: Offenes, sandiges oder steiniges Gelände aller Art mit spärlichem Bewuchs, von der Küste bis zu den höchsten Matten im Gebirge, „Wüsten im Kleinformat", z. B. Dünen, Felsküsten, Heiden, steiniges Öd- und Brachland, mit Felsblöcken durchsetzte Bergweiden, verkarstete Hochebenen, ausgedehnte Kiesgruben, Bahndämme, Zechenhalden, Industriegelände, Steindämme und von Mauern umgebene Felder. Auf dem Zug besonders gern umgebrochenes Ackerland.
Nahrung: Jagt am Boden, meist auf der bloßen Erde oder im kurzen Gras, wo er rasch in kleinen Sätzen hin- und hersaust, Laufkäfer, Maulwurfsgrillen, Grillen, Schnaken und ihre Larven, Mücken, Kleinschmetterlinge, Raupen, Hummeln, Blattläuse, Ohrwürmer, Ameisen, Spinnen, Tausendfüßler, kleine Schnekken, Würmchen und Heuschrecken. Rüttelt gelegentlich und fängt Insekten nach kurzer Verfolgung im Flug.
Fortpflanzung: Höhlenbrüter. Das Weibchen wählt den Nistplatz aus, eine Höhlung möglichst mit engem Eingangsstollen, der sich zu einer von außen nicht einsehbaren Brutkammer erweitert. Das Nest wird manchmal unter einem halb im Boden steckenden Stein, zwischen zwei Felsblöcken, in einem alten Kaninchenbau, einem alten Entwässerungsrohr, unter Eisenbahnschwellen oder in einem Holzstoß angelegt, meist an einer Stelle, die der brütende Vogel zu Fuß und von Beobachtern ungesehen erreichen kann. Eiablage von Ende April – Juli; gewöhnlich 6 Eier, die 14 Tage lang nur vom Weibchen bebrütet werden. Die Jungen verlassen das Nest zuweilen schon nach 15 Tagen. Eine Jahresbrut, selten zwei.
Verbreitung: Ganz Europa sowie Vorder-, Mittel- und Nordasien; hat nach der letzten Eiszeit über die Färöer und Island auch Grönland, Baffinland und Labrador, von Ostsibirien aus Alaska besiedelt. Die in Nordamerika brütenden Steinschmätzer zeigen ihre Herkunft aus der Alten Welt dadurch, daß sie in den trockenen Savannen und Steppen des tropischen Afrika und Südarabiens überwintern, obwohl sie dabei zweimal im Jahr den Atlantik überfliegen bzw. ganz Asien durchqueren müssen. Die europäischen Bestände scheinen überall im Rückgang begriffen zu sein. Die Gründe dafür sind mannigfaltig und lokal verschieden: Bebauung der Küstengebiete, Urbarmachung von Heideland bzw. seine Bepflanzung mit Nadelwald nach dem Verschwinden der großen Schafherden, Rückgang im Bestand der wilden Kaninchen, die für Nistplätze sorgten, nicht zu vergessen die Bejagung in den Mittelmeerländern und in Frankreich im Herbst und im Frühjahr. Die Hauptursache dürfte allerdings die anhaltende Dürre in der Sahelzone, dem Hauptwinterquartier, sein. Der Wegzug erstreckt sich von Ende August bis in den Oktober; die Rückkehr erfolgt bei uns im April. In den meisten europäischen Ländern geschützte Art; steht auf der „Roten Liste" der in der Bundesrepublik bedrohten Arten. – Im Mittelmeerraum und in Vorderasien brütet der Mittelmeersteinschmätzer (*Oenanthe hispanica*), bei dem die Männchen hell ocker- bis sandfarben sind, mit schwarzer Augenbinde und weißer oder schwarzer Kehle. Der in Nordwestafrika, auf der Iberischen Halbinsel und in Südfrankreich brütende Trauersteinschmätzer (*Oenanthe leucura*) ist ganz schwarz; nur Bürzel, Unterschwanzdecken und Schwanz sind weiß.

Braunkehlchen

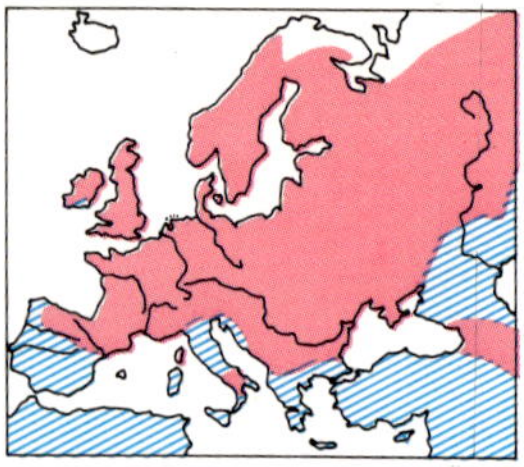

Saxicola rubetra
E: Whinchat
F: Traquet tarier
H: Paapje
I: Stiaccino
S: Tarabilla morteña

Kennzeichen: Feldsperlingsgroß, kurzschwänzig, Männchen vom nahe verwandten Schwarzkehlchen durch weißen Brauenstreif, dunkle Augenbinde, bräunlich orangefarbene Kehle, gesprenkelten Rücken und weiße Schwanzkanten unterschieden. Weibchen und Jungvögel weniger bunt, aber auch sie sind dank des hellen Brauenstreifs und der weißen Schwanzzeichnung unverwechselbar.
Biotop: Saftige, feuchte bis versumpfte, mit vielen Korbblütlern und Doldengewächsen durchsetzte Heuwiesen.
Nahrung: Hauptsächlich Insekten, die im Flug von einem Ansitz aus erbeutet werden, ferner Heuschrecken, Räupchen und Würmchen.
Fortpflanzung: Das Nest steht gut versteckt am Boden im hohen Gras, gern am Ufer eines Bächleins oder Grabens. Eiablage von Mitte Mai – Juni; gewöhnlich 6 Eier. Brutdauer 13 – 14 Tage. Das Weibchen allein baut das Nest und brütet, während das Männchen Wache hält. Beide Eltern füttern die Jungen, die mit zwei Wochen flügge sind, aber bis zum Wegzug im Familienverband bleiben. Eine Jahresbrut.
Verbreitung: Von Nordspanien, Norditalien und dem Balkan bis zum Polarkreis und von Irland bis zum Jenissej. Geht im Gebirge bis 1800 m hoch und siedelt dort dichter als im Tiefland. Gilt in den Beneluxländern als ziemlich, in der Bretagne und Südfrankreich als sehr selten. Für den spürbaren Rückgang werden die Vorverlegung der Heuernte, übermäßige Verwendung von Pestiziden, Überschwemmungen, anhaltender, kalter Regen zur Brutzeit und die Dürre in der Sahelzone, dem Hauptüberwinterungsgebiet, verantwortlich gemacht. Zieht im August/September ab und kehrt Ende April/Anfang Mai zurück. Geschützte Art, steht auf der „Roten Liste“ der in der Bundesrepublik bedrohten Arten.

Gartenrotschwanz

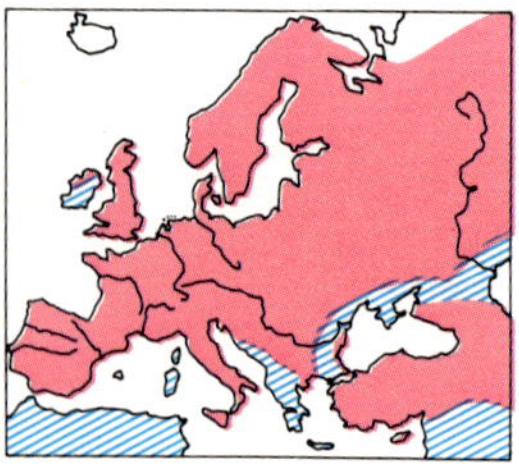

Phoenicurus phoenicurus
E: Redstart
F: Rouge-queue à front blanc
H: Gekraagde Roodstaart
I: Codirosso
S: Colirrojo real

Kennzeichen: Knapp sperlingsgroß, aber viel schlanker, in allen Kleidern durch rostroten Bürzel und Schwanz gekennzeichnet. Das Männchen ist einer unserer hübschesten Kleinvögel, oberseits hellgrau, unterseits leuchtend rostrot, mit weißer Stirn und schwarzem Gesicht. Weibchen und Jungvögel sind bräunlicher, weniger grau als die des nahe verwandten Hausrotschwanzes.
Biotop: Vor allem nicht zu dichte Laubwälder und offenes Gelände mit Bäumen und Gebüsch, Parks und Obstgärten; geht im Gebirge mit dem Laubwald bis 1500 m hoch.
Nahrung: Insekten, die er sowohl auf Zweigen und Blättern wie am Boden sucht; verzehrt auch Holunderbeeren, Vogelkirschen, Kornelkirschen, Johannisbeeren, Himbeeren und die Früchte des Efeus.
Fortpflanzung: Brütet in natürlichen und künstlichen Höhlen, alten Spechthöhlen, Astlöchern, Felsspalten, Mauerlöchern, Steinhaufen, Holzstößen, halboffenen Nistkästen, ja selbst in Briefkästen und Konservendosen. Eiablage von Mai – Ende Juni; gewöhnlich 6 – 7 Eier. Brutdauer 12 – 14 Tage. Die Jungen verlassen das Nest nach 14 Tagen, wenn die Eltern erneut zur Brut schreiten.
Verbreitung: Von Spanien, Sizilien und dem Balkan bis Nordskandinavien und von Großbritannien bis Mittelsibirien. In Irland sehr selten, fehlt an der französischen Mittelmeerküste. Hat in Westdeutschland im Gefolge der anhaltenden Dürre in der Sahelzone, dem Hauptüberwinterungsgebiet, stark abgenommen. Verläßt uns im September/Anfang Oktober und kehrt Mitte April zurück. Geschützte Art.

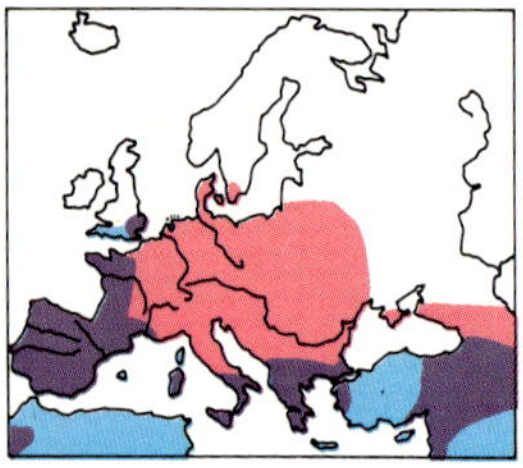

Hausrotschwanz

Phoenicurus ochruros

E: Black Redstart
F: Rouge-queue noir
H: Zwarte Roodstaart
I: Codirosso spazzacamino
S: Colirrojo tizón

Kennzeichen: So groß wie Gartenrotschwanz, wie dieser in allen Kleidern mit rostrotem Bürzel und Schwanz. Männchen rußschwarz mit (nicht immer sichtbarem) weißem Flügelfleck, Weibchen und Jungvögel grauer als die vom Gartenrotschwanz.

Biotop: Ursprünglich Felsbrüter des Gebirges, wo er bis 2700 m hinaufgeht, ist seit langem zum Brüten an Gebäuden übergegangen und selbst im Herzen der Großstädte anzutreffen; hat im Verlauf dieser Entwicklung auch das Tiefland besiedelt.

Nahrung: Außer Insekten auch Spinnen, Würmer, kleine Schnecken und Krebstiere, sucht seine Nahrung mehr am Boden als sein Verwandter; verzehrt wie dieser Beeren aller Art.

Fortpflanzung: Höhlenbrüter wie der Gartenrotschwanz, bevorzugt aber Höhlen mit größerem Eingang; brütet seltener in Nistkästen, dafür, außer in Fels- und Mauerspalten, in Gesimsen, auf Gebäudeträgern, selbst in alten Schwalbennestern. Eiablage von Mitte April bis Mitte Juni; gewöhnlich 5 Eier. Brutdauer 13 Tage. Die Jungen verlassen das Nest nach knapp drei Wochen; die der zweiten Brut bleiben bis Anfang Oktober im Familienverband.

Verbreitung: Europa vom Mittelmeer bis Dänemark und Südschweden sowie Teile von Vorder- und Mittelasien; hat seit dem letzten Krieg auch Südengland besiedelt (höchstens 100 Brutpaare). Fehlt im größten Teil der Sowjetunion. In Mitteleuropa verbreitet, aber nicht häufig. Zieht im Oktober ins Mittelmeergebiet und nach Nordafrika und kehrt bereits im März zurück. Geschützte Art.

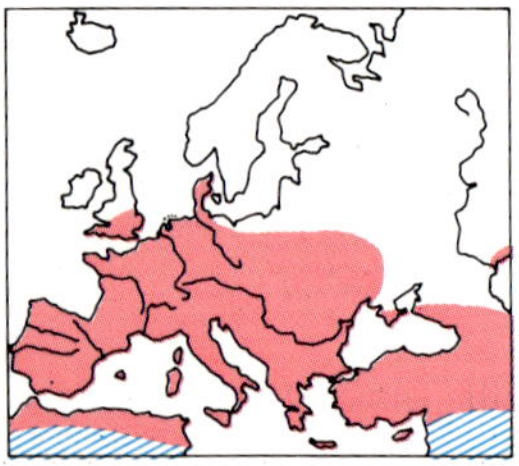

Nachtigall

Luscinia megarhynchos

E: Nightingale
F: Rossignol philomèle
H: Nachtegaal
I: Rusignolo
S: Ruiseñor común

Kennzeichen: Gesang allbekannt, nicht dagegen der schlichtgekleidete Sänger; etwas größer als Rotkehlchen, oberseits einheitlich braun, unterseits weißlich, Schwanz auffallend rostrot.

Biotop: Im Norden des Verbreitungsgebietes lichte Laubwälder, Auwälder, Parks, Friedhöfe und große Gärten mit viel Unterholz und Falllaub auf humusreichem Boden, besonders gern in feuchtem Gelände in der Nähe von Wasser; im Süden trockenes Gelände, Olivenhaine und Macchie, ist dort vielleicht der häufigste Brutvogel; geht im Gebirge bis 1000 m hoch.

Nahrung: Sucht ihre Nahrung, vorwiegend Würmer, kleine Insekten, Spinnen und Schnecken, im Fallaub am Boden; liebt Ameisenpuppen und verzehrt im Spätsommer auch allerlei Beeren.

Fortpflanzung: Das Nest, eine tiefe Mulde aus Halmen, Moos und Würzelchen auf einer umfangreichen Grundlage aus trockenem Laub, wird allein vom Weibchen gebaut; es steht am Boden oder in geringer Höhe gut versteckt an einem dunklen, schattigen Platz. Eiablage von Ende April – Juni; gewöhnlich 5 Eier. Brutdauer 13 – 14 Tage; nur das Weibchen brütet. Die Jungen verlassen das Nest nach rund 12 Tagen, noch ehe sie richtig flügge sind. Bei uns eine Jahresbrut, im Süden oft zwei.

Verbreitung: Von den Kanaren und Nordwestafrika bis Südengland und Holstein und von den Azoren bis Innerasien. Bei uns ist seit dem letzten Krieg ein beträchtlicher Rückgang festzustellen, für den die Beseitigung von Ufergebüsch, die Verdrängung von Laubwald durch Nadelwald, die Beseitigung von Fallaub in Parks und auf Friedhöfen sowie die anhaltende Dürre in der Sahelzone verantwortlich gemacht werden. Zieht bei Nacht Ende August bis Mitte September ins tropische Afrika südlich der Sahara und kehrt Mitte April zurück. Geschützte Art. – Östlich der Elbe und in Skandinavien wird die Nachtigall durch den nahe verwandten, überaus ähnlichen Sprosser (*Luscinia luscinia*) vertreten, der in der Bundesrepublik auf der „Roten Liste" potentiell bedrohter Arten steht.

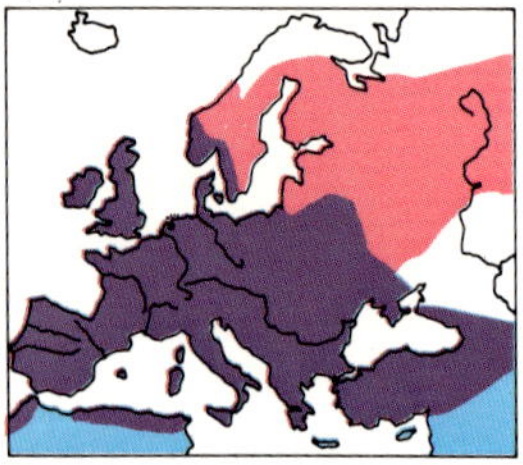

Rotkehlchen
Erithacus rubecula
E: Robin
F: Rougegorge
H: Roodborst
I: Pettirosso
S: Petirrojo

Kennzeichen: Kleiner Wald- und Gartenvogel mit olivbraunem Mantel und großen, dunkelbraunen Augen, leicht kenntlich an der lebhaft orangeroten Brust, Kehle und Stirn. Jungvögel tragen einige Wochen nach dem Ausfliegen ein bescheidenes gelblich braunes, dunkel gesprenkeltes Kleid, halten sich aber ebenso aufrecht auf den Beinen wie die Altvögel und knicksen bei Erregung unter ruckartigen Verbeugungen mit hängenden Flügeln und zukkendem Schwanz. Bewegt sich in offenem Gelände in kleinen, plötzlich unterbrochenen Sprüngen; der niedrige, unregelmäßige Flug endet in den unteren Zweigen des Strauchwerks, wo es zu allen Zeiten gern Unterschlupf sucht. Im Frühjahr und an sonnigen Herbsttagen verkündigt es seine Anwesenheit durch seinen perlenden Gesang aus dem Wipfel eines Baumes heraus. Sein melancholisches Lied, sein sanfter Blick, seine dreiste Neugier, sein schelmisches Betteln und der mitleiderregende Anblick des aufgeplusterten Bällchens im Winter könnten glauben machen, es sei von verträglichem Wesen . . . Nichts ist trügerischer: unser liebenswerter Freund ist ungesellig und unverträglich, er bebt vor Zorn beim Anblick der roten Brust eines Artgenossen und behauptet sein Besitzrecht gegenüber dem Eindringling durch einschüchterndes Verhalten und drohende Lautäußerungen. Diese Herausforderungen arten jedoch selten in echte Zweikämpfe aus. Wo es geliebt und geschützt wird, ist das Rotkehlchen dem Menschen gegenüber sehr vertraut. Es sieht dem Gärtner bei der Arbeit aufmerksam zu in der Hoffnung, daß etwas für es abfällt, und pickt Krümel von der Türschwelle des Hauses. In Großbritannien ist es zum verbreitetsten und zahlreichsten „Haus-, Hof- und Gartenvogel" geworden.

Biotop: Dichtes Gebüsch und unterholzreiche Wälder mit dicker Humusschicht, junge Koniferenschonungen, Gehölze, bewaldete Schluchten und Ufer. Im Süden des Verbreitungsgebietes seltener auf trockenen, warmen Böden und häufiger an Wegen und Wasserläufen als im Inneren der Wälder; im Norden gern in Parks und Gärten, selbst im Grüngürtel der Großstädte.

Nahrung: Zur Brutzeit kleine Insekten, im Spätsommer auch Beeren aller Art, im Winter auch Küchenabfälle.

Fortpflanzung: Das Nest steht gewöhnlich gut geschützt am Boden an einer Böschung, in einem Haufen toter Zweige, im Efeu, in einem Mauerloch, in einem Nistkasten mit großer Öffnung, selbst in einer alten Konservendose. Eiablage von Mitte März – Mitte Juli; 4 – 7 Eier. Brutdauer 13 – 14 Tage. Die Jungen bleiben etwa 12 Tage im Nest und werden danach noch rund einen Monat lang von beiden Eltern gefüttert. Sobald sie selbständig geworden sind, werden sie von den Altvögeln nicht mehr im Brutrevier geduldet. Zwei, zuweilen drei Jahresbruten.

Verbreitung: Von Nordwestafrika bis Nordskandinavien und von Irland bis Westsibirien überall häufig. Südliche Populationen sind Stand- und Strichvögel, nördliche Zugvögel, die von Ende September – Oktober nach Südwesten bzw. Südosten ziehen. Das Überwinterungsgebiet erstreckt sich von Westdeutschland bis nach Nordafrika. Die Rückkehr ins Brutgebiet erfolgt bereits im März. Bei uns überwinternde Rotkehlchen werden durch anhaltende Frostperioden dezimiert. Überall geschützt, außer in Malta, wo ziehende Kleinvögel mit Flinten und Leimruten gejagt und oft im Rahmen eines Volksfestes verzehrt werden – auch von Touristen, die es besser wissen sollten. In Malta und in Belgien ist das Rotkehlchen das Symbol des Vogelschutzes.

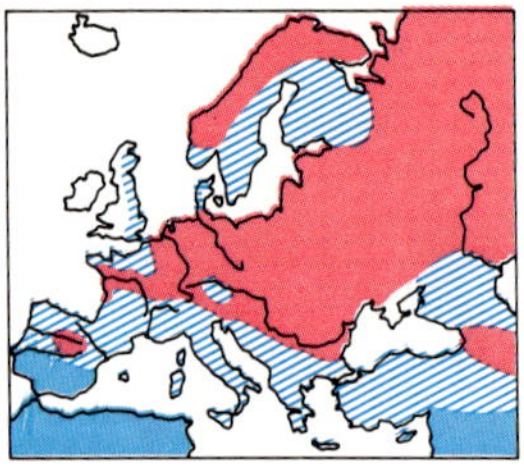

Blaukehlchen

Luscinia svecica

E: Bluethroat
F: Gorgebleue
H: Blauwborst
I: Pettazzurro
S: Pechiazul

Kennzeichen: Rotkehlchengroß, Männchen im Brutkleid leicht kenntlich am blauen, schwarz und rostrot gesäumten Latz mit einem bei den nördlichen Rassen roten, bei den südlichen weißen „Stern"; beim Weibchen ist die Kehle weißlich, mehr oder weniger dunkel gesäumt; bei beiden Geschlechtern ist die Schwanzwurzel rostbraun.
Biotop: Feuchtes, mehr oder weniger sumpfiges, mit Gebüsch durchsetztes Gelände, schlammige Gräben, Weidendickichte, schilfbestandene Ufer von stehenden und langsam fließenden Gewässern; im Norden feuchte Strauchtundra, in Frankreich am Atlantik auch Salzsümpfe mit Tamariskengebüsch.
Nahrung: Insekten, Larven, kleine Schnecken und Würmer, im Herbst auch Beeren.
Fortpflanzung: Das Nest steht in dichtem Gestrüpp am oder dicht über dem Boden. Eiablage je nach Gegend von Mitte April – Juli; gewöhnlich 5 – 6 Eier. Brutdauer 13 – 14 Tage. Die Jungen bleiben etwa ebensolange im Nest und verteilen sich bis zum Flüggewerden in der Bodenvegetation. Häufig findet in einem neuen Nest eine zweite Brut statt. Der Familienverband bleibt bis zum Herbst erhalten, wahrscheinlich auch während des Wegzuges, der schon im August beginnt.
Verbreitung: Von Mitteleuropa bis zur Beringstraße; isolierte Populationen in Mittelspanien, Südwestfrankreich und Westalaska. Fehlt in Dänemark und im größten Teil von Schweden und Finnland; in der Schweiz als Brutvogel verschwunden. Rotsternige Blaukehlchen ziehen bei uns Ende April/Mai bzw. Ende August/September durch. Das Winterquartier liegt in Nordafrika. In West- und Mitteleuropa im Rückgang begriffen, steht in der Bundesrepublik und in Österreich auf der „Roten Liste" der vom Aussterben bedrohten Arten. Geschützte Art.

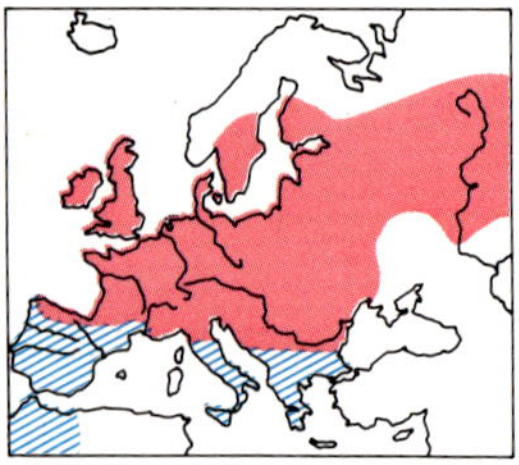

Feldschwirl

Locustella naevia

E: Grasshopper Warbler
F: Locustelle tachetée
H: Sprinkhaanrietzanger
I: Forapaglie macchiettato
S: Buscarla pintoja

Kennzeichen: Kleiner und viel schlanker als Feldsperling, mit kräftig gestreifter, olivbrauner Oberseite, kenntlich am stark gerundeten, schwach quergebänderten Schwanz. Verrät sich meist nur durch den Gesang, ein bis über zwei Minuten anhaltendes Schwirren auf einem einzigen hohen Ton, das an eine Heuschrecke erinnert.
Biotop: Trockenes und feuchtes Gelände aller Art mit dichter, niedriger Vegetation (hohes Gras, Schilf, Brennesseln, Brombeeren, Weiden- und Dorngestrüpp), Verlandungszonen, Brachland, Kahlschläge.
Nahrung: Kleine Insekten und Larven, die er laufend und springend am Boden erbeutet.
Fortpflanzung: Das Nest steht gut versteckt am Boden oder in geringer Höhe. Eiablage von Mai – Mitte Juli; gewöhnlich 6 Eier, Brutdauer 13 – 15 Tage. Nach 10 – 12 Tagen verteilen sich die Jungen in der umgebenden Vegetation. Zwei Jahresbruten.
Verbreitung: Von Nordspanien und Norditalien bis England und Südskandinavien und von Irland bis Innerasien; hat sich erst in der zweiten Hälfte dieses Jahrhunderts nach Norden ausgebreitet. Auf den Britischen Inseln etwa 25 000 Paare, in den Niederlanden 1000 bis 2500, in Belgien weniger als 900; in Frankreich weit, aber lokal verbreitet. Brütet nicht in den Pyrenäen, den Alpen und am Mittelmeer. In der Schweiz an geeigneten Orten im Mittelland. Zieht im August/September nach Südspanien und Nordafrika und kehrt im April/Mai zurück. Geschützte Art. – In ausgedehnten Schilfbeständen brütet von Frankreich bis Turkestan und von den Pyrenäen bis zur südlichen Ostsee, aber nicht im südlichen und mittleren Mitteleuropa, der Rohrschwirl (*L. luscinioides*). Er ähnelt dem Teichrohrsänger, hat aber einen breiten, gestuften Schwanz. Der Gesang ähnelt dem des Feldschwirls, ist aber tiefer und kürzer. Steht in der Bundesrepublik und in der Schweiz auf der „Roten Liste" der (potentiell) bedrohten Arten.

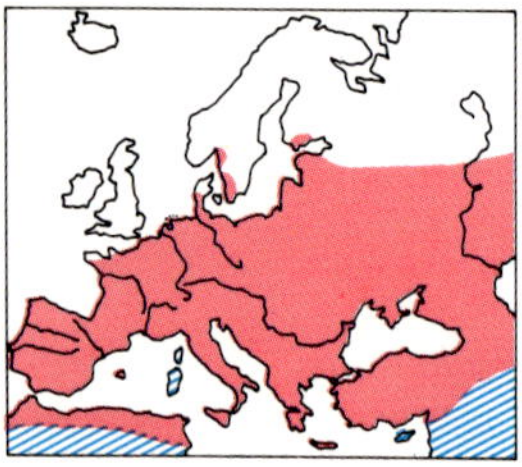

Drosselrohrsänger
Acrocephalus arundinaceus
E: Great Reed Warbler
F: Rousserolle turdoïde
H: Grote Karekiet
I: Cannareccione
S: Carricero tordal

Kennzeichen: Größter Rohrsänger, fast so groß wie eine Rotdrossel (daher der Name), aber schlanker, mit spitzem Schnabel, oberseits einheitlich olivbraun, unterseits gelblichweiß, mit weißlicher Kehle, schmalem dunklem Augen- und hellem Brauenstreif. Weniger heimlich als Teichrohrsänger; vor allem das Männchen zeigt sich beim Singen frei auf einem Schilfhalm oder in einem Strauch sitzend. Beim Flug über dem Röhricht oder dicht über dem Wasser erkennt man den gefächerten Schwanz.
Biotop: Ausgedehntes dichtes Röhricht mit offenen Wasserflächen und einzelnen Büschen oder Bäumchen, die ihm Schutz bieten, solange das Schilf noch niedrig ist.
Nahrung: Insekten aller Art; deren Entwicklung vom Wasser oder von den Wasser- oder Uferpflanzen abhängig ist: Eintagsfliegen, Mücken, Köcherfliegen, Libellen, Wasser- und Schwimmwanzen, Wasserschneider, Blattläuse, Käfer und vor allem kleine Raupen, außerdem kleine Spinnen und Krebstiere, selbst kleine Fische und Lurche (Frösche und Molche), ferner in geringem Umfang auch Beeren, z. B. von Holunder und Geißblatt.
Fortpflanzung: Das Nest, ein 15 – 20 cm tiefes Körbchen aus trockenen Stengeln und schmalen Blättern von Wasserpflanzen aller Art, das an 4 – 9 senkrechten Schilfhalmen 50 – 150 cm über dem Wasser befestigt wird, wird allein vom Weibchen gebaut. Das Material wird von der Wasseroberfläche aufgelesen, und wenn es trocken ist, wird es durchs Wasser gezogen, um es geschmeidig zu machen. Das erste Nest wird gebaut, wenn das Schilf noch wächst, so daß es mit der Zeit immer höher rückt. Das von Ort zu Ort verschieden schnelle Wachstum des Schilfes erklärt auch den unterschiedlichen Beginn des Brutgeschäftes (von Mitte Mai im Süden bis Ende Juni im Norden des Verbreitungsgebietes). Gewöhnlich 4 – 6, selten 3 Eier, die vorwiegend vom Weibchen ausgebrütet werden. Brutdauer 14 – 15 Tage. Dank der Tiefe der Nestmulde, ihres leicht nach innen gebogenen Randes und des Instinktes der Jungen, die sich mit aller Kraft an ihrer Behausung festkrallen, überstehen diese meist die schweren Sommergewitter in ihrer im Winde heftig schaukelnden Wiege. Sie wachsen sehr schnell und verlassen das Nest mit rund 12 Tagen, noch vor dem Flüggewerden. Dank ihres Kletter- und Springvermögens bewegen sie sich geschickt in der Wasservegetation, ohne Gefahr zu laufen zu ertrinken. Etwa am 16. Tag machen sie die ersten Flugversuche, und eine Woche später können sie selbst für sich sorgen. Während dieser Übergangszeit werden sie vom Männchen betreut, falls das Weibchen eine Zweitbrut macht, was gelegentlich vorkommt. Es besteht eine Neigung zu lockerer Koloniebildung, wenn auch Einzelbruten nicht selten sind.
Verbreitung: Von Nordwestafrika bis Südschweden, Südfinnland und Innerasien; fehlt auf den Britischen Inseln und im größten Teil von Skandinavien. Im Norden des europäischen Verbreitungsgebietes in starkem Rückgang begriffen. In den Niederlanden 6000 Paare, in Belgien weniger als 1000, in Luxemburg etwa 12, in Deutschland gut 55 000, in der Schweiz 100 – 150. In Frankreich weit verbreitet, vor allem im Mittelmeerraum. Zieht im August/September ins tropische und südliche Afrika und kehrt Ende April/Mai zurück. Der Biotop wird ständig weiter eingeschränkt oder durch Tourismus und Sport gestört. Geschützte Art, steht in der Bundesrepublik und in der Schweiz auf der „Roten Liste“ der vom Aussterben bedrohten Arten.

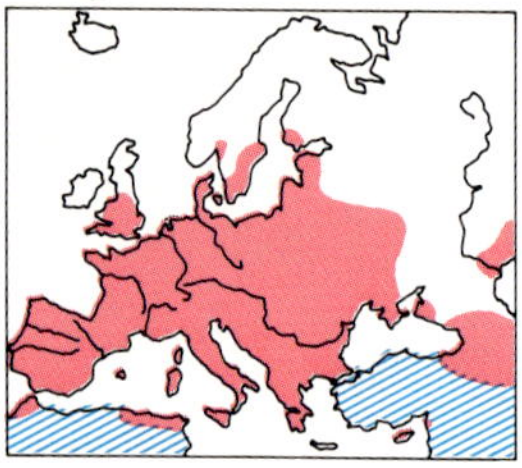

Teichrohrsänger
Acrocephalus scirpaceus
E: Reed Warbler
F: Rousserolle effarvatte
H: Kleine Karekiet
I: Cannaiola
S: Carricero común

Kennzeichen: Eine verkleinerte Ausgabe des Drosselrohrsängers, in vielen Gegenden häufiger als dieser. Kaum kleiner als Feldsperling, aber schlanker, oberseits einheitlich warm olivbraun, unterseits weißlich. Der Brauenstreif ist nur schwach angedeutet, aber um das Auge ist ein schmaler weißer Ring zu sehen. Außer am Gesang kaum vom Sumpfrohrsänger zu unterscheiden. Der des Teichrohrsängers ist einförmig, wiederholend, unmelodisch und nicht sehr weittragend. Der des Sumpfrohrsängers hingegen ist außerordentlich abwechslungsreich; er enthält zahlreiche Nachahmungen von Stimmen anderer Arten: das Geplauder der Dorngrasmücke, das Lied des Stieglitzes, den Warnruf der Blaumeise, den Frühlingsruf der Kohlmeise, das Lachen des Grünspechts, den Schlag der Wachtel, das Schluchzen der Nachtigall, das Trillern der Feldlerche, das Flöten der Amsel, die Stimmübungen der Singdrossel, das Klagen des Kiebitzes und den melancholischen Ruf des Großen Brachvogels. Jeder Sänger komponiert nach seinem Geschmack und entsprechend seinem Lebensraum sein eigenes Potpourri.
Biotop: Während der Sumpfrohrsänger in dichter, hoher, dickstengliger Krautvegetation auf trockenem oder feuchtem Boden brütet, mit besonderer Vorliebe in dichten Mädesüß- und Brennesselbeständen, bewohnt der Teichrohrsänger im Wasser stehendes Röhricht selbst von geringer Ausdehnung, z. B. in Torfstichen, an Teichen und Gräben, in verlandenden Altwässern, selbst in Parkteichen. Die durchschnittliche Größe der Brutreviere ist gering (250 m²), und die Siedlungsdichte ist oft so hoch, daß man von Koloniebrüten sprechen könnte.
Nahrung: Ähnlich wie beim Drosselrohrsänger ans Wasser und an die Ufervegetation gebundene Insekten und Larven.
Fortpflanzung: Das Nest unterscheidet sich nur durch die Größe von dem des Drosselrohrsängers. Eiablage von Ende Mai – Ende Juli; gewöhnlich 4 Eier, die von beiden Partnern 11 Tage lang bebrütet werden. Mit 10 – 12 Tagen, noch ehe sie fliegen können, springen die Jungen aus dem Nest, um nicht mehr dorthin zurückzukehren. Nach erfolgreicher erster Brut unternehmen die Altvögel zuweilen eine zweite. Ersatzbruten (bis zu drei oder vier) sind häufig wegen der zahlreichen Störfaktoren: Wind und Hochwasser zerstören die Nester, Regen tötet die Jungen im Nest, das Schmarotzertum des Kuckucks verringert die Fortpflanzungsrate. Wenn die Brut ungestört verläuft, bleiben manche Jungvögel lange im Brutrevier, andere streifen bald nach dem Selbständigwerden umher.
Verbreitung: Von Nordwestafrika bis Südskandinavien und Südfinnland und von England bis Innerasien. In Mitteleuropa in geeigneten Biotopen fast überall verbreitet, wenn auch in manchen Gebieten infolge der Trockenlegung von Feuchtgebieten ein spürbarer Rückgang zu verzeichnen ist. Geht in den Alpen bis 1250 m hoch. Der Wegzug beginnt recht früh schon im August und erreicht seinen Höhepunkt in der zweiten Septemberhälfte. Zieht bei Nacht. Das Winterquartier liegt südlich der Sahara, vor allem in Ostafrika. Die Rückkehr erfolgt Mitte Mai. Geschützte Art.

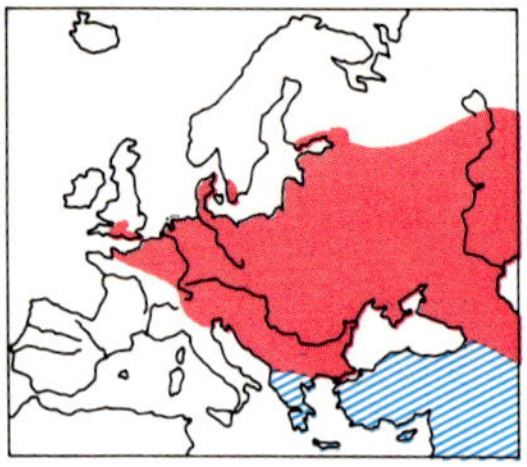

Sumpfrohrsänger

Acrocephalus palustris

E: Marsh Warbler
F: Rousserolle verderolle
H: Bosrietzanger
I: Cannaiola verdognola
S: Carricero políglota

Kennzeichen: Außer am Gesang (musikalischer, ohne rauhe Töne), am Biotop (nicht im Schilf), an den blaßrosa Füßen und an der mehr grünlichbraunen Oberseite ohne rötliche Tönung (Altvögel), schwer vom Teichrohrsänger zu unterscheiden.

Biotop: Gebüsch mit dicht wuchernden Brombeerranken, wildem Hopfen, Geißblatt, Brennnesseln, Mädesüß und Goldrute, gern am Rand von Sümpfen und Getreidefeldern und am Ufer von Kanälen und Flüssen.

Nahrung: Fliegen, Mücken, Blattläuse, kleine Käfer, kleine Raupen, kleine Schmetterlinge, Motten, Bremsen, Eintagsfliegen und Libellen; im Herbst auch Beeren (von Faulbaum, Holunder und Eberesche).

Fortpflanzung: Das dem des Teichrohrsängers gleichende Nest wird an Pflanzenstengeln oder Getreidehalmen befestigt. Eiablage Ende Mai (im Süden) bis Anfang Juli (im Norden); gewöhnlich 4 – 5, zuweilen 6 Eier. Brutdauer 12 – 14 Tage; beide Partner brüten. Die Jungen bleiben 10 – 14 Tage im Nest. Eine Jahresbrut. Der Sumpfrohrsänger ist manchmal Wirtsvogel des Kuckucks.

Verbreitung: Von Nordostfrankreich, der Poebene und dem Balkan bis Dänemark, Südschweden und Südfinnland und von Südengland bis zum Ural. In Mitteleuropa überall verbreitet, geht in den Alpen bis 1500 m hoch. Zieht ab August recht unauffällig nach Südosten und überwintert in Ostafrika bis Natal; kehrt im Mai zurück. Geschützte Art.

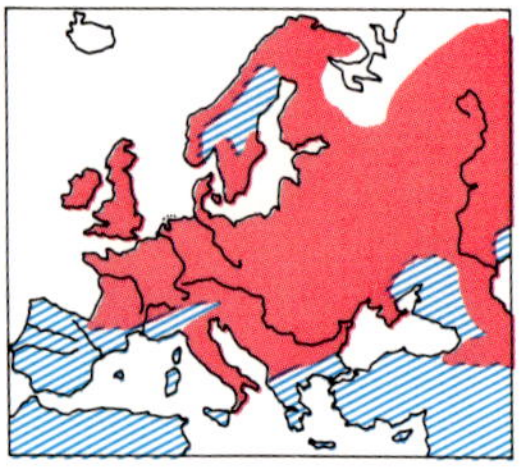

Schilfrohrsänger

Acrocephalus schoenobaenus

E: Sedge Warbler
F: Phragmite des joncs
H: Rietzanger
I: Forapaglie
S: Carricerín común

Kennzeichen: Kleiner als Teichrohrsänger, Scheitel, Nacken, Rücken und Schultern dunkler, schwarz-braun gestreift, mit rahmweißem Brauen- und dunklem Augenstreif. Leicht mit dem seltenen Seggenrohrsänger (*A. paludicola*), der einen sehr hellen Mittelstreifen auf dem Scheitel trägt, und dem südeuropäischen Mariskensänger (*A. melanopogon*), der einen fast schwarzen Scheitel, einen leuchtend weißen Brauenstreif und eine sehr weiße Kehle hat, zu verwechseln.

Biotop: Mit Buschwerk durchsetztes Röhricht aus Schilf, Binsen, Rohrkolben, Seggen, Schwertlilien und Riedgras am Rande von stehenden und fließenden Gewässern und von Sümpfen.

Nahrung: Wie bei anderen Rohrsängern des gleichen Lebensraums.

Fortpflanzung: Das ziemlich umfangreiche Nest aus Moos und trockenen Halmen steht meist dicht über dem Boden in der dichten Vegetation. Eiablage von Mitte Mai – Anfang Juli; gewöhnlich 5 Eier. Brutdauer 13 – 14 Tage; allein das Weibchen brütet. Die Jungen bleiben 13 – 14 Tage im Nest und sind weniger als 10 Tage nach dem Ausfliegen selbständig. Der Schilfrohrsänger ist oft Wirtsvogel des Kuckucks.

Verbreitung: Von Südwestfrankreich, Mittelitalien und dem Balkan bis zum Nordkap und von Irland bis Westsibirien. In Mitteleuropa vor allem in den großen Ebenen verbreitet, fehlt weitgehend im Hügel- und Bergland. In der Schweiz Ausnahmeerscheinung (1 – 2 Paare). Zieht bei Nacht, überquert selbst hohe Gebirge. Verläßt uns im September und kehrt Ende April zurück. Überwintert in Afrika südlich der Sahara. Hat anscheinend wie andere im gleichen Gebiet überwinternde Arten unter der anhaltenden Dürre in der Sahelzone gelitten. Geschützte Art, steht in der Bundesrepublik und in der Schweiz auf der „Roten Liste“ der bedrohten Arten.

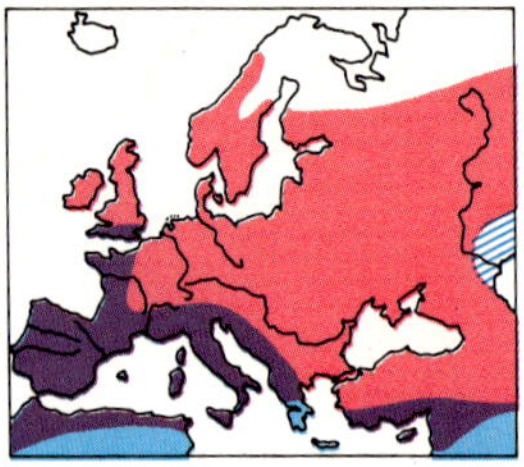

Mönchsgrasmücke

Sylvia atricapilla
E: Blackcap
F: Fauvette à tête noire
H: Zwartkop
I: Capinera
S: Curruca capirotada

Kennzeichen: Unterseits weißlich grau, Männchen oberseits eintönig grau mit schwarzem, Weibchen und Jungvögel etwas bräunlicher mit rotbraunem Scheitel; Schwanz ohne Weiß.
Biotop: Lichte Waldungen und Parks mit Unterholz und Gebüsch, Waldränder, Lichtungen und alte Hecken; meidet allzu trockene Gebiete.
Nahrung: Sucht auf Blättern und an Zweigen sitzende Insekten (Käfer, Blattläuse, Fliegen, Mücken, Kleinschmetterlinge, Ameisen) und Larven sowie Spinnen, Würmer und kleine Schnecken; außerdem Früchte (von Holunder, Eberesche, Faulbaum, Vogelkirsche, Brombeere, Efeu, Mistel, Liguster und Eibe); pickt auch reifes Obst an (Kirschen, Aprikosen, Himbeeren, Johannisbeeren, Erdbeeren, Trauben und Feigen).
Fortpflanzung: Das Nest aus Hälmchen, Würzelchen und Pflanzenwolle steht niedrig in Büschen und Hecken. Eiablage von Anfang Mai – Juni; gewöhnlich 5 (4 – 6) Eier. Brutdauer 10 – 15 Tage; beide Partner brüten. Die Jungen fliegen mit 10 – 15 Tagen aus. Zwei Jahresbruten.
Verbreitung: Von den Kapverden und Nordwestafrika bis Nordnorwegen und Südfinnland und von den Azoren bis Westsibirien, vom Meeresspiegel bis in 2000 m Höhe. In geeigneten Biotopen überall häufig, bei uns die häufigste Grasmücke. Süd- und z. T. auch westeuropäische Brutvögel sind Standvögel, nord- und osteuropäische ziehen im September/Oktober in südwestlicher und südöstlicher Richtung ins Mittelmeergebiet und nach Afrika bis Sambia und kehren Mitte April zurück. Geschützte Art; war früher wegen ihres wohlklingenden Gesanges, der aus einem plaudernden Vorgesang mit einem lauten, jubelnden „Überschlag" besteht, ein beliebter Käfigvogel.

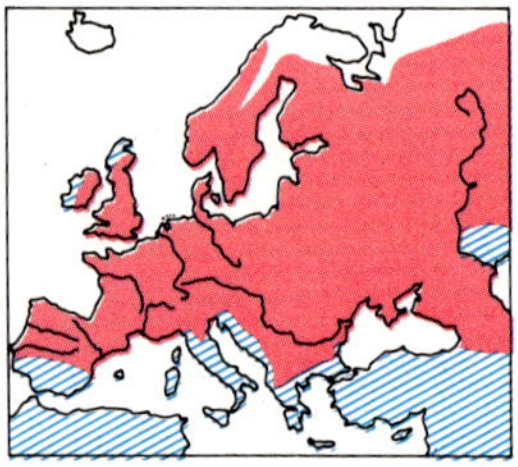

Gartengrasmücke

Sylvia borin
E: Garden Warbler
F: Fauvette des jardins
H: Tuinfluiter
I: Beccafico
S: Curruca mosquitera

Kennzeichen: So groß wie Mönchsgrasmücke, aber rundlicher ohne jedes Abzeichen, oberseits bräunlich grau, unterseits braungelblich bis weißlich; Füße graubraun. Gesang ähnlich dem der Mönchsgrasmücke, aber gleichmäßiger und anhaltender; einer unserer besten Sänger.
Biotop: Brütet in gebüschreichen, nicht zu hochstämmigen Waldungen, auch in Parks, aber trotz ihres Namens nicht in Gärten! Geht im Gebirge bis 2000 m hoch.
Nahrung: Wie Mönchsgrasmücke, vor allem Raupen und andere weiche Beute, im Herbst besonders gern Früchte.
Fortpflanzung: Das locker gebaute kleine Nest wird von beiden Partnern aus Hälmchen und Stengelchen gebaut und steht 30 – 250 cm über dem Boden im Gebüsch. Eiablage von Anfang Mai – Juli; gewöhnlich 4 – 5 Eier. Brutdauer 11 – 12 Tage; beide Eltern brüten. Die Jungen bleiben 9 – 12 Tage im Nest. Meist nur eine Jahresbrut (mit Nachgelege). Häufiger Kuckuckswirt.
Verbreitung: Von der Mitte der Iberischen Halbinsel, Norditalien und dem Balkan bis Südschottland und Nordskandinavien und von Irland bis Mittelsibirien; fehlt im Mittelmeergebiet. In Mitteleuropa fast überall verbreitet. Die Gartengrasmücke verläßt uns gewöhnlich im August/September und überwintert im tropischen und südlichen Afrika; sie kehrt in der ersten Maihälfte zurück. Wie alle Nachtzieher wird sie oft ein Opfer der Leuchttürme. Geschützte Art.

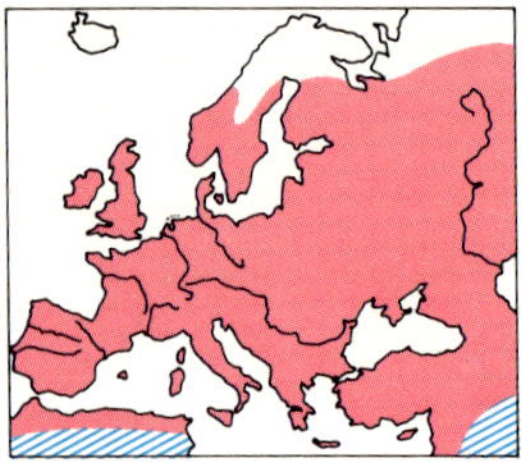

Dorngrasmücke
Sylvia communis
E: Whitethroat
F: Fauvette grisette
H: Grasmus
I: Sterpazzola
S: Curruca zarcera

Kennzeichen: Kleiner als Mönchs- und Gartengrasmücke, bei uns nur mit der noch kleineren Klappergrasmücke zu verwechseln; Flügel rostbraun, Schwanz ziemlich lang mit weißen Kanten. Männchen im Brutkleid mit grauer, bis unter die Augen reichender Kappe, weißer Kehle und rosig weißer Unterseite, Weibchen und Jungvögel matter und bräunlicher gefärbt.
Biotop: Brachland und Feldgehölze mit niedrigem Gebüsch, Hecken und Dorngestrüpp an Wegen und Böschungen, junge Fichtenschonungen. Häufiger in der Ebene als im Bergland, geht in den Schweizer Alpen nicht über 1200 – 1500 m hoch.
Nahrung: Insekten (Raupen, Schmetterlinge, Fliegen, Mücken, kleine Käfer, Kleinschmetterlinge, Ameisen), aber auch Spinnen, kleine Schnecken, Beeren und süße Früchte (Himbeeren, Brombeeren, Holunderbeeren).
Fortpflanzung: Eiablage von Mitte Mai – Juli; gewöhnlich 4 – 6 Eier. Brutdauer 11 – 13 Tage; beide Partner brüten. Die Jungen fliegen mit 10 – 12 Tagen aus. Zwei Jahresbruten. Zuweilen Kuckuckswirt.
Verbreitung: Von Nordwestafrika bis Mittelskandinavien und von Irland bis Mittelsibirien. Früher unsere häufigste Grasmücke; seit etwa 1970 ist infolge der anhaltenden Dürre im Überwinterungsgebiet (Sahel) eine katastrophale Abnahme der Bestände zu verzeichnen. Dazu kommt wie bei anderen Kleinvögeln die Gefährdung durch „Jäger“ und Vogelsteller in Südeuropa und Nordafrika. Sonst allgemein geschützte Art. Zieht im August – September fort und kehrt gewöhnlich in der ersten Maihälfte zurück.

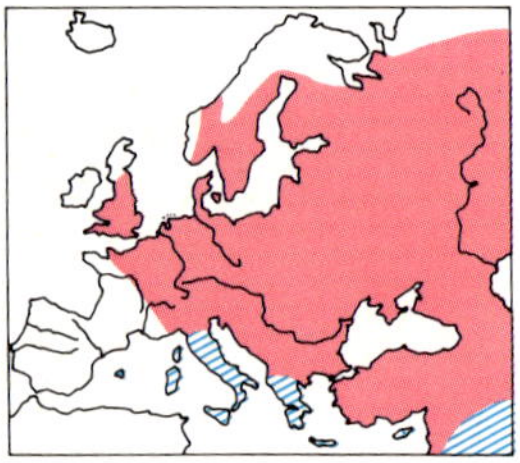

Klappergrasmücke
Sylvia curruca
E: Lesser Whitethroat
F: Fauvette babillarde
H: Braamsluiper
I: Bigiarella
S: Curruca zarcerilla

Kennzeichen: Kleiner als Dorngrasmücke, mit kürzerem Schwanz, oberseits viel grauer, unterseits weißer, beide Geschlechter mit aschgrauer Kappe und dunkelgrauen Ohrdecken; Schwanzseiten weiß wie bei jener.
Biotop: Dichtes Dorngebüsch, Hecken, junge Fichtenschonungen, mit Gestrüpp bewachsene Bahndämme, Parks, Friedhöfe und große Gärten mit Gebüsch, selbst in der Nähe von Gebäuden. Bewohnt im Gebirge ähnliche Biotope und brütet im Krummholz- und im Alpenrosen-, Heidelbeer- und Wacholdergestrüpp an der Waldgrenze bis in 2200 m Höhe.
Nahrung: Wie bei anderen Grasmücken kleine Insekten (Raupen und Kleinschmetterlinge, Blattläuse und Ameisen) und Spinnen sowie Beeren (Johannisbeeren, Holunderbeeren, Brombeeren, Himbeeren, Heidelbeeren, Wacholderbeeren).
Fortpflanzung: Bereits vor der Ankunft der Weibchen legt das Männchen ein oder mehrere Nester an; das Weibchen polstert das angenommene Nest aus. Eiablage von Anfang Mai im Süden bis Anfang Juni im Norden; gewöhnlich 5 – 6 Eier. Brutdauer 10 – 13 Tage. Die Jungen verlassen das Nest mit 10 – 13 Tagen, noch ehe sie richtig fliegen können. Manchmal zwei Jahresbruten.
Verbreitung: Von Mittelfrankreich, Oberitalien und dem Balkan bis Mittelskandinavien und von England bis Innerasien; fehlt in Irland, Schottland und großen Teilen von Skandinavien sowie in Westfrankreich und im Mittelmeerraum. Zieht im September nach Südosten, um in Nordostafrika bis zum Äquator sowie in Indien und Ceylon zu überwintern, und kehrt in der zweiten Aprilhälfte zurück. Geschützte Art.

Samtkopfgrasmücke

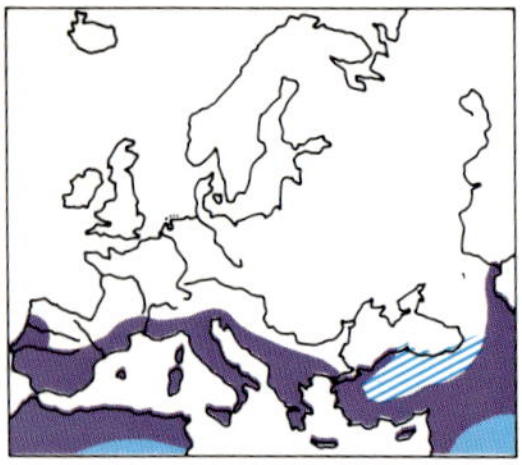

Sylvia melanocephala

E: Sardinian Warbler
F: Fauvette mélanocéphale
H: Kleine Zwartkop
I: Occhiocotto
S: Curruca cabecinegra

Kennzeichen: So groß wie Klappergrasmücke. Männchen leicht kenntlich an der bis unter das rot umrandete Auge hinabreichenden samtschwarzen Kappe und der davon abstechenden weißen Kehle; Oberseite schiefergrau, der ziemlich lange, gestufte Schwanz schwärzlich mit weißen Kanten, Flanken grau. Beim Weibchen ist der rote Augenring weniger auffallend; die Oberseite ist bräunlich, die Kappe nur wenig dunkler.
Biotop: Strauchheide, dichte, verhältnismäßig hohe Macchie, dichtes Unterholz in lichten Gehölzen, Hecken und Gebüsch, Gärten mit Bäumen und immergrünen Sträuchern, selbst am Stadtrand. Geht im Gebirge nicht hoch hinauf (nur in den Ostpyrenäen bis 700 m).
Nahrung: Hauptsächlich Insekten, Larven und Spinnen, ferner Feigen und andere Früchte, die sie anpickt, sowie verschiedene Sämereien.
Fortpflanzung: Das kleine, schalenförmige Nest wird von beiden Partnern 60 – 250 cm über dem Boden gebaut. Eiablage von Mitte März – April bzw. Juni; gewöhnlich 4 – 5, zuweilen nur 3 Eier. Brutdauer 13 – 15 Tage. Beide Eltern brüten und füttern die Jungen im Nest, bis sie mit 11 Tagen ausfliegen. Zwei Jahresbruten.
Verbreitung: Mittelmeergebiet und Vorderasien; bewohnt in Frankreich einen etwa 100 km breiten Küstenstreifen (rund 20 000 Brutpaare) im Gebiet des Ölbaumes und der Steineiche. Die europäischen Samtkopfgrasmücken sind typische Standvögel und haben als solche unter strengen Wintern sehr zu leiden. Manche Vögel streifen jedoch umher, und einige ziehen nach Afrika bis in die Sahara und das Hoggargebirge. Geschützte Art.

Weißbartgrasmücke

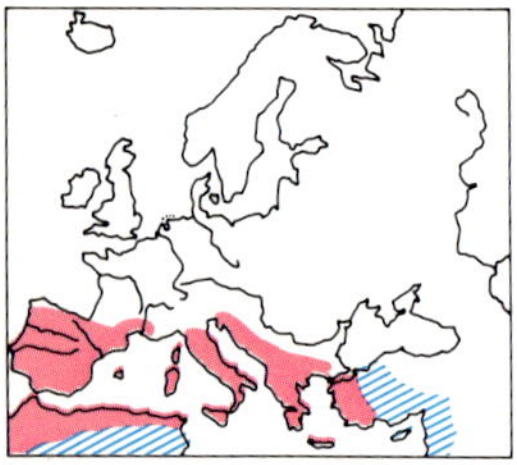

Sylvia cantillans

E: Subalpine Warbler
F: Fauvette passerinette
H: Baardgrasmus
I: Sterpazzolina
S: Curruca carrasqueña

Kennzeichen: Sehr klein. Kopf und Oberseite hell aschgrau, Kehle, Brust und Flanken gelbrötlich, mit auffallendem, weißem Bartstreif und rotem Augenring; Weibchen matter gefärbt. Zuckt mit dem Schwanz und spreizt ihn in typischer Manier.
Biotop: Strauchheide, dichtes, nicht zu hohes Gebüsch, Macchie mit Eichen und Zistrosen, Waldränder und Lichtungen, Felshänge mit Gestrüpp und Buschwerk. Mehr im Hügelland als in der Ebene, geht in der Provence 900 – 1300 m hoch. Im Gegensatz zur Provencegrasmücke häufiger im Kermeseichendickicht als in der eigentlichen Macchie. Meidet den Menschen und von ihm geschaffene Biotope.
Nahrung: Insekten und ihre Larven, zuweilen auch Sämereien.
Fortpflanzung: Das leichtgebaute Nest steht 15 – 90 cm über dem Boden auf oder zwischen den Zweigen eines niedrigen Strauches. Eiablage ab Mitte April; gewöhnlich 3 – 4, selten 5 Eier. Brutdauer 11 – 12 Tage; anscheinend brütet nur das Weibchen. Beide Eltern füttern die Jungen; sie sind dabei sehr heimlich und verstehen es, beim An- und Abflug ungesehen zu bleiben. Die Jungen bleiben 11 – 12 Tage im Nest. Zwei Jahresbruten.
Verbreitung: Bewohnt das Mittelmeergebiet von Nordwestafrika bis Südostfrankreich und von Portugal bis Kleinasien. Im Süden des Verbreitungsgebietes Teilzieher, im Norden Zugvogel, der am Südrand der Sahara überwintert und unter der anhaltenden Dürre im Sahelgebiet sehr gelitten hat. Geschützte Art.

Provencegrasmücke

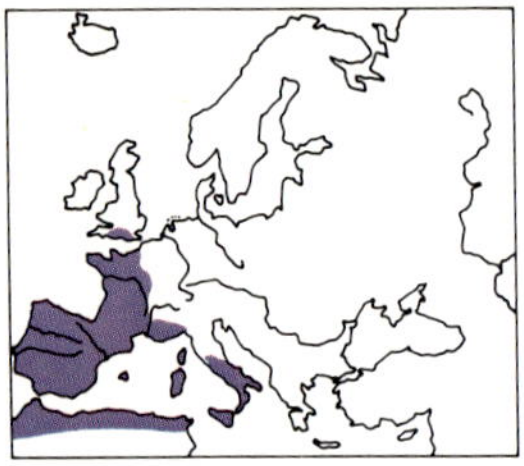

Sylvia undata
E: Dartforf Warbler
F: Fauvette pitchou
H: Provencaalse Grasmus
I: Magnanina
S: Curruca rabilarga

Kennzeichen: Nächst der eng verwandten Sardengrasmücke (*Sylvia sarda*) der Inseln des westlichen Mittelmeeres, die auch unterseits dunkel ist, die dunkelste Grasmücke. Männchen oberseits schwarzbraun, unterseits rostbraun; Weibchen oberseits bräunlicher, unterseits heller. Iris rotbraun, Augenring rot. Stelzt gern den ziemlich langen, oberseits dunkelbraunen, unterseits rotbraunen Schwanz. Erinnert im Flug an eine rußige Schwanzmeise.
Biotop: Trockenes, offenes Gelände mit dichtem, niedrigem Bewuchs, im Mittelmeerraum vor allem Strauchheide und niedrige Macchie, meist in Küstennähe, im atlantischen Raum Heide mit Stechginster, Besenheide, Ginster, Schlehdorn und anderem Strauchwerk sowie Kiefernunterholz.
Nahrung: Insekten und ihre Larven sowie Spinnen; pickt im Herbst auch Maulbeeren an.
Fortpflanzung: Das kleine Nest steht im Gezweig. Eiablage von Mitte April – Mitte Juni; gewöhnlich 3 – 4, selten 5 Eier. Brutdauer 12 – 13 Tage. Die Jungen bleiben 11 – 13 Tage im Nest. Zwei, manchmal drei Jahresbruten.
Verbreitung: Bewohnt den westlichen Mittelmeerraum sowie die übrige Iberische Halbinsel, Westfrankreich und Südwestengland. Der kleine britische Bestand (1974 560 Brutpaare) hat unter strengen Wintern sehr zu leiden, da die Altvögel Standvögel sind, während die Jungvögel anscheinend im Herbst abziehen. Ähnliches gilt für Frankreich, wo die Provencegrasmücken in einem ziemlich eng begrenzten Gebiet umherstreifen und höchstens aus höher gelegenen Gegenden ins Tiefland wandern. Die Nordgrenze des Verbreitungsgebietes scheint mit der der Region zusammenzufallen, in der der Boden weniger als 10 Tage im Jahr von Schnee bedeckt ist (AFFRE 1976). Geschützte Art.

Cistensänger

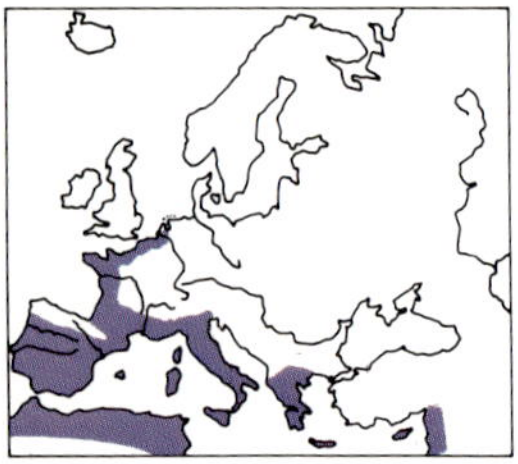

Cisticola juncidis
E: Fan-tailed Warbler
F: Cisticole des joncs
H: Waaierstaartrietzanger
I: Beccamoschino
S: Buitrón

Kennzeichen: Gleicht einem kleinen Schilfrohrsänger (ohne hellen Brauenstreif); steht in der Größe zwischen Goldhähnchen und Zilpzalp. Scheitel und Oberseite braun und rostgelb gestreift, Schwanz sehr kurz mit schwarzweißen Federspitzen. Fällt vor allem durch seinen wellenförmigen Balzflug auf runden Flügeln und mit gefächertem Schwanz auf, bei dem jeder Aufstieg von einem scharfen „zip“ begleitet wird.
Biotop: Trockenes und feuchtes offenes Grasland, Seggen- und Binsenbestände am Rand von Sümpfen, feuchte Wiesen, Getreide- (vor allem Hafer-)felder, Öd- und Brachland, auch in der Nähe von Wohnungen. Trotz seines Namens nie in Cistrosenbeständen!
Nahrung: Insekten; im Winter auch Sämereien.
Fortpflanzung: Nest eine Art Tasche, die mit dem Gras der Umgebung verflochten ist und wenige Zentimeter über dem Boden steht. Eiablage ab Ende März; gewöhnlich 5 – 6 Eier. Brutdauer 10 – 11 Tage; beide Partner brüten. Die Jungen verlassen das Nest nach 13 – 14 Tagen. Zwei, zuweilen drei Jahresbruten.
Verbreitung: Weit verbreitet im westlichen Mittelmeerraum, im vorderen Orient, in Süd- und Ostasien sowie im mittleren und südlichen Afrika. Hat sich in den letzten Jahren von der französischen Mittelmeerküste aus den Flußtälern folgend bis in die Schweiz (1975), nach Belgien und in die Niederlande (1974; 1977 30 – 50 Brutpaare) ausgebreitet. Es bleibt abzuwarten, ob diese bemerkenswerte, durch eine Reihe milder Winter begünstigte Erweiterung des Brutgebietes nicht durch einen strengen Winter wie den von 1978/79 zunichte gemacht worden ist. Standvogel mit einer Neigung zum Umherstreifen. Geschützte Art, steht in der Schweiz auf der „Roten Liste“ der gefährdeten Arten.

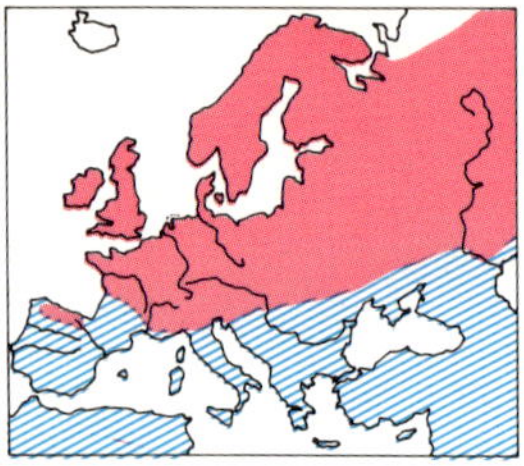

Fitis

Phylloscopus trochilus

E: Willow Warbler
F: Pouillot fitis
H: Fitis
I: Luì grosso
S: Mosquitero musical

Kennzeichen: Im Feld kaum von dem fast ebenso großen Zilpzalp zu unterscheiden, etwas mehr olivgrün mit deutlicherem gelbem Brauenstreif und meist hellbraunen Beinen. Unterseits blaßgelb oder weißlich (Jungvögel im Herbst kräftiger gelb).
Biotop: Trockenes und feuchtes Gelände mit niedrigem Baumbestand und gut entwickelter Strauchschicht, Erlen-, Birken- und Pappelwäldchen, Bruchwälder, mit Kiefern und Birken bestandene Moore, von Gesträuch überwucherte Gräben und verwilderte Hecken.
Nahrung: Allerlei Insekten des Niederwaldes und der Gebüsche in allen Entwicklungsstadien vom Ei bis zum fertigen Insekt, im Herbst auch Holunder- und andere Beeren.
Fortpflanzung: Das backofenförmige, überdachte Bodennest mit kleinem seitlichem Einschlupf wird allein vom Weibchen gebaut. Eiablage von Anfang Mai im Süden bis Mitte Juni im Norden; gewöhnlich 6 – 7 (zuweilen 3 – 9) Eier. Brutdauer 13 Tage; nur das Weibchen brütet. Die Jungen werden von beiden Eltern ernährt und verlassen das Nest nach 13 – 15 Tagen. Eine Jahresbrut (im Süden manchmal zwei).
Verbreitung: Von Oberitalien bis zum Nordkap und von Irland bis Ostsibirien, außerdem in Nordwestspanien. Charaktervogel des nordischen Birkenwaldes; der finnische Bestand wird auf 5 700 000 Brutpaare geschätzt! In Mitteleuropa überall verbreitet und häufig. Fernzieher, der in Afrika von der Sahara bis zum Kapland überwintert; verläßt uns im September/Oktober und kehrt Anfang April zurück. Geschützte Art. – Vom Mittelmeerraum bis zu den deutschen Mittelgebirgen brütet der Berglaubsänger (*Ph. bonelli*), oberseits hell graubraun mit heller grauem Kopf und gelbem Bürzelfleck, unterseits weißlich.

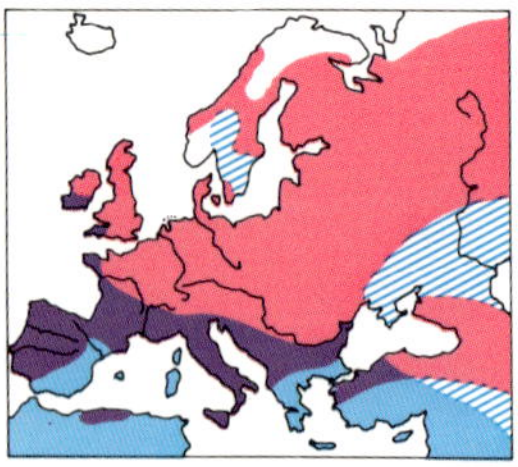

Zilpzalp

Phylloscopus collybita

E: Chiffchaff
F: Pouillot véloce
H: Tjiftjaf
I: Luì piccolo
S: Mosquitero común

Kennzeichen: Etwas kleiner als Fitis; im Feld kaum von ihm zu unterscheiden. Beide sind oberseits grünlichbraun, unterseits gelblich weiß, aber beim Zilpzalp ist die Kehle eher weiß, und das Gelb tritt nur im Brauenstreif und auf dem Unterflügel deutlich hervor. Beine dunkel. Der Gesang dagegen ist unverwechselbar; der lautmalende Name „Zilpzalp" gibt ihn recht gut wieder.
Biotop: Parklandschaft, mit Lichtungen aufgelockerter Mischwald, von Bäumen überragtes Gebüsch, von Bäumen und Gebüsch gesäumte Wege, Erlen- und Weidenmischwald. Meidet im allgemeinen feuchtes Gelände und geht im Gebirge selten bis 1800 bzw. 2000 m hoch.
Nahrung: Hauptsächlich Insekten und ihre Larven (Mücken, Räupchen, Kleinschmetterlinge, Blattläuse), die von Blättern und Zweigen abgelesen werden; ferner Beeren (von Holunder, Eberesche, Johannisbeere, Heidelbeere); pickt auch Süßkirschen an.
Fortpflanzung: Das auf dem Boden stehende, backofenförmige Nest hat einen größeren Einschlupf als das vom Fitis und wird nur vom Weibchen gebaut, das auch allein brütet und einen größeren Anteil an der Jungenaufzucht hat als das Männchen. Eiablage von Ende April im Süden bis Ende Mai im Norden; gewöhnlich 6 Eier. Brutdauer 13 – 14 Tage. Die Jungen bleiben 14 – 15 Tage im Nest. Eine Jahresbrut (im Süden manchmal zwei).
Verbreitung: Von den Kanaren und Nordwestafrika bis zum Weißen Meer (in Norwegen und Schweden nur in den mittleren Landesteilen) und von Irland bis Ostsibirien; fehlt in Süd- und Ostspanien, auf den Mittelmeerinseln und in Griechenland. In Mitteleuropa überall häufig. Zugvogel, der uns im September/Oktober verläßt, im Mittelmeerraum und in Afrika bis zum Äquator überwintert und im März als einer der ersten zurückkehrt. Geschützte Art.

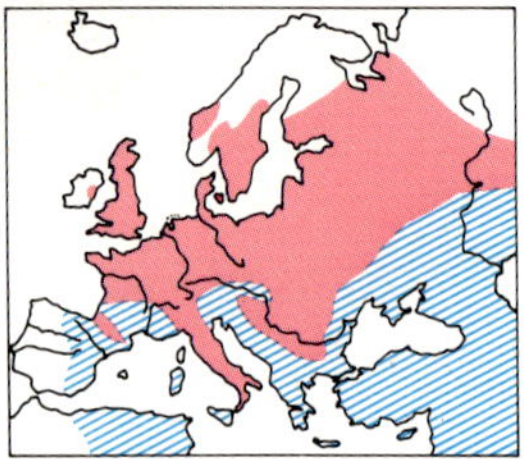

Waldlaubsänger

Phylloscopus sibilatrix

E: Wood Warbler
F: Pouillot siffleur
H: Fluiter
I: Luì verde
S: Mosquitero silbador

Kennzeichen: Unser größter Laubsänger, zugleich am stärksten an hohe Bäume gebunden. Oberseite grünlich, Brauenstreif, Kehle und Brust schwefelgelb, Bauch weiß.
Biotop: Hochstämmiger Laub- (vor allem Buchen-) und Mischwald; auch mit einigen Laubbäumen und etwas Unterholz durchsetzter Nadelwald. Geht im Buchenwald im Gebirge bis zu 1200 – 1400 m hoch.
Nahrung: Kleine Insekten sowie ihre Eier, Larven und Puppen. Seine Vorliebe für Buchen rührt daher, daß die Blattläuse, die von Ameisen auf diesen angesiedelt worden sind, durch ihre zuckerhaltigen Ausscheidungen zahlreiche Fliegen und Mücken anlocken, die seine Hauptnahrung bilden (VAN DER HAEGEN 1947). Verzehrt auch Spinnen und Beeren.
Fortpflanzung: Das backofenförmige Nest mit seitlichem Einschlupf steht immer auf dem Boden in einem Grasbüschel verborgen. Es wird nur vom Weibchen gebaut, das auch allein brütet. Eiablage von Mai – Mitte Juni; gewöhnlich 6 – 7 Eier. Brutdauer 13 Tage. Die Jungen werden von beiden Eltern gefüttert und bleiben 11 – 12 Tage im Nest. Eine Jahresbrut (manchmal zwei).
Verbreitung: Von den Pyrenäen, Süditalien und dem nördlichen Balkan bis Schottland, Südnorwegen, Mittelschweden und Südfinnland, nach Osten bis zum Ural; fehlt in Südfrankreich und Irland. Scheint sich seit 1900 langsam nach Norden auszubreiten. In Mitteleuropa weit verbreitet und ziemlich häufig. In Jahren der Massenvermehrung der im Wald lebenden Kleinnager fallen diesen zahlreiche Bruten zum Opfer. Zieht Ende August – Mitte September in südöstlicher Richtung ab, überwintert im tropischen Afrika nördlich des Äquators und kehrt Ende April/Anfang Mai zurück. Geschützte Art.

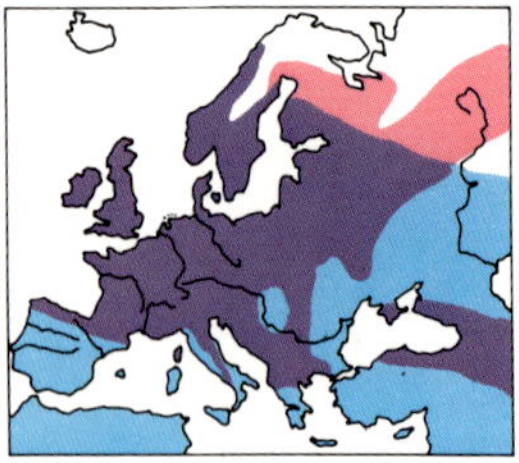

Wintergoldhähnchen

Regulus regulus

E: Goldcrest
F: Roitelet huppé
H: Goudhaantje
I: Regolo
S: Reyezuelo sencillo

Kennzeichen: Mit dem sehr ähnlichen Sommergoldhähnchen (*R. ignicapillus*) unser kleinster Vogel (Gewicht 4 – 5 g). Oberseite und Flanken trüb olivgrüm, Unterseite weißlich; der beim Männchen orange-, beim Weibchen zitronengelbe Scheitel ist schwarz gesäumt. Das Sommergoldhähnchen hat außerdem einen weißen Brauen- und einen schwarzen Augenstreif.
Biotop: Nadel-, vor allem Fichtenwälder, die ihm das ganze Jahr über Nahrung und Schutz bieten.
Nahrung: Hauptsächlich kleine Insekten in allen Entwicklungsstadien sowie kleine Spinnen; sucht seine Nahrung auf den äußersten Spitzen der Zweige.
Fortpflanzung: Das kleine, dichte, weiche Kugelnest steht gut versteckt in den Außenzweigen einer Fichte oder Tanne 10 – 20 m über dem Boden. Eiablage Anfang April, gewöhnlich 7 – 10 (manchmal 11 – 13) Eier. Brutdauer 14 – 17 (meist 16) Tage; nur das Weibchen brütet. Die Jungen fliegen mit 18 – 20 Tagen aus und bleiben in der Umgebung, selbst wenn die Eltern mit der zweiten Brut beschäftigt sind, mit der oft schon vor dem Ausfliegen der ersten begonnen wird.
Verbreitung: Von Nordspanien, Norditalien und Nordgriechenland bis zur Baumgrenze im Norden und von Irland bis Japan; in Mitteleuropa in geeigneten Biotopen überall anzutreffen. Im allgemeinen Standvogel, aber die Brutvögel Nordosteuropas ziehen im Herbst nach Süden und Westen z. T. bis ins Mittelmeergebiet. Vereisung kann im Winter zu hohen Verlusten führen. Das Sommergoldhähnchen brütet von den Kanaren und Nordwestafrika bis zur südlichen Ostsee und von Spanien bis Kleinasien; es fehlt in Portugal, Nordwestfrankreich, Belgien und den Niederlanden sowie auf den Britischen Inseln. Es bewohnt bei uns vorwiegend Nadel-, aber auch Mischwald, in Südeuropa vorwiegend Laubwald. Mitteleuropäische Brutvögel ziehen im September/Oktober nach West- und Südeuropa und kehren im April – Mai zurück. Beide Arten sind geschützt.

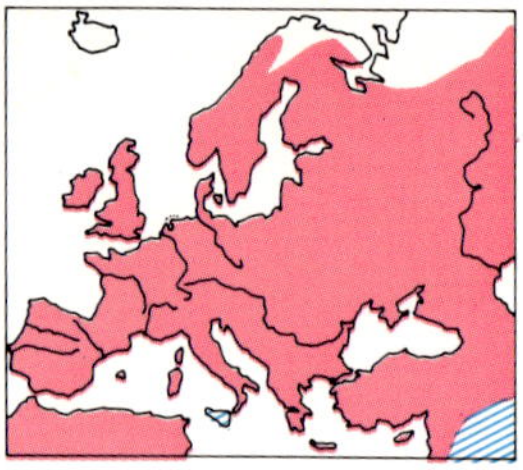

Grauschnäpper
Muscicapa striata
E: Spotted Flycatcher
F: Gobemouche gris
H: Grauwe Vliegenvanger
I: Pigliamosche
S: Papamoscas gris

Kennzeichen: Rotkehlchengroß, unauffällig gefärbt, oberseits graubraun, unterseits weißlich, Scheitel und Brust dunkel gestrichelt; Beine kurz. Wenig scheu. Sitzt meist aufrecht auf einem Zweig oder Pfahl, stürzt sich von dort auf vorüberfliegende Insekten und läßt sich nach kurzem, akrobatischem Verfolgungsflug mit seiner Beute auf derselben oder einer benachbarten Sitzwarte nieder. Gesang unbedeutend.
Biotop: Gebüschreiches Gelände, Waldränder, Lichtungen, alte Obstgärten, Parks, Baumschulen, Alleen, mit Bäumen bestandene Wegränder und Flußufer; gern in der Nähe von Gebäuden, die ihm Nistmöglichkeiten bieten. Geht im Gebirge bis 1850 m hoch. Das Revier eines Paares wird im Durchschnitt auf einen Hektar geschätzt, doch brüten alljährlich zwei Paare im Umkreis von 20 m um das Haus des Verfassers.
Nahrung: Hauptsächlich Fluginsekten (kleine Käfer, Fliegen, Bremsen, Mücken, Kleinschmetterlinge, fliegende Ameisen, Schlupfwespen und Libellen); liest bei Regen im Flug Insekten von der Unterseite der Blätter ab. Im Sommer gelegentlich Beeren von Holunder, Faulbaum u.a., die er ebenfalls im Flug pflückt. Kommt selten auf den Boden.
Fortpflanzung: Die Paarbildung vollzieht sich unauffällig, wie alles bei dieser Art. Das Männchen wählt den Nistplatz, das Weibchen baut innerhalb von 4 – 6 Tagen das Nest, ein lockeres Gebilde aus trockenen Hälmchen, Bast, Moos und Flechten, das mit Spinnweben zusammengehalten wird. Es steht in Halbhöhlen und Nischen an Gebäuden unter einem vorspringenden Gesims, auf einem Gestell in einem Schuppen, in einem Mauerloch, in einer Baumhöhle, im Efeu, in einem Spalier, meist vor dem Regen geschützt, gelegentlich auch frei in einer Astgabel dicht am Stamm oder in einem Gewirr von Schlingpflanzen. Nistkästen mit großer, rechteckiger Öffnung (Halbhöhlen) werden gern angenommen. Eiablage von Mitte Mai – Mitte Juli; gewöhnlich 4 – 5 Eier. Brutdauer rund 13 Tage; es ist nicht klar, ob sich auch das Männchen am Brüten beteiligt. Die Jungen verlassen das Nest nach zwei Wochen. Viele Bruten werden durch Katzen, Eichhörnchen, Elstern und Eichelhäher zerstört, aber in recht kurzer Zeit wieder ersetzt. Fast unmittelbar nach erfolgreich abgeschlossener Erstbrut wird im selben Nest eine zweite begonnen. Der Familienzusammenhang bleibt oft bis zum Wegzug erhalten.
Verbreitung: Von Nordwestafrika bis Nordskandinavien und von Irland bis Ostsibirien. Siedelt im Tiefland dichter als im Gebirge, am dichtesten anscheinend in Finnland (fast 1 000 000 Brutpaare). Der Wegzug beginnt schon Mitte August und führt ins tropische und südliche Afrika, sowohl in die Savanne wie in den Urwald. Die Rückkehr erfolgt Anfang Mai. Geschützte Art.

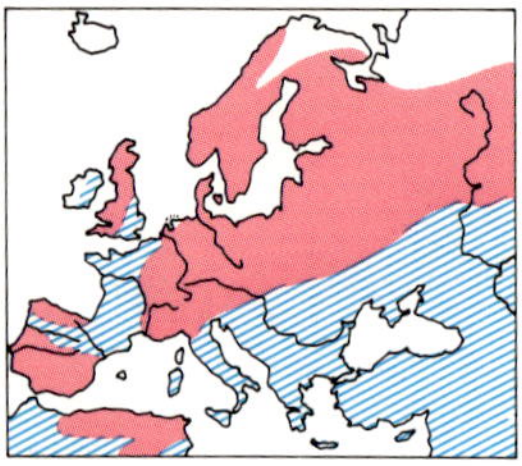

Trauerschnäpper

Ficedula hypoleuca

E: Pied Flycatcher
F: Gobemouche noir
H: Bonte Vliegenvanger
I: Balia nera
S: Papamoscas cerrojillo

Kennzeichen: Kleiner als Grauschnäpper, Männchen im Brutkleid oberseits schwarz mit weißem Flügelspiegel, weißen Schwanzseiten und weißer Stirn, unterseits weiß. Derartig gefärbten Männchen sieht man bei uns fast nur auf dem Frühjahrszug. In Mitteleuropa und weiter östlich brütende Männchen tragen meist auch zur Brutzeit das oberseits braungraue, unten rahmweiße Ruhekleid, das bis auf die weiße Stirn dem des Weibchens gleicht.
Biotop: Laub- und Mischwald, Parks, Obstgärten, mehr im Hügelland als in der Ebene.
Nahrung: Fängt weniger Fluginsekten als Grauschnäpper, frißt auch Raupen, Larven, Mücken, Fliegen, Ameisen, Spinnen, kleine Käfer, Heuschrecken und Schnecken, die er z. T. am Boden erbeutet. Nimmt gern Beeren.
Fortpflanzung: Brütet in hohlen Bäumen, Spechthöhlen und Mauerlöchern, besonders gern in Nistkästen, mit deren Hilfe die Siedlungsdichte sehr gesteigert bzw. eine Neuansiedlung erreicht werden kann. Dabei besteht Artkonkurrenz mit den Meisen. Das Weibchen baut das Nest und brütet allein (12 – 15 Tage). Eiablage ab Anfang Mai; gewöhnlich 5 – 7 Eier. Die Jungen werden von beiden Eltern gefüttert und bleiben 13 – 16 Tage im Nest. Eine Jahresbrut.
Verbreitung: Von Nordwestafrika bis Nordskandinavien und von Großbritannien bis Westsibirien, fehlt in Irland, großen Teilen von Spanien, Westfrankreich, Mittel- und Süditalien sowie in Südosteuropa. In Mitteleuropa recht häufig; in manchen Gegenden in Ausdehnung begriffen. Zieht ab Ende August – September ins tropische Afrika und kehrt Ende April/Anfang Mai zurück. – Von Süditalien bis Mittelrußland und von Südwestdeutschland bis Nordiran brütet der dem Trauerschnäpper sehr ähnliche Halsbandschnäpper (*F. albicollis*); die Männchen sind im Brutkleid immer schön schwarz-weiß, mit breitem weißem Kragen, weißem Bürzel und großem weißem Flügelfeld. Steht in der Schweiz auf der „Roten Liste“ der gefährdeten Arten.

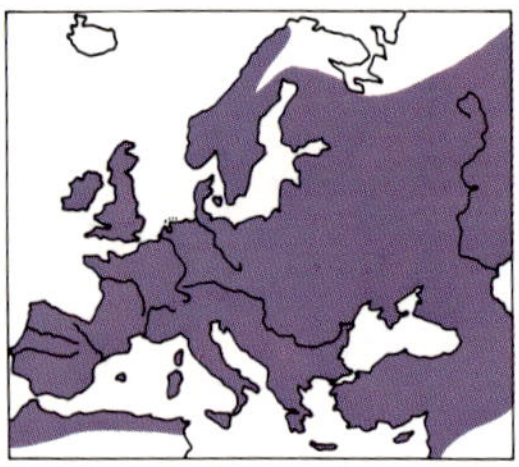

Kohlmeise

Parus major

E: Great Tit
F: Mésange charbonnière
H: Koolmees
I: Cinciallegra
S: Carbonero mayor

Kennzeichen: Unsere größte Meise, kenntlich an der gelben Unterseite mit schwarzem Mittelstreifen (beim Männchen kräftiger als beim Weibchen), der grünlichen Oberseite und dem schwarzen Kopf mit weißen Wangen.
Biotop: Wälder aller Art, Feldgehölze, Parks, Friedhöfe, Gärten, soweit sie Nistgelegenheiten bieten.
Nahrung: Im Sommer vorwiegend tierischer (Insekten, Spinnen usw.), im Winter pflanzlicher Art (ölhaltige Sämereien, Bucheckern, Nüsse). Besucht im Winter gern Futterstellen, wo man ihr ungesalzenen Speck, Sonnenblumenkerne und Erdnüsse bieten kann.
Fortpflanzung: Höhlenbrüter wie alle Meisen. Die Bestandsdichte hängt von dem Angebot an Nisthöhlen ab. Nimmt sehr gern Nistkästen an, brütet auch in Briefkästen und unbenutzten Röhren aller Art. In die Bruthöhle baut das Weibchen ein Moosnest und polstert es mit Haaren und Wolle. Eiablage von Ende März bis Juni; gewöhnlich 8 – 10 Eier. Brutdauer 13 – 14 Tage; nur das Weibchen brütet. Die Jungen werden von beiden Eltern gefüttert (jedes täglich 30 – 70mal). Sie fliegen nach 18 Tagen aus und sind knapp zwei Wochen später selbständig. Gewöhnlich zwei Jahresbruten.
Verbreitung: Bewohnt Nordwestafrika, ganz Europa bis auf den äußersten Norden sowie den größten Teil von Asien. Überall zahlreich, doch sind die Bestände witterungsbedingten Schwankungen unterworfen. Die Sterblichkeit ist groß: fast 87% vollenden das erste Lebensjahr nicht. Stand- bzw. Strichvogel; nordeuropäische Kohlmeisen können auch größere, nach Südwesten gerichtete Wanderungen unternehmen. Geschützte Art.

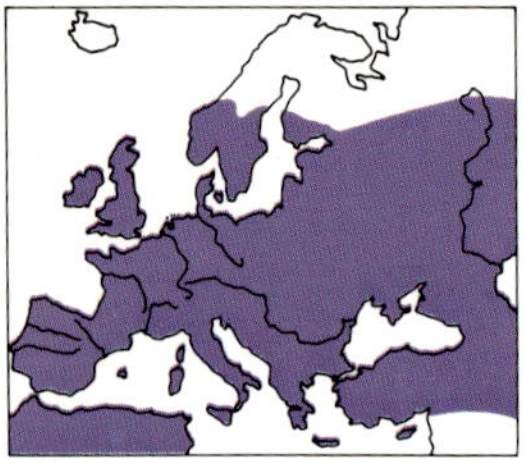

Blaumeise
Parus caeruleus
E: Blue Tit
F: Mésange bleue
H: Pimpelmees
I: Cinciarella
S: Herrerillo común

Kennzeichen: Kleiner als Kohlmeise, unterscheidet sich von dieser ferner durch das Kobaltblau von Scheitel, Flügeln und Schwanz, weißen Brauen- und schwarzen Augenstreif sowie durch das Fehlen eines schwarzen Mittelstreifs auf der gelben Unterseite.
Biotop: Wie Kohlmeise; noch seltener im reinen Nadelwald.
Nahrung: Wie Kohlmeise, etwas weniger pflanzlicher Art. Sucht auf der Jagd nach Insekten die Knospen und Blätter an den äußersten Enden der Zweige ab. Kommt gern an Futterstellen. Sucht im Winter gern im Schilf nach Insektenlarven.
Fortpflanzung: Muß sich wegen der Konkurrenz mit der stärkeren Kohlmeise mit Nisthöhlen begnügen, deren Einschlupfloch für diese zu klein ist; brütet notfalls auch in alten Eichelhäher-, Zaunkönig- und Schwalbennestern sowie in Niströhren vom Eisvogel. Eiablage von April – Mitte Juni; gewöhnlich 7 – 14 Eier. Brutdauer 13 – 14 Tage. Die Jungen bleiben 17 – 18 Tage im Nest. Durch Registrierapparate wurde festgestellt, daß 9 12 Tage alte Jungen an einem Tag 804mal gefüttert wurden! Regelmäßig zwei Jahresbruten.
Verbreitung: Von den Kanarischen Inseln und Nordafrika bis Mittelskandinavien und Südfinnland und von Irland bis zum Ural und nach Iran. In West- und Mitteleuropa überall häufig. Scheint sich nach Norden auszubreiten. Süd- und westeuropäische Brutvögel sind Stand-, mittel- und nordeuropäische sind Strich- und manchmal, nach einer besonders erfolgreichen Brutsaison, Zugvögel. Geschützte Art.

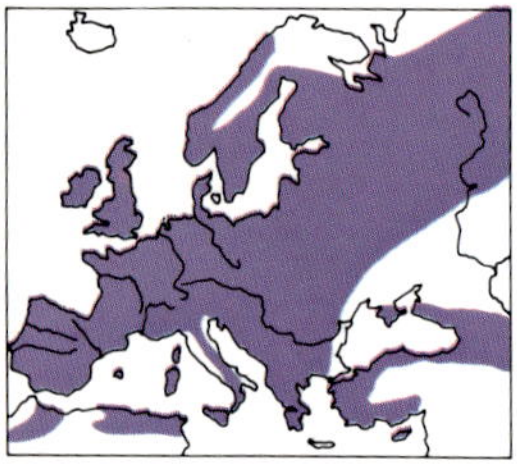

Tannenmeise
Parus ater
E: Coal Tit
F: Mésange noire
H: Zwarte mees
I: Cincia mora
S: Carbonero garrapinos

Kennzeichen: Etwas kleiner als Blaumeise, ähnelt mit ihrem schwarzen Kopf und den weißen Wangen der Kohlmeise, unterscheidet sich von dieser durch schiefergraue Ober- und grauweiße Unterseite sowie durch den länglichen, weißen Nackenfleck und den breiten schwarzen Kehllatz.
Biotop: Nadel- und Mischwald, sowohl im Tiefland wie im Gebirge, auf den Britischen Inseln auch Parks und Obstgärten.
Nahrung: Im Sommer hauptsächlich Insekten und Spinnen, im Winter Koniferen- und Erlensamen sowie Bucheckern.
Fortpflanzung: Brütet gern in geringer Höhe über dem Boden, auch in Erdlöchern (Maulwurfshöhlen, Eisvogelgängen, Kaninchenbauen), Mauerritzen und Felsspalten; nimmt Nistkästen an. Das Nest wird von beiden Partnern gebaut. Eiablage von Ende April – Mitte Juni; gewöhnlich 7 – 10 Eier. Brutdauer 14 – 18 Tage; nur das Weibchen brütet. Die Jungen bleiben rund zweieinhalb Wochen im Nest. Zwei Jahresbruten.
Verbreitung: Von Nordwestafrika bis zum Polarkreis und von Irland bis Japan; fehlt auf Island sowie in Teilen von Italien und Südosteuropa. Die vermehrte Anpflanzung von Nadelgehölzen hat zur Besiedlung neuer Gebiete geführt. Nord- und osteuropäische Brutvögel unternehmen im Herbst oft ausgedehnte Wanderungen, die in Mitteleuropa invasionsartigen Charakter annehmen können; sie werden anscheinend durch Nahrungsmangel oder durch örtliche Übervölkerung ausgelöst. West- und mitteleuropäische Tannenmeisen sind Stand- bzw. Strichvögel. Geschützte Art.

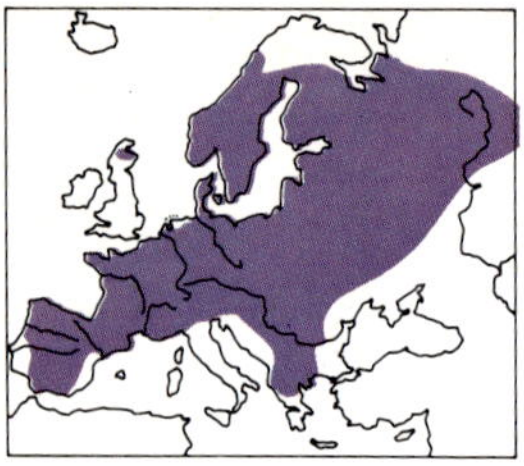

Haubenmeise

Parus cristatus

E: Crested Tit
F: Mésange huppée
H: Kuifmees
I: Cincia col ciuffo
S: Herrerillo capuchino

Kennzeichen: Etwa blaumeisengroß, leicht kenntlich am schwarz-weiß gefleckten Häubchen, an den weißen Wangen sowie am schwarzen Augenstreif, Halsband und Lätzchen.
Biotop: Nadel- (vor allem Kiefern-)wald auf trockenem Boden; auch Mischwald mit reichlichem Anteil an Nadelhölzern.
Nahrung: Je nach der Jahreszeit verschieden. Im Sommer Insekten aller Art in allen Entwicklungsstadien, sucht ihre Beute auch am Boden (Ameisen usw.). Im Winter Sämereien, vor allem Kiefern- und Fichtensamen, aber auch Bucheckern und Vogelbeeren.
Fortpflanzung: Brütet in Höhlen aller Art, die sie nach Bedarf ausräumt und erweitert (Risse in faulen Bäumen und morschen Pfählen, Astlöcher, Spechthöhlen), aber auch in alten Nestern von Zaunkönigen, Elstern und Eichhörnchen sowie in Reisighaufen und im Unterbau großer, auch noch besetzter Greifvogelhorste; nimmt auch Nistkästen an. Zuweilen steht das Nest frei an einem Baumstamm. Anscheinend baut nur das Weibchen, doch trägt das Männchen auch Nistmaterial zu. Eiablage von Anfang April – Mitte Juni; gewöhnlich 6 – 7 Eier. Brutdauer 13 – 15 Tage; nur das Weibchen brütet. Die Jungen fliegen mit rund 20 Tagen aus. Im Tiefland regelmäßig zwei Jahresbruten, im Gebirge seltener.
Verbreitung: Von Südspanien und Nordgriechenland bis zum Polarkreis und vom Atlantik bis zum Ural. Fehlt auf den Britischen Inseln mit Ausnahme eines isolierten Vorkommens in Nordschottland (1976 rund 1000 Paare) sowie im größten Teil von Italien und Jugoslawien und auf den Mittelmeerinseln. Die Anpflanzung von Nadelgehölzen im Tiefland und in Parks hat eine gewisse Ausbreitung ermöglicht. Standvogel, neigt aber im Herbst und Winter zum Umherstreifen. Geschützte Art.

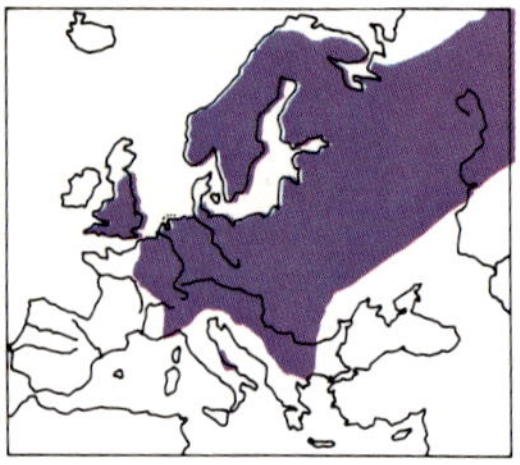

Weidenmeise

Parus montanus

E: Willow Tit
F: Mésange boréale
H: Matkopmees
I: Cincia bigia
S: Carbonero sibilino

Kennzeichen: Blaumeisengroß, der Sumpfmeise (*P. palustris*) so ähnlich, daß sie erst 1827 als eigene Art erkannt wurde. Der Unterschied der Kopfplatten (mattschwarz bei der Weidenmeise, glänzendschwarz bei der Sumpfmeise) ist im Feld kaum sichtbar; bei guter Beleuchtung kann man bei der Weidenmeise ein helles Flügelfeld erkennen, das der Sumpfmeise fehlt. Lockruf und Gesang sind dagegen leicht zu unterscheiden.
Biotop: Feuchter Laub- und Mischwald im Tief- und Hügelland wie in den Alpen (dort eine größere Rasse).
Nahrung: Insekten; im Winter auch Sämereien.
Fortpflanzung: Zimmert selbst eine Nisthöhle in morschen Stämmen (vor allem Birken und Erlen). Diese Arbeit kann 8 – 25 Tage erfordern und wird hauptsächlich vom Weibchen durchgeführt. Nimmt selten Nistkästen an. Eiablage von Mitte April im Süden bis Anfang Juni im Norden; gewöhnlich 7 – 9, selten 5 – 13 Eier. Brutdauer 13 – 15 Tage; nur das Weibchen brütet. Die Jungen werden von beiden Eltern gefüttert und bleiben 16 – 19 Tage im Nest. Eine Jahresbrut.
Verbreitung: Von den Alpen und dem Balkan bis Nordskandinavien und von England bis Japan. Fehlt in Irland und Dänemark sowie im größten Teil von Schottland, Frankreich und Südosteuropa; brütet in Italien nur in den Alpen und Abruzzen. Stand- bzw. Strichvogel. Die Sumpfmeise bewohnt einerseits Europa von Nordspanien, Süditalien und Nordgriechenland bis Südskandinavien und von England bis zum Ural, andererseits Ostasien; sie kommt trotz ihres Namens nicht im Sumpf, sondern im Laub- und Mischwald vor. Beide Arten sind geschützt.

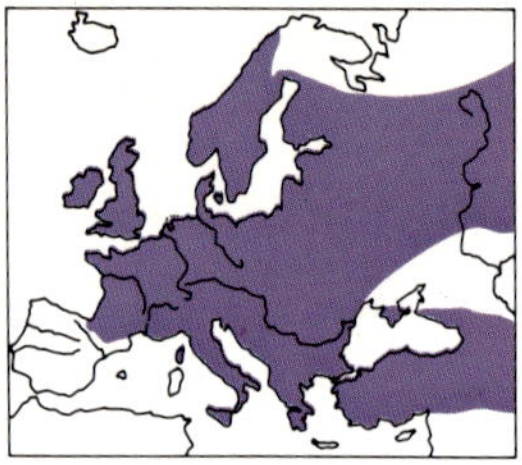

Schwanzmeise

Aegithalos caudatus

E: Long-tailed Tit
F: Mésange à longue queue
H: Staartmees
I: Codibugnolo
S: Mito

Kennzeichen: Keine echte Meise. Ohne weiteres am schwarzbraunen, weißen und blaßrosa Gefieder und am sehr langen, gestuften Schwanz zu erkennen; die nordeuropäische Rasse, die auch in Ostdeutschland vorkommt, hat reinweißen Kopf, während bei west- und südeuropäischen Rassen der Scheitel mit einem breiten schwarzen Band umsäumt ist.
Biotop: Lichte Laub- und Mischwälder, Parks, Obstgärten und Gärten mit Sträuchern und dichten Hecken.
Nahrung: Blattläuse, Schmetterlingseier, Räupchen, kleine Käfer, Fliegen, Motten und Spinnen.
Fortpflanzung: Baut im Unterschied zu den höhlenbrütenden echten Meisen ein ovales Nest aus Moos und Flechten mit seitlichem Eingang; das Innere ist mit 500 – 2000 kleinen Federchen ausgepolstert. Der Bau nimmt fast drei Wochen in Anspruch und wird von beiden Partnern ausgeführt; das Männchen schafft das Material herbei, während das Weibchen vor allem die Innenausstattung übernimmt. Eiablage von Anfang April – Juni; gewöhnlich 8 – 12, manchmal 5 – 16 Eier. Brutdauer 12 – 14 Tage; das Weibchen brütet überwiegend oder ausschließlich. Die Jungen fliegen mit 14 – 18 Tagen aus und werden noch zwei Wochen lang von den Eltern gefüttert. Durch unablässiges Rufen und eifriges, unvorsichtiges Hin- und Herfliegen während des Nestbaus werden viele Schwanzmeisen etwaigen Feinden verraten. Zwei Jahresbruten; oft beteiligen sich Junge der ersten Brut an der Fütterung der jüngeren Geschwister. Der Familienzusammenhalt bleibt bis zum nächsten Frühjahr erhalten; manchmal schließen sich auch mehrere Familien zusammen.
Verbreitung: Vom Mittelmeer bis Nordskandinavien und vom Atlantik bis zum Pazifik; fehlt in Europa nur im hohen Norden, auf einigen Mittelmeerinseln und im Süden der Sowjetunion; sonst überall verbreitet. Strichvogel, der in strengen Wintern schwere Verlust erleiden kann. Geschützte Art.

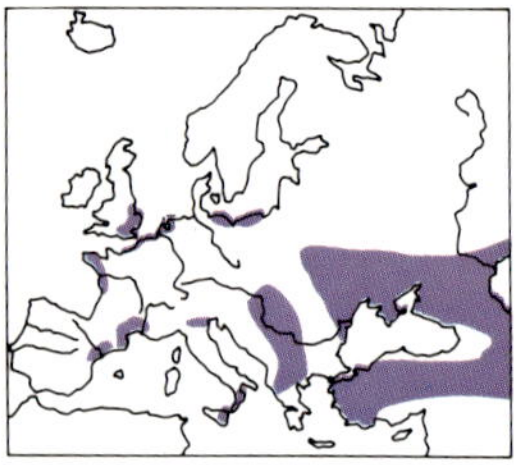

Bartmeise

Panurus biarmicus

E: Bearded Tit
F: Mésange à moustaches
H: Baardmannetje
I: Basettino
S: Bigotudo

Kennzeichen: Nicht mit den echten Meisen oder der Schwanzmeise verwandt. Männchen unverkennbar mit rostbrauner Oberseite, grauem Kopf, langem, schwarzem „Schnurrbart" und kräftig gelbem Schnabel; Weibchen gelblicher mit braunem Kopf ohne „Schnurrbart" und grünlichgelbem Schnabel. Für beide ist im niedrigen Flug dicht über dem Röhricht der lange herabhängende Schwanz charakteristisch; zugleich hört man den metallischen Flugruf.
Biotop: Ausgedehnte dichte Schilfbestände.
Nahrung: Insekten, Larven und kleine Schnekken; im Winter Schilf- und Rohrkolbensamen.
Fortpflanzung: Das Nest, ein tiefer, hauptsächlich aus trockenen Schilfblättern bestehender Napf, wird von beiden Partnern gebaut und steht dicht über dem Wasser oder dem Sumpfboden auf einer Unterlage aus faulenden Wasserpflanzen. Eiablage von Mitte April – Juli; 5 – 7 Eier. Brutdauer 12 – 13 Tage; beide Geschlechter brüten. Die Jungen verlassen das Nest nach etwa 10 Tagen, noch ehe sie fliegen können. Zwei bis drei Jahresbruten.
Verbreitung: Von Südspanien bis zur Ostsee und von Südostengland bis zur Mandschurei in unzusammenhängenden Inseln, in Europa wegen der Seltenheit des Biotops nur punktförmig verbreitet. Brütet in der Bundesrepublik Deutschland (nicht regelmäßig) im Küstengebiet von Nord- und Ostsee, am Nordrand der Mittelgebirge in Westfalen und Niedersachsen, am Niederrhein, am Oberrhein und an der Iller; in Österreich am Neusiedler See. In der Schweiz Brutvogel seit 1973. Als in den neueingedeichten Poldern in den Niederlanden zunächst ausgedehnte Röhrichte entstanden, entwickelte sich ein starker Bestand (1965 rund 10 000 Brutpaare). Nach der weitgehenden Kultivierung dieser Gebiete breitete sich die Bartmeise in die Nachbarländer aus. Überwiegend Standvogel. Strenge Winter können die Bestände fast völlig vernichten, doch erholen diese sich dank der hohen Vermehrungsrate verhältnismäßig schnell. Geschützte Art, steht in der Bundesrepublik und in der Schweiz auf der „Roten Liste" der (potentiell) bedrohten Arten.

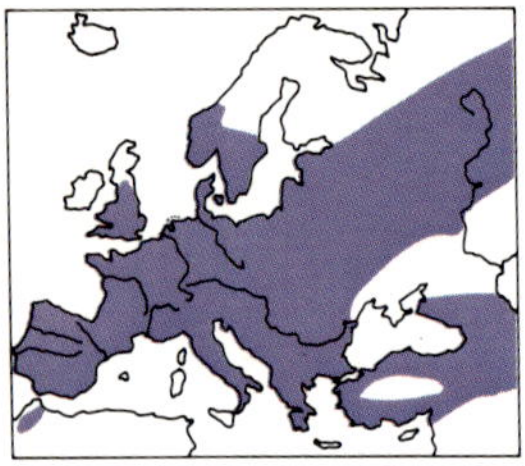

Kleiber

Sitta europaea

E: Nuthatch
F: Sitelle torchepot
H: Boomklever
I: Picchio muratore
S: Trepador azul

Kennzeichen: Kohlmeisengroß, gedrungen und kurzschwänzig, oberseits blaugrau mit schwarzem Augenstreif, Wangen und Kehle weißlich; Unterseite bei der skandinavischen Rasse weiß, bei den anderen bräunlich mit nußbraunen Flanken. Hat im Verhalten etwas von Meise und Specht („Spechtmeise"), stützt sich aber beim Klettern nie auf den Schwanz und kann als einziger einheimischer Vogel kopfabwärts klettern.
Biotop: Hochstämmiger Laub- und Mischwald, Parks, Obstgärten.
Nahrung: Gemischtköstler. Sucht unermüdlich die Rinde der Bäume nach Insekten (Käfern, Ohrwürmern, Mücken, Fliegen, Kleinschmetterlingen, Larven und Raupen) und Spinnen ab; diese Nahrung wird in manchen Jahreszeiten durch allerlei Beeren und Sämereien ergänzt. Sucht gern Futterstellen auf und verschmäht weder Hanfsamen und Sonnenblumenkerne noch tierische und pflanzliche Fette.
Fortpflanzung: Brütet in natürlichen und künstlichen Höhlen; ein zu weites Schlupfloch wird (nur?) vom Weibchen mit Lehm zugemauert (daher der Name Kleiber), bis es die passende Größe hat. Eiablage ab Mitte April; gewöhnlich 6 – 9 Eier. Brutdauer 14 – 17 Tage; anscheinend brütet nur das Weibchen. Die Jungen werden von beiden Eltern versorgt und bleiben 23 – 25 Tage im Nest. Eine Jahresbrut, selten zwei.
Verbreitung: Von Marokko bis Südskandinavien und von Spanien bis Nordostsibirien; fehlt in Europa außer im Norden auch in Irland, Schottland, auf den Mittelmeerinseln und im Süden der Sowjetunion. In Mitteleuropa außer an der Nordseeküste überall häufig. Geschützte Art. Strichvogel. Auf Korsika brütet der kleinere, näher mit einer nordamerikanischen Art verwandte Korsenkleiber (*S. whiteheadi*) mit schwarzem Scheitel in Kiefernwäldern zwischen 700 und 1600 m Höhe.

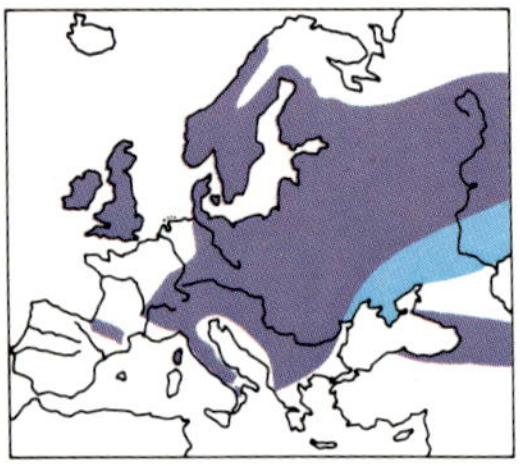

Waldbaumläufer

Certhia familiaris

E: Treecreeper
F: Grimpereau des bois
H: Kortsnavelboomkruiper
I: Rampichino alpestre
S: Agateador norteño

Kennzeichen: Einer unserer kleinsten Vögel; klettert in Spiralen an Baumstämmen empor. Oberseits rindenfarbig braun mit hellen Flekken, Bürzel rostbraun; Schnabel dünn und gebogen. Sehr ähnlich dem nahe verwandten Gartenbaumläufer (*C. brachydactyla*), der unterseits nicht so rein weiß ist und einen längeren Schnabel, aber eine kürzere, stärker gekrümmte Hinterkralle hat.
Biotop: Waldungen aller Art, Parks und große Gärten; auf dem europäischen Festland nur im Gebirge, während die tieferen Lagen vom Gartenbaumläufer bewohnt werden.
Nahrung: Hauptsächlich kleine Insekten in allen Entwicklungsstadien, ebenso Spinnen und Tausendfüßler.
Fortpflanzung: Höhlenbrüter. Das Nest wird anscheinend nur vom Weibchen gebaut und steht meist in einer engen Spalte zwischen Stamm und Rinde, doch werden auch Nistkästen angenommen. Eiablage ab Mitte April; gewöhnlich 6 Eier. Brutdauer 14 – 15 Tage; nur das Weibchen brütet. Die Jungen verlassen das Nest nach 14 – 16 Tagen; sie können dann noch nicht gut fliegen, aber schon sehr gut klettern. Zwei Jahresbruten.
Verbreitung: Von Italien bis Nordskandinavien und von Irland bis Japan; fehlt nur im Westen und Süden des europäischen Kontinents mit Ausnahme der Gebirge (in der Bundesrepublik in den an die Niederlande angrenzenden Gebieten) sowie in der südlichen Sowjetunion. Der Gartenbaumläufer bewohnt Nordwestafrika, Europa bis zur Nord- und Ostsee sowie Kleinasien; fehlt auf den Britischen Inseln sowie in Nord- und Osteuropa. Beide Arten sind Stand- bzw. Strichvögel. Geschützte Arten.

Grauammer

Emberiza calandra

E: Corn Bunting
F: Bruant proyer
H: Grauwe gors
I: Strillozzo
S: Triguero

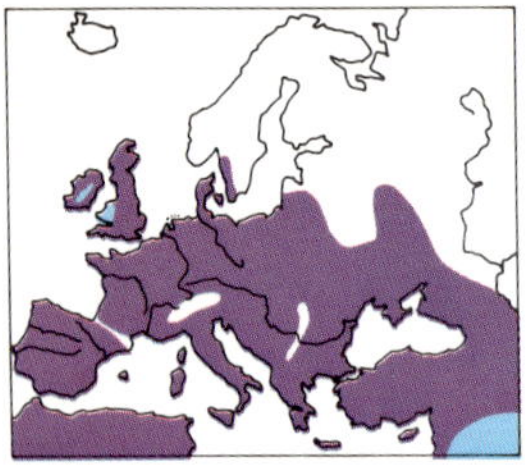

Kennzeichen: Sieht aus wie ein dicker Spatz mit derbem, gelblichem Schnabel; erinnert in den Bewegungen und im erdfarbenen Gefieder an eine Feldlerche, unterscheidet sich aber durch das Fehlen einer Haube und von Weiß im Schwanz. Sitzt gern mit hängendem Schwanz auf Leitungsdrähten an den Landstraßen.
Biotop: Ausgedehnte Ackerbaulandschaft, vor allem in der Ebene; in Südeuropa auch Saliconiasteppe, bewachsene Dünen, Strauchheide und Sümpfe.
Nahrung: Grassamen und Getreide; die Jungen werden mit Insekten aller Art und ihren Larven gefüttert.
Fortpflanzung: Das umfangreiche Nest steht in einer Bodenvertiefung im Feld und wird allein vom Weibchen gebaut. Eiablage ab Mitte April; gewöhnlich 3 – 5 Eier. Brutdauer 12 – 13 Tage; nur das Weibchen brütet und betreut die Jungen. Die Männchen sind vielfach polygam und begnügen sich damit, von ihrer Warte aus das Revier zu überwachen und ihr eintöniges Lied vorzutragen. Die Jungen verlassen das Nest mit 9 – 12 Tagen, noch ehe sie fliegen können. Gewöhnlich zwei Jahresbruten.
Verbreitung: Von den Kanarischen Inseln und Nordwestafrika bis Schottland und Südschweden sowie von Irland bis Turkestan in der Ebene und im Hügelland. Fehlt in Teilen von Nordwestdeutschland und von Bayern. Im Norden Standvogel, im Süden dagegen Zugvogel. Geschützte Art (außer in den Mittelmeerländern); ist in Frankreich durch die immer noch gestattete Bejagung der Feldlerche, mit der sie leicht verwechselt werden kann, gefährdet. Steht in der Bundesrepublik auf der „Roten Liste“ der bedrohten Arten.

Goldammer

Emberiza citrinella

E: Yellowhammer
F: Bruant jaune
H: Geelgors
I: Zigolo giallo
S: Escribano cerillo

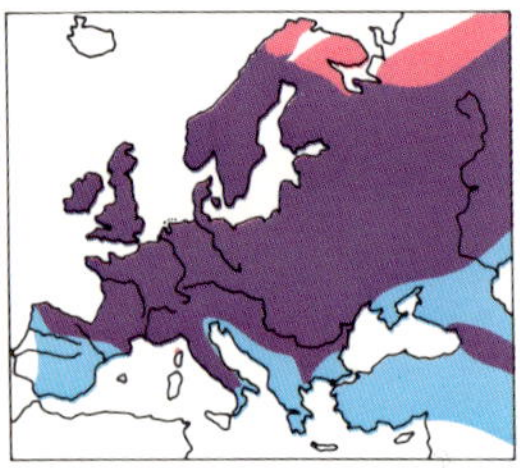

Kennzeichen: Etwas größer und langschwänziger als Buchfink. Männchen am Kopf und unterseits zitronengelb, oberseits rotbraun mit dunklen Streifen; Weibchen sind matter gefärbt, vor allem am Kopf. Beide Geschlechter haben rotbraunen, ungestreiften Bürzel und weiße Schwanzseiten.
Biotop: Abwechslungsreiche offene Landschaft mit Feldern, Hecken und verwachsenen Gräben, Waldränder, Lichtungen, junge Schonungen, Brachland; im Süden Gebirgsvogel (bis 900 m).
Nahrung: Vorwiegend pflanzlich, Grassamen, Körner, junges Grün, Beeren; während der Jungenaufzucht auch kleine Insekten, Spinnen, Schnecken und Tausendfüßler.
Fortpflanzung: Das Nest steht entweder am Boden in einer kleinen Vertiefung oder in geringer Höhe in einem Strauch. Eiablage von April – Juli; gewöhnlich 3 – 5 Eier. Brutdauer 12 – 14 Tage. Bebrütung fast ausschließlich durch das Weibchen. Die Jungen verlassen das Nest, noch ehe sie (mit 16 Tagen) flügge werden. Zwei bis drei Jahresbruten.
Verbreitung: Vom Norden der Iberischen Halbinsel, Mittelitalien und dem Balkan bis Nordskandinavien und von Irland bis Westsibirien; fehlt im Küstengebiet des Mittelmeers und auf Island. In Mitteleuropa überall verbreitet und ziemlich häufig, aber aus verschiedenen Gründen im Rückgang begriffen: Vergrößerung der Felder, Beseitigung der Hecken, Verwendung von Herbiziden, Pestiziden und gebeiztem Saatgut. Vorwiegend Stand- bzw. Strichvogel; die nördlichsten Brutvögel ziehen im Herbst nach Süden und Westen. In den meisten Ländern geschützte Art; darf in einigen Ländern zur Käfighaltung gefangen werden; ist durch die in Frankreich und Italien gestattete Bejagung der Feldlerche und des Ortolans gefährdet.

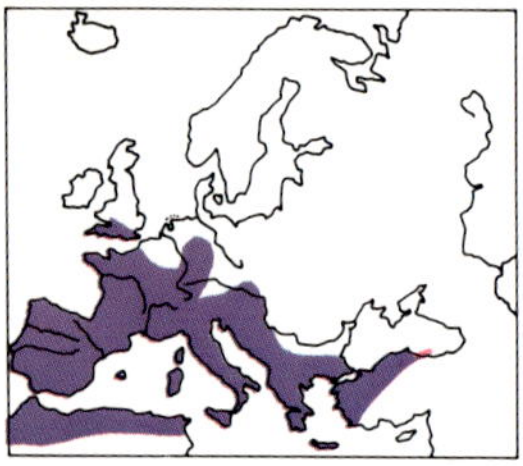

Zaunammer

Emberiza cirlus

E: Cirl Bunting
F: Bruant zizi
H: Cirlgors
I: Zigolo nero
S: Escribano soteño

Kennzeichen: Ähnlich der Goldammer, aber gedrungener und kurzschwänziger, Männchen im Brutkleid durch dunklen Scheitel, schwarzen Augenstreif, schwarze Kehle und grünliches Brustband unterschieden; Bürzel olivgrau, nicht rotbraun. Dadurch unterscheiden sich auch die matter gefärbten Weibchen (und Herbstvögel) von denen der Goldammer.
Biotop: Sonnige, gebüschreiche Hänge, Weinberge, Obstgärten, Strauchheide und Macchie.
Nahrung: Wie Goldammer: Insekten und ihre Larven, Sämereien.
Fortpflanzung: Das Nest steht meist in geringer Höhe im Gebüsch; es besteht aus dünnen Halmen und ist mit Haaren und Hälmchen gepolstert. Eiablage ab Mitte Mai; gewöhnlich 3 – 5 Eier. Brutdauer 11 – 13 Tage; nur das Weibchen brütet. Es wird während dieser Zeit vom Männchen gefüttert, das auch einen wesentlichen Anteil an der Aufzucht der Jungen hat. Diese werden nur mit Insekten und Larven gefüttert. Sie verlassen das Nest mit 10 – 13 Tagen und werden dann vom Männchen betreut, während das Weibchen mit dem nächsten Gelege beschäftigt ist. Zwei bis drei Jahresbruten.
Verbreitung: Von Nordwestafrika bis Südengland, Nordfrankreich, Südwestdeutschland, Österreich und dem Balkan nach Osten bis Kleinasien. Brütet in Mitteleuropa nur am Oberrhein, im Schweizer Jura und am Genfer See sowie in Österreich am Ostrand der Alpen. Im allgemeinen Stand-, im Norden des Verbreitungsgebietes Strichvogel. Allgemein geschützte Art, steht in der Bundesrepublik und in Österreich auf der „Roten Liste“ der vom Aussterben bedrohten Arten. – Vom Mittelmeerraum bis Nordostchina, in Mitteleuropa an Rhein und Main, in der Schweiz und in Österreich brütet an Felshängen die Zippammer (*E. cia*): Kopf und Kehle aschgrau mit schwarzen Streifen, Oberseite kastanienbraun und schwarz gestreift, Bürzel kastanien-, Unterseite zimtbraun. Steht in der Bundesrepublik auf der „Roten Liste“ der vom Aussterben bedrohten Arten.

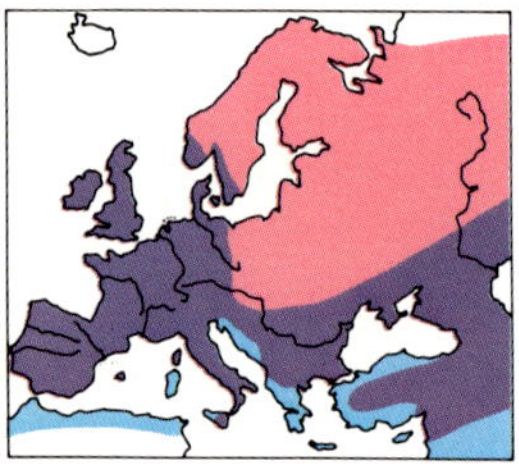

Rohrammer

Emberiza schoeniclus

E: Reed Bunting
F: Bruant des roseaux
H: Rietgors
I: Migliarino
S: Escribano palustre

Kennzeichen: Unsere kleinste Ammer, mit Ausnahme der nordischen Zwergammer (*E. pusilla*), die vereinzelt schon in Nordskandinavien, hauptsächlich aber im Norden der Sowjetunion in der Taiga brütet und gelegentlich im Winter in Mittel- und Westeuropa erscheint. Sie ist leicht mit einer Rohrammer im Ruhekleid zu verwechseln. Beim Rohrammer-Männchen im Brutkleid sind Kopf und Kehle schwarz, Halsband und Bartstreif weiß. Weibchen braun und rostfarben, mit gelblichem Brauenstreif, dunklen Wangen, braunem Bartstreif und heller Kehle. Jungvögel und Männchen im Ruhekleid sind ähnlich gefärbt. Die äußeren Schwanzfedern sind weiß.
Biotop: Sumpfiges Gelände, selbst von geringer Ausdehnung, an Wasserläufen, Teichen, Seen und Gräben, Schilf- und Rohrkolbenbestände, Seggenwiesen, Wattwiesen, feuchtes Heide- und Dünenland.
Nahrung: Im Sommer Insekten und ihre Larven, im Winter Sämereien von Wasserpflanzen und Gräsern.
Fortpflanzung: Das Nest aus Moos und trockenen Halmen steht an einer trockenen Stelle in der Nähe des Wassers auf oder dicht über dem Boden; es wird nur vom Weibchen gebaut. Eiablage von Ende April – Juni; gewöhnlich 5 – 6 Eier. Brutdauer 13 – 14 Tage. Bebrütung überwiegend durch das Weibchen. Die Jungen verlassen das Nest nach 10 – 13 Tagen und verteilen sich in der Umgebung. Zwei, zuweilen drei Jahresbruten.
Verbreitung: Vom Mittelmeer bis zum Nordkap, von Irland bis Kamtschatka; fehlt in Europa auf Island und Sardinien, im Süden der Balkanhalbinsel und im äußersten Norden von Rußland. In Mitteleuropa überall verbreitet. Die nördlichen Populationen ziehen im Herbst (vorwiegend nachts und frühmorgens) nach Süden bis Nordwestafrika; die südlichen sind Standvögel. Rückkehr ins Brutgebiet im März. Geschützte Art, außer in Belgien, wo sie gekäfigt werden darf.

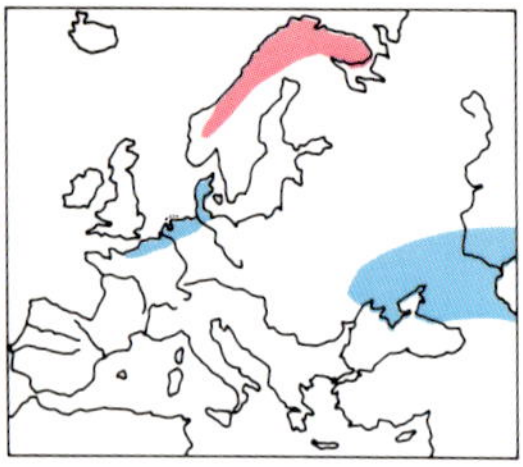

Spornammer
Calcarius lapponicus
E: Lapland Longspur
F: Bruant Lapon
H: IJsgors
I: Zigolo di Lapponia
S: Escribano lapón

Kennzeichen: Feldlerchengroß, Männchen im Brutkleid mit schwarzer Kapuze, rostrotem Nacken und einem weißen Band, das vom Auge ausgehend die Wange umsäumt; Weibchen matter gefärbt mit weißlicher Kehle. In Mitteleuropa erscheinen nur Vögel im lerchenfarbigen Ruhekleid, deren auffälligstes Merkmal die rotbraunen, weiß begrenzten großen Armdecken sind.
Biotop: Fjell und Tundra, vor allem in der Birken- und Zwergweidenregion. Im Süden im Herbst und Winter offenes Gelände, vor allem an der Küste: Strand, Dünen, Wattwiesen, Öd- und Brachland sowie Stoppelfelder.
Nahrung: Zur Brutzeit wahrscheinlich hauptsächlich Insekten (Mücken) und Larven, zu anderen Zeiten notgedrungen Sämereien von Knöterich, Wegerich, Mieren und anderen Unkräutern.
Fortpflanzung: Das Nest, eine kleine Mulde in der Bodenvegetation, wird nur vom Weibchen gebaut. Eiablage von Ende Mai (Norwegen) bis Juni; gewöhnlich 5 – 6, in kalten Frühjahren 2 – 4 Eier. Brutdauer 13 – 14 Tage; nur das Weibchen brütet. Die Jungen werden von beiden Eltern betreut und verlassen das Nest nach 8 – 10 Tagen, 3 – 5 Tage vor dem Flüggewerden. Eine Jahresbrut.
Verbreitung: Die Spornammer bewohnt den hohen Norden der Alten und Neuen Welt, in Europa das skandinavische Gebirge (Fjell) bis hinunter nach Südnorwegen und die Tundra (nicht Island und Spitzbergen). Verläßt im Herbst das Brutgebiet und überwintert vor allem im Nordseeküstenbereich. Geschützte Art.

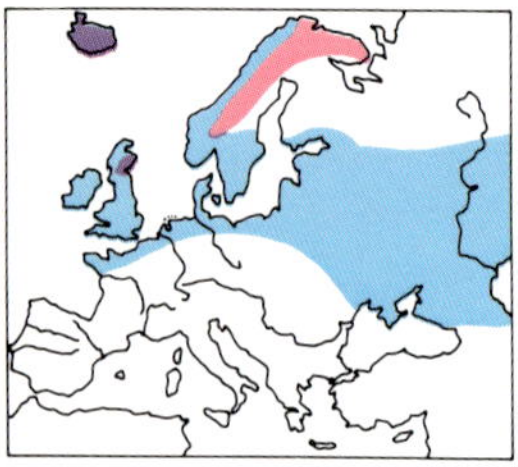

Schneeammer
Plectrophenax nivalis
E: Snow Bunting
F: Bruant des neiges
H: Sneeuwgors
I: Zigolo della neve
S: Escribano nival

Kennzeichen: So groß wie Goldammer, Männchen im Brutkleid unverwechselbar schwarzweiß, Weibchen oberseits graubraun mit weißen Flügelfeldern, unterseits weiß. Im Ruhekleid gelbbräunlich mit mehr oder weniger weißer Unterseite, Männchen mit großen, Weibchen und Jungvögel mit kleineren weißen Flügelfeldern, die vor allem im Flug auffallen.
Biotop: Zur Brutzeit steiniges Ödland von der Küste bis zur Schneegrenze, aber auch die Umgebung der Siedlungen. Im Winter Ödland und Felder, vor allem an der Küste, seltener im Binnenland.
Nahrung: Allerlei Sämereien und Kleintiere, zur Zeit der Jungenaufzucht vorwiegend Mükken und Kleinschmetterlinge, im Herbst und Winter auch kleine Krebstiere.
Fortpflanzung: Das Nest steht gut versteckt zwischen Steinen oder in Felsspalten; es besteht aus trockenen Halmen, Flechten und Moos und ist mit Federn, Haaren und Wolle gepolstert. Eiablage je nach den örtlichen Verhältnissen von Ende Mai – Ende Juni; gewöhnlich 4 – 6 Eier. Brutdauer 10 – 12 (15) Tage; anscheinend brütet nur das Weibchen. Die Jungen werden von beiden Eltern betreut. Sie verlassen das Nest zeitweilig schon 8 Tage nach dem Schlüpfen, endültig nach 10 – 14 Tagen. Eine Jahresbrut, manchmal zwei.
Verbreitung: Die Schneeammer brütet als nördlichster Sperlingsvogel rund um den Nordpol, in Europa nach Süden bis Nordschottland, im skandinavischen Gebirge und an der Eismeerküste. Isländische Brutvögel sind Standvögel, andere überwintern in Europa von September/Oktober – April vor allem im Gebiet der Küsten von Atlantik, Nord- und Ostsee und Ärmelkanal, seltener im Binnenland. Geschützte Art.

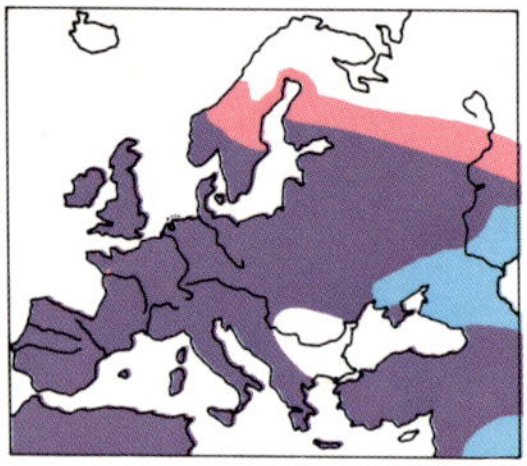

Grünling

Carduelis chloris

E: Greenfinch
F: Verdier d'Europe
H: Groenling
I: Verdone
S: Verderón común

Kennzeichen: Haussperlingsgroß, mit dickem Kopf und kräftigem, für Körnerfresser typischem Kegelschnabel. Männchen olivgrün mit gelbgrünem Bürzel und leuchten gelben Abzeichen auf den blaugrauen Flügeln und an den Seiten des leicht eingekerbten Schwanzes; Weibchen matter gefärbt, gelblichgrün bis graubraun, mit weniger Gelb; Jungvögel mehr bräunlich und gestreift.
Biotop: Gebüschreiches Gelände, ursprünglich lichter Mischwald und Waldränder; hat sich in West- und Mitteleuropa weitgehend dem Menschen angeschlossen und besiedelt Feldgehölze, Baumschulen, Parks, Friedhöfe, Obstgärten und Alleen sowie Gärten in Dörfern und Städten, vorwiegend im Tief- und Hügelland, geht aber in Bergdörfern bis 1000, stellenweise bis 1900 m hoch.
Nahrung: Ausgesprochener Körnerfresser. Liebt vor allem Samen von allerlei Unkräutern (Klette, Ampfer, Wegerich, Quecke, Distel, Gänsefuß), die er teils abpflückt, teils vom Boden aufpickt, sowie von einigen Schmetterlingsblütlern, aber auch von Kulturpflanzen (Kohl, Rübe, Radieschen, Klee, Lein, Hanf, Salat, Sonnenblume und Getreide); liest auf Stoppel- und Saatfeldern Körner auf. Die Früchte von Eberesche und Eibe, Hagebutten und die geflügelten Samen von Hainbuche, Ahorn, Ulme und Linde stehen ebenfalls auf seiner Speisekarte. Im Gebirge werden Fichten- und Lärchensamen nicht verschmäht. Während der Zeit der Jungenaufzucht werden Insekten, z. B. Käfer, Raupen, Ameisen und Blattläuse, sowie Spinnen in geringer Menge erbeutet. Im Winter geht er gern an faules Obst und sucht Vogelfutterstellen auf, wo er vor anderen Arten den Vortritt beansprucht.
Fortpflanzung: Vom Februar an beginnt das Männchen in dem von ihm beanspruchten Revier zu singen. Es singt oft im Flug, wobei es mit langsamem Flügelschlag einen Kreis beschreibt („Fledermausflug"). Es macht dem Weibchen den Hof, indem es mit hängenden Flügeln, erhobenem und in den Nacken geworfenem Kopf, offenem Schnabel und erhobenem und gefächertem Schwanz umherhüpft. Die Paarbildung vollzieht sich heimlich. Das umfangreiche, grob und kunstlos gebaute Nest steht gewöhnlich in Mannshöhe, selten höher als 4 m über dem Boden, in kleinen Bäumen und Sträuchern aller Art, Dornbüschen, dichten Hecken, Kletterrosen, im Brombeergerank oder im Efeu. Eiablage zeitig im Frühjahr (in Mitteleuropa ab April); gewöhnlich 4 – 6 Eier. Brutdauer 12 – 14 Tage; nur das Weibchen brütet und wird während dieser Zeit vom Männchen gefüttert. Die Jungen werden aus dem Kropf gefüttert, teils mit allerlei kleinen Insekten, teils mit aufgeweichten, unreifen oder keimenden Sämereien. Infolge des Überwiegens pflanzlicher Nahrung gegen Ende der Nestlingszeit können die Eltern den Kot der Jungen nicht mehr entfernen, so daß der Nestrand einen sehr charakteristischen weißen Überzug erhält. Die Jungen verlassen das Nest häufig vorzeitig (mit 13 – 16 Tagen) und verbergen sich bis zum Flüggewerden im Gebüsch. Auch danach noch werden sie vom Männchen betreut, während das Weibchen schon mit dem nächsten Gelege beschäftigt ist. Der Familienzusammenhang bleibt noch lange erhalten, bis zur Bildung umherstreifender Schwärme am Ende des Sommers. Zwei Jahresbruten, zuweilen drei.
Verbreitung: Von Nordwestafrika bis Schottland, Mittelnorwegen und Nordschweden und von den Azoren bis zum Ural und zum Kaspischen Meer sowie in Turkestan überall verbreitet und häufig. In intensiv landwirtschaftlich genutzten Gebieten kann die Verwendung von Pflanzenschutzmitteln und gebeiztem Saatgut zu einer Verringerung der Bestände führen. Der Grünling ist sehr beliebt als Käfigvogel, der gern zur Einkreuzung mit anderen Finkenvögeln gehalten wird. Darf zu diesem Zweck in Belgien gefangen werden. In Italien jagdbare Art. Viele Grünfinken werden in Frankreich bei der Ortolanjagd geschossen. Darf in der DDR zur Vermeidung erheblicher wirtschaftlicher Schäden bekämpft werden. Stand- und Strichvogel; die nördlichsten Brutvögel ziehen (nicht regelmäßig) nach Süden, selten über das Mittelmeergebiet hinaus.

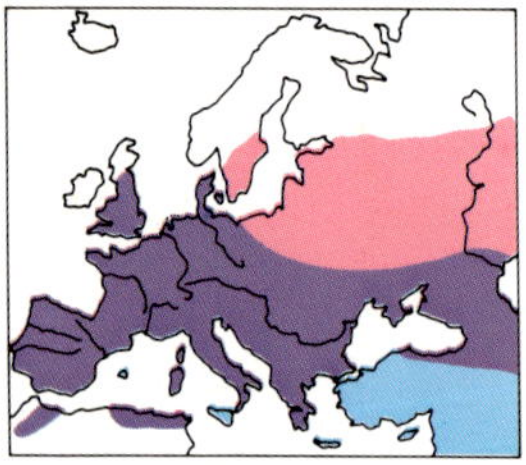

Kernbeißer
Coccothraustes coccothraustes
E: Hawfinch
F: Grosbec casse-noyaux
H: Appelvink
I: Frosone
S: Picogordo

Kennzeichen: Ein großer, plumper Finkenvogel, etwas kleiner als Star, mit dickem Kopf und kurzem Hals. Der kurze Schwanz trägt eine weiße Endbinde, die metallisch schwarzen Flügel sind weiß gebändert, der Mantel ist dunkelbraun, die Unterseite heller. Ein schwarzer Augenfleck und ein schwarzer Kinnfleck lassen den riesigen Kegelschnabel noch wuchtiger erscheinen. Kennzeichnender, hüpfender Flug.
Biotop: Laubwälder, Parks und Obstgärten im Tief- und Hügelland, geht nicht über 900 m hoch. Hält sich überwiegend in den Baumkronen auf; meidet offenes Gelände.
Nahrung: Der mächtige Schnabel ermöglicht es ihm, hartschalige Früchte zu knacken: Kirschkerne, Schlehen- und Pflaumensteine, die Kerne von Mehlbeeren und Vogelbeeren, die Samen von Ahorn, Hainbuche, Esche, Eibe, Weißdorn und Ilex sowie Sonnenblumenkerne. Liebt Knospen und zartes Grün sowie hartschalige Käfer und ihre Larven. Die Jungen werden mit Insekten ernährt.
Fortpflanzung: Das umfangreiche, aber flache, locker gebaute Nest steht meist recht hoch auf einem waagerechten Ast. Eiablage von April – Juni, vor allem im Mai; gewöhnlich 5 Eier. Brutdauer 11 – 13 Tage; nur das Weibchen brütet. Die Jungen werden von beiden Eltern gefüttert; sie verlassen das Nest nach 10 – 11 Tagen und bleiben bis Anfang August mit den Eltern zusammen. Eine Jahresbrut, zuweilen zwei.
Verbreitung: Von Nordwestafrika bis Südschottland, Südschweden und Estland und von Spanien bis Japan; fehlt in Irland und auf einigen Mittelmeerinseln. In Mitteleuropa ziemlich überall verbreitet, aber nicht häufig. Vorwiegend Stand- bzw. Strichvogel, im Norden und Osten des Verbreitungsgebietes Zugvogel, der aber selten das Mittelmeer überquert. Geschützte Art, darf aber in Italien gekäfigt werden.

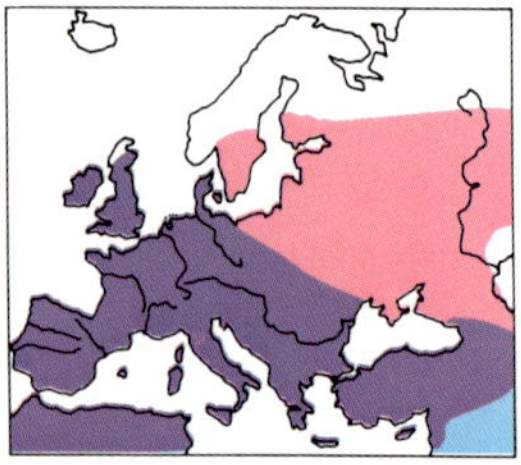

Stieglitz
Carduelis carduelis
E: Goldfinch
F: Chardonneret élégant
H: Putter
I: Cardellino
S: Jilguero

Kennzeichen: Sehr bunt, Kopf rot-weiß-schwarz, Flügel schwarz-gelb (besonders auffällig im Flug), Schwanz schwarz-weiß, Rücken hellbraun, Bürzel und Unterseite weißlich; bei Jungvögeln im Herbst ist die Gesichtsmaske noch nicht ausgebildet.
Biotop: Liebt offenes Gelände mit reicher Korbblütlervegetation: Kultur- und Brachland, Obstgärten, Parks, Alleen und Gärten; gern in der Nähe von Siedlungen.
Nahrung: Hauptsächlich Samen von Korbblütlern wie Distel („Distelfink"), Löwenzahn, Kreuzkraut, Klette, Wegwarte, von Knöterich, von Erle, Birke, Platane und von Fichte, Kiefer und Lärche.
Fortpflanzung: Das sorgfältig gebaute und gut gepolsterte Nest steht meist gut versteckt hoch in den äußeren Zweigen der Bäume; es wird nur vom Weibchen gebaut. Eiablage im Süden ab Anfang April, in Mitteleuropa ab Anfang Mai – Juli/August; gewöhnlich 5 – 6 Eier. Brutdauer 12 – 13 Tage; nur das Weibchen brütet. Die Jungen werden von beiden Eltern versorgt und fliegen mit 13 – 14 Tagen aus. Zwei, manchmal drei Jahresbruten.
Verbreitung: Von den Kanarischen Inseln und Nordafrika bis Schottland, Südskandinavien und Südfinnland und von den Azoren bis Westsibirien weit, aber lokal verbreitet; besonders häufig im Mittelmeergebiet. Wurde früher bei uns – und wird heute noch in vielen Ländern – gern als Käfigvogel gehalten. Im allgemeinen Stand- bzw. Strichvogel; im Winter erscheinen bei uns oft große Flüge von Stieglitzen aus Nord- und Osteuropa. Darf in einigen Ländern für die Vogelhaltung gefangen werden.

Zeisig

Carduelis spinus

E: Siskin
F: Tarin des aulnes
H: Sijs
I: Lucarino
S: Lúgano

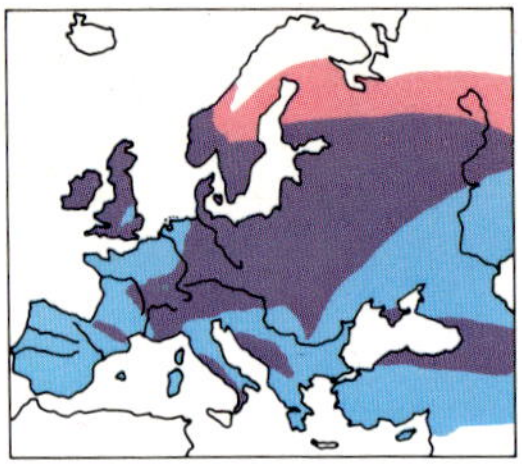

Kennzeichen: Blaumeisengroß, Männchen oberseits grünlich, unterseits gelb, mit schwarzem Scheitel und Kinn, gelben Schwanzseiten und gelber Flügelbinde, Weibchen stärker gestreift, oberseits grauer, unterseits weißlich, mit weniger Gelb und ohne Schwarz am Kopf.
Biotop: Zur Brutzeit Nadel-, manchmal auch Mischwälder; im Herbst und Winter Erlen- und Birkenbestände, Parks, Friedhöfe u. dgl.
Nahrung: Sämereien, vor allem Koniferen-, Erlen- und Birkensamen, aber auch Knospen.
Fortpflanzung: Das kleine, kunstvolle Nest steht hoch (7 – 25 m) und gut versteckt auf den äußeren Zweigen eines Nadelbaumes; es wird nur vom Weibchen gebaut. Eiablage von Anfang April – Juni; gewöhnlich 4 – 5 Eier. Brutdauer 11 – 12 Tage; nur das Weibchen brütet. Die Jungen werden von beiden Eltern aus dem Kropf gefüttert und verlassen das Nest mit zwei Wochen. Sie sind früh selbständig und schließen sich schon bald zu umherstreifenden Schwärmen zusammen. Zwei Jahresbruten.
Verbreitung: Brütet von den Alpen und Karpaten bis fast zum Polarkreis und von Irland bis Westsibirien sowie in Ostasien, außerdem inselartig in einigen Hochgebirgen Südeuropas und Vorderasiens. In Mitteleuropa hauptsächlich in den Mittelgebirgen und in den Alpen, aber auch im Tiefland, vor allem im Nordosten. Die südlichen Populationen sind Strich-, die nördlichen Zugvögel, die im Herbst und Winter in großen Schwärmen außerhalb des Brutgebietes auftreten und bis ans Mittelmeer ziehen. Beliebter Käfigvogel; darf in einigen Ländern für die Vogelhaltung gefangen werden.

Hänfling

Carduelis cannabina

E: Linnet
F: Linotte mélodieuse
H: Kneu
I: Fanello
S: Pardillo común

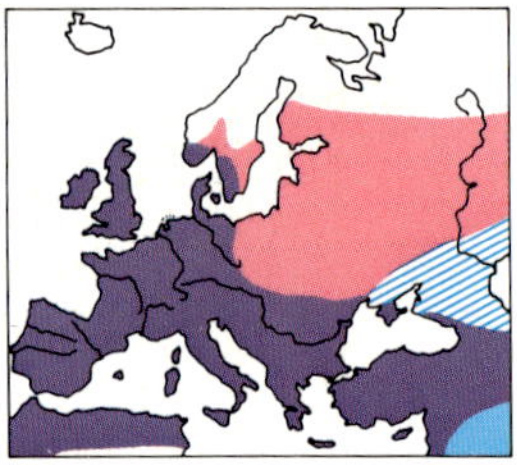

Kennzeichen: Feldsperlingsgroß, aber schlanker, Männchen im Brutkleid mit rotbraunem Mantel, roter Stirn und Brust und weißen Schwanz- und Schwingensäumen; Weibchen, Jungvögel und Männchen im Ruhekleid matter gefärbt und ohne Rot.
Biotop: Offenes Gelände mit Gebüsch und Hecken, junge Schonungen, Baumschulen, Friedhöfe, Obstgärten, im Süden auch Strauchheide und Weinberge.
Nahrung: Ähnlich wie Stieglitz, aber mehr Samen von Kulturpflanzen wie Hanf, Lein („Leinfink"), Kohl, Raps, Rüben.
Fortpflanzung: Das Nest wird nur vom Weibchen gebaut und steht meist niedrig in einer Hecke. Eiablage von Mitte April – Mitte August; gewöhnlich 4 – 6 Eier. Brutdauer 10 – 12 Tage; Bebrütung hauptsächlich durch das Weibchen. Die Jungen werden von beiden Eltern betreut und fliegen mit 11 – 12 Tagen aus. Zwei bis drei Jahresbruten.
Verbreitung: Von den Kanarischen Inseln und Nordafrika bis Schottland, Südskandinavien und Südfinnland und von Irland bis Innerasien. In Mitteleuropa überall verbreitet, brütet auch auf Helgoland. Die südlichen Populationen sind Stand- bzw. Strich-, die nördlichen Zugvögel, die gelegentlich schon in Westdeutschland, meist aber weiter südlich (bis Nordafrika) überwintern. Durch die EG-Vogelschutzrichtlinie von 1978 ist der früher in Belgien, Frankreich und Italien übliche Massenfang mit Leimruten und Netzen verboten worden, aber der Fang für die Vogelhaltung ist immer noch in vielen Ländern gestattet, denn der Hänfling ist ein beliebter Käfigvogel, der auch gern mit anderen Finken und mit Kanarienvögeln gekreuzt wird. Der Hänfling ist durch Verwendung von Herbiziden und gebeiztem Saatgut gefährdet.

Birkenzeisig

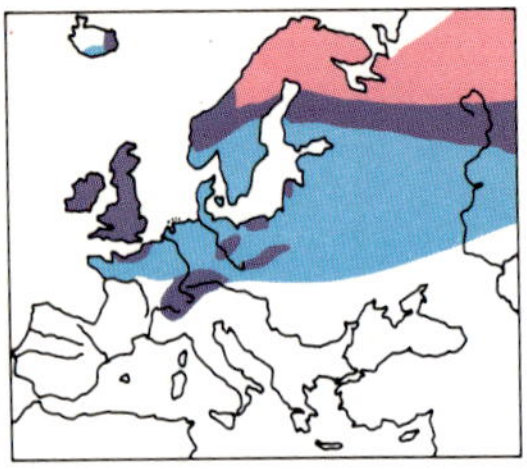

Carduelis flammea

E: Redpoll
F: Sizerin flammé
H: Barmsijs
I: Organetto
S: Pardillo sizerín

Kennzeichen: Gleicht dem Hänfling in der Färbung, dem Zeisig in Gestalt und Verhalten; klein, schlicht graubraun, mit zwei hellen Flügelbinden, roter Stirn und schwarzem Kinn. Beim Männchen im Brutkleid sind Brust und Bürzel schön karminrot. Jungvögel haben keine rote Stirn. Britische und mitteleuropäische Brutvögel (*C. f. cabaret*) sind klein und dunkel, skandinavische Brutvögel (*C. f. flammea*) größer und heller, grönländische (*C. f. rostrata*) noch größer, aber wieder dunkler.
Biotop: Birken-, Erlen-, Weiden- und Nadelholzbestände, in den Alpen und in der Tundra auch felsiges, mit Gesträuch bewachsenes Gelände an der Baumgrenze.
Nahrung: Hauptsächlich Samen von Birken, Erlen, Lärchen, aber auch von anderen Pflanzen, ferner Insekten, mit denen vor allem die Jungen ernährt werden.
Fortpflanzung: Brütet in lockeren Kolonien, am oder niedrig über dem Boden (*C. f. flammea*) bzw. 2 – 3 m hoch in Bäumen und Sträuchern (*C. f. cabaret*). Eiablage von Ende April (in den Alpen) – Anfang Juni; gewöhnlich 4 – 6 Eier. Brutdauer 10 – 12 Tage; es ist nicht sicher, ob sich auch das Männchen am Brüten beteiligt. Die Jungen werden von beiden Eltern betreut und fliegen mit 11 – 14 Tagen aus. Eine Jahresbrut, manchmal anscheinend auch zwei.
Verbreitung: Bewohnt den hohen Norden der Alten und Neuen Welt, dazu in Europa als Eiszeitrelikt die Alpen und die Britischen Inseln; hat von diesen aus in jüngster Zeit auch die gegenüberliegende Nordseeküste und die West-, Ost- und Nordfriesischen Inseln besiedelt. Die Brutvögel der Alpen ziehen im Winter talwärts. Nordeuropäische Birkenzeisige überwintern regelmäßig im Ostseeraum (bis Mecklenburg), in Invasionsjahren auch weiter westlich und südlich; britische Brutvögel überwintern z. T. in der Nähe der Brutplätze, z. T. an der gegenüberliegenden Kanalküste. Darf in einigen Ländern für die Vogelhaltung gefangen werden. Steht in der Bundesrepublik auf der „Roten Liste“ der bedrohten Arten.

Girlitz

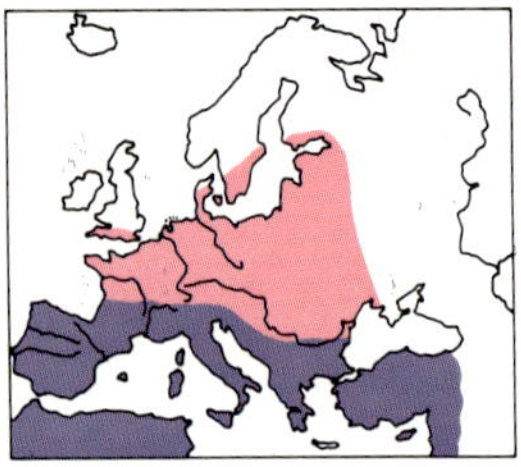

Serinus serinus

E: Serin
F: Serin cini
H: Europese kanarie
I: Verzellino
S: Serín

Kennzeichen: Unser kleinster Finkenvogel, mit kurzem, dickem Schnabel und kurzem, gegabeltem Schwanz, grünlich gelb, dunkel gestreift, mit gelbem Bürzel, Männchen mit kräftig gelber Stirn, Kehle und Brust, Weibchen matter gefärbt.
Biotop: Im Mittelmeerraum einsames, z. T. bewaldetes Gelände (lichte Kiefernwälder, Olivenhaine, Macchie, Zypressenhaine, mit Gestrüpp bewachsene Felshänge); im Norden vom Menschen geschaffene Biotope (Parks, Friedhöfe, Obstgärten, Gärten, Alleen), sofern einige immergrüne Bäume und Sträucher (Lebensbäume, Zypressen, Fichten, Buchsbaumhecken) und Unkräuter vorhanden sind.
Nahrung: Hauptsächlich Unkrautsamen, dazu ein paar Insekten (Blattläuse, Raupen).
Fortpflanzung: Das Nest steht 2 – 4 m hoch in einem Baum; es wird allein vom Weibchen gebaut. Eiablage je nach den klimatischen Gegebenheiten von März – Juni/Juli; gewöhnlich 4 Eier. Brutdauer 13 Tage; nur das Weibchen brütet. Die Jungen sind mit 14 Tagen flügge und 9 Tage später selbständig. Zwei Jahresbruten.
Verbreitung: Der Girlitz, ursprünglich ein Bewohner der Mittelmeerländer, hat sich seit dem Beginn des 19. Jahrhunderts nach Norden bis Südengland, Südschweden und Südfinnland ausgebreitet, aber in den Niederlanden und Norddeutschland noch nicht überall die Nordseeküste erreicht. Im Norden des Verbreitungsgebietes Zugvogel, zieht im September/Oktober nach Südwesten und kehrt im März/April zurück. Darf in einigen Ländern für die Vogelhaltung gefangen werden.

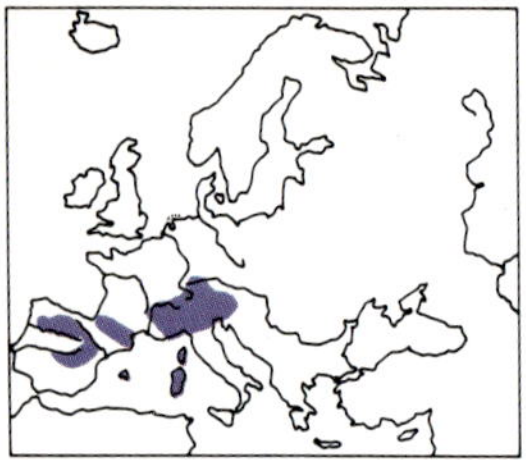

Zitronengirlitz

Serinus citrinella

E: Citril Finch
F: Venturon montagnard
H: Citroensijs
I: Venturone
S: Verderón serrano

Kennzeichen: So groß wie ein Zeisig und diesem sehr ähnlich; Männchen im Brutkleid oberseits olivgrün, unterseits grünlichgelb, ungestreift, Nacken und Halsseiten grau, Kopf und Kinn ohne Schwarz, Bürzel grünlichgelb, Schwanz ohne Gelb; Weibchen matter gefärbt, etwas gestreift, Jungvögel oberseits olivgraubraun, unterseits heller und kräftig gestreift.
Biotop: Waldränder und Lichtungen in der Nadelwaldzone und steinige Hänge mit einzelnen Bäumen, im Gebirge über 700 m (im Schwarzwald) bzw. über 1500 m (in den Alpen).
Nahrung: Hauptsächlich Unkrautsamen, die er am Boden aufpickt, ferner Koniferensamen, Knospen und ein paar Räupchen.
Fortpflanzung: Das Nest wird allein vom Weibchen gebaut und steht meist in Nadelbäumen einige Meter über dem Boden. Eiablage je nach den klimatischen Verhältnissen von März – Juli; gewöhnlich 4 – 5 Eier. Brutdauer wahrscheinlich 12 Tage; anscheinend brütet nur das Weibchen. Die Jungen fliegen mit 17 – 18 Tagen aus. Möglicherweise zwei Jahresbruten.
Verbreitung: Der Zitronengirlitz hat ein sehr kleines Verbreitungsgebiet. Er brütet nur in den höheren Gebirgen Südwest- und Mitteleuropas (hier in den Alpen, im Schweizer und französischen Jura, in den Vogesen, im Schwarzwald und im Harz), in einer etwas abweichenden Rasse auf Korsika und Sardinien in der Macchie bis fast hinunter zum Meer. Nach der Brutzeit verlassen die Familien ihre Reviere und streifen umher; im Winter ziehen sie ins Tal. Geschützte Art, steht auf der „Roten Liste“ der in der Bundesrepublik potentiell bedrohten Arten.

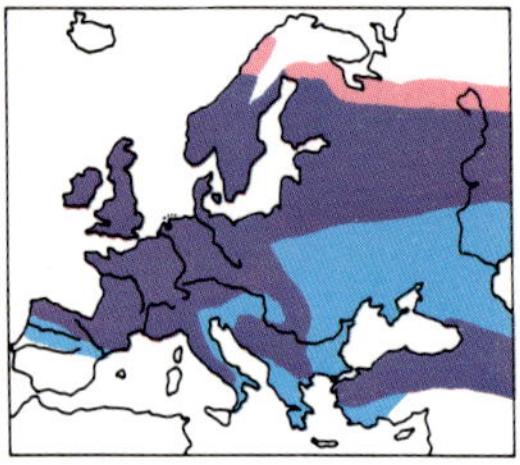

Gimpel

Pyrrhula pyrrhula

E: Bullfinch
F: Bouvreuil pivoine
H: Goudvink
I: Ciuffolotto
S: Camachuelo

Kennzeichen: Haussperlingsgroß, mit kurzem und dickem schwarzem Schnabel, schwarzem Käppchen, blaugrauem Mantel, weißem Bürzel, schwarzem Schwanz und schwarzen Flügeln mit weißer Binde; Männchen unterseits prächtig rosenrot, Weibchen rötlichgrau; Jungvögel braun, ohne schwarze Kappe. Bei der sehr seltenen Rasse der Azoren sind die Männchen weibchenfarbig; der Bürzel ist braungrau.
Biotop: Unterholzreiche Wälder (im Gebirge sowie im Norden und Osten vorwiegend Nadelwälder), Parks und große Gärten.
Nahrung: Sämereien und Körner, Knospen und Beeren; Insekten und Raupen fast nur während der Jungenaufzucht.
Fortpflanzung: Das Nest aus kleinen Zweigen und Würzelchen steht gut versteckt in geringer Höhe meist in einem immergrünen Strauch oder Baum; es wird allein vom Weibchen gebaut. Eiablage von Anfang Mai – Ende August; gewöhnlich 5 Eier. Brutdauer 12 – 14 Tage, Bebrütung vorwiegend durch das Weibchen. Die Jungen fliegen nach 12 – 16 Tagen aus und werden anschließend etwa 10 Tage vom Männchen betreut, während das Weibchen mit dem zweiten Gelege beschäftigt ist.
Verbreitung: Von Nordspanien, Mittelitalien und dem Balkan bis Nordskandinavien und von den Azoren (s. o.) bis Kamtschatka, fehlt in Südfrankreich, in der Poebene, in der Ungarischen Tiefebene und im Süden der Sowjetunion. In Mitteleuropa außer an der Nordseeküste überall gut vertreten. Im allgemeinen Stand- bzw. Strichvogel, doch erscheinen im Winter bei uns Vögel der nordeuropäischen Rasse, die durch bedeutendere Größe auffallen. Im allgemeinen geschützte Art, darf aber in manchen Ländern zur Käfighaltung gefangen und in Obstbaugebieten, wo er durch Verbeißen von Blatt- und Blütenknospen schädlich wird (in Jahren, wo Ahorn und Esche schlecht fruchten), vernichtet werden.

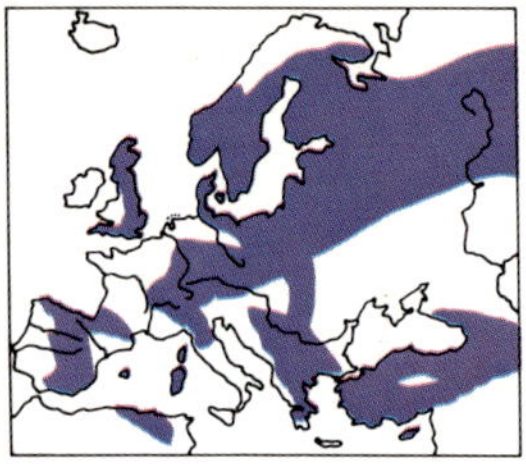

Fichtenkreuzschnabel

Loxia curvirostra

E: Crossbill
F: Bec-croisé des sapins
H: Kruisbek
I: Crociere
S: Piquituerto común

Kennzeichen: Etwas größer als Haussperling, wirkt papageiähnlich mit seinem dicken Kopf und seinem kräftigen, krummen Schnabel, bei dem die Spitzen von Ober- und Unterschnabel gekreuzt sind. Schwanz kurz und tief eingekerbt. Alte Männchen ziegelrot, junge Männchen bräunlich orange, Weibchen olivgrün oder -gelblich; Jungvögel graugrün und kräftig gestreift mit wenig gekreuztem Schnabel.
Biotop: Ausgedehnte Fichten- und Lärchenwälder.
Nahrung: Hauptsächlich Samen der Nadelbäume, die er mit seinem dafür besonders geeigneten Schnabel aus den Zapfen holt, daneben Bucheckern, Eicheln sowie Erlen-, Ahorn- und Hainbuchensamen, zuweilen auch Knospen verschiedener Nadel- und Laubbäume.
Fortpflanzung: Das Nest wird allein vom Weibchen gebaut und steht immer in Nadelbäumen, meist in beträchtlicher Höhe. Die Brutzeit ist vom Nahrungsangebot abhängig. Da die Zapfen im Winter oder zeitigen Frühjahr reifen, fällt die Eiablage vorwiegend in die Zeit von Januar – April; gewöhnlich 4 (3 – 5) Eier. Brutdauer 12 – 16 Tage; nur das Weibchen brütet. Die Jungen werden von beiden Eltern mit einem Brei aus zerquetschten, gequollenen Samen aus dem Kropf gefüttert. Sie verlassen das Nest nach 17 – 23 Tagen, bleiben aber noch gut drei Wochen bei den Eltern, da sie selbst mit ihren noch geraden Schnäbeln die Samen nicht aus den Zapfen holen können. Eine Jahresbrut, manchmal zwei.
Verbreitung: Von Nordafrika bis zum Polarkreis, von Spanien bis Japan, in großen Teilen von Nord- und Mittelamerika. Fehlt in Irland und dem größten Teil von Großbritannien, den Niederlanden, Belgien, Frankreich, Südosteuropa und der südlichen Sowjetunion, weitgehend auch in Nordwest- und Südwestdeutschland. Nach der Brutzeit streifen größere Verbände weit umher; ihre Bewegungen sind vom Ausfall der Zapfenernte abhängig und haben den Charakter von Invasionen. Darf in einigen Ländern für die Käfighaltung gefangen werden.

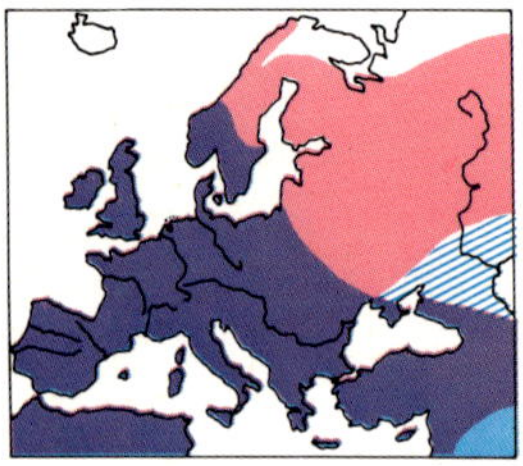

Buchfink

Fringilla coelebs

E: Chaffinch
F: Pinson des arbres
H: Vink
I: Fringuello
S: Pinzón común

Kennzeichen: Haussperlingsgroß, aber schlanker. Männchen allbekannt und unverwechselbar mit aschblauem Scheitel und Nacken, weinroter Brust, grünlichem Bürzel und zwei breiten, weißen Flügelbinden; Weibchen ähnelt einem Haussperlingsweibchen, unterscheidet sich aber durch weiße Flügelbinden und Schwanzseiten.
Biotop: Waldungen aller Art, Parks, Obstgärten, Friedhöfe, im Gebirge bis zur Baumgrenze.
Nahrung: Hauptsächlich allerlei Sämereien, die meist am Boden aufgenommen werden; zur Brutzeit Insekten (Käfer, Schmetterlinge, Mücken, Blattläuse) und ihre Larven, Spinnen.
Fortpflanzung: Das kunstvolle Nest wird nur vom Weibchen aus Würzelchen, Moos und dgl. gebaut und außen mit Flechten getarnt; es steht auf einem waagerechten Ast oder in einer Astgabel. Eiablage von Mitte April – Juni; gewöhnlich 5 Eier. Brutdauer 11 – 13 Tage; nur das Weibchen brütet. Die Jungen fliegen mit 13 – 14 Tagen aus. Meist zwei Jahresbruten.
Verbreitung: Ganz Europa bis auf den äußersten Norden (einschließlich Island) und die östliche Sowjetunion, Vorderasien und Westsibirien; auf den Azoren, Madeira und den Kanaren und in Nordafrika brüten stark abweichend gefärbte Rassen. Häufigster europäischer Fink, in Mitteleuropa gut vertreten. Beliebter Käfigvogel, darf in einigen Ländern für die Vogelhaltung gefangen werden. Der früher in Belgien, Frankreich und Italien beliebte Massenfang mit Leimruten und Netzen ist durch die EG-Vogelschutzrichtlinie von 1978 verboten worden. Die südlichen Populationen sind Stand-, die mitteleuropäischen Strichvögel; die nördlichsten ziehen in großen, oft nach Geschlechtern getrennten Flügen nach Südwesten und überwintern im Gebiet von Mitteleuropa bis Nordafrika.

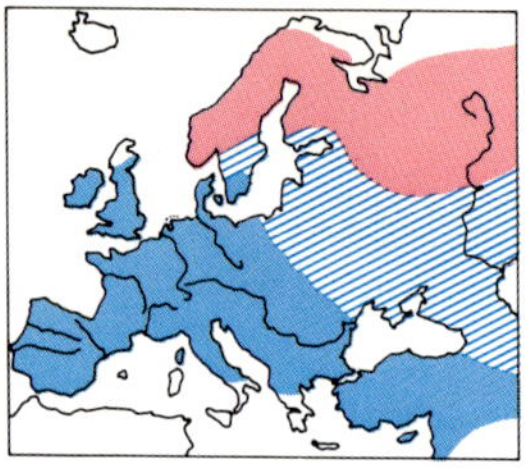

Bergfink

Fringilla montifringilla

E: Brambling
F: Pinson du nord
H: Keep
I: Peppola
S: Pinzón real

Kennzeichen: So groß wie Buchfink, von diesem in allen Kleidern durch orange Brust und Schultern, besonders im Flug auffallenden weißen Bürzel und tief eingekerbten Schwanz unterschieden. Männchen im Brutkleid mit schwarzem Kopf und Mantel; im Winter wird das Schwarz durch graue Federn verdeckt. Weibchen matter gefärbt, Wangen und Nakken grau.
Biotop: Zur Brutzeit subarktische Nadel- und Birkenwälder; im Winter vor allem Buchenwälder, aber auch Felder.
Nahrung: Zur Brutzeit Insekten, im Herbst und Winter Sämereien, vor allem Bucheckern.
Fortpflanzung: Brütet oft in lockeren Kolonien, oft in geringer Höhe; Nest ähnlich wie Buchfink. Brutdauer 11 – 12 Tage; nur das Weibchen brütet. Die Jungen werden von beiden Eltern betreut und fliegen mit 11 – 13 Tagen aus. Eine Jahresbrut.
Verbreitung: Nordeuropa und Nordasien von Norwegen bis Kamtschatka; fehlt in Südschweden und Südfinnland. Hat ausnahmsweise in Schottland, den Niederlanden und Belgien, auf Helgoland und vielleicht in Ostfriesland gebrütet. Zugvogel; nordeuropäische und westsibirische Bergfinken ziehen in ungeheuren Schwärmen, die manchmal Millionen von Vögeln umfassen, nach Südwesten und überwintern z. T. schon in Südschweden, vorwiegend aber in Mittel-, West- und Südeuropa. Auf dem Zug halten sie sich an Buchenwälder, die auch als Winterquartier dienen. Früher eine Hauptbeute der Vogelsteller. Der vor allem in Belgien, Frankreich und Italien beliebte Massenfang mit Leimruten und Netzen ist durch die EG-Vogelschutzrichtlinie von 1978 verboten worden. Nur in Großbritannien völlig geschützt, darf in einigen Ländern für die Vogelhaltung gefangen werden.

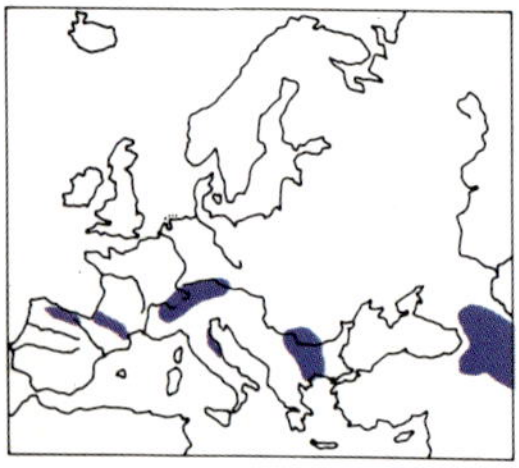

Schneefink

Montifringilla nivalis

E: Snow Finch
F: Niverolle des Alpes
H: Sneeuwvink
I: Fringuello alpino
S: Gorrión alpino

Kennzeichen: Deutlich größer als Buchfink, ähnelt der Schneeammer, mit der er jedoch nicht im gleichen Gebiet vorkommt. Unterscheidet sich von ihr durch grauen Kopf und schwarze Kehle; oberseits braun, mit viel Weiß auf den Flügeln und am Schwanz. Weibchen matter gefärbt, Jungvögel ohne schwarze Kehle. Kein Fink, sondern wie die Sperlinge ein Vertreter der Webervögel.
Biotop: Bewohnt das Hochgebirge weit oberhalb der Baumgrenze; der höchste Brutplatz liegt in den Alpen bei 3476 m (GÉROUDET). Wenig scheu, hält sich gern bei Berghütten u. dgl. auf.
Nahrung: Sämereien und Insekten, die er am Boden aufpickt; im Winter auch Abfälle. Sucht gern Futterplätze auf.
Fortpflanzung: Höhlenbrüter. Das Männchen wählt den Nistplatz aus und lockt durch seinen Gesang ein Weibchen an. Das Nest, das von beiden Partnern gebaut wird, steht in einer Felsspalte, in einem Mauerloch oder unter einem Dach, einer Stützmauer oder einer Lawinenschutzmauer. Eiablage von Ende April – Ende Juni; gewöhnlich 4 – 5 (3 – 6) Eier. Brutdauer 13 – 14 (18?) Tage; Bebrütung vorwiegend durch das Weibchen. Die Jungen werden von beiden Eltern mit Insekten gefüttert; sie fliegen mit 20 – 21 Tagen aus. Möglicherweise zwei Jahresbruten.
Verbreitung: Die Hochgebirge Südeuropas einschließlich der Alpen sowie Vorder- und Innerasiens, von den Pyrenäen bis zum Himalaja. Nach der Brutzeit vagabundieren die Schneesperlinge in Familien und größeren Gruppen im Bereich der Schneegrenze umher; im Winter ziehen sie in tiefere Lagen, auch in die Ortschaften, bleiben aber oberhalb der Baumgrenze. Geschützte Art. Steht in der Bundesrepublik auf der „Roten Liste“ der potentiell bedrohten Arten.

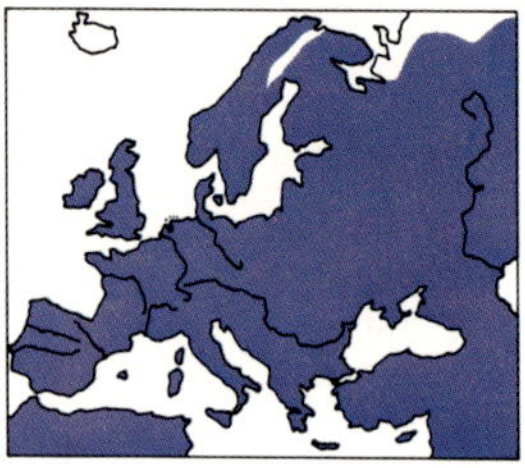

Haussperling

Passer domesticus

E: House Sparrow
F: Moineau domestique
H: Huismus
I: Passera europea
S: Gorrión común

Kennzeichen: Dieser kräftige, gedrungene kleine Vogel, dieser „Prolet" der in Stadt und Land als frecher Mitesser des Menschen auf dessen Kosten lebt, ist so häufig, daß man ihm kaum einen Blick schenkt. Dabei ist das alte Männchen ein hübscher Kerl: Scheitel dunkelgrau, Nacken rotbraun, Wangen grauweiß, Kehle schwarz, Mantel warm braun mit schwarzen Streifen, Bürzel grau. Weibchen und Jungvögel sind dagegen matter graubraun gefärbt, ohne besondere Kennzeichen.
Biotop: Eng an den Menschen gebunden, nie weit (mehr als 1 km) von Kulturland und Siedlungen entfernt anzutreffen. Liebt Bauernhöfe, Felder, Wiesen, Obst- und Gemüsegärten, Parks und Straßen. Geht im Gebirge bis 2000 m hoch, meidet aber Siedlungen, die im Winter unbewohnt sind. Dringt nie tief in den Wald ein.
Nahrung: Gemischte Kost, wobei der pflanzliche Anteil den tierischen bei weitem überwiegt, aber sehr vom jeweiligen Lebensraum abhängig. Liebt vor allem Getreidekörner, sofern sie nicht zu groß oder zu hart sind, Samen von Unkräutern (Melde, Wegerich, Quecke usw.) und Feldfrüchten (Raps), Klee und Nadelhölzern (Kiefern und Fichten); sucht diese Nahrung meist am Boden, geht aber auch an unreifes Getreide, das noch auf dem Halm steht, und kann dadurch großen Schaden anrichten. Verzehrt gleichfalls zartes Grün (Salat, grüne Erbsen, Sämlinge aller Art), Blütenknospen und süßes Obst (Johannisbeeren, Kirschen, Weintrauben, Pflaumen, Erdbeeren, Birnen usw.). Die tierische Nahrung besteht hauptsächlich aus Insekten in allen Entwicklungsstadien (Maikäfer und Schmetterlinge, die er im Flug erbeutet, Heuschrecken, Kartoffelkäfer), vor allem zur Zeit der Jungenaufzucht; dabei macht er sich durch das Vertilgen von Raupen (zumal von Kohlweißling und Eichenwickler) und Blattläusen nützlich. In den Städten bildeten früher Pferdeäpfel die Hauptnahrungsquelle. Auch nach der Verdrängung des Pferdes durch den Verbrennungsmotor hat er sich dank seiner großen Anpassungsfähigkeit behauptet. Er ernährt sich vorwiegend von Speiseabfällen und zusätzlich von Insekten und besucht im Winter eifrig die von mitleidigen Menschen eingerichteten Vogelfutterstellen.
Fortpflanzung: Nistet in Städten und Dörfern in kleinen Kolonien von 10 – 15 Paaren in einem Revier, dessen Durchmesser oft nicht mehr als 100 m beträgt. Das Männchen besetzt sein kleines Brutrevier ab Januar und läßt unablässig seinen Gesang ertönen, um ein Weibchen anzulocken. Oft balzen mehrere Männchen gemeinsam ein Weibchen an; dabei kommt es häufig zu Schlägereien. Das Weibchen besichtigt den angebotenen Nistplatz, und wenn er ihm zusagt, ist die Ehe geschlossen – wahrscheinlich fürs Leben, denn der Haussperling ist monogam (einehig). Das Nest, das von beiden Partnern gemeinsam gebaut wird, steht meist in irgendeiner Höhlung oder Nische in oder an einem Gebäude, unter Dachziegeln, in einem Mauerloch, in einem Schwalbennest, in einem Nistkasten, oder im Efeu. Gelegentlich baut der Haussperling auch nach Art seines nahen Verwandten, des hauptsächlich in den Mittelmeerländern brütenden Weidensperlings (*P. hispaniolenis*) ein unordentliches, kugelförmiges, freistehendes Baumnest aus Strohhalmen. Die Nestmulde wird immer mit Federn gepolstert. Eiablage von Mitte April – Juli; gewöhnlich 5 – 6 Eier. Brutdauer 12 – 14 Tage; beide Partner brüten. Die Jungen werden von beiden Eltern gefüttert, zunächst mit Insektenlarven, später mit Unkrautsamen und weichen Körnern; sie fliegen nach zwei Wochen aus. Die Jungensterblichkeit ist sehr groß, wird aber durch zahlreiche Ersatzgelege wettgemacht. Gewöhnlich drei Jahresbruten.
Verbreitung: Der Haussperling war ursprünglich ein Steppenbewohner des Vorderen Orients, der sich seit der Erfindung des Ackerbaus dem Menschen angeschlossen und mit dessen Ausbreitung über ganz Europa (außer Island), Asien (außer Nord-, Ost- und Teile von Südostasien), das Niltal und Nordwestafrika verbreitet hat; vom Menschen in Nordamerika, Australien, Neuseeland und Südamerika eingebürgert, hat er auch die gemäßigten Zonen dieser Erdteile besiedelt. Die Haussperlinge Italiens und der umliegenden Inseln bilden eine eigene Rasse (*P. d. italiae*), die aus Vermischung mit Weidensperlingen (*P. hispaniolensis*) hervorgegangen ist und sich durch rotbraunen Scheitel und großen schwarzen Brustlatz unterscheidet. Nach der Brutzeit schlagen sich die Haussperlinge zu großen Schwärmen zusammen, die in der Umgebung der Brutplätze umherstreifen und an gemeinsamen Schlafplätzen in großen Bäumen und im Efeu übernachten. Nicht geschützte Art.

Feldsperling

Passer montanus

E: Tree Sparrow
F: Moineau friquet
H: Ringmus
I: Passera mattugia
S: Gorrión molinero

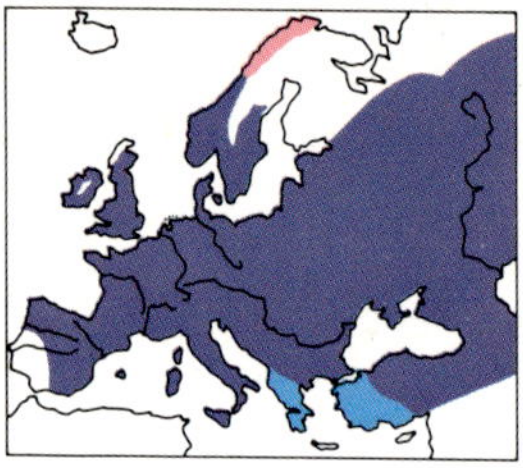

Kennzeichen: Etwas kleiner und zierlicher als Haussperling, unterscheidet sich durch rotbraune Kappe, weiße Wangen mit schwarzem „Backenbart" und weißen Halsring. Männchen, Weibchen und Jungvögel sind gleich gefärbt.
Biotop: Abwechslungsreiches, baumbestandenes Gelände (Parks, Obstgärten, Waldränder, Alleen) in der Nähe von Siedlungen. Vertritt in Ost- und Südostasien den Haussperling in Dörfern und Städten.
Nahrung: Wie Haussperling, verzehrt aber mehr Körnerfrüchte und Wildpflanzen, auch mehr Insekten.

Fortpflanzung: Brütet vorwiegend in Baumhöhlen, seltener in Storch- und Reiherhorsten oder in alten Elstern- und Saatkrähennestern; nimmt gern Nistkästen an. Das Nest wird von beiden Partnern gebaut. Eiablage von Mitte April – Juli; gewöhnlich 5 – 7 Eier. Brutdauer 12 – 14 Tage; beide Partner brüten. Die Jungen fliegen nach rund zwei Wochen aus; unmittelbar danach wird mit dem nächsten Gelege begonnen. Zwei bis drei Jahresbruten. Die Verluste an Eiern und Nestlingen schwanken zwischen 45% und 75%.
Verbreitung: Fast ganz Europa (außer Island, Nordschweden, Finnland, dem hohen Norden der Sowjetunion, dem Südwesten der Iberischen Halbinsel, den Inseln des westlichen Mittelmeeres und dem Süden der Balkanhalbinsel) sowie Asien mit Ausnahme des hohen Nordens, des Südwestens und Südens; auf den Britischen Inseln nicht überall verbreitet. Im allgemeinen Stand- und Strichvogel, streift nach der Brutzeit wie der Haussperling und oft mit diesem gemeinsam in großen Flügen in der Umgebung der Brutplätze umher; im äußersten Norden anscheinend Zugvogel. Als Ackerbauschädling nicht geschützte Art.

Star

Sturnus vulgaris

E: Starling
F: Étourneau sansonnet
H: Spreeuw
I: Storno
S: Estornino pinto

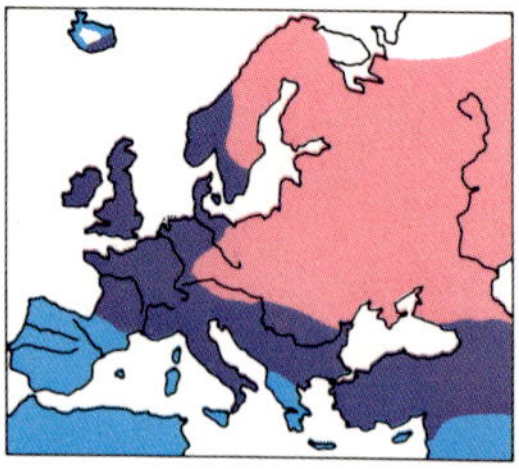

Kennzeichen: Deutlich kleiner und kurzschwänziger als Amsel, mit der er häufig verwechselt wird, obwohl er sich im Brutkleid durch den grünvioletten Glanz, im Ruhekleid durch die weiße Sprenkelung seines Gefieders, außerdem durch die Fortbewegungsweise am Boden – die Amsel hopst, der Star watschelt – unterscheidet.
Biotop: Überall, wo er Nistmöglichkeiten findet.
Nahrung: Vorwiegend Insekten, die er manchmal im Flug erbeutet (Mücken), meist aber am bzw. im Boden; dabei sticht er den Schnabel in die Erde und öffnet ihn dann weit, um so Larven (vor allem der Kohlschnake) zu finden. Liebt süße Früchte und wird dadurch in Obst-, Oliven- und Weinbaugebieten schädlich, weshalb er dort mit allen Mitteln, wenn auch meist vergeblich, verfolgt wird.

Fortpflanzung: Nistet in Höhlen aller Art, in Baumhöhlen wie unter Dachziegeln; nimmt gern Nistkästen an. Das Nest wird vom Männchen begonnen und nach der Eheschließung vom Weibchen vollendet. Eiablage von Mitte April – Juni; gewöhnlich 5 – 6 Eier. Brutdauer 11 – 14 Tage; beide Partner brüten. Die Jungen verlassen das Nest nach 20 – 22 Tagen. Ein bis zwei Jahresbruten.
Verbreitung: Von Italien und Nordgriechenland bis Island (seit 1951) und Spitzbergen (seit 1954); fehlt im hohen Norden der Sowjetunion. Wird in Spanien (außer im Nordosten), auf Korsika, Sardinien und Sizilien sowie in Nordwestafrika von dem nahe verwandten Einfarbstar (*S. unicolor*) vertreten. Hat seit den sechziger Jahren auch Südfrankreich und Nordostspanien besiedelt und ist vom Menschen mit großem Erfolg und zum großen Schaden der einheimischen Höhlenbrüter in Nordamerika, Südafrika, Australien und Neuseeland eingeführt worden. Nach der Brutzeit streifen sie umher und nächtigen gemeinsam oft in ungeheuren Mengen im Röhricht, in Schonungen, in hohen Bäumen oder an und auf Gebäuden in Dörfern und Städten. Darf zur Vermeidung erheblicher wirtschaftlicher Schäden bekämpft und in einigen Ländern für die Vogelhaltung gefangen werden.

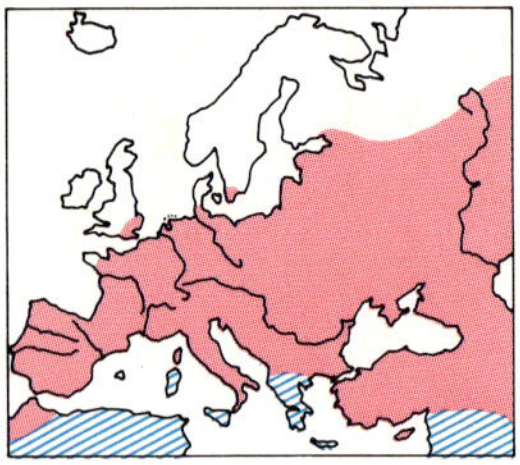

Pirol

Oriolus oriolus

E: Golden Oriole
F: Loriot
H: Wielewal
I: Rigogolo
S: Oropéndola

Kennzeichen: Etwa amselgroß, Männchen unverwechselbar, prächtig goldgelb mit schwarzen Flügeln und schwarzem Schwanz, Weibchen und Jungvögel oberseits gelblich grün mit braunen Flügeln und braunem Schwanz, unterseits weißlich mit dunkler Strichelung. Lebt verborgen in den Baumkronen, verrät sich meist nur durch seinen melodischen Pfiff oder durch seinen krächzenden Ruf. Kommt selten auf den Boden; man sieht ihn fast nur beim Überfliegen einer Lichtung.
Biotop: Vor allem Laub- und Mischwald in der Nähe fließender und stehender Gewässer, auch Kiefernwald, meidet aber andere Nadelwälder; ferner Feldgehölze, Waldränder, Auwälder, große Parks und Obstgärten. Geht nicht über 600 m hoch.
Nahrung: Vorwiegend Insekten (Schmetterlinge, Blattwanzen, Maikäfer, Blattläuse, Heuschrecken, Hummeln), die er teils im Flug fängt, teils von Zweigen und Blättern abliest, und ihre Larven, ferner Spinnen und Schnekken; nimmt gern Beeren und süße Früchte (Kirschen, Birnen, Brombeeren, Himbeeren, Heidelbeeren, Vogelbeeren usw.). Sucht zur Zeit der Kirschenernte Obstgärten auf, soll dort andere Vögel aus Kirschbäumen vertreiben. Beim Verzehren des Fruchtfleisches läßt er den Kern am Stiel. Trinkt wie die Schwalben im Flug.
Fortpflanzung: Das Nest hängt wie eine Hängematte möglichst hoch (5 – 20 m über dem Boden) und meist weit vom Stamm entfernt in einer Astgabel. Es wird von beiden Partnern gemeinsam gebaut. Als Material dienen lange Halme und biegsame Stengel, Bastfasern u. dgl., die mit Spinnweben und Speichel so fest um die beiden Äste der Gabel gewickelt werden, daß das Nest den Winterstürmen widersteht. Eiablage von Anfang Mai (im Süden) bis Juni (im Norden); gewöhnlich 4 (3 – 5) Eier. Brutdauer 14 – 15 Tage; beide Partner brüten und füttern die Jungen mit Insekten und Kirschen, die manchmal von weit her geholt werden. Die Nestlinge klammern sich instinktiv schon in frühester Jugend so fest an die Innenwand des Nestes, daß sie auch bei heftigem Sturm nicht hinausgeworfen werden. Sie fliegen nach zwei Wochen aus. Eine Jahresbrut.
Verbreitung: Einziger europäischer Vertreter einer in den Tropen Afrikas und Asiens verbreiteten Gattung. Von Marokko bis Südostengland, Südschweden und Südfinnland, nach Osten bis Innerasien und Indien; fehlt in der Bretagne. In Mitteleuropa weit verbreitet, aber nicht häufig. Die Verbreitungsgrenze und die Bestandsdichte sind Schwankungen unterworfen, die wahrscheinlich klimatisch bedingt sind. Im allgemeinen ist eine Abnahme festzustellen, wofür die Vernichtung von Nistgelegenheiten durch Flurbereinigung und durch das Ersetzen hochstämmiger Obstbäume durch niedrigwüchsige sowie das Versprühen von Pflanzenschutzmitteln verantwortlich gemacht werden. Sommervogel, der im Mai bei uns ankommt („Pfingstvogel") und uns im August wieder verläßt. Europäische Brutvögel ziehen nach Südosten und überwintern vornehmlich in Ostafrika. Auf dem Zug fallen in Malta viele Pirole den Jägern und Vogelstellern zum Opfer. In den anderen europäischen Ländern geschützte Art.

Kolkrabe
Corvus corax
E: Raven
F: Grand corbeau
H: Raaf
I: Corvo imperiale
S: Cuervo

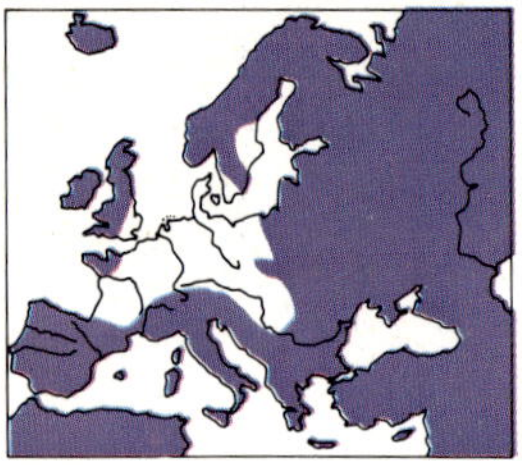

Kennzeichen: Unser größter Krähenvogel, glänzend schwarz mit kräftigem Schnabel und besonders im Flug deutlich erkennbarem keilförmigem Schwanz. Seine Flugweise ähnelt mehr der der großen Greifvögel (Bussard) als der der Krähen. Vollführt zur Brutzeit herrliche Flugspiele.
Biotop: Ursprünglich an keinen bestimmten Biotop gebunden, sofern ihm hohe Bäume oder Felswände Nistmöglichkeiten boten; infolge unablässiger Verfolgung jetzt auf große Waldungen, Gebirge oder Felsküsten beschränkt.
Nahrung: Aas, Nachgeburten vom Vieh, kleines Wild, Eier und Junge am Boden oder in Kolonien brütender Vögel, Reptilien, Frösche, Insekten und Schnecken; sucht Müllhalden auf und betätigte sich früher als Abfallbeseitiger in den Städten.
Fortpflanzung: Das Paar hält lebenslänglich zusammen. Der umfangreiche Horst, der oft viele Jahre hindurch benutzt wird, steht hoch in einem Baum oder einer Felsnische. Eiablage von Februar – März; gewöhnlich 4 – 6 Eier. Brutdauer 20 – 21 Tage; nur das Weibchen brütet. Die Jungen werden von den Eltern im Abstand von mehreren Stunden mit durch Speichel aufgeweichter Nahrung gefüttert; sie wachsen langsam und fliegen erst mit 5 – 6 Wochen aus. Eine Jahresbrut.
Verbreitung: Ursprünglich in ganz Europa, Nord- und Nordostafrika, West-, Inner- und Nordasien sowie im größten Teil von Nordamerika verbreitet. In den Niederlanden, Belgien und Luxemburg sowie in großen Teilen von England, Frankreich, Mitteleuropa und Südskandinavien ausgerottet. Brütet in der Bundesrepublik Deutschland in Schleswig-Holstein, im östlichen Niedersachsen, im Bayerischen Wald, auf der Schwäbischen Alb und in den Alpen; breitet sich jetzt dank strenger Schonung wieder aus. Standvogel. Geschützte Art. Steht in der Bundesrepublik auf der „Roten Liste" der bedrohten Arten.

Nebelkrähe
Corvus corone cornix
E: Hooded Crow
F: Corneille mantelée
H: Bonte kraai
I: Cornacchia bigia
S: Corneja cenicienta

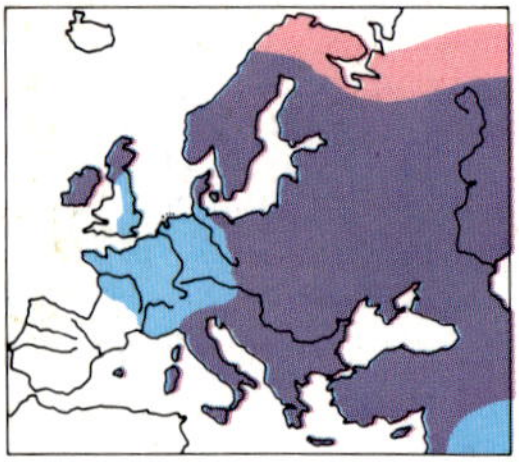

Kennzeichen: Wie die Rabenkrähe eine Form der Aaskrähe, unterscheidet sich von jener nur durch den grauen, vom Schwarz des Kopfes, der Flügel und des Schwanzes abstechenden Rumpf, ist ihr in allen anderen Dingen (Größe, Stimme, Verhalten) völlig gleich.
Biotop: Sehr anpassungsfähig, nicht an einen bestimmten Biotop gebunden, bevorzugt abwechslungsreiches Gelände; im Winter gern am Strand.
Nahrung: Sehr abwechslungsreich, wie bei der Rabenkrähe.
Fortpflanzung: Wie bei der Rabenkrähe.
Verbreitung: Nebelkrähen brüten in Irland, Schottland, Skandinavien, Italien nebst den großen Inseln und von der Elbe und dem Wiener Wald bis zum Jennissei; westlich und östlich davon brüten schwarze Krähen. Wo beide Formen aneinanderstoßen, hat sich eine rund 60 km breite Mischzone gebildet. Die Mischlinge zeigen in unterschiedlichem Ausmaß ein mischfarbiges Gefieder; sie sind uneingeschränkt fruchtbar. Die etwas kleineren und helleren Nebelkrähen Süd- und Südosteuropas und des Nahen Ostens werden als eigene Rasse (*C. c. sardonius*) abgetrennt. Man nimmt an, daß nach der letzten Eiszeit, während der sich Raben- und Nebelkrähe in getrennten Refugien auseinanderentwickelten, die Nebelkrähe von Südosten her über Skandinavien und die damals noch landfeste Nordsee Schottland und Irland besiedelt hat, ehe noch die Rabenkrähe von Spanien aus soweit vorgedrungen war. Nord- und osteuropäische Nebelkrähen sind Zugvögel, die von Nordwestdeutschland bis Südwesteuropa überwintern; mitteleuropäische sind Stand- und Strichvögel. Nur in den Niederlanden, Belgien und Luxemburg geschützt, in den übrigen Ländern als Schädling verfolgt.

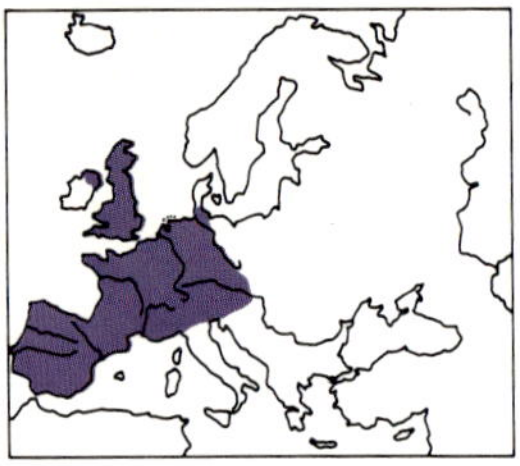

Rabenkrähe

Corvus corone corone

E: Carrion Crow
F: Corneille noire
H: Zwarte Kraai
I: Cornacchia nera
S: Corneja negra

Kennzeichen: Vom Kolkraben durch geringere Größe, gerade abgeschnittenen Schwanz, kleineren Schnabel und ganz andere Stimme, von der ausgewachsenen Saatkrähe durch befiedertes Gesicht und, wie von der jungen, durch anliegende „Hosen“ und höheren Schnabel unterschieden; tritt zur Brutzeit meist einzeln oder paarweise auf.
Biotop: Wie Nebelkrähe. Häufig am Rande und selbst innerhalb von Siedlungen; gern in der Nähe der Brutkolonien von Reihern, Kormoranen, Saatkrähen und Möwen. Geht im Gebirge bis über 2000 m hoch.
Nahrung: Äußerst abwechslungsreich und örtlich wie jahreszeitlich je nach den gegebenen Verhältnissen unterschiedlich, weiß die verschiedensten Nahrungsquellen zu nutzen. Der pflanzliche Anteil besteht aus Körnerfrüchten, vor allem aus gekeimtem oder noch milchigem Getreide, Kartoffeln, Hülsenfrüchten, jungem Gemüse, Obst (Kirschen, Pflaumen, Äpfel, Birnen, Weintrauben) und Nüssen. Fängt bei deren Massenauftreten in großer Menge Maikäfer und Heuschrecken, Engerlinge, ferner Maulwurfsgrillen, Käfer, Schnakenlarven, Spinnen, Schnecken, Regenwürmer, Kaulquappen, Frösche, Blindschleichen, ja selbst Fische, die bei Hochwasser aufs Trockene geraten oder nach einem Fischsterben ans Ufer getrieben worden sind. Auch Mäuse, Spitzmäuse und andere kleine Säugetiere bis zur Größe eines Junghasen werden oft angegriffen und getötet, ebenso junge, geschwächte, kranke oder angeschossene Vögel. Plündert auch die Nester kleiner und großer Vögel, z. B. von Reihern, Kiebitzen, Brachvögeln, Enten, Fasanen und Rebhühnern. Nimmt an Straßen und Waldrändern, am Ufer, auf Feldern und Müllhalden Abfälle aller Art sowie Aas auf.
Fortpflanzung: Das Paar hält das ganze Leben oder zumindest mehrere Jahre lang zusammen. Ab Mitte März wird mit dem Nestbau begonnen bzw. das alte Nest ausgebessert, wobei sich beide Partner beteiligen. Das Nest besteht aus trockenen Reisern; die Nestmulde wird auf einer dichten Unterlage von kleinen Zweigen mit Bastfasern, trockenen Halmen, Haaren und Moos gepolstert. Es steht meist 8 – 12 m hoch auf einem Baum oder einem Felsabsatz, aber auch auf einem Kirchturm oder einem Hochspannungsmast. Eiablage von März – Mai, meist im April; gewöhnlich 4 – 5 Eier. Brutdauer 18 – 20 Tage; nur das Weibchen brütet und wird während dieser Zeit vom Männchen mit Nahrung versorgt. Die Jungen verlassen das Nest mit 28 – 35 Tagen, halten sich aber noch einige Tage in der Umgebung auf, da sie noch recht ungeschickt fliegen. Die Familien lösen sich jetzt auf und schließen sich zu Schwärmen zusammen, die auf der Suche nach Nahrung umherstreifen. Eine Jahresbrut.
Verbreitung: Von Spanien bis England und Schleswig-Holstein; von hier verläuft die Grenze zwischen Raben- und Nebelkrähe in südlicher Richtung entlang der Elbe und Moldau bis zum Wiener Wald und weiter im Zug der Alpen bis zur Riviera. Auf den Balearen brüten merkwürdigerweise keine Krähen. Im allgemeinen Stand- bzw. Strichvogel; im Winter oft in großen Schwärmen zusammen mit Nebelkrähen, Saatkrähen und Dohlen. Die Aaskrähe wird von Jägern und Landwirten als Schädling verfolgt, obwohl sie sich durch das Verzehren von Schadinsekten und Feldmäusen nützlich macht und der angerichtete Schaden in der Regel gering ist. Wo allerdings ihre natürlichen Feinde (Uhu, Wanderfalke, Habicht, Marder, Fuchs) ausgerottet oder allzu selten geworden sind, kann es örtlich zu einer Übervermehrung und zu größeren Schäden in der Tier- und Vogelwelt und in der Landwirtschaft kommen. Nichtsdestoweniger kann der unvoreingenommene Betrachter einem Vogel, der sich allen Anfeindungen zum Trotz und obwohl er weder über besondere körperliche Gaben noch über eine Schutzfärbung verfügt, in der unmittelbaren Umgebung des Menschen zu behaupten gewußt hat, seinen Respekt nicht versagen. Nicht geschützte Art.

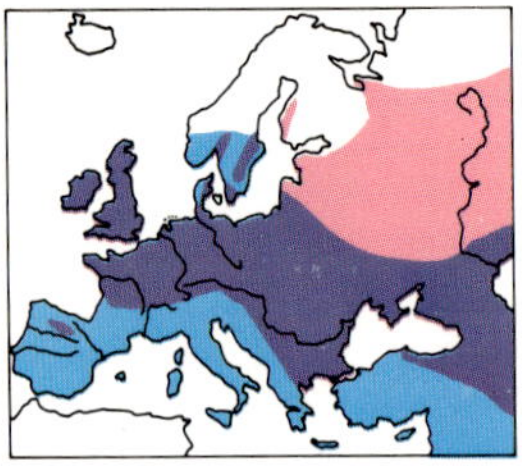

Saatkrähe

Corvus frugilegus

E: Rook
F: Corbeau freux
H: Roek
I: Corvo nero
S: Graja

Kennzeichen: Der Rabenkrähe sehr ähnlich, aber bei Altvögeln ist das Gesicht nackt und grauweiß, was den Schnabel länger und spitzer erscheinen läßt. Jungvögel mit ihrem noch befiederten Gesicht können mit Rabenkrähen verwechselt werden, aber Saatkrähen jeden Alters sehen wegen der lockeren, herabhängenden Befiederung der Schenkel aus, als ob sie Pluderhosen trügen.
Biotop: Ausgedehnte offene Landschaft mit einzelnen Baumgruppen, z. B. Flußtäler und Waldsteppen; jetzt vorwiegend Acker- und Wiesenland.
Nahrung: Sucht auf Äckern und Wiesen im Boden lebende Kleintiere und Keimlinge. Zur Brutzeit können die in Kolonien lebenden Saatkrähen durch ihre große Zahl auf den Feldern Schädlinge wie Engerlinge und andere Larven kurzhalten.
Fortpflanzung: Nistet in großen und kleinen mehr oder weniger dichtgedrängten Kolonien in hohen Bäumen. Eiablage von Mitte März – April; gewöhnlich 4 – 5 (3 – 8) Eier. Brutdauer 16 – 18 Tage. Die Jungen sind mit 29 – 30 Tagen flügge, werden aber noch weiter von den Eltern gefüttert, bis sie selbständig sind. Eine Jahresbrut.
Verbreitung: Von Westfrankreich, Süddeutschland und dem Nordosten der Balkanhalbinsel bis Schottland, Südschweden und Nordrußland und von Irland bis zum Pazifik; isolierte Vorkommen in Nordspanien, Südnorwegen, Mittelschweden und Westfinnland. Nord-, z. T. auch mitteleuropäische Brutvögel ziehen im Herbst nach Südwesten bis zum Mittelmeer. Obwohl der Nutzen den Schaden überwiegt, wird die Saatkrähe in den meisten Ländern verfolgt, u. a. durch Hineinschießen in die Nester während der Brutzeit, so daß die Bestände fast überall zurückgehen. In den Niederlanden, Belgien und einigen Ländern der Bundesrepublik geschützte Art. In der DDR sind die Brutkolonien geschützt. Steht in der Schweiz, wo 100 – 150 Paare brüten, und in Österreich auf der „Roten Liste“ der gefährdeten Arten.

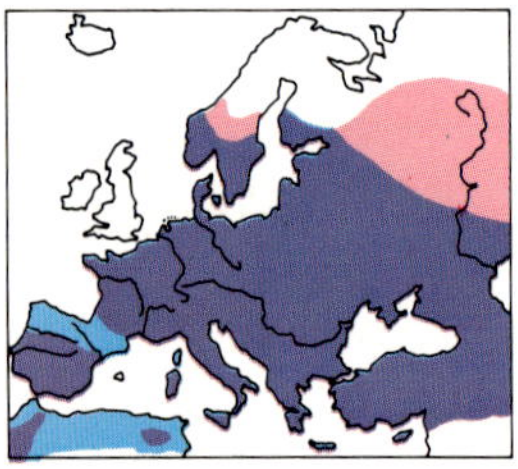

Dohle

Corvus monedula

E: Jackdaw
F: Choucas des tours
H: Kauw
I: Taccola
S: Grajilla

Kennzeichen: Etwa taubengroß, schieferschwarz mit grauem Nacken, verhältnismäßig kurzem Schnabel und auffallend weißgrauen Augen.
Biotop: Acker- und Wiesenland in der Nähe von Wäldern und Parks mit alten Bäumen, Klippen, Steinbrüchen, Burgen, Kirchtürmen und Ruinen.
Nahrung: Sehr abwechslungsreich entsprechend den örtlichen und jahreszeitlichen Verhältnissen. Verzehrt weniger kleine Säugetiere und Vögel als die Aaskrähe, dafür wie die Saatkrähe mehr Raupen, Maikäfer und Kartoffelkäfer, ferner Getreidekörner, Beeren und Obst; sucht gern Kläranlagen und Müllhalden auf.
Fortpflanzung: Nistet meist in Kolonien in Höhlen in Bäumen, Felswänden, Steinbrüchen, Gebäuden, in Schornsteinen, selbst in Kaninchenbauen. Eiablage Mitte April – Mai; gewöhnlich 5 – 6 (4 – 8) Eier. Brutdauer 17 – 20 Tage. Die Jungen sind mit 30 – 35 Tagen flügge. Nach der Brutzeit schließen sich die Dohlen zu großen Schwärmen zusammen, die gemeinsam – oft mit anderen Krähenvögeln zusammen – in hohen Bäumen übernachten. Eine Jahresbrut.
Verbreitung: Fast ganz Europa und Westasien sowie Teile von Nordwestafrika; fehlt in Nordspanien und Südwestfrankreich sowie auf den Balearen und Korsika, ferner in Island, Nordskandinavien, Mittel- und Nordfinnland und im hohen Norden der Sowjetunion sowie in den höchsten Lagen der Alpen. Mittel- und südeuropäische Brutvögel sind vorwiegend Stand- bzw. Strichvögel; nord- und osteuropäische überwintern z. T. in Mittel- und Westeuropa. In der Bundesrepublik und in der DDR im allgemeinen geschützte Art.

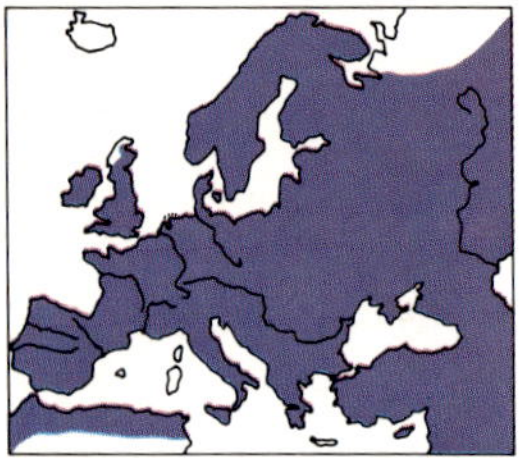

Elster

Pica pica

E: Magpie
F: Pie bavarde
H: Ekster
I: Gazza
S: Urraca

Kennzeichen: Allbekannt und unverwechselbar, schwarz-weiß mit langem, gestuftem, metallisch glänzendem Schwanz. Tritt selten allein, meist paarweise oder in kleinen Gruppen auf; der Flug wirkt wegen des langen Schwanzes und der kurzen, gerundeten Flügel schwerfällig und ungeschickt.
Biotop: Offenes Gelände mit Hecken, Büschen und Bäumen, Parks und Friedhöfe, auch in Siedlungen.
Nahrung: Allesfresser. Einen großen Teil der Nahrung bilden Insekten, z. B. Heuschrecken, ferner Eidechsen, Schnecken, Kleinnager, Vogeleier und -junge, Küken und junge Kaninchen; andererseits Getreide, Obst, Eicheln, Küchenabfälle. Verzehrt an Landstraßen und Autobahnen die Kadaver von Tieren und Vögeln, die dem Verkehr zum Opfer gefallen sind.
Fortpflanzung: Das Paar hält anscheinend lebenslänglich zusammen. Das Nest, ein umfangreiches, sparriges, überdachtes Gebilde, steht einzeln in einem hohen Baum oder einer Dornhecke. Eiablage vom Ende März – Mitte Juni; gewöhnlich 6 – 7 (5 – 8) Eier. Brutdauer 17 – 18 Tage; nur das Weibchen brütet. Die Jungen sind mit etwa 25 Tagen flügge. Eine Jahresbrut.
Verbreitung: Von Nordwestafrika bis zum Nordkap und von Irland bis zum Pazifik, ferner in Nordostsibirien und im Westen Nordamerikas von Alaska bis Kalifornien; fehlt in Europa nur auf den Inseln des westlichen Mittelmeeres, in Nordschottland und Island sowie in Nordostrußland. In Mitteleuropa häufig, weiß sich allen Verfolgungen zum Trotz zu behaupten. Standvogel, streift außerhalb der Brutzeit in kleinen Trupps umher. Nur in Italien geschützte Art. – Auf der Iberischen Halbinsel und in Ostasien brütet die Blauelster (*Cyanopica cyanus*), bräunlichgrau mit schwarzer Kappe, blauen Flügeln und langem, blauem Schwanz.

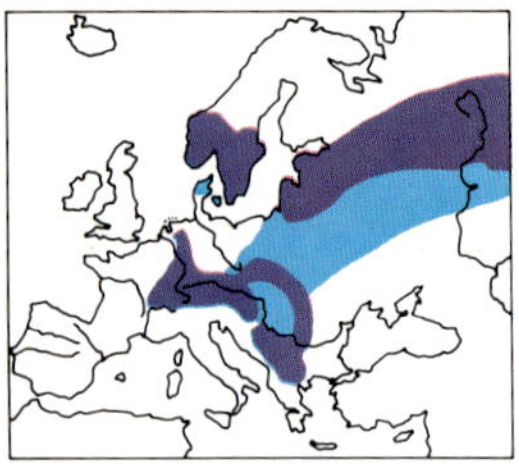

Tannenhäher

Nucifraga caryocatactes

E: Nutcracker
F: Cassenoix moucheté
H: Notenkraker
I: Nocciolaia
S: Cascanueces

Kennzeichen: Etwas kleiner als Eichelhäher, von ähnlicher Gestalt, aber ganz anders gefärbt, dunkel schokoladenbraun mit weißen Tropfenflecken; Scheitel schwarzbraun, Flügel schwärzlich, Unterschwanzdecken und Schwanzende (unten breiter als oben) weiß.
Biotop: Nadel- und Mischwälder, im Süden des Verbreitungsgebietes im höheren Bergland, im Norden auch in der Ebene.
Nahrung: Hauptsächlich Koniferensamen, besonders gern Zirbennüsse, Haselnüsse, Bucheckern, Eicheln, Beeren und andere Früchte, ferner Insekten, Schnecken, Vogeleier und -junge sowie Kleintiere; holt sich im Gebirge die Küchenabfälle der Gaststätten. Verbirgt überschüssige Nahrung im Boden unter Moos und Fallaub und soll diese Vorräte im Winter selbst unter einer 45 cm dicken Schneeschicht wiederfinden.
Fortpflanzung: Das Nest, das von beiden Partnern gebaut wird, steht immer in Nadelbäumen, meist dicht am Stamm. Eiablage Ende März; gewöhnlich 3 – 4 Eier. Brutdauer 18 – 19 Tage; anscheinend brütet nur das Weibchen. Die Jungen fliegen nach 3 – 4 Wochen aus. Eine Jahresbrut.
Verbreitung: Von Südskandinavien und den baltischen Ländern bis Ostsibirien und Japan; inselartig in den europäischen Gebirgen von den Alpen und dem nördlichen Balkan bis zum Harz, vom Himalaja bis Nordchina und auf Taiwan. Europäische Tannenhäher sind Standvögel. In manchen Jahren finden in Mitteleuropa Invasionen dünnschnäbliger sibirischer Tannenhäher (*N. c. macrorhynchos*) statt (z. B. 1968), die durch Übervölkerung bzw. Nahrungsmangel veranlaßt werden. Diese Invasionsvögel sind sehr vertraut und leichte Opfer der Schießer. Sie gehen fast ausnahmslos zugrunde; nur gelegentlich kommt es zu Bruten in unserem Gebiet. In der Bundesrepublik und der DDR geschützte Art.

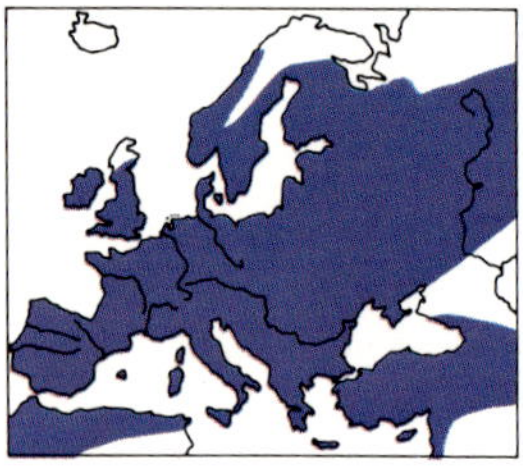

Eichelhäher

Garrulus glandarius

E: Jay
F: Geai des chênes
H: Vlaamse Gaai
I: Ghiandaia
S: Arrendajo

Kennzeichen: Taubengroß, einer unserer buntesten Vögel, rötlich braun mit schwarz-weißer, aufrichtbarer Haube, schwarzem Bartstreif, blauschwarz gebänderten Flügeldecken, weißem Spiegel, schwarzem Schwanz und vor allem im Flug auffallendem weißem Bürzel.
Biotop: Waldungen aller Art, vor allem Eichen- und Buchenwald, aber auch Parks und große Friedhöfe.
Nahrung: Eicheln bilden mindestens die Hälfte seiner Nahrung. Den Überschuß seiner Ernte vergräbt er im Boden, unter Fallaub, in einer Baumspalte oder in einem alten Nest. Da er nicht alle Verstecke wiederfindet, trägt er unfreiwillig zur Verbreitung der Eichen bei. Liebt Bucheckern, Kastanien, Haselnüsse, Beeren, große Insekten sowie Vogeleier und -junge.
Fortpflanzung: Das verhältnismäßig kleine, flache Nest steht meist in einem Baum; es wird von beiden Partnern aus Zweigen, Stengeln und Würzelchen gebaut. Eiablage von Mitte April – Ende Mai, mit Nachgelegen bis in den Juni; gewöhnlich 5 – 7 Eier. Brutdauer 16 – 17 Tage. Die Jungen fliegen nach 18 – 20 Tagen aus.
Verbreitung: In geeigneten Biotopen in ganz Europa mit Ausnahme der Balearen sowie von Nordschottland, Island, Nordskandinavien und Nordrußland, ferner in Asien bis Japan und Hinterindien sowie in Nordwestafrika verbreitet; fehlt in Mitteleuropa nur an der Nordseeküste. Im allgemeinen Stand- bzw. Strichvogel; in manchen Jahren finden bei uns starke Einflüge aus Nordosten statt. Ist bei den Jägern verhaßt, scheint sich aber seit dem Rückgang seines Hauptfeindes, des Habichts, zu vermehren. Nur in Italien geschützte Art. – In der Taiga von Skandinavien bis Ostsibirien brütet der Unglückshäher (*Perisoreus infaustus*), mausgrau, mit rußbraunem Scheitel und Nacken, rotbraunen Flanken und Unterschwanzdecken und besonders im Flug auffallenden rotbraunen Flügelfedern, Bürzel und Steuerfedern.

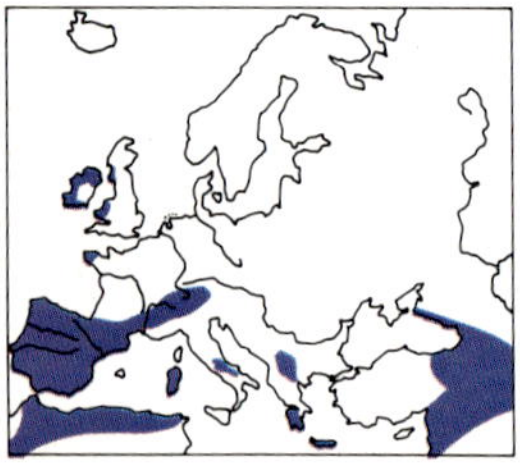

Alpenkrähe

Pyrrhocorax pyrrhocorax

E: Chough
F: Crave à bec rouge
H: Alpenkraai
I: Gracchio corallino
S: Chova piquirroja

Kennzeichen: Größer als Dohle, glänzend blauschwarz mit roten Füßen und langem, gebogenem, rotem Schnabel. Die Stimme gleicht der der Dohle.
Biotop: Bewohnt Felswände im Gebirge und an der Küste, im Süden auch Steinbrüche und Ruinen.
Nahrung: Hauptsächlich Insekten (Käfer, Heuschrecken) und ihre Larven sowie Spinnen und Schnecken, aber auch Körner; sucht ihre Nahrung vorwiegend am Boden.
Fortpflanzung: Das Nest steht meist in einer unzugänglichen Felshöhle, unter einem Felsüberhang oder in einem Mauerloch oder einer Schießscharte in einer Ruine. Eiablage ab Mitte April; gewöhnlich 3 – 6 Eier. Brutdauer 17 – 21 Tage. Die Jungen werden 20 – 28mal am Tag gefüttert. Sie fliegen mit 36 – 37 Tagen aus. Die Paare halten anscheinend das ganze Jahr hindurch lebenslänglich zusammen. Eine Jahresbrut.
Verbreitung: Ein zusammenhängendes Verbreitungsgebiet erstreckt sich in den Gebirgen vom östlichen Kleinasien bis Nordchina. In Europa ist nur die Iberische Halbinsel einigermaßen vollständig besiedelt; inselartige Vorkommen finden sich auf Sardinien, in Mittelitalien, Südgriechenland, Südfrankreich, in der Südschweiz, den Atlantikküsten der Bretagne und der Britischen Inseln, sowie in Marokko und auf der Insel Palma in den Kanaren. Im Norden des Verbreitungsgebietes in ständigem Rückgamr begriffen; als Ursache werden sowohl Klimaverschlechterung als auch Artkonkurrenz mit Dohle und Alpendohle vermutet. In Österreich ausgestorben, in der Schweiz noch etwa 40 Paare, steht hier auf der „Roten Liste" der gefährdeten Arten. Geschützte Art. Standvogel.

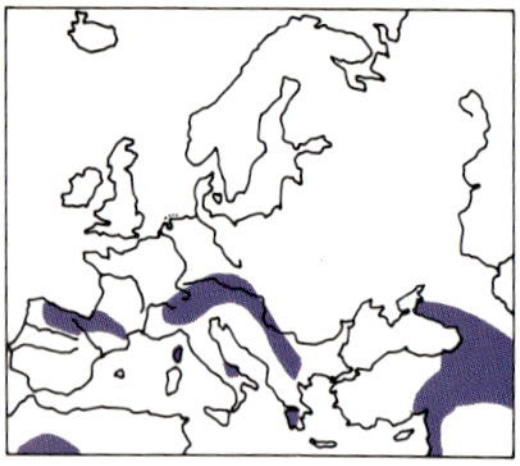

Alpendohle
Pyrrhocorax graculus
E: Alpine Chough
F: Chocard à bec jaune
H: Alpenkauw
I: Gracchio alpino
S: Chova piquiamarilla

Kennzeichen: Von der Alpenkrähe im Feld nur durch den viel kürzeren, weniger gebogenen, gelben Schnabel zu unterscheiden. Jungvögel sind weniger tiefschwarz mit schwarzem Schnabel und schwärzlichen Beinen. Beide Arten zeigen im Aufwind an Felswänden herrliche akrobatische Flugspiele.
Biotop: Hochgebirgsvogel, brütet in den bayerischen Alpen zwischen 1450 und 2500 m.
Nahrung: Im Sommer Insekten (Käfer, Heuschrecken) und Larven, Schnecken, Spinnen, gelegentlich auch Kleinnager sowie Vogeleier und -junge, ferner Beeren und Früchte. Sucht vor allem im Winter Siedlungen auf, wo sie sich von Abfällen aller Art ernährt. Hat in der Nähe der Berggasthöfe und Wintersportorte jede Scheu vor den Menschen verloren und läßt sich füttern.
Fortpflanzung: Die Nester stehen meist an unzugänglichen Stellen in Spalten und Nischen an senkrechten Felswänden, unter Felsüberhängen, in Höhlen und „Kaminen", gelegentlich auch in Türmen. Eiablage ab Mitte April, meist im Mai und Juni; gewöhnlich 4 – 5 Eier. Brutdauer 18 – 20 Tage; nur das Weibchen brütet und wird während dieser Zeit vom Männchen ernährt. Eine Jahresbrut.
Verbreitung: Die Hochgebirge Nordwestafrikas, Südeuropas, Kleinasiens und Innerasiens; auch in den Alpen weit verbreitet und in Zunahme begriffen. Standvogel, der im Winter tiefere Lagen aufsucht. Geschützte Art; steht auf der „Roten Liste" der in der Bundesrepublik potentiell bedrohten Arten.

Literatur

BERNDT, R. K., D. DRENCKHAHN: Die Vogelwelt Schleswig-Holsteins Bd. 1, Kiel 1974

BLAB, J., E. NOWAK, W. TRAUTMANN, H. SUKOPP: Rote Liste der gefährdeten Tiere und Pflanzen in der Bundesrepublik. Greven 1977

BROWN, L.: British Birds of Prey. 1976

BRUDERER, B., W. THÖNEN: Rote Liste der gefährdeten und seltenen Vogelarten in der Schweiz. Basel/Sempach 1977

BRUUN/SINGER/KÖNIG: Der Kosmos-Vogelführer. Kosmos-Verlag Stuttgart, 4. Aufl. 1979

CAMPBELL, B.: Birds of Coast and Sea – Britain and Northern Europe. Oxford 1977

COMMISSIE VOOR DE NEDERLANDSE AVIFAUNA: Avifauna van Nederland. Leiden 1970

COMMISSION POUR L'AVIFAUNE BELGE: Avifaune de Belgique. Bruxelles 1967

CONRAD, B., W. POLTZ: Vogelschutz in Europa. Greven 1976

CRAMP, S., W. D. R. BOURNE, D. SAUNDERS: The Seabirds of Britain and Ireland. London 1974

DORST, J.: La vie des Oiseaux (2 Bde.). Lausanne 1972

DORST, J.: Les oiseaux dans leur milieu. Paris

DS-IRV: Die in Europa gefährdeten Vogelarten. Ber. Dtsch. Sekt. Int. Rat. Vogelschutz 12: 16 – 18, Stuttgart 1972

DS-IRV: Rote Liste der in der Bundesrepublik und in Westberlin gefährdeten Vogelarten. Ber. Dtsch. Sekt. Int. Rat. Vogelschutz, Wilhelmshaven-Rüstersiel 1977

GÉROUDET, P.: La vie des Oiseaux (6 Bde.). Neuchâtel-Paris 1948 – 1965

GLUTZ v. BLOTZHEIM, U. N.: Die Brutvögel der Schweiz. Aarau 1964

GLUTZ v. BLOTZHEIM, U. N., K. BAUER, E. BEZEL: Handbuch der Vögel Mitteleuropas. Bd. 1 – 7. Frankfurt 1966 – 1977

HARRISON, C.: Jungvögel, Eier und Nester aller Vögel Europas, Nordafrikas und des Mittleren Ostens. Hamburg-Berlin 1977

HEINZEL, H., F. FITTER, J. PARSLOW: Pareys Vogelbuch. Alle Vögel Europas, Nordafrikas und des Mittleren Ostens. Parey Verlag Hamburg-Berlin 1972

HOLLOM, P. A. D.: The Popular Handbook of British Birds. London 1957

HUDSON, R. u. S. CRAMP: Bedreigde Vogel soorten in Europa. Utrecht-Antwerpen 1975

KLEINSCHMIDT, O.: Die Singvögel der Heimat. Wittenberg 1958

KÖNIG, C.: Europäische Vögel. Stuttgart 1966 – 1970

LAMPIRO, T.: Protection of Waterfowl in Europe. Helsinki 1974

LAMPIRO, T.: Changes in the Protection of Waterfowl in Europe in 1969 – 75. Helsinki 1977

LEBRET, T., Th. MULDERS, J. PHILIPPONA u. A. TIMMERMANN: Wilde ganzen in Nederland. Zutphen

LIPPENS, L. u. H. WILLE: Atlas des Oiseaux de Belgique et d'Europe Occidentale. Tielt 1972

MAKATSCH, W.: Die Eier der Vögel Europas. 2 Bde. Leipzig 1976

MEBS, Th.: Greifvögel Europas. Kosmos-Verlag Stuttgart 5. Aufl. 1978

ÖSTERREICHISCHE GESELLSCHAFT FÜR VOGELKUNDE: Die in Österreich gefährdeten Vogelarten (Rote Liste). Egretta 20: 54 – 55, Wien 1977

PETERSON, R., G. MOUNTFORT, P. A. D. HOLLOM: Die Vögel Europas, Hamburg-Berlin 1979

POLTZ, W.: Bestandsentwicklungen bei Brutvögeln in der Bundesrepublik. Greven 1977

RAPPE, A.: Le Défi Ecologique. Bruxelles 1977

RHEINWALD, G.: Atlas der Brutverbreitung westdeutscher Vogelarten. Bonn 1977

SCHÜZ, E.: Grundriß der Vogelzugkunde. Hamburg-Berlin 1971

STEPHAN, B., J. BREITMEIER: Geschützte und jagdbare Vögel. Leipzig-Jena-Berlin

TAAPKEN, J. u. D. A. C. VAN DEN HOORN: Trekvogels. Wormermeer 1977

THIELCKE, G.: Neue Jagd- und Schonzeiten. Ber. Dtsch. Sekt. Int. Rat. Vogelschutz 17: 125 – 130, 1977

VERHUYEN, R.: De Vogels van Belgie (8 Bde.). Brussel 1943 – 1951

VOOUS, K. H.: Atlas von de Europese vogels. Amsterdam 1960

WITHERBY, H. F., F. C. R. JOURDAIN, N. F. TICEHURST, B. W. TUCKER The Handbook of Britain Birds (5 Bde.). London 1940 – 1943

WÜST, W.: Die Brutvögel Mitteleuropas. München 1970

YEATMAN, L. J.: Histoire des Oiseaux d'Europe. Paris-Montreal 1971

YEATMAN, L. J.: Atlas des Oiseaux de France de 1970 à 1975. Paris 1976

Register

Die halbfett gedruckten Zahlen verweisen auf die Abbildungen